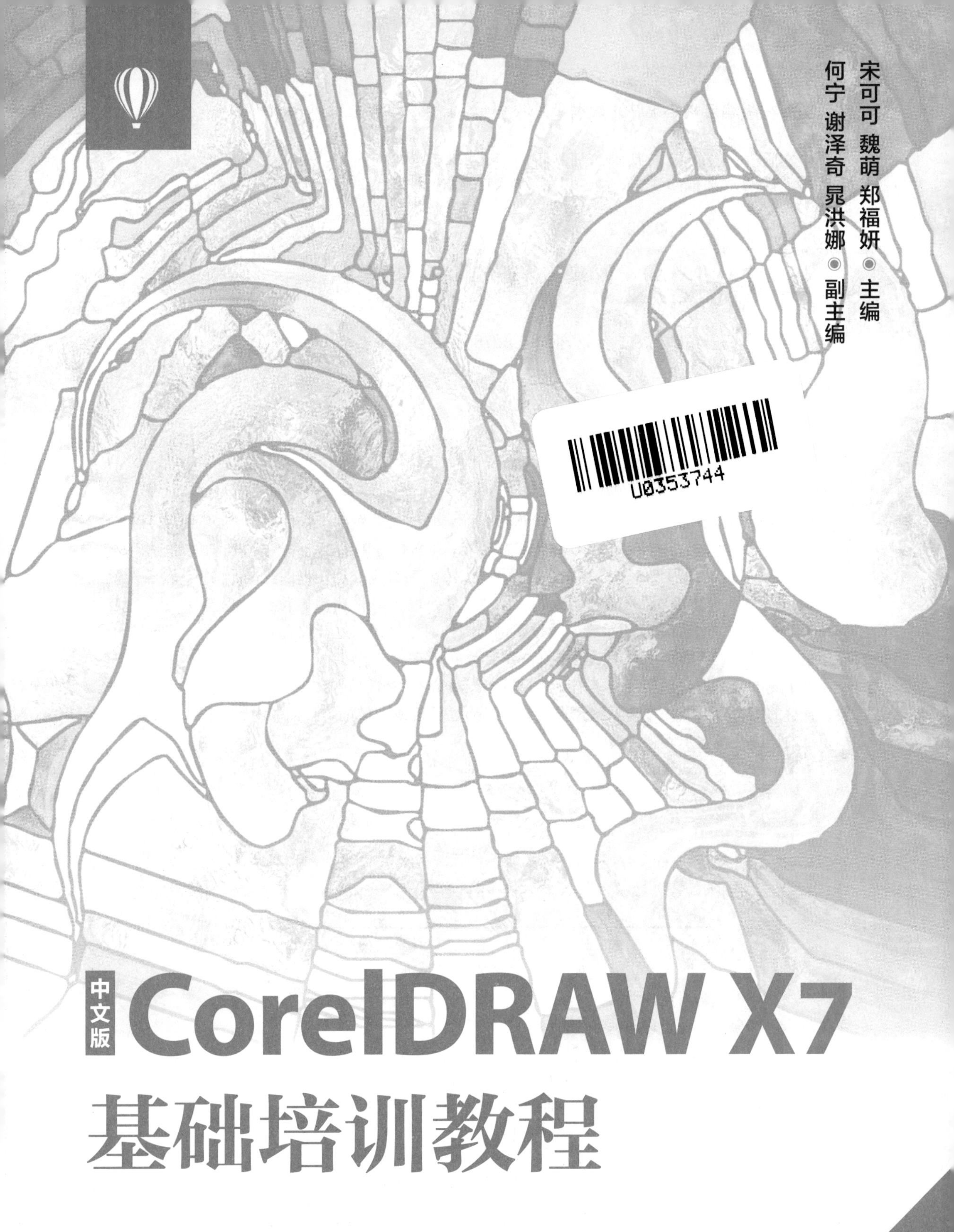

宋可可 魏萌 郑福妍 ◉ 主编
何宁 谢泽奇 晁洪娜 ◉ 副主编



中文版

# CorelDRAW X7 基础培训教程

移动学习版

人民邮电出版社
北京

**图书在版编目（C I P）数据**

中文版CorelDRAW X7基础培训教程 : 移动学习版 / 宋可可，魏萌，郑福妍主编. -- 北京 : 人民邮电出版社，2019.4
ISBN 978-7-115-50302-2

Ⅰ. ①中… Ⅱ. ①宋… ②魏… ③郑… Ⅲ. ①图形软件—教材 Ⅳ. ①TP391.412

中国版本图书馆CIP数据核字(2018)第278615号

## 内 容 提 要

CorelDRAW 是用户需求量大、深受个人和企业青睐的矢量图制作软件之一，被广泛应用于广告设计、排版等领域。本书针对 CorelDRAW X7 软件，讲解 CorelDRAW 各个工具和功能的使用方法：首先对 CorelDRAW 图形设计基础知识进行详细介绍；然后分别介绍图形的绘制、编辑、轮廓设置与颜色填充，以及对象编辑、交互式特效运用、文本处理、表格应用、位图处理等知识；最后将 CorelDRAW 操作与平面设计相结合，通过案例的制作对全书知识进行综合应用。其中，图形绘制、对象编辑与交互式特效运用是本书的重点，需要着重学习。

为了便于读者更好地学习，本书除了设置“疑难解答”“技巧”“提示”小栏目，还针对需要扩展、详解的知识点及操作步骤录制了视频。读者通过手机或平板电脑扫描书中二维码，即可观看该知识点的详解及操作步骤视频演示。

本书适合广大 CorelDRAW 初学者，也可作为院校平面设计相关专业的教材。

◆ 主　　编　宋可可　魏　萌　郑福妍
副 主 编　何　宁　谢泽奇　晁洪娜
责任编辑　税梦玲
责任印制　焦志炜

◆ 人民邮电出版社出版发行　　北京市丰台区成寿寺路 11 号
邮编　100164　　电子邮件　315@ptpress.com.cn
网址　http://www.ptpress.com.cn
北京天宇星印刷厂印刷

◆ 开本：787×1092　1/16
印张：17　　2019 年 4 月第 1 版
字数：431 千字　　2019 年 4 月北京第 1 次印刷

定价：49.80 元

**读者服务热线：(010)81055256　印装质量热线：(010)81055316**
**反盗版热线：(010)81055315**
**广告经营许可证：京东工商广登字 20170147 号**

# 前言

PREFACE

随着院校教育课程改革的深入，教学方式的发展，以及计算机软、硬件日新月异的升级，市场上很多CorelDRAW相关教材在软件版本、硬件型号、教学结构等方面都已不再适应当前的教学需求。鉴于此，我们认真总结了CorelDRAW教材的编写经验，用两三年时间深入调研院校的教学需求，组织了一个优秀且具有丰富教学经验和实践经验的作者团队编写了本教材，以帮助各类院校快速培养优秀的CorelDRAW技能型人才。

本着“学用结合”的原则，我们在教学方法、教学内容和教学资源3个方面体现了自己的特色。

## 教学方法

本书精心设计了“课堂案例→知识讲解→课堂练习→上机实训→课后练习”5段教学法，以激发学生的学习兴趣。本书通过对理论知识的讲解，对经典案例的分析，训练学生的动手能力，再辅以课堂练习与课后练习，帮助学生强化并巩固所学的知识和技能，达到提高学生实际应用能力的目的。各版块的内容与任务分别如下。

◎ **课堂案例：** 除了基础知识部分，涉及操作的知识均在每节开头以课堂案例的形式引入，让学生在操作中提前了解该节知识。

◎ **知识讲解：** 深入浅出地讲解理论知识，对课堂案例涉及的知识进行扩展与巩固，让学生理解课堂案例的操作。

◎ **课堂练习：** 结合课堂讲解的内容给出课堂练习操作要求，并提供适当的操作思路及专业背景知识供学生参考。课堂练习要求学生独立完成，以充分训练学生的动手能力。

◎ **上机实训：** 精选案例，对案例要求进行定位，对案例效果进行分析，并给出操作思路，帮助学生分析案例并根据思路提示独立完成操作。

◎ **课后练习：** 结合每章内容给出两个练习题，学生可通过练习，强化巩固每章所学知识，温故知新。

## 教学内容

本书的教学目标是循序渐进地帮助学生掌握利用 CorelDRAW X7 进行图形设计。全书共 10 章，主要内容如下。

◎ **第1章：** 概述CorelDRAW图形设计的基础知识，如CorelDRAW的应用领域、图形设计中的基本概念，以及CorelDRAW X7工作界面、文件与页面的基本操作、视图管理与对象查看等。

◎ **第2~4章：**主要讲解基本图形的绘制、连接与度量；图形的自由绘制与编辑；图形轮廓设置与颜色填充等。

◎ **第5章：**主要讲解图形、文本、位图等对象的编辑方法，包括对象的选择与复制、变换、剪裁、切分、擦除、合并、拆分、组合、锁定、分布、对齐、拼接等。

◎ **第6章：**主要讲解交互式特效的应用，主要针对矢量图，包括添加调和、阴影、轮廓图、变形、封套、阴影、透明、透视、立体化、透镜等效果。

◎ **第7~9章：**主要讲解文本、表格、位图在CorelDRAW 中的应用与处理方法。

◎ **第10章：**综合应用本书所学的CorelDRAW 知识进行案例设计，包括环保灯泡、戏曲宣传单、卡通形象、糖果包装、男士夹克、画册内页版式的设计等。

## 教学资源

本书提供立体化教学资源，以丰富教师的教学形式，读者可前往 box.ptpress.com.cn/y/50302 下载。本书的教学资源包括以下 5 个方面。

### 01 视频资源

本书在讲解 CorelDRAW 相关操作、实例制作过程时均配置了教学视频。读者通过手机或平板电脑扫描对应二维码即可查看视频演示，也可扫描封面二维码，关注“人邮云课”公众号，将本书视频加入手机，随时随地进行移动学习。

### 02 素材文件与效果文件

提供本书中所有实例涉及的素材与效果文件。

### 03 模拟试题库

提供丰富的与 CorelDRAW 相关的试题，读者可自由组合出不同的试卷进行测试。另外，还提供了两套完整的模拟试题，以便读者测试和练习。

### 04 PPT和教案

提供教学 PPT 和教案，以辅助教师顺利开展教学工作。

### 05 拓展资源

提供设计素材、印前技术介绍等资料。

作　者

2018 年 10 月

# 目录
CONTENTS

## 第 6 章 交互式特效的应用......................135



## 第 7 章 文本的添加与处理...167

CHAPTER 1

# 第1章 CorelDRAW图形设计基础

CorelDRAW简称CDR，是一款专业的平面设计软件。CorelDRAW专注于矢量图的编辑与排版，凭借强大的设计能力被广泛地应用于商标设计、标志制作、模型绘制、插图描画、排版及分色输出等诸多领域，在现代商业平面设计中发挥着强大的作用。

本章将从目前流行的版本X7入手，介绍其应用领域、图形设计的基本概念、软件界面等基本知识，以及文件操作、页面设置、视图管理与对象查看等基础操作，帮助读者实现CorelDRAW的快速入门，为后面的学习奠定基础。

## 课堂学习目标

- 掌握CorelDRAW应用领域与图形设计的基本概念
- 熟悉CorelDRAW X7界面的组成与含义
- 掌握CorelDRAW X7的文件操作方法
- 掌握页面设置、视图管理和对象查看的方法

## 课堂案例展示

CorelDRAW 的应用领域

# 1.1 CorelDRAW基础

在学习使用CorelDRAW来设计前，还需要掌握CorelDRAW的基础知识，如了解CorelDRAW的应用领域，掌握图形设计的相关基本概念等，下面具体进行介绍。

## 1.1.1 CorelDRAW 的应用领域

CorelDRAW的应用领域很广泛，不仅可用于绘制矢量图、VI设计、招贴与画册设计、界面设计、书籍装帧与包装设计，还能对位图进行颜色处理与特效添加，可以帮助用户制作一些特殊的图片效果，下面进行具体介绍。

1. 绘制矢量图

矢量图是平面设计中不可或缺的组成部分，在CorelDRAW中，设计的字体、绘制的LOGO、标签、按钮和插画等图形都被称为矢量图。

- 字体设计：字体与字体的版面设计对于从事平面设计的人员来说，是十分重要的知识和设计技能。利用CorelDRAW，用户可以制作出变幻莫测的字形和丰富美观的特效字，如渐变字、图案字、立体字和发光字等。图1-1所示为字体设计后的效果。
- LOGO、标签与按钮设计：LOGO、标签与按钮被广泛用于产品、产品包装、网页、App和海报等对象中。利用CorelDRAW，用户可以制作出形式多样、外观丰富、高清晰的LOGO、标签与按钮，如图1-2所示。

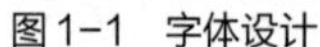
图1-1　字体设计

图1-2　LOGO、标签与按钮设计

**提示** LOGO是指商品、企业、网站等为自己的产品、主题或活动等设计的一种视觉符号，通常具有独特的个性和强烈的冲击力。

- 插画绘制：插画被广泛应用于商品包装、影视海报、企业广告、T恤、日记本和贺卡。使用CorelDRAW的绘图工具可绘制各种风格的插画，包括花纹、边框、人物、风景和动物等。图1-3所示为人物插画设计案例。

图1-3　插画设计

2. VI 设计

VI是一种视觉识别系统，具有共同的视觉识别符号（标志），以无比丰富的应用形式展现在企业的系列产品上。设计到位、实施科学的VI，是传播企业经营理念、建立企业知名度、塑造企业形象的便捷途径之一。图1-4所示为Botanika企业形象VI设计案例欣赏。

图1-4　VI设计

3. 招贴与画册设计

招贴按其字义解释，“招”是指引人注意，“贴”是指张贴。海报、宣传画、广告都属于招贴，用于信息报导、劝喻、教育或产品宣传等。图1-5所示为电饭煲招贴与招聘招贴。

画册是一个展示平台，画册设计是指用图形、文字、图片的组合，制作富有创意的精美画册。相比于海报或广告，画册可以更深入、全面地介绍公司、产品等对象。图1-6所示为画册封面与内页的设计与排版效果。

图1-5　招贴设计

图1-6　画册封面与内页的设计与排版效果

4. 界面设计

界面又称UI，其全称为User Interface（用户界面）。界面设计是界面的美观性和用户对界面的易操控设计的总称。在界面设计中，最常见的有硬件界面设计、软件界面设计、游戏界面设计和网站界面设计等。好的界面设计不仅让软件变得独特，而且让软件的操作变得舒适、简单、自由。图1-7所示为各种界面设计效果。

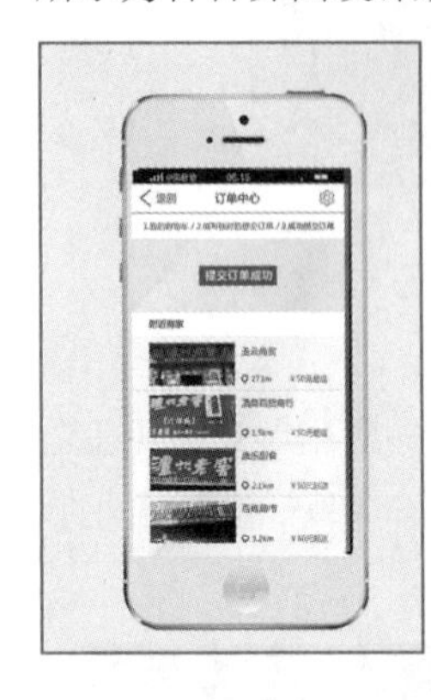

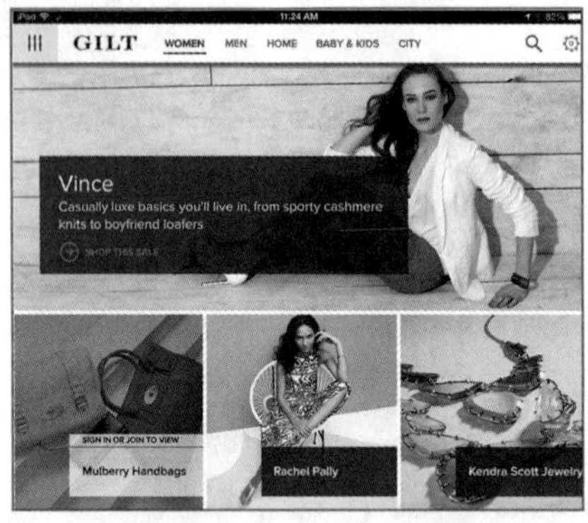


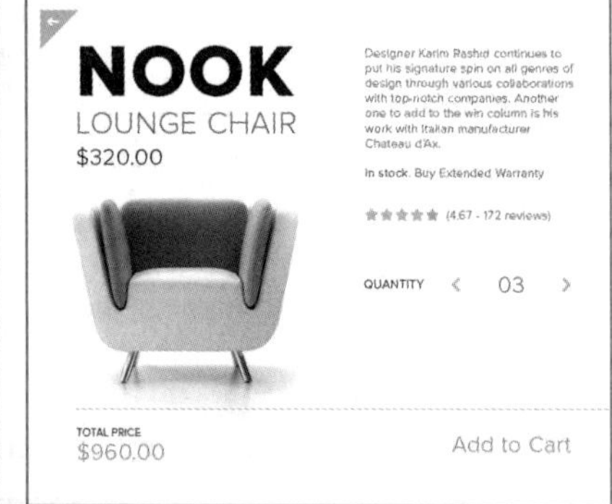


图1-7 界面设计

5. 书籍装帧与产品包装设计

书籍装帧是指对书籍的开本、装帧形式、封面、腰封、字体、版面、色彩、插图、纸张材料、印刷、装订及工艺等各个环节的艺术设计，通过这些设计向读者传达书籍的思想、气质与精神。图1-8所示为书籍封面设计效果。

产品包装设计是指使用CorelDRAW制作一些特殊的产品表面或包装纸材料效果，并且实现结构造型和美化装饰效果，以提高产品的附加值、促进产品的销售、扩大产品的影响力。图1-9所示为茶叶包装设计效果。

图1-8 书籍封面设计效果

图1-9 茶叶包装设计效果

6. 位图处理

在使用CorelDRAW的设计过程中，为了丰富画面效果，难免会用到图像。若直接导入的图像不能满足设计的需要，则除了使用一些图像处理软件外，还可使用CorelDRAW自带的位图调整与处理功能，如位图描摹、色彩调整、特效制作等功能对图像进行相应的调整与处理操作。

- 位图描摹：当对图像的效果进行轮廓造型处理时，使用CorelDRAW的位图描摹功能可以将图像转化为可编辑的矢量图。图1-10所示为描摹位图前后的效果。
- 色彩调整：在CorelDRAW中，用户不仅可根据需要对位图的色彩、饱和度、亮度和对比度等进行调整，还可以将图像的颜色替换为其他喜欢的颜色。图1-11所示为调整色彩前后的效果。

图1-10　位图描摹前后的效果

图1-11　色彩调整前后的效果

- 特效制作：CorelDRAW中内置了三维效果、艺术笔触、模糊、扭曲、轮廓图和杂点等十多个特殊效果，用户可以根据需要进行选择应用。图1-12所示分别为原图、应用水彩画的效果和应用旋涡的效果。

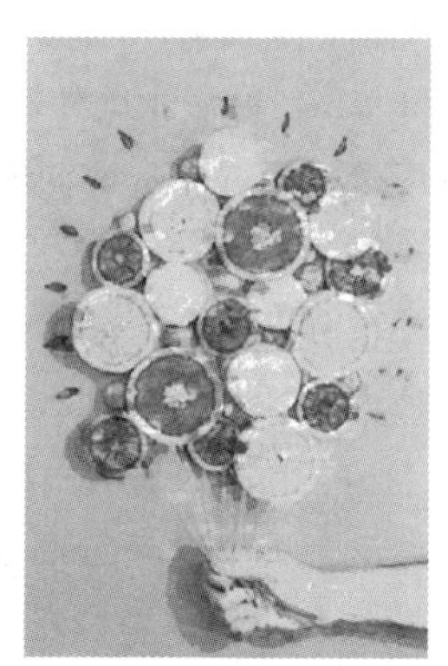
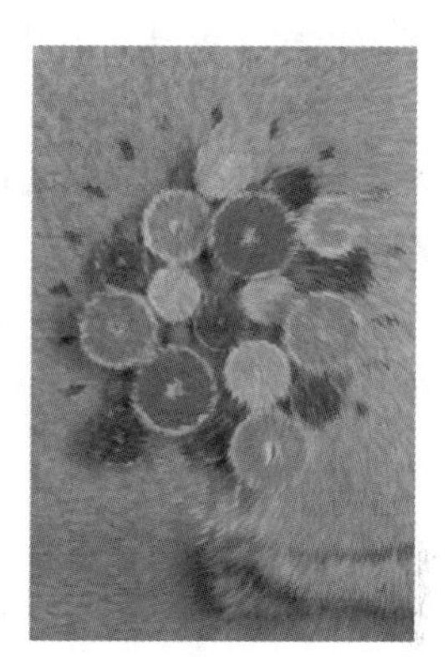

图1-12　原图、应用水彩画的效果和应用旋涡的效果

## 1.1.2　图形设计中的基本概念

在平面设计中，往往会涉及一些专业术语，了解专业术语的基本概念，如色彩模式、矢量图与位图、图像分辨率等，有助于利用软件的相关功能设计出符合需要的作品。

### 1. 位图

位图又称栅格图或点阵图，最显著的特点是由多个像素点组成，每个像素点都有自身的位置、大小、亮度和色彩等，能够逼真地表现出色彩的绚丽。将位图放大后，画面将变得模糊，将位图放大到一定倍数时，就会看到这些像素点呈小方格显示，如图1-13所示。一般情况下，位图越清晰，颜色越丰富，图像的像素就越多，分辨率越高，文件也就越大。

知识链接
认识分辨率

2. 矢量图

矢量图是根据几何特性来绘制的图形，它既可以是一个点或一条线，又可以是一个完整的图形。矢量图与分辨率无关，因此在修改矢量图的大小时不会影响其清晰度，如图1-14所示。在CorelDRAW中绘制的图就是矢量图，可以对颜色、大小、形状和轮廓等属性进行编辑。

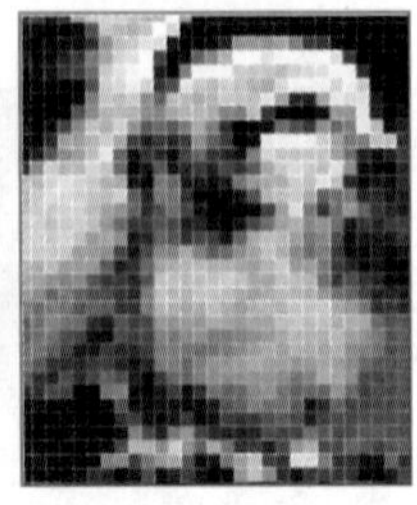

图1-13 位图放大前后的对比效果

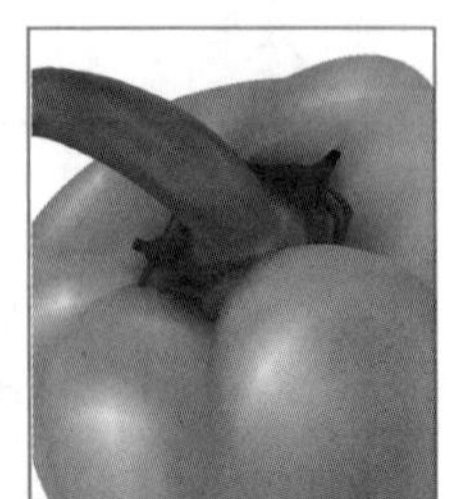

图1-14 矢量图放大前后的对比效果

3. 色彩模式

色彩模式是用数据表示颜色的一种方式。不同色彩模式的成色原理不同，决定了其在显示器、打印机、投影仪和扫描仪中显示的效果也不同。在CorelDRAW X7中的【位图】/【模式】菜单中提供了7种色彩模式，下面分别进行介绍。

- 黑白：黑白模式表示一种怀旧的气息，在数码照相机中广泛应用，黑白模式中只有黑和白两种色值。黑白模式可以简化图像信息，同时减小文件的大小。
- 灰度：灰度模式用单一色调表现图像，只有明暗值，没有色相和饱和度。图像的像素越高，灰度级别越大。
- 双色：双色模式是用一种灰色油墨或彩色油墨来渲染一个灰度图像的模式。该模式最多可向灰度图像中添加4种色调，即单色调、双色调、三色调和四色调，从而可以打印出比单纯灰度更有趣的图像。
- 调色板色：调色板色模式可以通过限制图像中颜色的总数来实现有损压缩。将其他模式色彩图像转换为调色板颜色时，会删除图像中的很多颜色，仅保留其中的256种颜色，即很多媒体动画应用程序和网页所支持的标准颜色数。图1-15所示为RGB色转换为调色板色前后的效果。
- RGB色：RGB分别表示红、绿和蓝，如图1-16所示。用户可按不同的比例混合这3种颜色，获得可见光谱中绝大部分的颜色（约1 670万种颜色），来表达这个丰富多彩的世界。RGB模式是最常用的一种颜色模式，广泛适用于显示器、投影仪、扫描仪及数码相机等。

图1-15 RGB色转换为调色板色前后的效果

图1-16 RGB的3原色

- Lab色：Lab色是一种颜色通道模式，字母分别表示透明度通道、明度通道和色彩通道。该模式所定义的色彩最多，且与光线及设备无关。
- CMYK色：CMYK色是一种印刷模式，也是CorelDRAW调色板中默认的颜色模式，字母分别表示青、洋红、黄和黑。CMYK的颜色混合模式是一种减色叠加模式，它通过反射某些颜色的光并吸取另外一些颜色的光来产生不同的颜色。

4. 文件格式

CorelDRAW默认生成的文件格式为CDR。作为世界一流的平面矢量绘图软件，为了实现与其他软件的交互式应用，CorelDRAW也支持保存、导入与导出为其他不同软件兼容的不同文件格式。下面对常用的文件格式进行介绍。

- CDR：CDR格式是CorelDRAW软件的默认文件格式，该格式的源文件可以同时包含矢量信息和位图信息。
- AI：AI格式是Adobe公司发布的矢量软件Illustrator的专用文件格式，它的优点是占用硬盘空间小、打开速度快、方便格式转换。
- EPS：EPS格式是Encapsulated PostScript的缩写，是跨平台的标准格式。该格式是一种专用的PostScript打印机描述语言，可以描述矢量信息和位图信息，并且可以保存其他一些类型的信息，如多色调曲线、Alpha通道、分色、剪辑路径、挂网信息和色调曲线等，因此，EPS格式常用于印刷或打印输出。
- BW：它是包含各种像素信息的一种黑白图形文件格式。
- SVG：SVG格式是一种可缩放的矢量图形格式。该格式的图形可任意放大显示，边缘异常清晰，文字在SVG图像中保留可编辑和可搜寻的状态，没有字体限制，且生成的文件小，下载很快，非常适合用于设计高分辨率的Web图形页面。
- WMF：Windows的源文件，可以同时包含矢量信息和位图信息。它针对Windows操作系统进行了优化，可以很好地在Office中使用。
- DXF：该格式是AutoCAD中的图形文件格式，以ASCII方式储存图形，在表现图形的大小方面十分精确，可以被CorelDRAW、3D MAX等大型软件调用编辑。
- JPEG：JPEG简称JPG，是一种较常用的有损压缩技术，它主要用于图像预览及超文本文件，如HTML文件。在压缩过程中丢失的信息并不会严重影响图像质量，但会丢失部分肉眼不易察觉的数据，所以不宜使用此格式进行印刷。
- TIFF格式：TIFF格式可在多个图像软件之间进行数据交换，该格式支持RGB、CMYK、Lab和灰度等色彩模式，而且在RGB、CMYK及灰度等模式中支持Alpha通道的使用。
- GIF格式：GIF格式可进行LZW压缩，使图像文件占用较少的磁盘空间。该格式可以支持RGB、灰度和索引等色彩模式。
- BMP格式：BMP是一种标准的点阵式图像文件格式，它支持RGB、索引色、灰度和位图色彩模式，但不支持Alpha通道，而且以BMP格式保存的文件通常比较大。
- PSD格式：PSD格式是Photoshop默认的图像文件格式，只能在Photoshop软件中打开。

# 1.2 熟悉CorelDRAW X7的工作界面

随着CorelDRAW版本的不断升级，操作界面的设计也更加人性化。启动CorelDRAW X7即可进入其工作界面。该工作界面主要由标题栏、菜单栏、标准工具栏、属性栏、工具箱、调色板、工作区、泊坞窗和状态栏组成，如图1-17所示。

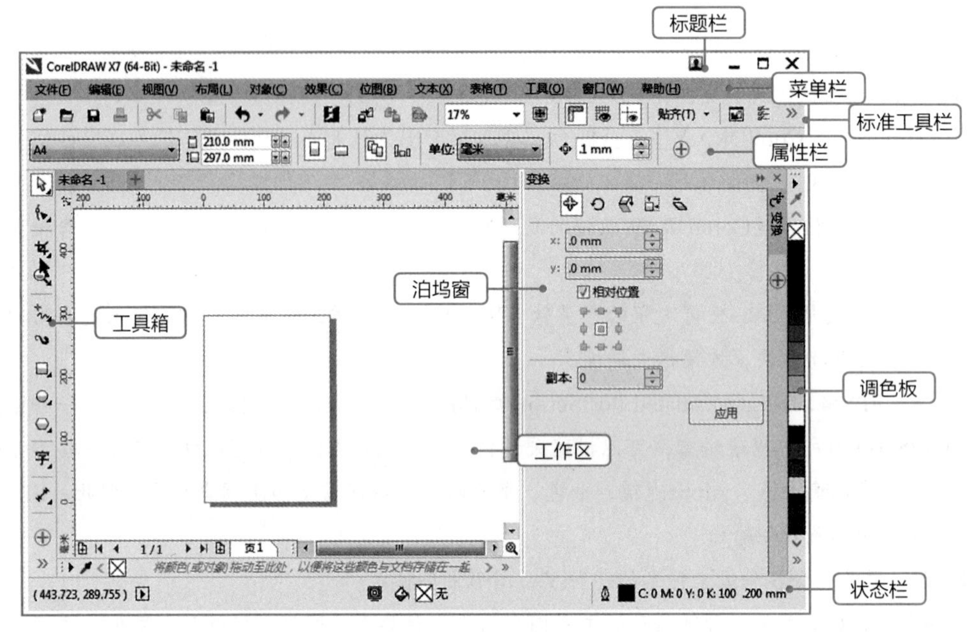


图1-17 CorelDRAW X7工作界面

## 1.2.1 标题栏

标题栏位于窗口的上方，用于显示CorelDRAW程序的名称、当前打开文件的名称及所在路径。当CorelDRAW窗口处于最大化状态时，单击标题栏右侧的3个控制按钮 可以分别对CorelDRAW窗口进行最小化、还原和关闭操作。也可单击左上角的按钮在弹出的菜单中选择命令控制窗口的显示。

## 1.2.2 菜单栏

菜单栏集合了CorelDRAW X7的各种常用命令。选择相应的命令，在弹出的菜单中可执行对应的操作，如文件、编辑、视图、布局、对象、排列、效果、位图、文本、表格、工具、窗口和帮助等命令。各命令的含义介绍分别如下。

- 文件：由一些基本的操作命令集合而成，用于文件新建、打开、打印等相关的文件管理与文件后期处理操作。
- 编辑：主要用于控制图像部分属性和基本编辑，如复制与粘贴、撤销与还原、查找与替换等。

- 视图：用于控制界面中各部分版面的视图显示。
- 布局：用于管理文件的页面，如打印多页文件、设置页面格式等。
- 对象：用于设置对象的变换、分布、排列与造型等对象的属性。
- 排列：用于排列和组织对象，可同时控制一个或多个对象。
- 效果：用于为绘制的对象添加特殊效果，如立体化、封套、轮廓图等，使矢量图效果更加完美。
- 位图：导入位图或将矢量图转换为位图后，该命令可对位图进行编辑和效果处理等操作。
- 文本：用于排版与编辑文本，方便对文本的处理与艺术效果的转换。
- 表格：用于绘制与编辑表格，同时可使用文字与表格的互相转换。
- 工具：为简化操作设置一些命令，如颜色管理、宏的应用、操作界面的设置等。
- 窗口：用于控制文件窗口的显示方式和操作界面的显示内容，如显示工具栏、泊坞窗和调色板等。
- 帮助：集合了一些软件信息，如产品帮助、新功能、会员资格、账户设置、登录等。

知识链接
获取帮助

## 1.2.3 标准工具栏

标准工具栏收藏了一些常用的操作按钮，节省了从菜单中选择命令的时间。单击这些按钮，即可执行相关的操作。标准工具栏中各按钮的功能介绍如下。

- “新建”按钮：单击可在打开的对话框中新建一个CorelDRAW文件。
- “打开”按钮：单击可打开CorelDRAW文件。
- “保存”按钮：单击可保存当前的CorelDRAW文件。
- “打印”按钮：单击可打印当前的CorelDRAW文件。
- “剪切”按钮：单击可剪切图形对象并将图形对象置于剪贴板中。
- “复制”按钮：单击可复制图形对象，并将图形对象复制到剪贴板中。
- “粘贴”按钮：单击可将复制或剪切的图形对象粘贴到指定位置。
- “撤销”按钮：单击可撤销上一步的操作。
- “重做”按钮：单击可恢复撤销的上一步操作。
- “搜索内容”按钮：单击可使用泊坞窗搜索剪贴画、照片和字体。
- “导入”按钮：单击可将外部的图片导入CorelDRAW X7中。
- “导出”按钮：单击可将文件导出为其他格式。
- “发布为PDF”按钮：单击可将文件导出为PDF文件。
- “缩放级别”下拉列表：用于控制页面视图的显示比例。
- “全屏”按钮：单击可全屏预览文件，若要退出全屏状态，按【Esc】键即可。
- “显示标尺”按钮：单击可显示或隐藏标尺。
- “显示网格”按钮：单击可显示或隐藏网格。
- “显示辅助线”按钮：单击可显示或隐藏辅助线。

- "贴齐"按钮 贴齐(T)▾：用于贴齐网格、辅助线或对象。
- "选项"按钮：单击可打开"选项"对话框，在其中对工作区、文件等进行设置。
- "欢迎屏幕"按钮：单击可打开软件欢迎窗口。

## 1.2.4 属性栏

属性栏用于显示和设置当前所选工具或图形对象的属性，其内容会根据所选的对象或工具的不同而出现差异。属性栏可以减少对菜单的操作，使设置的针对性更强。

## 1.2.5 工具箱

工具箱中有许多常用工具，如图1-18所示。

工具箱中各工具的功能介绍如下。

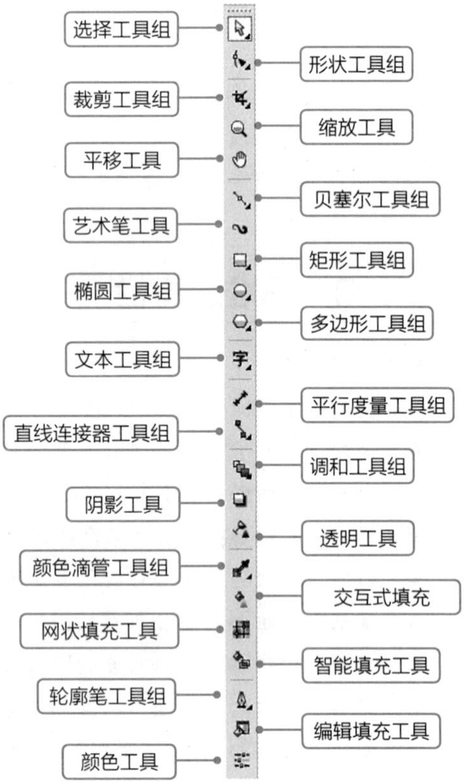

- 选择工具组：用于选择、定位和改变对象。
- 形状工具组：通过控制节点编辑曲线对象和文本字符。
- 裁剪工具组：用于移除选择对象外的区域。
- 缩放工具：用于更改文件窗口的缩放级别。
- 平移工具：用于拖动绘图区域。
- 贝塞尔工具组：用于绘制各种样式的曲线。
- 艺术笔工具：用于模拟手绘笔触、添加艺术笔刷、书法和喷射效果。
- 矩形工具组：用于绘制矩形。
- 椭圆工具组：用于绘制椭圆形。
- 多边形工具组：用于绘制多边形、星形、图纸、基本形状、流程图或标题形状等。
- 文本工具：用于输入文本。
- 平行度量工具组：用于度量线段、角度或添加3点标注线。
- 直线连接器工具组：用于直线、直角或圆角连接对象。
- 调和工具组：用于创建调和、轮廓图、变形、封套和立体化的图形效果。
- 阴影工具：用于为对象添加阴影效果。
- 透明工具：用于为对象添加透明效果。
- 颜色滴管工具组：对对象的颜色、轮廓和效果等属性进行抽样，并应用到其他对象上。
- 交互式填充工具：在工作区中为对象应用纯色、渐变和底纹等填充效果。
- 网状填充工具：通过控制网格上的节点颜色为对象添加多种颜色。
- 智能填充工具：在边缘重叠区域创建对象，并将填充应用到创建的对象上。
- 轮廓笔工具组：用于设置轮廓的属性，如轮廓色、轮廓粗细与线条样式等。

选择工具组
形状工具组
裁剪工具组
缩放工具
平移工具
贝塞尔工具组
艺术笔工具
矩形工具组
椭圆工具组
多边形工具组
文本工具组
平行度量工具组
直线连接器工具组
调和工具组
阴影工具
透明工具
颜色滴管工具组
交互式填充
网状填充工具
智能填充工具
轮廓笔工具组
编辑填充工具
颜色工具

图1-18 工具箱

● 编辑填充工具：用于打开“编辑填充”对话框，在其中可以设置纯色、渐变、底纹、位图等填充方式。

● 颜色工具：用于设置所选对象的详细颜色选项。

## 1.2.6 调色板

在CorelDRAW X7中，调色板用于快速对选中图形的内部或轮廓进行颜色填充。在色块上单击鼠标左键可填充对象，在色块上单击鼠标右键将填充对象轮廓。若在调色板中的一种颜色块上按住鼠标左键不放，将打开该颜色的具体调色板，在其中有深浅不均的色块供用户选择。调色板默认的颜色模式是CMYK模式，用户也可通过选择【窗口】/【调色板】命令中的子命令调整调色板的颜色模式。

## 1.2.7 工作区

工作区是图像操作的主要区域，它包括文件标签、标尺、绘图区、滚动条、页面控制栏和导航器，如图1-19所示。各部分的作用如下。

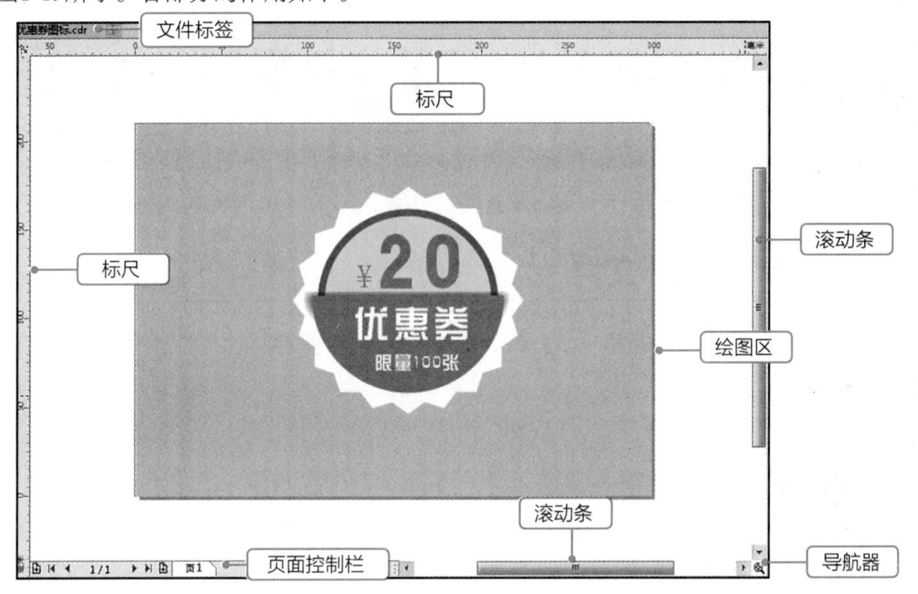


图1-19　CorelDRAW X7的工作区

● 文件标签：文件标签主要用于显示打开的文件，单击可切换到对应文件窗口中。

● 标尺：标尺用于精确地绘制、缩放或对齐对象，是精确制作图形的一个非常重要的辅助工具，它由水平标尺和垂直标尺组成。

● 绘图区：绘图区包括页面和页面外的白色区域。需要打印输出图像时，要将绘图控制或移动到页面（中间的矩形区域）中，用户还可以根据需要调节页面的大小与方向。

● 滚动条：当放大显示页面后，有时页面将无法显示所有的对象，通过拖动滚动条可以显示被隐藏的图形部分。滚动条分为水平滚动条和垂直滚动条。

● 页面控制栏：主要用于页面的新建和管理。用户可以通过页面控制栏添加新页面，也可将不需要的页面删除。在页面控制栏中单击所需页面标签，可以查看相应页面的内容。

- 导航器：在绘图区的右下角有个图标，该图标即为导航器，单击导航器，将出现整个页面的缩略图。

### 1.2.8 泊坞窗

泊坞窗是放置各种管理器和编辑命令的工作面板，选择【窗口】/【泊坞窗】命令，即可打开对应的泊坞窗。当用户打开多个泊坞窗后，单击相应的标签可切换到其他的泊坞窗。展开某泊坞窗后，单击右上角的按钮可将泊坞窗收缩为标签状态，单击泊坞窗标签上方的按钮可以关闭泊坞窗。

### 1.2.9 状态栏

状态栏主要提供用户在绘图过程中的相关提示，以帮助用户了解当前操作信息或操作提示信息，如指针位置、轮廓、填充色和对象所在图层等。左边括号内的数据表示鼠标指针所在位置的坐标，单击右侧的按钮，可在弹出的列表中选择需要显示信息的类型，显示的信息会随操作的变化而变化。

## 1.3 CorelDRAW X7的文件操作

在绘制与编辑图形前，为了方便对图形文件进行管理，需要掌握文件的基本操作，如新建与打开文件、保存与关闭文件、导入与导出文件及打印文件等，本节将进行详细介绍。

### 1.3.1 新建与打开文件

新建与打开文件是编辑文件的第一步，CorelDRAW提供了多种新建与打开文件的方法供用户选择，下面进行具体介绍。

1. 新建文件

启动CorelDRAW X7后，若需进行图形绘制与编辑，需要先新建一个文件，下面对新建文件的常用方法进行介绍。

- 选择【文件】/【新建】命令。
- 在常用工具栏上单击“新建”按钮或在文件名称后单击“开始新文件”按钮。
- 直接按【Ctrl+N】组合键。

**疑难解答** 可以新建模板文件吗?

CorelDRAW X7提供了丰富的、可调用的内置模板，通过新建并修改这些模板，可以快速创建出美观且符合需要的文档。启动CorelDRAW X7，选择【文件】/【从模板新建】命令，打开“从模板新建”对话框，在“过滤器”列表的“查看方式”下拉列表框中选择“类型”选项，然后在“模板”列表框右侧的下拉列表框中选择模板，单击打开(O)按钮返回工作界面即可查看效果。

新建文件后，用户可以通过属性栏对页面大小、页面尺寸、页面方向和度量单位等进行简单的设置，如图1-20所示。

2. 打开文件

用户不仅可以编辑新文件，还可以对计算机中已有的文件进行编辑。但在编辑前，需要将其打开。下面将介绍常用的几种打开文件的方法。

知识链接
文件打开异常的处理方法

- 双击CorelDRAW制作的文件。
- 选择【文件】/【打开】命令。
- 按【Ctrl+O】组合键。
- 在常用工具栏上单击“打开”按钮。

执行上述第2~4种操作时，将打开“打开绘图”对话框，在其中选择需要打开的文件，单击打开(O)按钮即可打开文件，如图1-21所示。

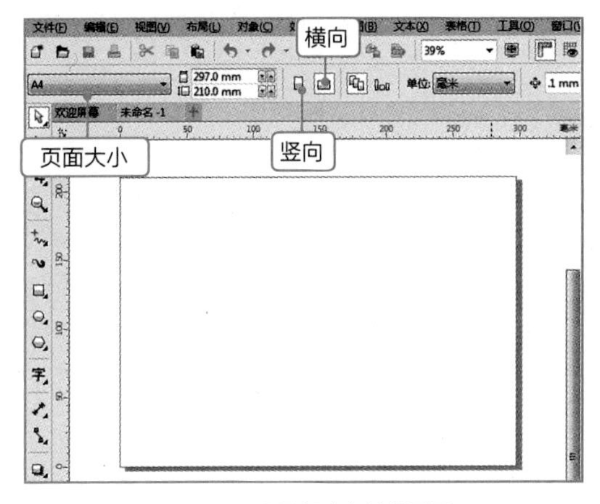


图1-20　设置新建文件的页面

图1-21　“打开绘图”对话框

## 1.3.2　保存与关闭文件

制作完文件后，为了避免文件的内容丢失，应及时将文件保存到计算机的磁盘中，若不再编辑该文件，则需要关闭文件，以提高计算机的运行速度。

1. 保存文件

保存文件有以下几种操作方法。

- 选择【文件】/【保存】命令。
- 在常用工具栏上单击“保存”按钮。
- 按【Ctrl+S】组合键。
- 选择【文件】/【另存为】命令，或按【Ctrl+Shift+S】组合键。

**技巧**　选择【文件】/【保存为模板】命令，打开“保存绘图”对话框。保存方法与另存为文件相似，不同的是，模板默认的保存位置为Templates文件夹，文件类型为CDT-CorelDRAW Template。

执行上述操作时，若是首次保存文件，将打开“保存绘图”对话框。在其中可设置文件名称、位置和类型，单击[保存]按钮可将该文件保存到设置的位置，如图1-22所示。若在操作过程中保存文件，将不会打开“保存绘图”对话框，文件自动保存到首次设置的位置，若需要将修改的文件保存到其他位置，或保存为其他名称，则可选择【文件】/【另存为】命令，再次打开“保存绘图”对话框进行设置。

2. 关闭文件

关闭文件的情况有以下3种。

- 在文件名标签后单击“关闭”按钮，关闭当前编辑的文件。
- 选择【文件】/【关闭】命令，关闭当前编辑的文件。
- 选择【文件】/【全部关闭】命令，关闭当前打开的所有文件。

若未对关闭的文件执行保存操作，将会在打开的对话框中提示用户是否保存文件的对话框，如图1-23所示。单击[取消]按钮取消关闭操作；单击[否(N)]按钮关闭不保存文件；单击[是(Y)]按钮将打开“保存绘图”对话框进行保存。

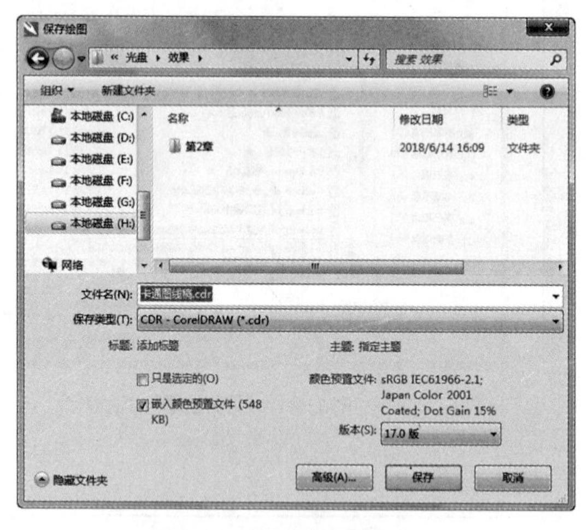

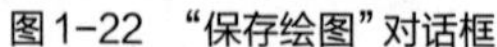
图1-22 “保存绘图”对话框

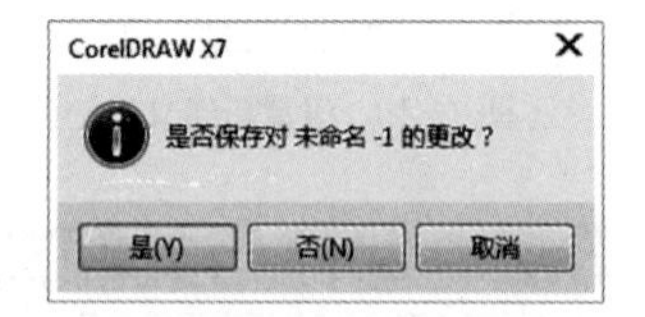

图1-23 关闭文件时的保存提示

**提示** 由于低版本软件不能打开高版本软件制作的文件，在保存文件时，用户可在“保存绘图”对话框的“版本”下拉列表框中选择较低的版本进行保存，便于CorelDRAW低版本软件打开该文件。

## 1.3.3 导入与导出文件

CorelDRAW能够打开的文件格式有限，通过导入与导出功能有效地弥补了这一不足，既方便将其他格式的文件导入到CorelDRAW中进行编辑，也方便CorelDRAW制作的文件能在其他软件中查看或使用。

1. 导入文件

导入文件是指将其他软件生成的文件导入到CorelDRAW中，常用方法有以下几种。

●选择【文件】/【导入】命令。

●在常用工具栏上单击“导入”按钮。

●按【Ctrl+I】组合键。

执行上述操作时，将打开“导入”对话框，如图1-24所示。选择需要导入的文件，单击按钮，返回操作界面，鼠标指针变为形状，此时单击鼠标左键可将文件按原大小导入到鼠标单击的位置；在需要放置文件的区域按住鼠标左键不放绘制放置文件的虚线框，释放鼠标左键即可在虚线框中导入文件；若直接按【Enter】键，文件将以原始大小导入到页面中心位置。

**提示** 单击按钮右侧的下拉按钮，在打开的下拉列表中可选择导入文件的方式，如选择【裁剪并装入】选项可以将文件中有用的区域导入到文件中；若选择【重新取样并装入】选项，可打开“重新取样图像”对话框，重新设置导入文件的高度、宽度、单位和分辨率。

2. 导出文件

导出文件是指将CorelDRAW编辑的文件导出为其他类型的文件。导出文件的常用方法有以下3种。

●选择【文件】/【导出】命令。

●在常用工具栏上单击“导出”按钮。

●按【Ctrl+E】组合键。

执行上述操作时，打开“导出”对话框，在“保存类型”下拉列表框中选择要导出的文件格式，单击按钮，如图1-25所示。

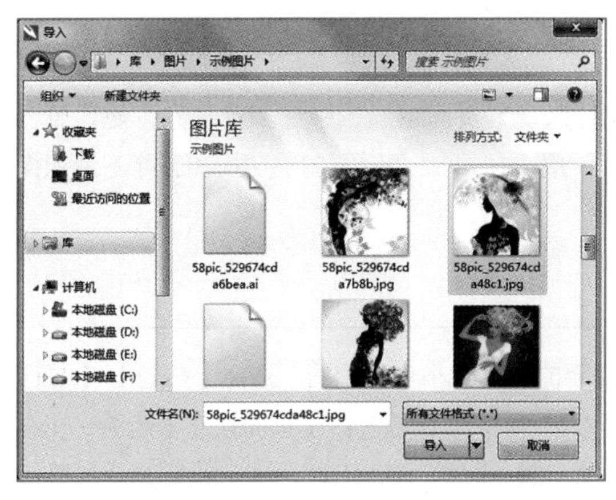


图1-24 “导入”对话框

图1-25 “导出”对话框

## 1.3.4 打印文件

作品完成制作后，还可以将其输出到纸张上或送到印刷厂进行批量印刷。为了在纸张上得到更为满意的输出效果，用户可通过“打印”对话框对打印的范围、份数、布局和颜色等参数进行设置，预览打印效果后再执行打印操作。其方法为：打开需要打印的文件，选择【文件】/【打印】命令，打开“打印”对话框，如图1-26所示，在其中选择合适的打印机，设置页面方向、打印范围、副本等参数，然后单击确定按钮完成打印设置。若要预览打印效果，可在“打印”对话框中单击打印预览(W)按钮或选择【文件】/【打印预览】命令，打开“打印预览”窗口。预览无误后，可在预览窗口的属性栏中单击“打印”按钮或选择【文件】/【打印】命令，或按【Ctrl+P】组合键打印文件，如图1-27所示。

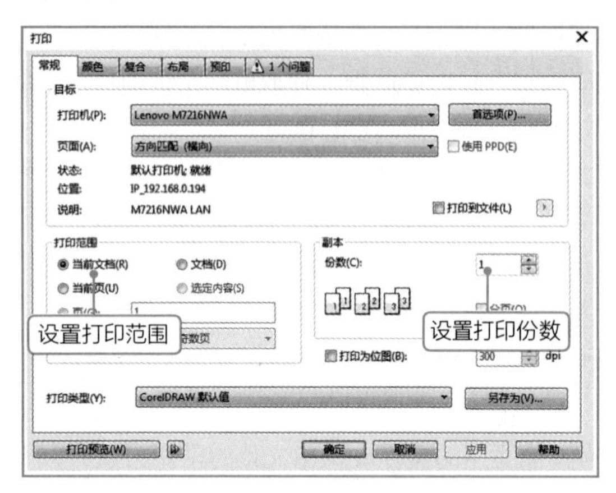


图1-26 “打印”对话框

图1-27 “打印预览”窗口

**技巧** 在“打印”对话框中也可直接预览打印效果，单击打印预览(W)按钮右侧按钮，即可在“打印”对话框右侧展开预览窗口。

## 1.4 页面设置

新建文件后，除了设置页面的大小与尺寸，还可以设置页面布局、标签和背景等，使其更合理地展示作品。当需要制作多页文件时，还涉及页面的添加、重命名、复制、切换和删除等系列操作，以控制页面显示。

### 1.4.1 设置页面尺寸

制作名片、海报、信封、画册等不同的文件所需要的尺寸大小也不相同。选择【布局】/【页面设置】命令，打开“选项”对话框，在“选项”对话框左侧展开【文件】/【页面尺寸】选项，在右侧的列表中可对页面大小、方向、宽度与高度及出血等进行设置，如图1-28所示，设置完成后单击确定按钮。

**疑难解答** 设置出血有什么作用?

“出血”属于印刷术语，是指图形在页面中显示为溢出状态，超出页边距的距离为出血。出血区域在打印装帧时可能会被裁剪，设置出血区域的目的在于确保打印装帧后作品的页面不会出现留白现象。

## 1.4.2 设置页面布局

选择【布局】/【页面布局】命令，在打开的“选项”对话框左侧展开【文件】/【布局】选项，在右侧的面板中可对页面布局进行设置，包括设置页面布局尺寸、开页状态和起始位置等，如图1-29所示。设置完成后单击确定按钮。

图1-28 设置页面尺寸

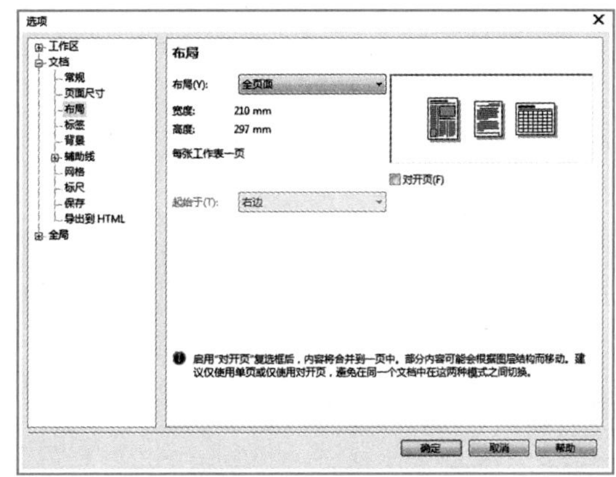


图1-29 设置页面布局

技巧 通过标签可以将页面布局效果设置为选择的标签效果，在“选项”对话框左侧展开【文档】/【标签】选项，在右侧选中◉标签(L)单选按钮，在其下的列表框中将显示丰富的标签样式，选择对应的标签样式后，右侧可预览该标签的效果。

## 1.4.3 设置页面背景

为页面添加纯色或图片背景，是美化页面、突出效果的重要手段。其方法为：在“选项”对话框左侧展开【文件】/【页面背景】选项，在右侧的面板中设置纯色背景或位图背景。设置位图背景时，可对位图的尺寸、是否打印位图背景进行设置，设置完成后单击确定按钮，若背景图片尺寸小，将以平铺的方式在页面中呈现，如图1-30所示。

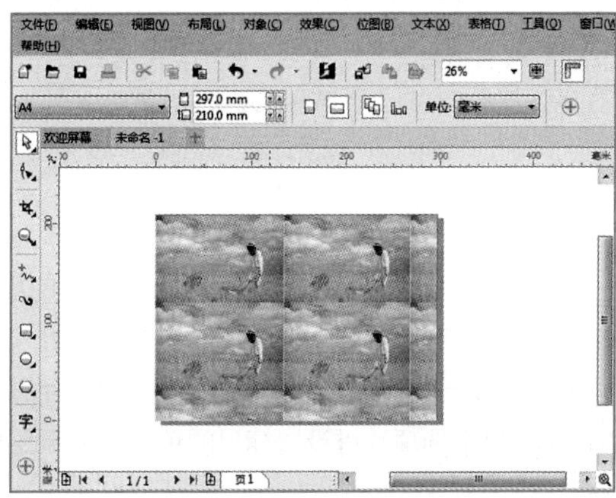


图1-30 设置页面背景

## 1.4.4 设置网格、标尺与辅助线

标尺、网格和辅助线是CorelDRAW的辅助制图工具，主要用于帮助定位页面中图形的位置及确定图形的大小。用户可以根据需要对页面中的标尺、网格和辅助线进行设置，以提高绘图的精确度和工作效率。

1. 网格

网格由分布均匀的水平线和垂直线组成，使用网格可以提高绘图的精确度。默认情况下，CorelDRAW没有显示网格，可根据需要选择【视图】/【网格】命令，在弹出的子菜单中选择对应的命令将其显示出来，再次选择该命令可以隐藏网格。网格的样式并不是固定的，选择【工具】/【选项】命令，打开“选项”对话框，在该对话框左侧展开【文件】/【网格】选项，可设置网格线的间距、显示方式、颜色和透明度等，设置完成后单击确定按钮。图1-31所示为文件网格的显示效果。

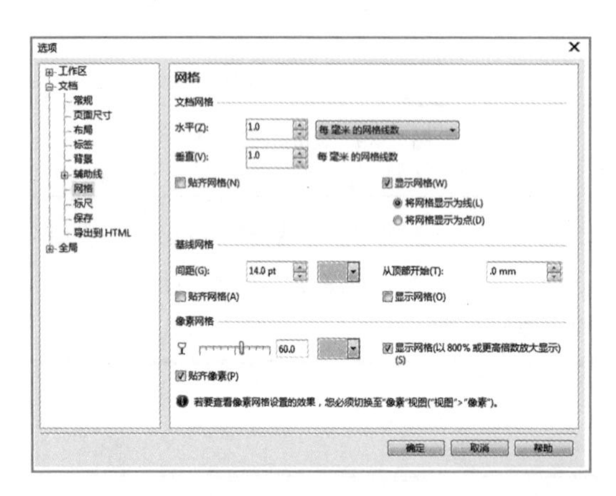

图1-31 设置文件网格

**疑难解答** | 文档网格与基线网格有什么区别？

文档网格是指网格会显示在页面及页面外的空白区域；基线网格是指网格只显示在页面的部分，页面外的空白部分是没有网格的。

2. 标尺

标尺是一个测量工具，使用标尺可以帮助用户精确绘图，确定对象图形的位置及测量图形对象在水平方向和垂直方向上的尺寸。为了方便操作，用户可以选择【视图】/【标尺】命令对标尺进行隐藏或显示。选择【工具】/【选项】命令，打开“选项”对话框，在该对话框左侧展开【文件】/【标尺】选项，可设置标尺的单位、微调距离和原始位置等，如图1-32所示。设置完成后单击确定按钮。

**技巧** 用户可以根据测量的需要调整标尺的位置，其方法为：将鼠标指针移至标尺左上角的“横纵标尺交叉点”图标上，按住【Shift】键的同时拖动鼠标，即可移动整个标尺的位置；也可在按住【Shift】键的同时，将鼠标指针移至横向或纵向标尺上，单独移动横向或纵向标尺。如果想使标尺回到默认状态，在按住【Shift】键的同时双击“横纵标尺交叉点”图标即可。

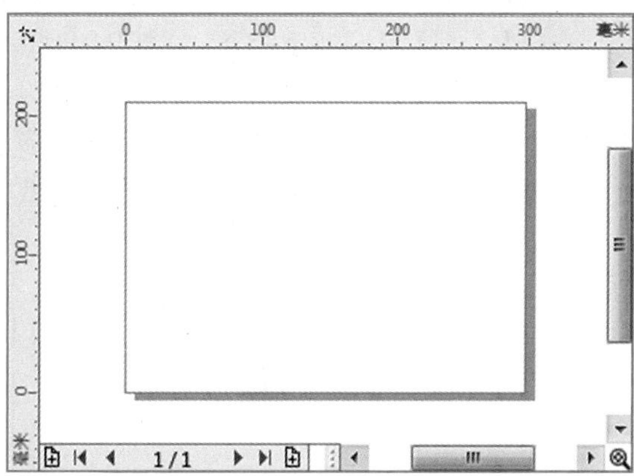

图1-32　设置标尺

3. 辅助线

辅助线是配合标尺使用的，通过辅助线可以定位对象。显示标尺后，在工作区拖动左侧或上侧的标尺即可创建垂直或水平的辅助线。可将辅助线拖动到绘图窗口的任意位置，并且能对其进行选择、移动、旋转、复制、删除、锁定与解锁等操作，下面分别进行介绍。

- 选择辅助线：在工具箱中选择选择工具，单击可选择单条辅助线，选择的辅助线呈红色。按【Ctrl+A】组合键或选择【编辑】/【全选】/【辅助线】命令，可选择全部辅助线。
- 移动辅助线：将鼠标指针移至选择的辅助线上，按住鼠标左键进行拖动，可移动辅助线。
- 旋转辅助线：在选择辅助线的基础上再次单击辅助线，将出现旋转基点与旋转图标。将鼠标指针移至辅助线的图标上，拖动旋转基点到合适的位置，再将鼠标指针移至辅助线两端的图标上，按住鼠标左键进行拖动，即可旋转辅助线，以创建倾斜辅助线，如图1-33所示。

图1-33　旋转辅助线

- 复制辅助线：将鼠标指针移至辅助线上，按住鼠标右键并拖动鼠标至合适位置后，释放鼠标右键将会弹出快捷菜单，选择【复制】命令，完成复制。
- 删除辅助线：选择不需要的辅助线，再按【Delete】键删除。
- 锁定与解锁辅助线：将鼠标指针对准需要锁定的辅助线，单击鼠标右键，在弹出的快捷菜单中选择【锁定对象】命令锁定该辅助线，锁定后将不能对它执行移动、删除等操作。若需要对该辅助线操作，单击鼠标右键，在弹出的快捷菜单中选择【解锁对象】命令进行解锁。

选择【工具】/【选项】命令，在打开的对话框中展开【文档】/【辅助线】选项，可对辅助线的颜色、显示与贴齐进行设置，如图1-34所示。展开【辅助线】下的【水平】【垂直】【辅助线】【预设】选项，可分别添加与编辑精确水平位置、精确垂直位置、精确角度的辅助线、预设辅助线，设置完成后单击确定按钮，图1-35所示为添加水平位置20毫米的辅助线。

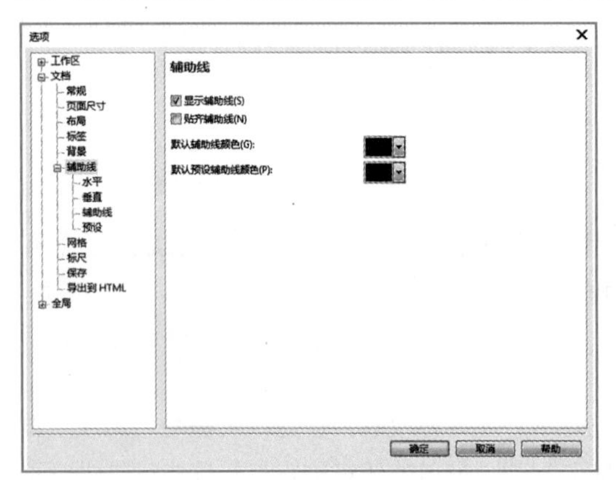

图1-34　设置辅助线的属性

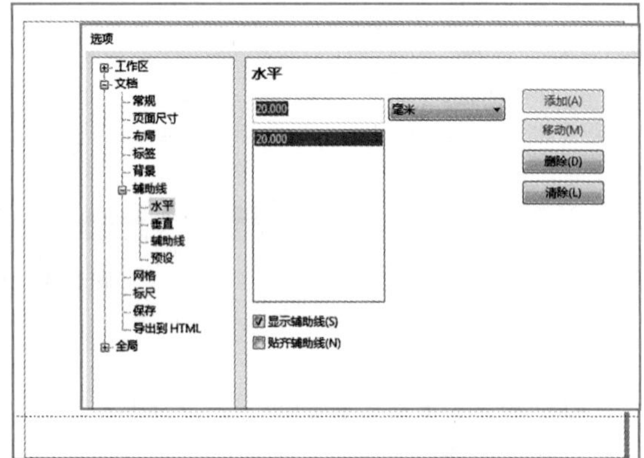

图1-35　创建水平辅助线

技巧　在“辅助线”泊坞窗中不仅可创建精确的辅助线，而且可快速设置辅助线的样式和颜色，查看辅助线的具体信息。选择【窗口】/【泊坞窗】/【辅助线】命令，即可打开“辅助线”泊坞窗。

## 1.4.5 操作页面

当在同一文件中需要运用到多页面时，就需要插入页面。插入页面后，用户还可对插入的页面进行重命名和删除等操作，以使页面简洁、便于区分；当需要查看不同页面的内容时，需切换到相应的页面中。下面将分别对这些页面的操作方法进行介绍。

### 1. 插入页面

在CorelDRAW中，用户可以通过以下3种方法来快速插入页面。

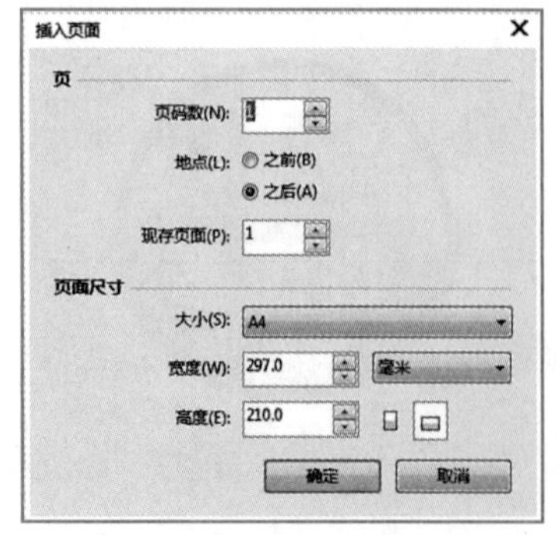

图1-36 “插入页面”对话框

- 选择【布局】/【插入页面】命令，打开“插入页面”对话框，在其中可对插入的页面数量、插入位置、页面方向及页面大小进行设置，设置完成后单击确定按钮，如图1-36所示。

- 在页面控制栏上单击当前页左侧的按钮，可在当前页之前插入一个新页面；单击右侧的按钮可在当前页之后插入一个新页面。
- 在页面控制栏的页面名称上单击鼠标右键，在弹出的快捷菜单中选择“在前面插入页码”或“在后面插入页码”命令插入新页面。

2. 重命名页面

单击需要重命名页面的标签，将其设置为当前页，选择【布局】/【重命名页面】命令，或在页面控制栏的页面名称上单击鼠标右键，在弹出的快捷菜单中选择【重命名页面】命令，打开“重命名页面”对话框，在“页名”文本框中输入新的页面名称后单击确定按钮，如图1-37所示。

3. 删除页面

删除一些多余的页面，可以使文件更加简洁。其方法为：在需要删除的页面标签上单击鼠标右键，在弹出的快捷菜单中选择【删除页面】命令，或选择【布局】/【删除页面】命令，在打开的“删除页面”对话框中设置要删除的页面，单击确定按钮即可删除，如图1-38所示。

4. 切换页面

单击页面控制栏中的◀按钮可切换到上一页；单击▶按钮可切换到下一页；单击⏮按钮可切换到第一页；单击⏭按钮可切换到最后一页；如果要切换到具体的某一个页面，可直接单击该页面的标签。

5. 再制页面

再制页面也就是将现有页面的设置或内容进行复制，形成另一个完全相同的页面，再制页面一般有以下两种方法。

- 选择【布局】/【再制页面】命令，或在页面控制栏的页面名称上单击鼠标右键，在弹出的快捷菜单中选择【再制页面】命令，打开“再制页面”对话框，在其中设置再制位置与再制的范围，设置完成后单击确定按钮，如图1-39所示。

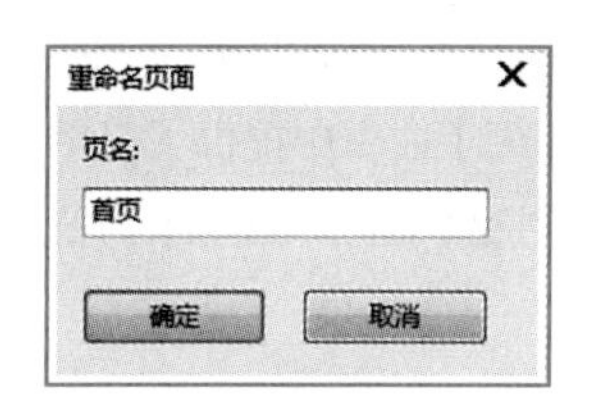


图1-37 “重命名页面”对话框

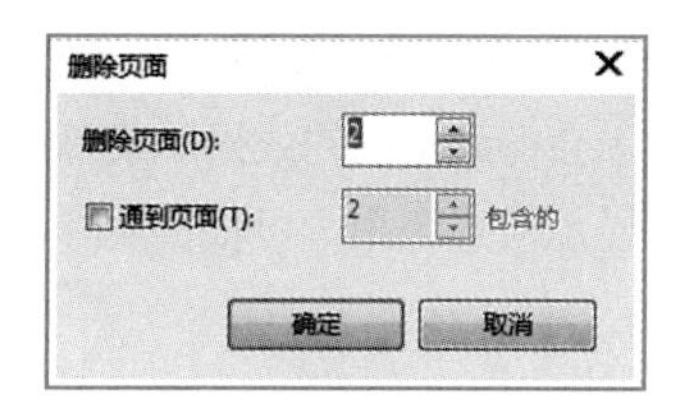


图1-38 “删除页面”对话框

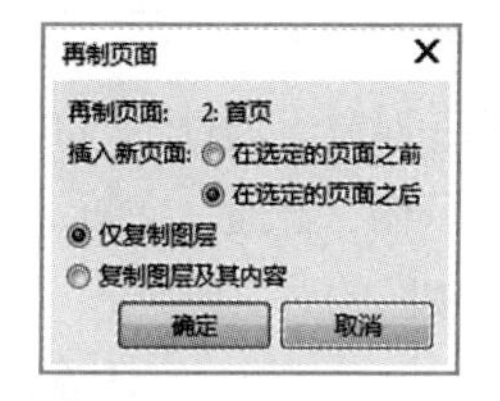


图1-39 “再制页面”对话框

- 该方法需要在有多个页面的文件中进行。在需要再制的页面标签上按住鼠标左键不放，按住【Ctrl】键的同时拖动鼠标指针至另一页面标签上后释放鼠标。

6. 移动页面

在多页文件中，在页面标签上按住鼠标左键不放，直接拖动鼠标指针至指定页面标签的位置后释放鼠标，可调整页面的顺序。

## 1.4.6 插入页码

在制作一些宣传册等多页文件时，为了方便浏览与打印装订，需要为文件插入页码。其方法为：

选择【布局】/【插入页码】命令，在弹出的子菜单中设置插入页码的方式，如图1-40所示。默认插入的页码可能不符合一些特殊编辑需要，这时可在插入页码后，选择【布局】/【页码设置】命令，打开图1-41所示的“页码设置”对话框，对起始编号、起始页和页码的样式进行设置，设置完成后单击按钮，效果如图1-42所示。

图1-40　插入页码

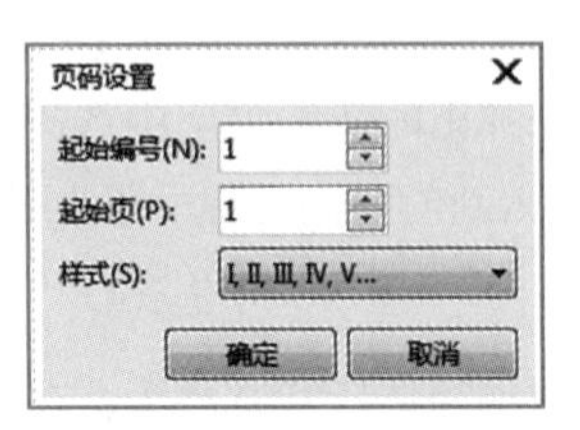


图1-41　页码设置

图1-42　页码设置效果

**提示**　插入页码后，为了得到美观的页面效果，可对某一页页码的字体、颜色、字号、页码位置进行设置，其他页面的页码也将自动应用相同的设置。

# 1.5 视图管理与对象查看

在CorelDRAW中可以根据不同的需求，为文件设置不同的显示模式和预览模式，也可以对视图进行缩放和平移等操作，以方便查看页面中对象的细节与全貌。此外，还可通过视图管理器来帮助查看页面中的对象。

## 1.5.1 设置视图显示方式

同一对象，通过不同的模式显示会得到不同的效果。菜单栏的【视图】命令中提供了简单线框、线框、草稿、普通、增强、像素等显示模式，用户可根据实际需要进行选择。图1-43所示为普通视图与线框视图的对比效果。

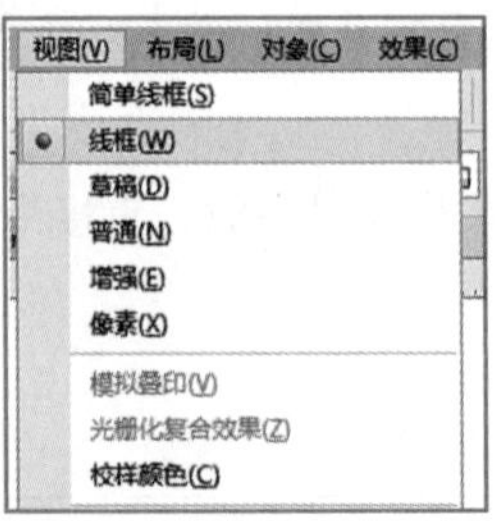

图1-43　普通视图与线框视图的显示效果

## 1.5.2 设置视图缩放

在查看图形对象的过程中，滚动鼠标滚轮可放大或缩小鼠标指针所在的区域。为了得到更佳的缩放效果，用户可使用缩放工具来查看图形的整体效果和细节效果。选择缩放工具，鼠标指针变为形状时，单击需要放大的区域即可。若要缩小图形区域，可按【Shift】键不放切换到缩小状态，即鼠标指针变为形状时，单击可缩小图像。在其属性栏中提供了多种显示功能，在左上角“显示比例”下拉列表框中可设置视图显示比例，单击右侧的按钮，可实现不同的缩放效果，如图1-44所示。

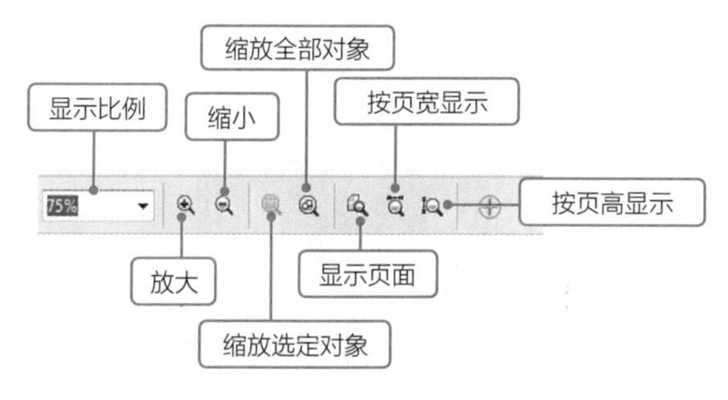


图1-44 设置视图缩放

## 1.5.3 设置视图平移

在放大图像后，会发现图像显示不全，使用平移工具可以在工作区内拖动鼠标查看图像未显示的区域。使用该功能需要先按【H】键或在缩放工具上按住鼠标左键不放，在弹出的面板中选择平移工具，当鼠标指针变为状态时，按住鼠标左键不放进行上下或左右拖动，可以发现画面会朝着拖动的方向移动，拖动至合适的区域后释放鼠标左键即可。图1-45所示为从左到右平移视图的效果。

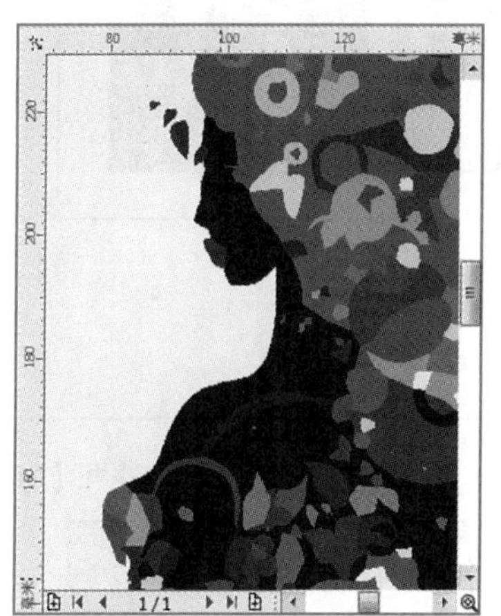
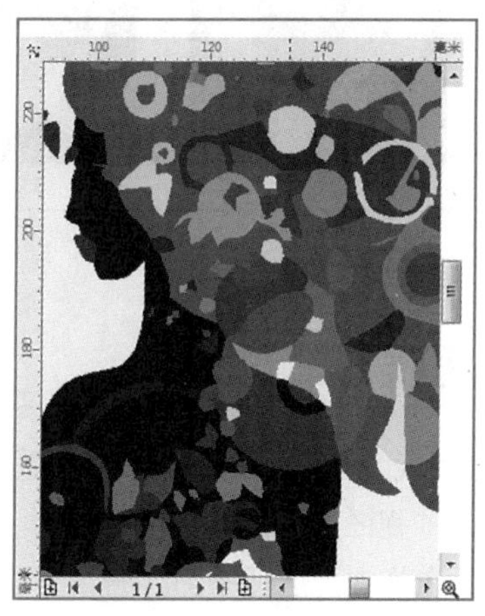
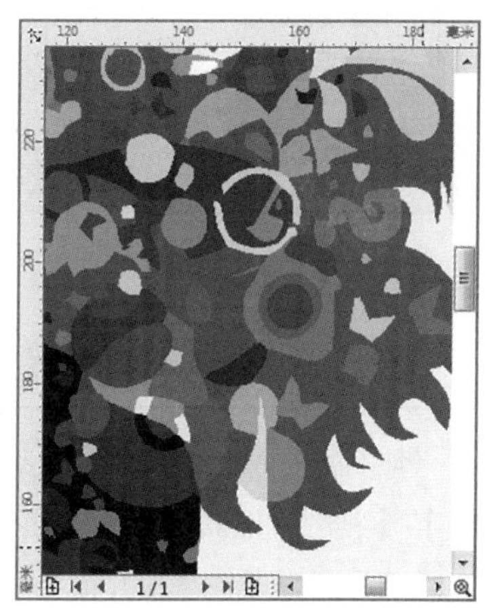

图1-45 设置视图平移

**技巧** 在工作界面中向前滚动鼠标滚轮可放大视图，向后滚动鼠标滚轮可缩小视图；若按住【Ctrl】键的同时向前滚动鼠标滚轮可向右平移视图，向后滚动鼠标滚轮可向左平移视图。

## 1.5.4 设置预览方式

在CorelDRAW X7的“视图”菜单中提供了多种文件预览方式，选择不同的预览方式将得到不同的效果。

- 全屏预览：选择该种方式可以将绘图区域中的对象全屏显示。全屏显示时，菜单和工具栏等都将隐藏，只显示页面中的对象，如图1-46所示。按【F9】键可进入全屏显示状态。
- 只预览选定的对象：选择该种方式，可以只全屏预览当前所选择的对象，图1-47所示为只预览选定的对象的效果。

图1-46 全屏预览

图1-47 只预览选定的对象

- 页面排序器视图：选择该种方式，可以将在CorelDRAW X7中编辑的多个页面以平铺的方式显示出来，方便在书籍、画册编排时进行查看和调整，如图1-48所示。

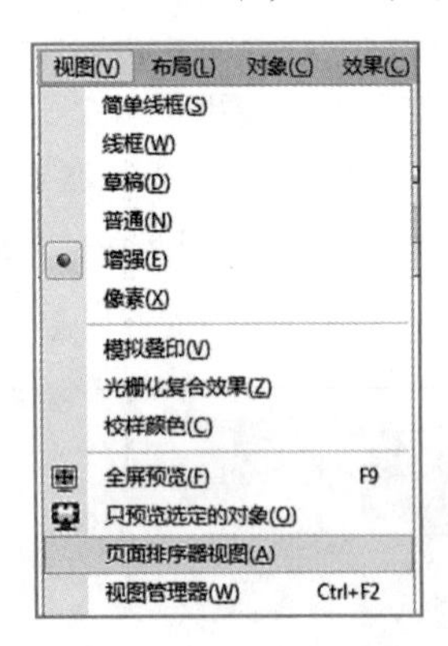

图1-48 预览多个页面

## 1.5.5 使用视图管理器

视图管理器以泊坞窗的形式进行视图查看，可以很方便地建立与管理视图缩放方案。选择【视图】/【视图管理器】命令，可打开“视图管理器”泊坞窗，单击该泊坞窗的名称将展开泊坞窗，在其中可进行添加、删除、重命名等视图操作，如图1-49所示。下面对其中常用的选项进行介绍。

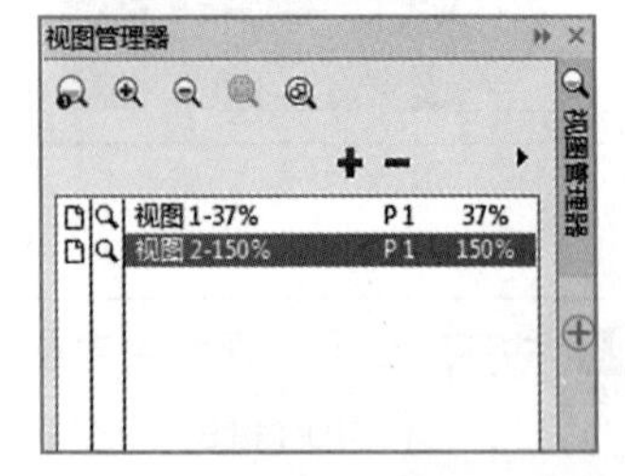


图1-49 “视图管理器”泊坞窗

- “缩放”按钮：在“视图管理器”泊坞窗上面有一排缩放按钮，其用法与缩放工具属性栏一样。不同的是按钮用于缩放一次图像，即单击该按钮后，可在页面中缩放一次图像。

- “添加当前视图”按钮+：单击该按钮可将当前页面的视图样式（页面与缩放级别等）添加到泊坞窗中，选择泊坞窗中的视图样式可切换到其视图中。
- “删除当前视图”按钮-：选择泊坞窗中的视图样式，单击该按钮可将其删除。
- 按钮：单击该按钮，呈灰色状态显示时，表示为禁用状态，即只显示缩放级别不切换页面。
- 按钮：单击该按钮，呈灰色状态显示时，表示为禁用状态，即只显示页面不显示缩放级别。

# 1.6 上机实训——利用模板制作名片

## 1.6.1 实训要求

本实训要求利用模板快速完成“新锐公司”名片的制作，要求制作后的名片美观、简洁。

## 1.6.2 实训分析

名片，又称卡片，是标示姓名及其所属组织、公司单位和联系方法的纸片。本例将通过名片模板新建一个名片文件，通过修改名片标志、文本与图片的方式快速完成名片的制作，本实训的参考效果如图1-50所示。

**素材所在位置：**素材\第1章\标志.png、科技.jpg。

**效果所在位置：**效果\第1章\名片.cdr。

图1-50 名片

## 1.6.3 操作思路

完成本实训主要包括创建名片模板、修改名片和保存名片3大步骤，其操作思路如图1-51所示。涉及的知识点包括文件的新建、文件的导入、文本的输入和文件的保存等。

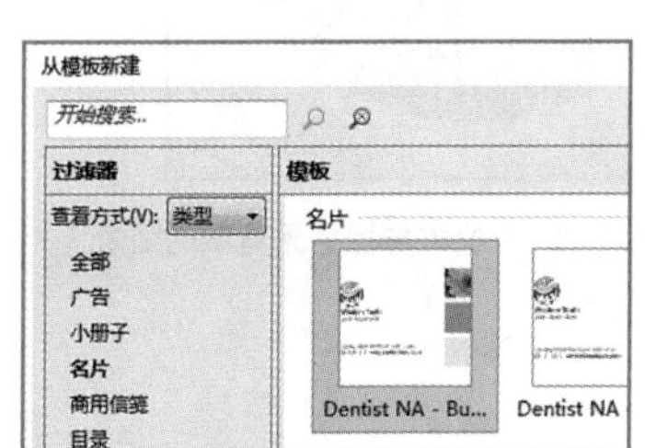

图1-51 操作思路

【步骤提示】

STEP 01 选择【文件】/【从模板新建】命令，打开“从模板新建”对话框，选择新建名片的模板文件。

STEP 02 选择【文件】/【导入】命令，打开“导入”对话框，选择素材中的标志与科技图片，单击 导入 按钮，返回界面单击导入图片。

STEP 03 调整导入的标志与科技图片大小，调整模板矩形大小，大致与导入的图片一致，更改模板矩形颜色，按【Delete】键删除模板中的标志与图片，输入名片文本，删除模板中的文本。

STEP 04 在页面2标签上单击鼠标右键，在弹出的快捷菜单中选择“删除页面”命令，删除页面2，选择【文件】/【保存】命令，保存名片。

## 1.7 课后练习

### 1. 练习 1——*为页面填充图片背景*

通过“选项”对话框为素材文件“青蛙.cdr”填充荷塘背景，然后保存文件，效果如图1-52所示。其中涉及文件的打开、页面背景的设置、文件的保存与关闭等操作。

**素材所在位置：**素材\第1章\青蛙.cdr、荷塘.jpg。

**效果所在位置：**效果\第1章\青蛙.cdr。

### 2. 练习 2——*将 CorelDRAW 文件导出为无背景的图像*

本练习将“优惠券图标.cdr”文件中的图标导出为无背景的图像，效果如图1-53所示。其中涉及文件格式的认识、文件的打开、文件的导出与文件的关闭等操作。

**提示：**PNG格式为常用的、背景透明的文件格式，因此可将文件导出为PNG文件。

**素材所在位置：**素材\第1章\优惠券图标.cdr。

**效果所在位置：**效果\第1章\优惠券图标.png。

图1-52　为页面填充图片背景

图1-53　将CorelDRAW文件导出为无背景的图像

CHAPTER 2

# 第 2 章 图形的基本绘制、连接与度量

CorelDRAW的工具箱集合了各种图形的绘制工具，如矩形工具、椭圆工具、多边形工具、星形工具、图纸工具、螺纹工具、基本形状工具、箭头形状工具、流程图形状工具、标题形状工具和标注形状工具等，通过使用这些工具可以快速绘制出各种不同的图形。此外，通过连接工具与度量工具可以连接与度量绘制的或打开的对象。本章将详细讲解图形的基本绘制、连接与度量等操作。

## 课堂学习目标

- 掌握各种基本图形的绘制方法
- 掌握连接图形的方法
- 掌握测量图形尺寸及添加标注的方法

## 课堂案例展示

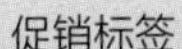

促销标签

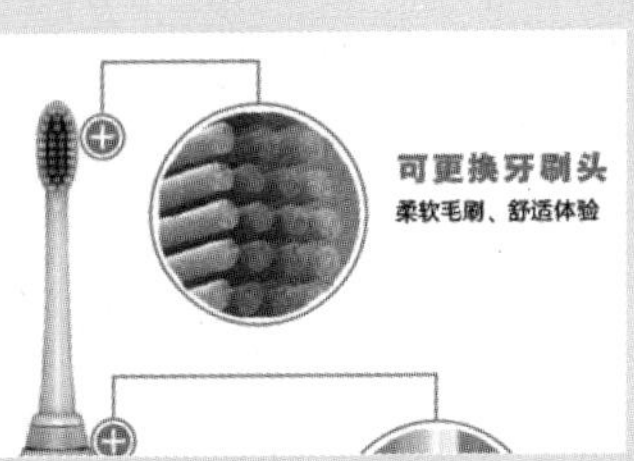


电动牙刷说明图

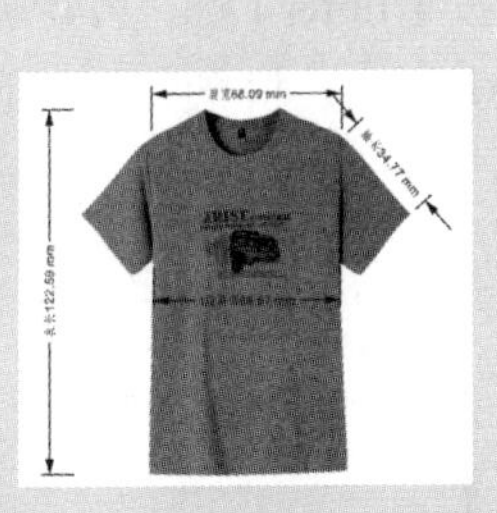

测量 T 恤尺寸

# 2.1 图形的简单绘制

生活中常见的一些几何图形和基本图形都可通过CorelDRAW对应的绘图工具来完成，如矩形、椭圆、多边形、星形、图纸、螺纹、心形、箭头形状、流程图形状、标注形状和标题形状等，本节将进行详细讲解。

## 2.1.1 课堂案例——绘制丰富的促销标签

**案例目标：**促销标签外观形状丰富，经常被广泛用于产品促销的网页中，以及各大商场张贴的促销海报上。本例将通过相关图形绘制工具来制作一组外观各异的促销标签，包括三角形促销标签、标注促销标签、箭头促销标签和花朵样式的促销标签，完成后的参考效果如图 2-1 所示。

视频教学
绘制丰富的促销标签

**知识要点：**多边形工具、椭圆工具、标注形状工具、箭头形状工具、矩形工具、星形工具。

**效果文件：**效果 \ 第 2 章 \ 促销标签 .cdr。

图2-1　促销标签效果

其具体操作步骤如下。

**STEP 01** 新建A4、横向、名为“促销标签”的空白文件，选择多边形工具，在工具属性栏中的“点数或边数”文本框中输入“3”，按住【Ctrl】键拖动鼠标绘制一个正三角形，如图2-2所示。

**STEP 02** 在工具属性栏中单击“锁定比率”按钮，使其呈现状态，设置宽为“100 mm”，按【Enter】键，将轮廓宽度设置为“无”，在界面右侧色块上单击靛蓝色块（CMYK：60、60、0、0），填充图形为靛蓝色，如图2-3所示。

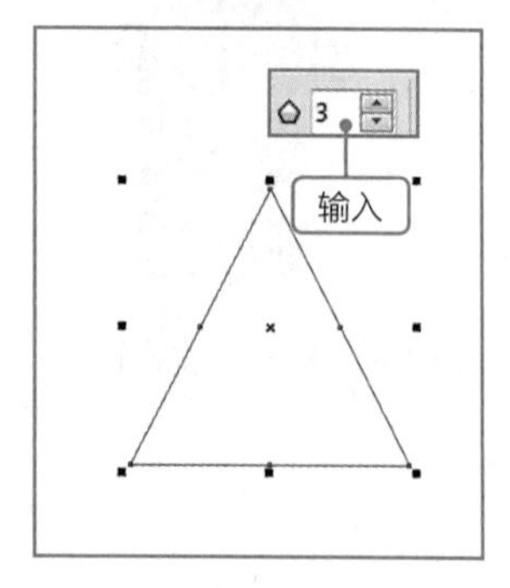


图2-2　绘制正三角形

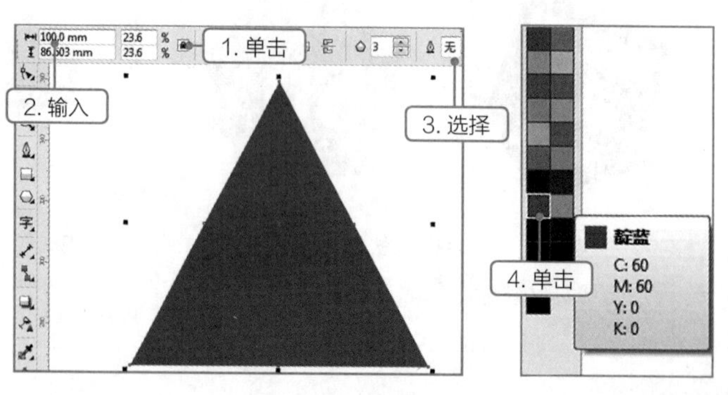


图2-3　设置工具属性栏

STEP 03 按住【Shift】键向内拖动正三角形，缩小至合适位置时单击鼠标右键，复制三角形，按【↓】键向下移动复制的三角形到中心位置，在界面右侧单击无填充色块☒，取消填充色单击白色色块（CMYK：0、0、0、0），填充轮廓，选择钢笔工具，在工具属性栏中将轮廓宽度设置为“1.0 mm”，将线条样式设置为“虚线”样式，如图2-4所示。

STEP 04 选择椭圆工具，在三角形顶端按住【Ctrl】键绘制长、宽均为“8.5 mm”的圆，单击右侧的白色色块填充该圆为白色，用鼠标右键单击无填充色块☒取消轮廓，如图2-5所示。

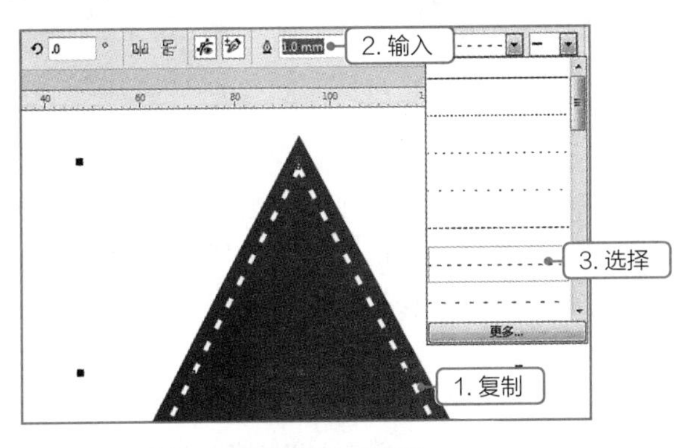


图2-4　复制并编辑三角形

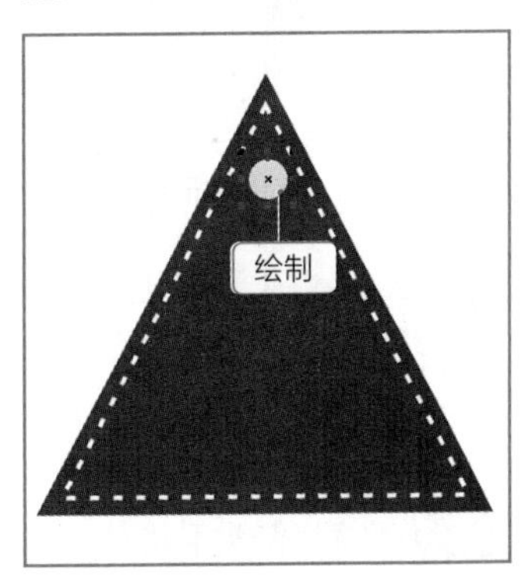


图2-5　绘制圆

STEP 05 按住【Shift】键加选底部的三角形，在属性栏中单击“移除前面对象”按钮，如图2-6所示，得到白色圆在三角形上的镂空效果。

STEP 06 选择文本工具，在三角形内输入促销文字，单击白色色块填充促销文字为白色，在属性栏中设置文本字体为“微软雅黑”，调整文本字号，单击“粗体”按钮加粗小号文字，如图2-7所示。选择选择工具，拖动鼠标框选三角形标签的所有对象，按【Ctrl+G】组合键群组标签，完成该标签的制作。

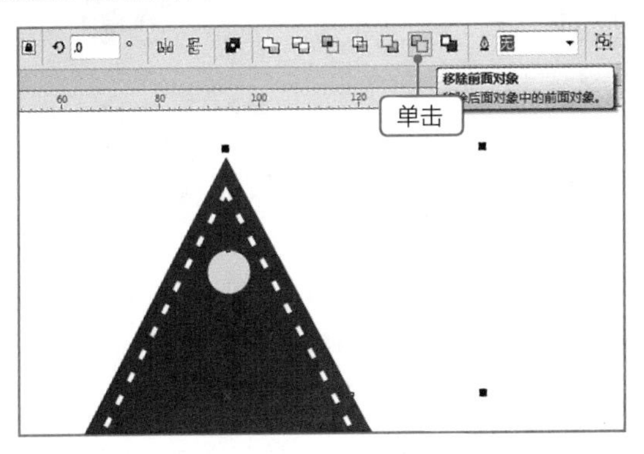


图2-6　移除前面对象

图2-7　输入文本

STEP 07 在多边形工具上按住鼠标左键不放，在弹出的下拉列表中选择标注形状工具，按住【Ctrl】键在空白处绘制长、宽均为“100 mm”的圆，单击右侧的青色块（CMYK：100、0、0、0）填充颜色，用鼠标右键单击无填充色块☒取消轮廓，如图2-8所示。

STEP 08 将鼠标指针移动到红色控制点上，拖动控制点到左下方，调整标注的指示位置，如图2-9所示。

**STEP 09** 选择文本工具字，在圆内输入促销文字，在界面右侧色块上单击白色色块填充促销文字为白色，在属性栏中设置文本字体为“方正粗圆简体”，调整文本字号，如图2-10所示。

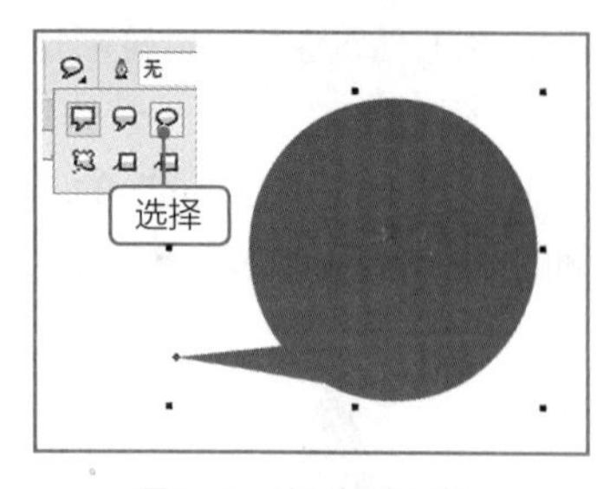


图2-8　绘制标注形状

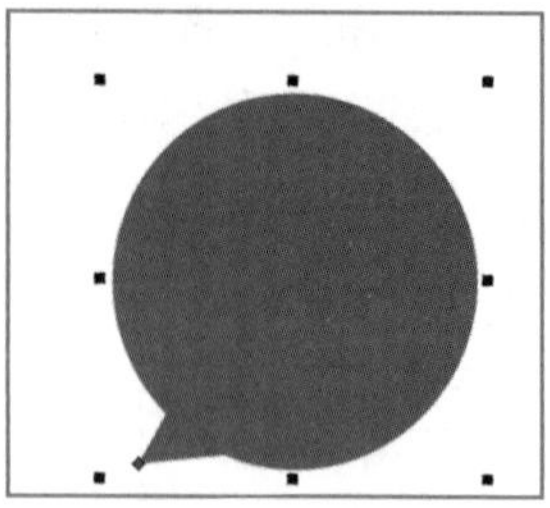

图2-9　调整标注的指示位置

图2-10　输入文本

**STEP 10** 选择【对象】/【变换】/【倾斜】命令，打开“变换”泊坞窗，设置水平方向的倾斜值为“-15”，选择文本，单击应用按钮，应用倾斜效果，如图2-11所示。选择选择工具，拖动鼠标框选标注形状标签的所有对象，按【Ctrl+G】组合键群组标签，完成标注形状标签的制作。

**STEP 11** 选择箭头形状工具，按住【Ctrl】键在空白处绘制长、宽为“100 mm”的箭头，在属性栏的“旋转角度”文本框中输入“20”，单击右侧的洋红色块（CMYK：0、100、0、0）填充颜色，用鼠标右键单击无填充色块⊠取消轮廓，如图2-12所示。

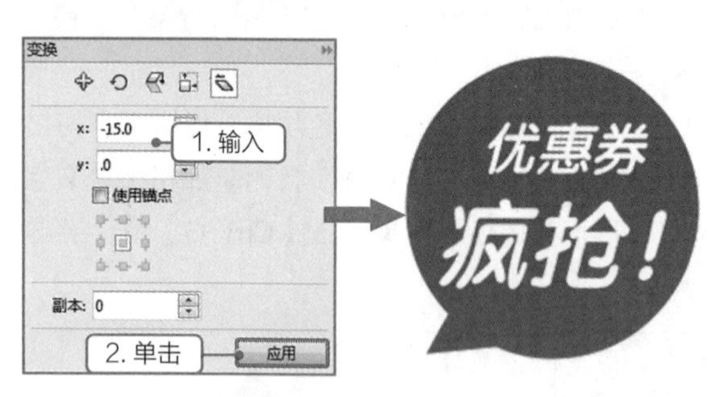


图2-11　倾斜文本

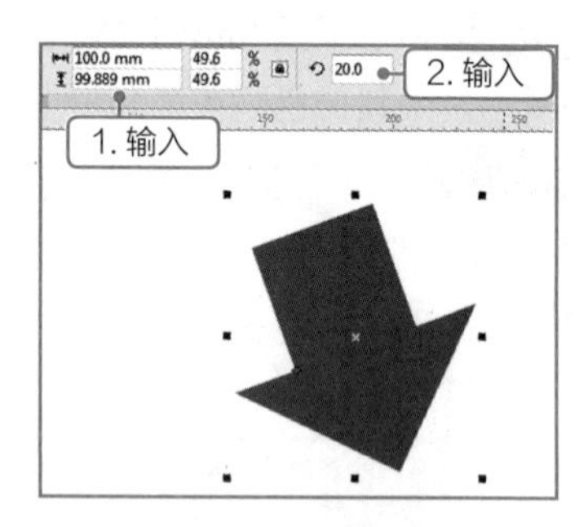


图2-12　绘制箭头

**STEP 12** 将鼠标指针移动到红色控制点上，拖动控制点到左下方，调整箭头的形状，如图2-13所示。

**STEP 13** 绘制一个圆，然后复制3个圆，将4个圆靠在一起，按【Ctrl+G】组合键群组圆，拖动四角的控制点，调整圆的大小，使两端的圆与箭尾两端相切，如图2-14所示。

**STEP 14** 按住【Shift】键加选底部的箭头图形，在属性栏中单击“移除前面对象”按钮，如图2-15所示，得到白色圆在箭头图形上的镂空效果。

图2-13　调整箭头外观

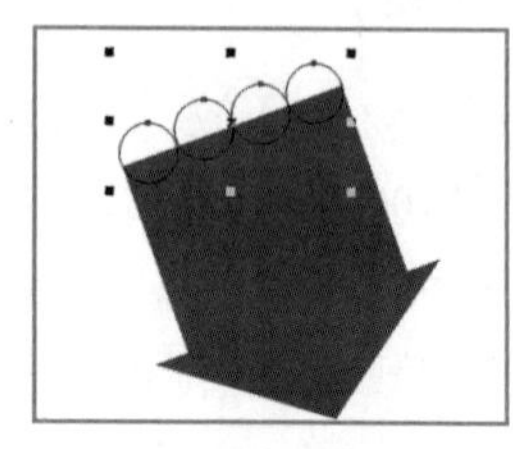

图2-14　绘制与复制圆

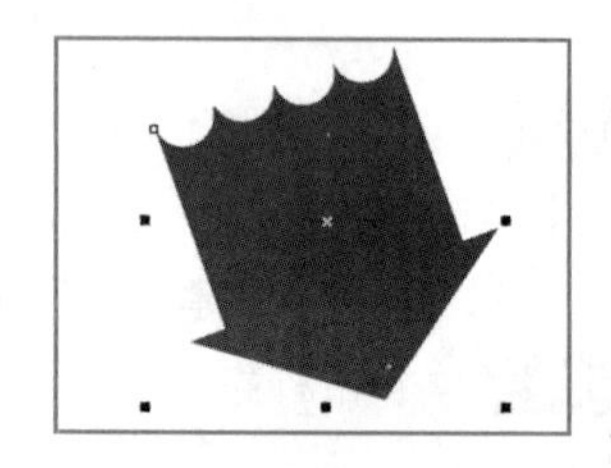

图2-15　移除前面对象

STEP 15 略微向左下角拖动箭头，单击鼠标右键选择复制，然后选择底层的箭头，在界面右侧色块上单击黄色色块（CMYK：0、0、100、0），更改底层箭头为黄色；选择矩形工具，绘制长、宽分别为“65 mm、35 mm”的矩形，设置旋转角度为“20° ”，在界面右侧色块上单击黄色色块（CMYK：0、0、100、0）填充颜色，用鼠标右键单击无填充色块☒取消轮廓，将该矩形移动到箭头中上方，如图2-16所示。

STEP 16 选择文本工具，输入促销文字，在界面右侧色块上单击洋红色块（CMYK：0、100、0、0）填充第一行文本，单击白色色块填充其他文本，在工具属性栏中设置文本字体为“方正大黑简体”，设置旋转角度为“20° ”，调整文本字号，拖动鼠标框选箭头标签的所有对象，按【Ctrl+G】组合键群组标签，完成箭头标签的制作，如图2-17所示。

STEP 17 选择星形工具，设置点数或边数为“10”，在空白处按住【Ctrl】键绘制长、宽均为“100 mm”的星形，在界面右侧色块上单击粉色色块（CMYK：0、50、0、0）填充颜色，用鼠标右键单击无填充色块☒取消轮廓，如图2-18所示。

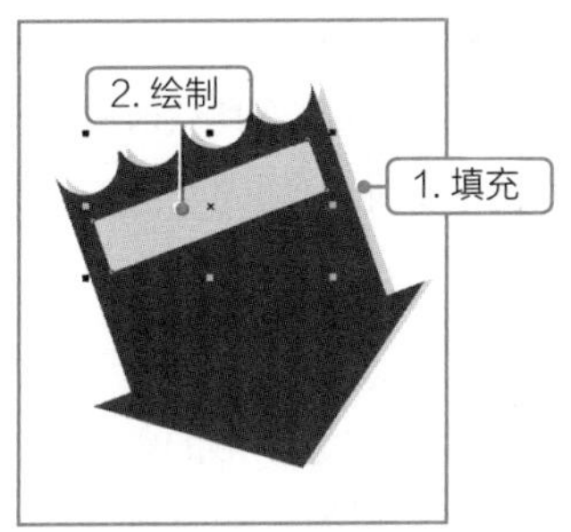

图2-16　绘制矩形

图2-17　调整标注指示位置

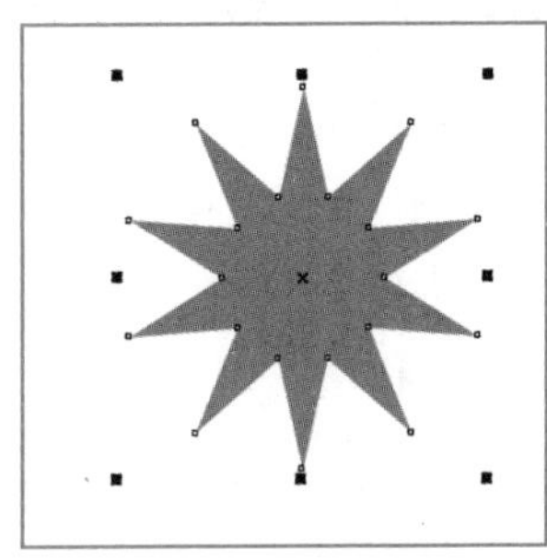
图2-18　绘制星形

STEP 18 选择形状工具，向外拖动红色控制点，更改星形外观，如图2-19所示。

STEP 19 按【Ctrl+Q】组合键转曲，使用形状工具框选所有节点，在属性栏中单击“转换为曲线”按钮，如图2-20所示。

STEP 20 在属性栏中单击“对称节点”按钮，制作花朵形状，如图2-21所示。

图2-19　更改星形外观

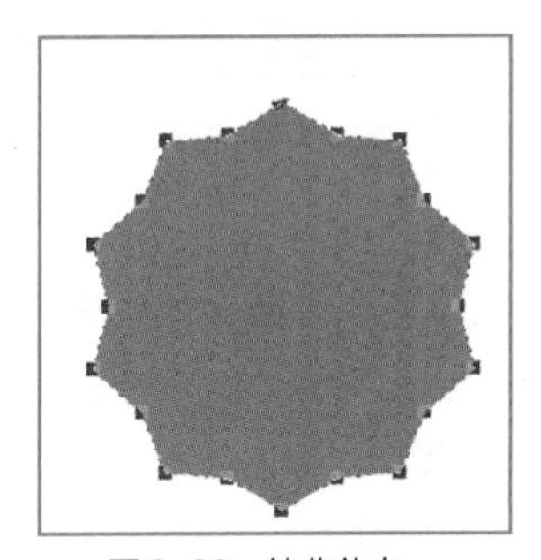
图2-20　转曲节点

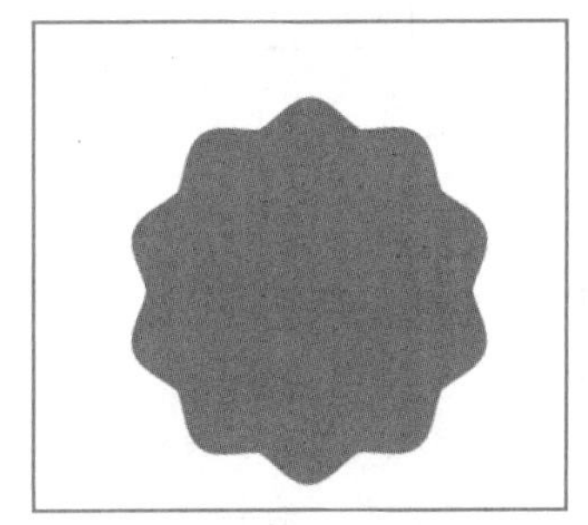
图2-21　制作花朵形状

STEP 21 选择星形工具，设置点数或边数为“5”，在花朵中上方按住【Ctrl】键绘制小的五角星形，在界面右侧色块上单击白色色块（CMYK：0、0、0、0）填充颜色，用鼠标右键单击无填充色块☒取消轮廓，如图2-22所示。

STEP 22 向右拖动五角星一定距离后单击鼠标右键复制，再复制一个，使3个五角星均匀排列成一行，如图2-23所示。

**STEP 23** 选择文本工具字，输入促销文字，在界面右侧色块上单击白色色块填充文本，在工具属性栏中设置文本字体为“方正大黑简体”，调整文本字号与排列方式；拖动鼠标框选花朵促销标签的所有对象，按【Ctrl+G】组合键群组标签，完成花朵促销标签的制作，如图2-24所示。

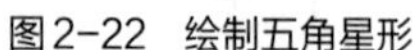
图2-22　绘制五角星形

图2-23　复制与排列星形

图2-24　输入文本

## 2.1.2　矩形工具与3点矩形工具

CorelDRAW中提供了两种绘制矩形的工具，即矩形与3点矩形工具。这两种工具绘制矩形的方法略有不同。矩形工具是通过直接拖动进行绘制，而3点矩形工具是通过矩形相邻的两边直线来绘制，下面进行具体介绍。

1．矩形工具

选择矩形工具□，在绘图区中按住鼠标左键斜向拖动，再释放鼠标即可完成矩形的绘制，若按住【Ctrl】键进行拖动可绘制正方形。绘制矩形后，可通过工具属性栏对其对象大小、锁定比率、角样式切换、转角半径、同时编辑所有角、相对角缩放、轮廓宽度和转化为曲线等参数进行修改，如图2-25所示。

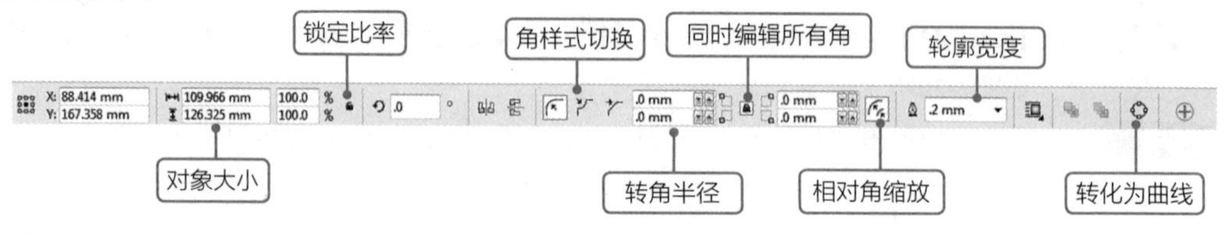


图2-25　矩形工具属性栏

下面对矩形工具属性栏中的主要参数进行介绍。

- 对象大小：在“宽度”与“高度”文本框中可精确设置绘制矩形的大小。
- “锁定比率”按钮：单击“锁定比率”按钮，使其呈现状态，在设置宽度（高度）时，高度（宽度）会根据对象的原始比例自动变化。
- 角样式切换：当转角半径为0时，为直角样式；当转角半径为非0时，单击“圆角”按钮、“扇形角”按钮和“倒棱角”按钮，可设置不同的角样式，如图2-26所示。

图2-26　直角、圆角、扇形角和倒棱角效果

- “转角半径”文本框：在4个文本框中输入数值可以设置圆角、扇形角、倒棱角的平滑大小，图2-27所示为转角半径为5 mm与转角半径为20 mm的对比效果。
- “同时编辑所有角”按钮：默认状态下该按钮呈状态，在某一个角的文本框中输入数值后，其他文本框中的值将会统一进行变化；单击该按钮，当按钮呈状态时，可单击编辑某一角的平滑度，图2-28所示为单独增大左上角的转角半径的效果。
- “相对角缩放”按钮：单击激活后，在缩放矩形时，角度平滑值也会进行相应的缩放，若取消选中，缩放时，角度平滑值不会发生变化。
- “轮廓宽度”按钮：在其后的下拉列表框中可输入或选择轮廓的宽度。若输入“0”或选择“无”选项，将取消矩形的轮廓。
- “转化为曲线”按钮：在没有转曲时，只能进行角上的变化，但单击该按钮转曲后，可进行自由变换或添加节点等操作，图2-29所示为转化为曲线后，对矩形的边进行编辑后的效果。

图2-27　不同转角半径对比效果

图2-28　单独增大左上角的转角半径效果

图2-29　转化为曲线效果

2. 3点矩形工具

单击矩形工具的右下角，在弹出的面板中选择3点矩形工具，在绘图区中第一个点的位置按住鼠标左键不放并拖出一条直线，在第二个点的位置释放鼠标，移动鼠标，在第3个点的位置单击，程序会自动根据平行的原则确定其他两边的位置，如图2-30所示。

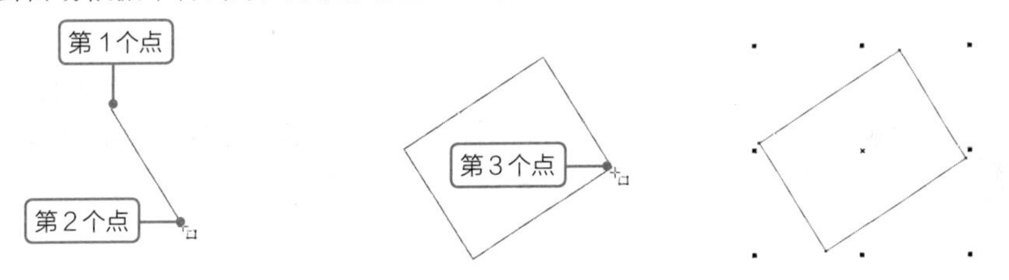


图2-30　使用3点矩形工具绘制矩形

## 2.1.3　椭圆工具与3点椭圆工具

椭圆是图形设计的重要元素之一。椭圆工具的使用方法与矩形工具的使用方法相似，椭圆工具也分为椭圆工具和三点椭圆工具。除了绘制椭圆外，用户还可通过属性栏设置扇形和圆弧等，下面将进行具体讲解。

1. 椭圆工具

选择椭圆工具，在绘图区中按住鼠标左键进行拖动，再释放鼠标即可绘制一个椭圆，若同时按住【Ctrl】键进行拖动，可绘制正圆，若按住【Shift】键可以以中心为起始点绘制椭圆，按住【Ctrl+Shift】组合键，则将以拖动的起点为中心绘制正圆。绘制椭圆后，可通过工具属性栏对其对象大小、角样式、转角半径和轮廓宽度等参数进行修改，如图2-31所示。

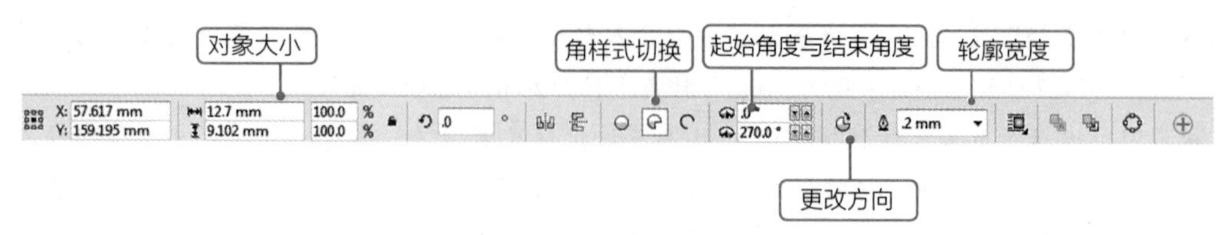


图2-31　椭圆工具属性栏

下面对椭圆工具属性栏中的主要参数进行介绍。

- 椭圆形、饼图、弧切换：单击"椭圆形"按钮、"饼图"按钮或"弧"按钮，可切换到相应的图形进行绘制，如图2-32所示。
- "起始与结束角度"文本框：用于设置饼图或圆弧断开位置的起始角度和结束角度，范围是0°～30°，图2-33所示为不同起始角度与结束角度的饼图。

图2-32　椭圆形、饼图、弧效果　　图2-33　不同起始角度与结束角度的饼图

- "更改方向"按钮：单击该按钮可更改起始角度和结束角度的方向，即转换顺时针或逆时针方向。

2. 3点椭圆工具

3点椭圆工具是以椭圆的高度和直径长度为基准进行绘制的，其绘制方法为：单击椭圆工具的右下角，在弹出的面板中选择3点椭圆工具，在绘图区中第一个点的位置按住鼠标左键不放并拖动出一条斜线，表示椭圆的直径，在第二个点的位置释放鼠标，移动鼠标确定椭圆的高度，在第3个点的位置单击，完成椭圆的绘制，如图2-34所示。

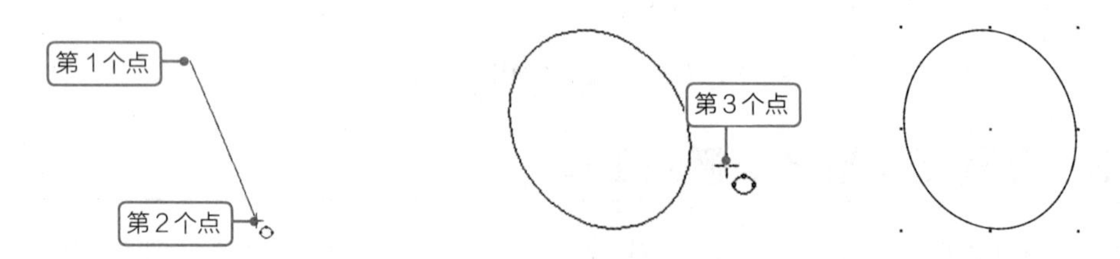


图2-34　使用3点椭圆工具

## 2.1.4　多边形工具

多边形是一种常见的几何图形，通过多边形工具，用户可绘制3~500边数的图形，如三角形、五边形和六边形等。绘制多边形的方法很简单，只需选择多边形工具，在其工具属性栏中的"多边形上的点数"文本框中设置多边形的边数，在绘图区中按住鼠标左键进行拖动，再释放鼠标即可绘制出多边形，图2-35所示为绘制的不同边数的多边形效果，边数越多，越接近圆。若按

住【Ctrl】键进行拖动可绘制正多边形，若按住【Shift】键可以以中心为起始点绘制多边形，按住【Ctrl+Shift】组合键，则将以拖动的起点为中心绘制正多边形。

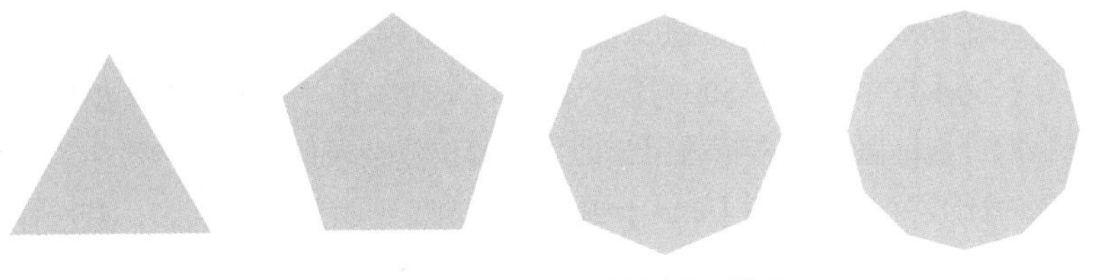

图2-35　不同边数的多边形效果

**技巧**　多边形和星形的各个边角是相互关联的，使用形状工具拖动绘制的多边形的任意一个节点，其余各边的节点都会产生相应的变化。

## 2.1.5　星形工具与复杂星形工具

CorelDRAW中提供了两种绘制星形的工具，即星形工具与复杂星形工具。常规的星形可通过星形工具完成绘制，而具有交叉边缘的复杂星形则需要通过复杂星形工具来完成绘制，下面进行具体介绍。

1. 星形工具

单击多边形工具右下角的按钮，在弹出的面板中选择星形工具，在绘图区中按住鼠标左键拖动鼠标，再释放鼠标即可绘制出星形。若按住【Ctrl】键进行拖动可绘制正星形，若按住【Shift】键可以以中心为起始点绘制星形，按住【Ctrl+Shift】组合键则将以拖动的起点为中心绘制出正星形。绘制星形前或绘制星形后，用户都可通过工具属性栏更改星形的点数或边数、锐度，如图2-36所示。

图2-36　星形工具属性栏

下面对星形的点数或边数及锐度进行详细介绍。

- “点数或边数”文本框：用于设置绘制星形的角数，最大值为500，最小值为3，图2-37所示为绘制的不同角数的星形效果。
- “锐度”文本框：用于设置角的锐度，其值越大，角越尖，数值越小越接近于圆形，最大值为99，最小值为1，图2-38所示为锐度分别为1、50、99的对比效果。

图2-37　不同角数的星形效果

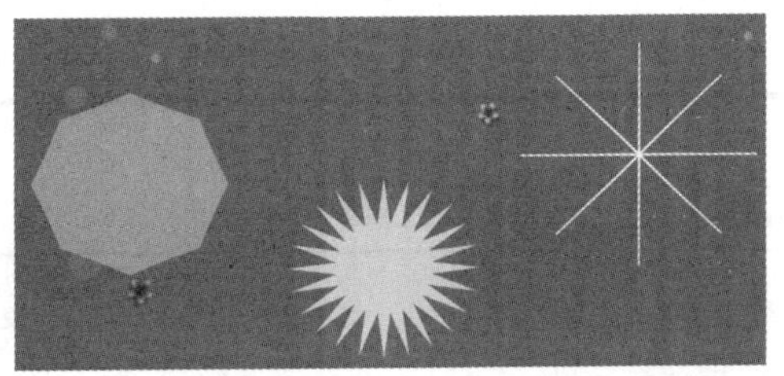

图2-38　锐度分别为1、50、99的对比效果

2. 复杂星形工具

使用复杂星形工具，用户可以绘制交叉边缘的复杂星形，其绘制方法与星形的绘制方法一样。只需单击多边形工具右下角的按钮，在弹出的面板中选择复杂星形工具，在工具属性栏中的“点数或边数”文本框中输入5~500的复杂星形的角数，在“锐度”文本框中输入锐度值，在绘图区中按住鼠标左键拖动鼠标，再释放鼠标即可绘制出复杂星形，图2-39所示为不同边数与不同锐度的复杂星形的对比效果。若按住【Ctrl】键进行拖动可绘制正复杂星形，若按住【Shift】键可以以中心为起始点绘制复杂星形，按住【Ctrl+Shift】组合键，则将以拖动的起点为中心绘制出复杂星形。

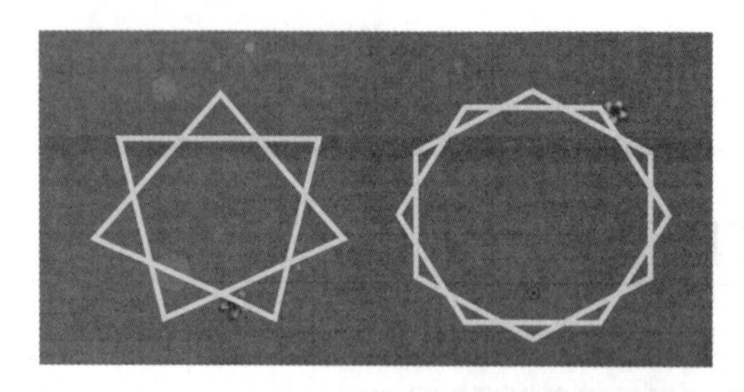

图2-39 不同边数与不同锐度的复杂星形的对比效果

## 2.1.6 图纸工具

利用图纸工具可以绘制不同行数和列数的网格图形，从而起到对图像进行精确定位的作用。网格图纸实际上是由多个连续排列且中间不留缝隙的矩形组合而成。单击多边形工具右下角的按钮，在弹出的面板中选择图纸工具，在工具属性栏设置“行数”和“列数”，在绘图区中按住鼠标左键拖动鼠标，再释放鼠标即可绘制出图纸，图2-40所示为在图片上绘制8行8列的图纸效果。在绘制图纸时，若按住【Ctrl】键可以绘制出正方形图纸；若按住【Shift】键可以以中心为起始点绘制图纸；若按住【Shift+Ctrl】组合键可以以中点为起始点绘制正方形网格图纸。

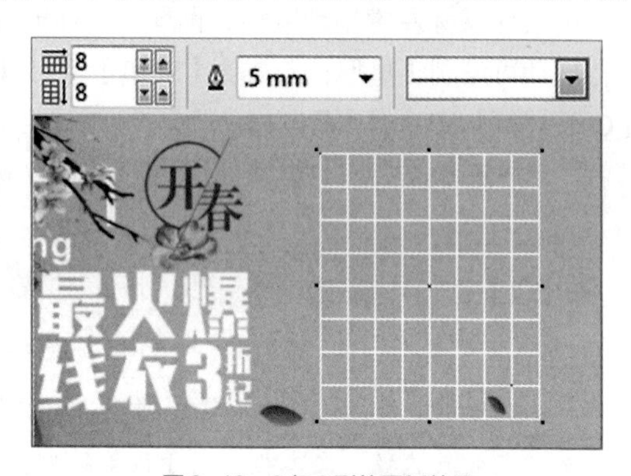


图2-40 8行8列的图纸效果

**技巧** 选择绘制的图纸图形，按【Ctrl+U】组合键取消网格群组，使其成为一个个单独的小矩形，用户可单独编辑每个小矩形，如删除、移动、复制等。

## 2.1.7 螺纹工具

螺纹图形是一种旋转式的图形，如蚊香、螺丝钉、螺蛳、棒棒糖花纹等都属于螺纹图形。单击多边形工具右下角的按钮，在弹出的面板中选择螺纹工具，在工具属性栏的“螺纹回圈”文本框中输入“4”，在绘图区中按住鼠标左键拖动鼠标，再释放鼠标即可绘制出螺纹。在绘制螺纹时，若按住【Ctrl】键可以绘制出圆形螺纹；若按住【Shift】键可以以中心为起始点绘制螺纹；若按住【Shift+Ctrl】组合键可以以中点为起始点绘制圆形螺纹。绘制螺纹前后，都可通过工具属性栏设置螺纹回圈、对称式螺纹、对数螺纹、螺纹扩展参数、螺纹线条样式等，如图2-41所示。

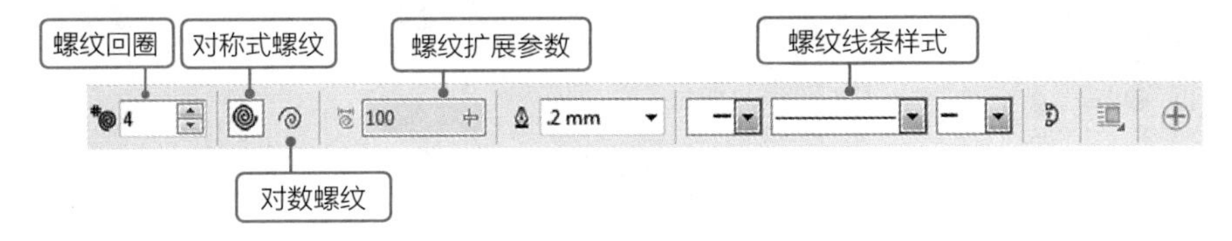


图2-41　螺纹工具属性栏

下面对螺纹工具属性栏的主要参数进行详细介绍。

- “螺纹回圈”文本框：用于设置螺纹中完整圆形回圈的圈数。最大值为100，最小值为1，数值越大，圈数越密，如图2-42所示。
- “对称式螺纹”按钮◎：单击激活后，螺纹的回圈间距是均匀的，如图2-43所示。
- “对数螺纹”按钮◎：单击激活后，螺纹的回圈间距是由内向外逐渐增大的，如图2-44所示。

图2-42　不同螺纹回圈效果

图2-43　对称式螺纹

图2-44　对数螺纹

- “螺纹扩展参数”文本框：单击激活对数螺纹后，可通过该文本框设置向外扩展的速率，速率越大，由内向外扩展的间距的增值越大。最小值为1，最大值为100。当数值为1时，将均匀分布圈数。
- “螺纹线条样式”下拉列表框：通过该下拉列表框可设置螺纹的轮廓线为虚线或实线，两侧的下拉列表框用于设置轮廓线条两端的箭头形状。

## 2.1.8　基本形状工具

基本形状工具可以快速绘制出梯形、心形、圆柱体、水滴、笑脸等的基本形状。其绘制方法为：单击多边形工具右下角，在弹出的面板中选择基本形状工具，在工具属性栏中的“完美形状”下拉列表框中即可查看多种基本形状，选择其中的一种基本形状后，在绘图区中按住鼠标左键拖动鼠标，再释放鼠标可绘制出选择的基本形状，图2-45所示为“完美形状”下拉列表框及绘制的心形与笑脸。

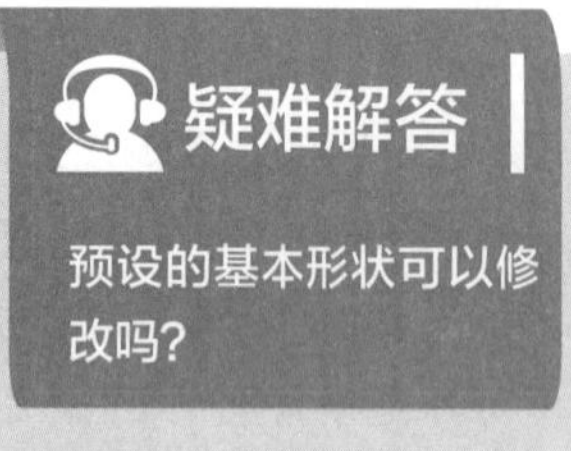
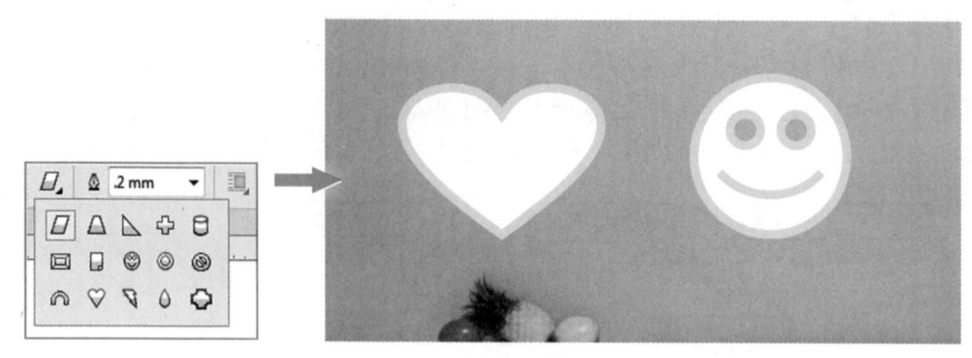

图2-45 “完美形状”下拉列表框及绘制的心形与笑脸

**疑难解答**

**预设的基本形状可以修改吗？**

在绘制基本形状后，形状上将出现红色控制点，使用鼠标拖动红色控制点可修改形状外观，如向上拖动笑脸形状嘴巴线条上的红色控制点，可将嘴型弯曲向下，呈现难过表情。绘制基本形状后，按【Ctrl+Q】组合键转曲，使用形状工具编辑节点，可自由更改形状。

## 2.1.9 箭头形状工具

箭头广泛运用于网页设计和流程图中，用于指示或连接图形。CorelDRAW X7中提供了多种常用的箭头形状，利用这些箭头形状可以快速地绘制各式各样的箭头图形。单击多边形工具右下角的按钮，在弹出的面板中选择“箭头形状工具”按钮，在属性栏中的“完美形状”下拉列表中选择需要的箭头形状，在绘图区中按住鼠标左键拖动鼠标，再释放鼠标即可绘制出选择的箭头，如图2-46所示。

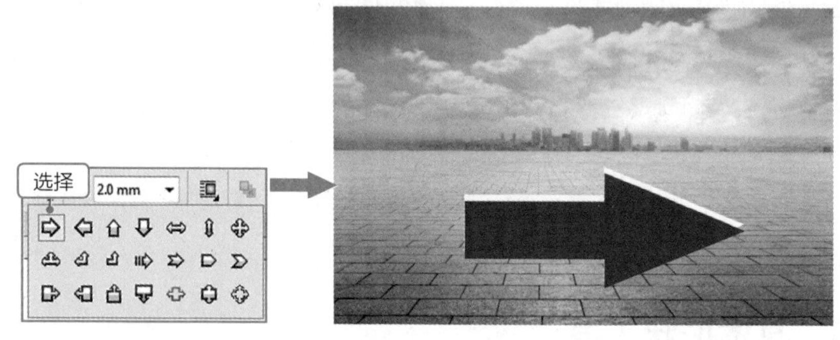


图2-46 箭头形状

## 2.1.10 流程图形状工具

使用流程图形状工具可以快速绘制各种流程图，如业务流程图、数据流程图等。单击多边形工具右下角的按钮，在弹出的面板中选择“流程图形状工具”按钮，在属性栏中的“完美形状”下拉列表框中选择需要的流程图形状，在绘图区中拖动鼠标即可绘制对应的流程图形状，如图2-47所示。

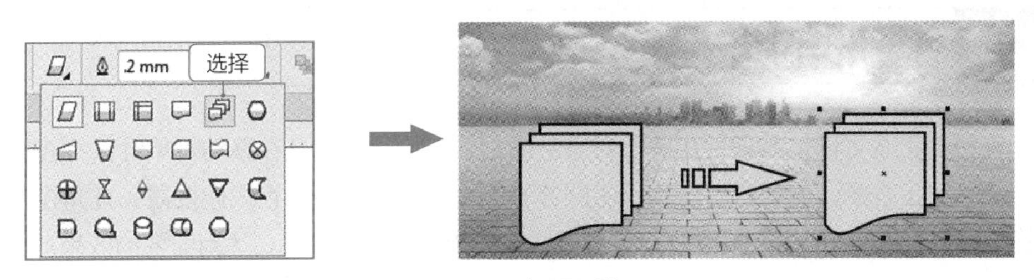


图2-47　流程图形状

## 2.1.11　标题形状工具

标题形状工具主要用于绘制丝带形状和爆发形状，常用于礼物、奖牌和烟花等图标设计中。单击多边形工具右下角的按钮，在弹出的面板中选择标题形状工具，在工具属性栏中的“完美形状”下拉列表框中选择需要的形状，在绘图区中按住鼠标左键拖动鼠标，再释放鼠标即可绘制出选择的标题形状，如图2-48所示。

## 2.1.12　标注形状工具

标注形状工具用于在绘制一种特殊图形添加标注文字，如添加对白等。单击多边形工具右下角的按钮，在弹出的面板中选择标注形状工具，在工具属性栏中的“完美形状”下拉列表框中选择需要的标注形状，在绘图区中按住鼠标左键拖动鼠标，再释放鼠标即可绘制出选择的标注形状，如图2-49所示。

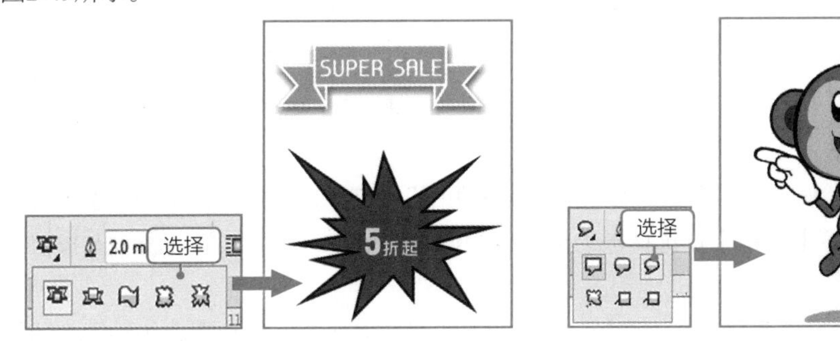


图2-48　标题形状

图2-49　标注形状

## 课堂练习——制作优惠券图标

优惠券图标在网页设计中应用得十分广泛。优惠券是商家促销手段之一，买家领取优惠券后可享受相应的优惠金额。本例将设计优惠券图标，首先使用星形工具创建点数或边数为“20”、锐度为“8”的星形，然后使用椭圆工具创建椭圆、180° 的半圆饼图，使用阴影工具为饼图创建阴影效果，增加立体感，最后输入文本，编辑文本的字体、大小、颜色和排列方式，完成优惠券图标的制作，效果如图2-50所示（效果\第2章\优惠券图标.cdr）。

图2-50　优惠券图标

# 2.2 图形的连接

使用连接器工具可以很方便地在两个对象之间创建连接线，并且在移动对象时保持连接状态。该工具广泛用于工程图、流程图、结构说明图等。连接器工具又包括直线连接器、直角连接器和直角圆形连接器3种类型。创建连接线后，还可通过编辑锚点编辑连接线，达到需要的效果。

## 2.2.1 课堂案例——制作电动牙刷结构说明图

**案例目标：** 产品结构说明图在网页和产品说明书中比较常见，通常都会使用连接线来指示说明的部位。本例将使用直角连接器工具为产品图和细节图创建连接线，最后添加文本，制作电动牙刷结构说明图，完成后的参考效果如图 2-51 所示。

视频教学
制作电动牙刷结构说明图

**知识要点：** 椭圆的绘制、基本形状工具的使用、直角连接器工具的使用。

**素材位置：** 素材 \ 第 2 章 \ 电动牙刷结构说明图 \。

**效果文件：** 效果 \ 第 2 章 \ 电动牙刷结构说明图 .cdr。

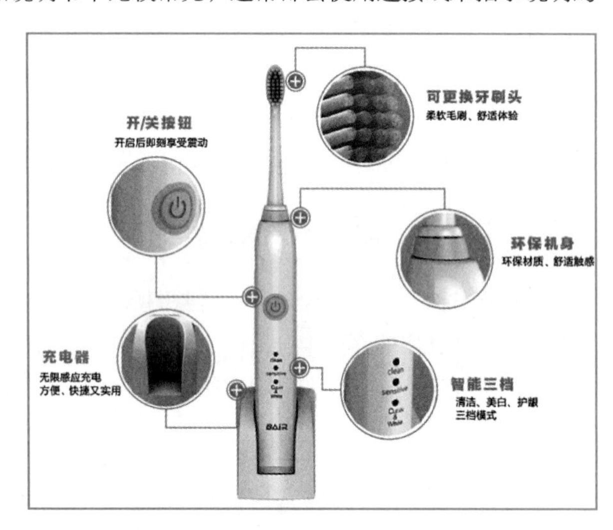


图2-51　电动牙刷结构说明图

其具体操作步骤如下。

**STEP 01** 新建A4、横向、名为“电动牙刷结构说明图”的空白文件，按【Ctrl+I】组合键，打开“导入”对话框，按【Shift】键选择电动牙刷结构说明图相关的图片，单击[导入]按钮，如图2-52所示。

**STEP 02** 依次单击导入素材文件，选择选择工具，调整各个素材的位置，拖动四角的控制点调整素材的大小，如图2-53所示。

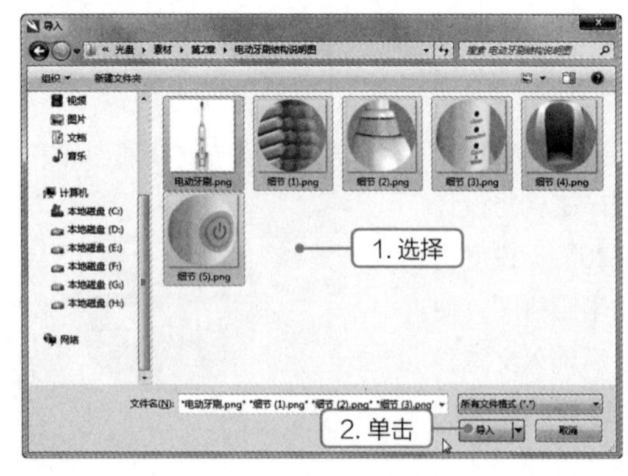


图2-52　导入素材

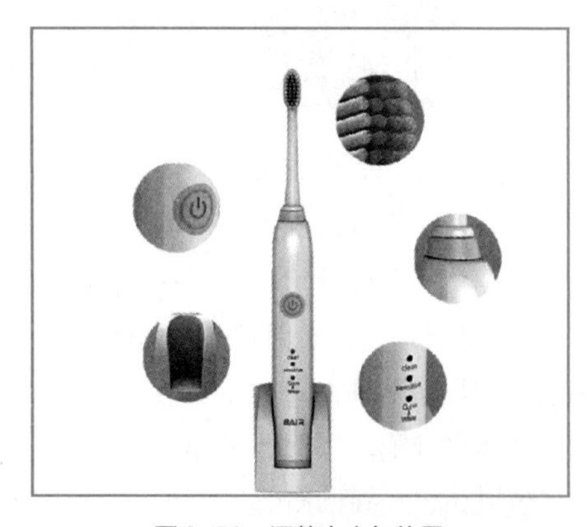

图2-53　调整大小与位置

STEP 03 选择椭圆工具，移动鼠标指针到细节图中心，按住【Shift+Ctrl】组合键以鼠标指针为中心点绘制圆，在界面右侧色块上用鼠标右键单击绿松石色块（CMYK：60、0、20、0）填充轮廓，在工具属性栏中将轮廓粗细设置为“0.5 mm”，如图2-54所示。

STEP 04 拖动圆到其他细节图外围并单击鼠标右键复制圆，如图2-55所示。使用选择工具分别框选细节图及细节图外的圆，按【Ctrl+G】组合键群组。

STEP 05 继续绘制轮廓为“0.5 mm、绿松石色”、大小为8 mm的圆，按【Ctrl+C】组合键和【Ctrl+V】组合键复制粘贴，按住【Shift】键拖动四角的控制点，中心缩小圆，在界面右侧色块上单击绿松石色块（CMYK：60、0、20、0）填充，用鼠标右键单击无填充色块☒取消轮廓，效果如图2-56所示。

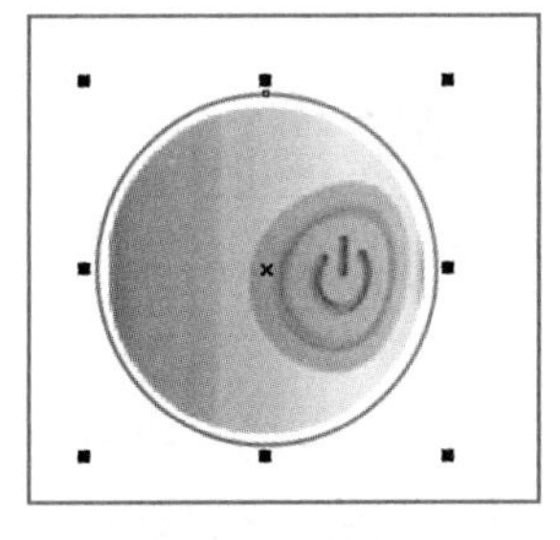

图2-54 绘制圆

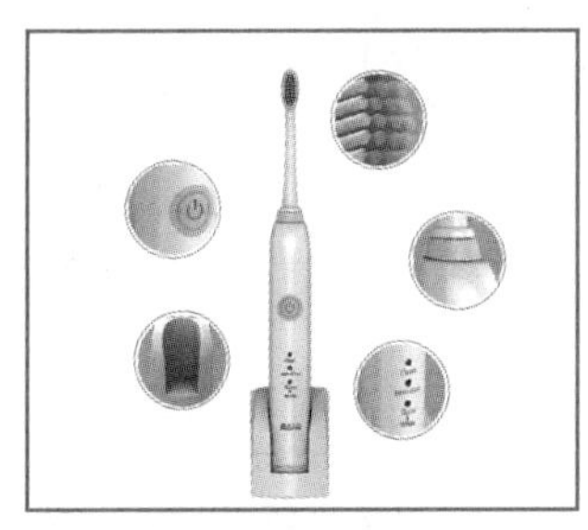

图2-55 复制圆

图2-56 制作同心圆

STEP 06 在多边形工具上按住鼠标左键不放，在弹出的面板中选择基本形状工具，在工具属性栏中的“完美形状”下拉列表框中选择形状，将鼠标指针移动到圆中心，按住【Shift+Ctrl】组合键，按住鼠标左键拖动鼠标，再释放鼠标以鼠标指针为中心点绘制十字架的基本形状，在界面右侧色块上用鼠标右键单击无填充色块☒取消轮廓，单击白色色块填充为白色，如图2-57所示。

STEP 07 将鼠标指针移动到红色控制点上，拖动控制点到左下方，调整十字架形状，完成标注形状的制作，如图2-58所示。使用选择工具框选标注形状的所有对象，按【Ctrl+G】组合键群组。

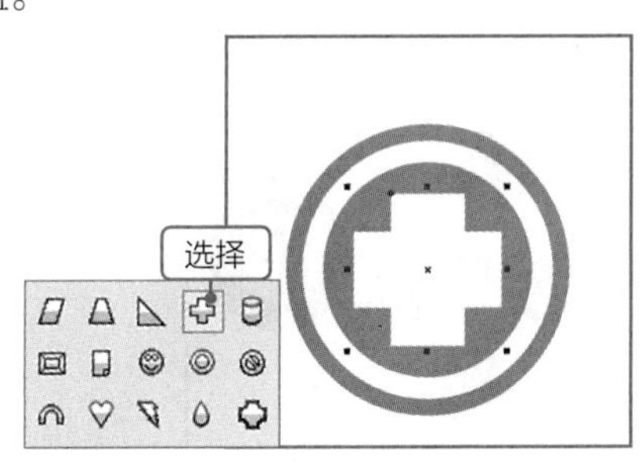


图2-57 绘制十字架形状

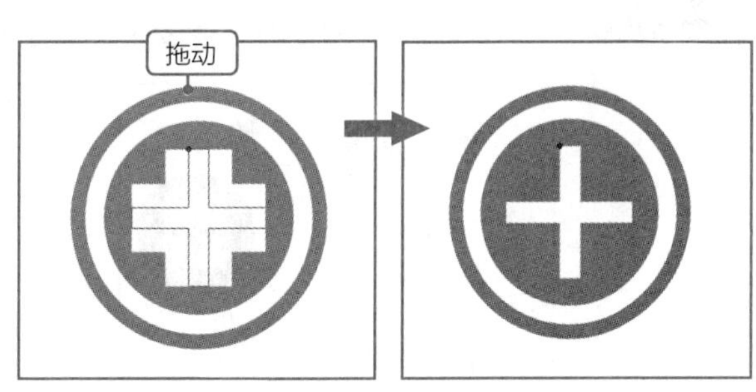


图2-58 调整十字架形状外观

STEP 08 将标注形状移动到牙刷头右侧，在连接器工具上按住鼠标左键不放，在展开的面板中选择直角连接器工具，然后将鼠标指针移动到牙刷头细节图外侧圆正上方的节点上，按住鼠标左键不放确定连接的起点，拖动鼠标指针，将其移动到标注形状上侧的节点上，释放鼠标完成连接线的创建，在界面右侧色块上右键单击绿松石色块（CMYK：60、0、20、0）设置连接线颜色，在工具属性栏中将轮廓粗细设置为“0.5 mm”，如图2-59所示。

STEP 09 使用相同的方法为其他结构、细节图添加标注形状和连接线，选择文本工具，输入说明文字，分别设置文本颜色为绿松石色（CMYK：60、0、20、0）和黑色（CMYK：0、0、0、100），调整文本字号与排列方式；将大号文本字体设置为“方正韵动特黑简体”，将小号文本字体设置为“微软雅黑”，如图2-60所示。保存文件，完成电动牙刷结构说明图的制作。

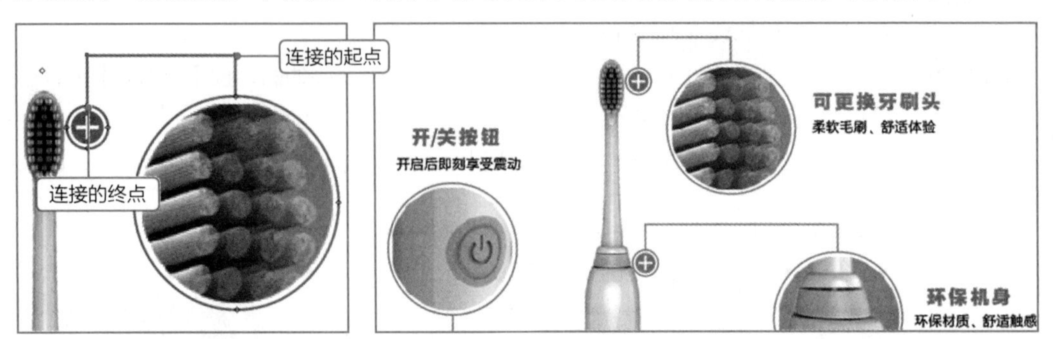


图2-59 添加连接线　　图2-60 输入文本

## 2.2.2 直线连接器工具

直线连接器可以绘制任意角度的直线，以连接图形对象。选择连接器工具，工作区中的对象四周将出现锚点，在需要连接的对象的节点上按住鼠标左键不放确定连接的起点，拖动鼠标指针到另一个对象的锚点或节点处再释放鼠标确定连接终点，完成连接线的创建，如图2-61所示。创建连接后，用户可通过属性栏设置连线的样式、宽度和颜色等，并且当移动对象时，连接线会跟着移动。

## 2.2.3 直角连接器工具

直角连接器工具用于创建水平和垂直的线段连线。在连接器工具上按住鼠标左键不放，在展开的面板中选择直角连接器工具，然后将鼠标指针移动到需要进行连接的节点上，按住鼠标左键不放确定连接的起点，拖动鼠标指针到另一个对象的锚点或节点处再释放鼠标完成连接线的创建，如图2-62所示。当移动连接的对象时，连接线会随着对象变化。

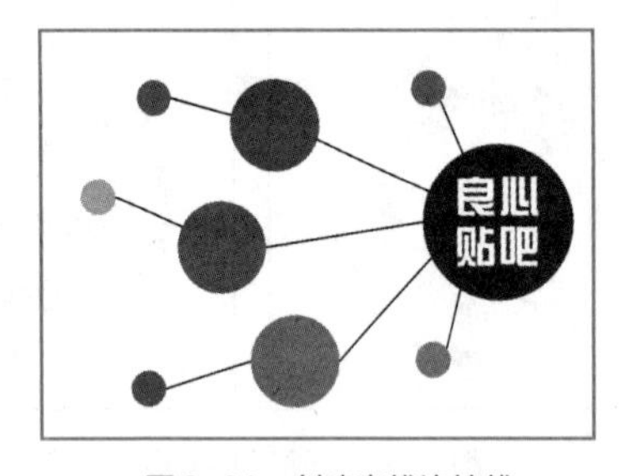


图2-61 创建直线连接线

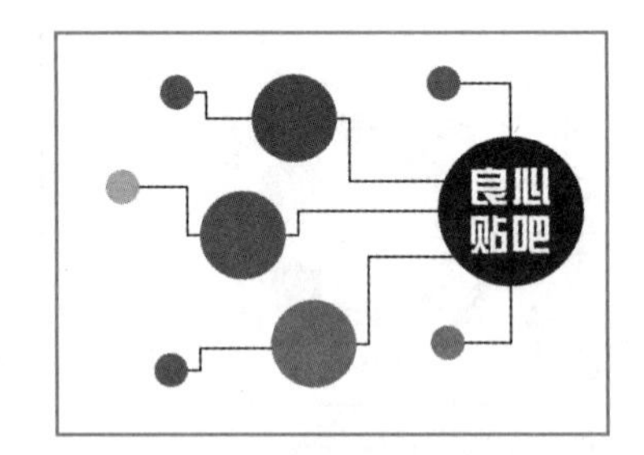


图2-62 创建直角连接线

提示 创建连接线后，选择文本工具，将鼠标指针移动到连接线上，当鼠标指针呈形状时单击定位本插入点，即可在连接线上输入文本，移动对象时，连接线上的文本会随着连接线一起移动，与连接线的距离始终保持不变。

## 2.2.4 圆直角连接符工具

圆直角连接符工具用于创建水平和垂直的圆直角线段连接线。在工具箱中的连接器工具上按住鼠标左键不放，在展开的面板中选择圆直角连接符工具。然后使用创建直线连接的方法创建直角圆形连接线，如图2-63所示。创建圆直角连接线后，用户可通过工具属性栏中的“圆形直角”文本框设置圆形直角的弧度。

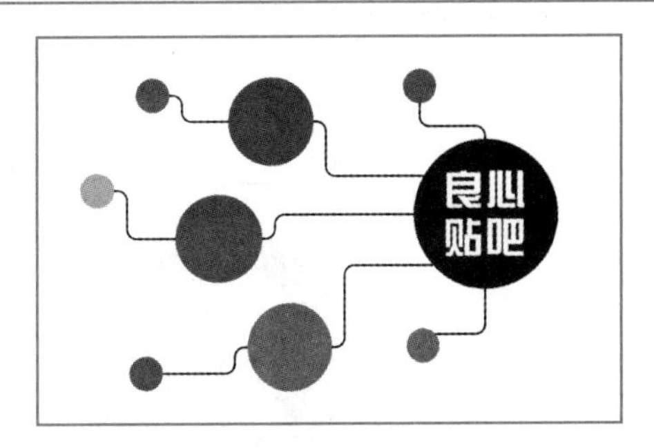


图2-63 创建直角圆形连接线

疑难解答

没有找到直线连接器工具，该怎么办呢?

在CorelDRAW X7中，新增了自定义功能，为了界面的简洁与美观，一些功能或工具没有显示出来。在工具箱中没有看见直线连接器工具，可能是该工具没有显示在工具箱中。这时，可单击工具箱底部的“快速自定义”按钮，在展开的面板中单击选中工具对应的复选框将其显示出来。

## 2.2.5 编辑锚点工具

创建连接线后，可以通过编辑锚点工具来修改连接线。选择对象，选择编辑锚点工具，单击对象上的锚点，将会打开图2-64所示的工具属性栏。用户可通过工具属性栏设置相对于对象、锚点方向、自动锚点与删除锚点。

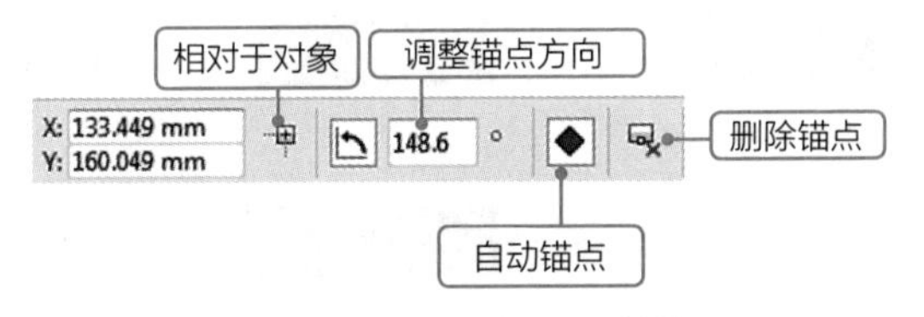


图2-64 编辑锚点工具属性栏

- “相对于对象”按钮：根据对象来定位锚点而不是将其固定在页面某个位置。
- “调整锚点方向”按钮：单击激活该按钮后可在其后的“锚点方向”文本框中输入数值，从而改变选中锚点的方向。
- “自动锚点”按钮：单击激活该按钮后可允许锚点成为连接线的贴齐点。
- “删除锚点”按钮：选择锚点后单击该按钮可删除对象锚点。

除了通过工具属性栏来设置锚点的属性外，用户还可根据需要对连接线上的锚点进行移动、添加或删除操作，下面分别进行介绍。

- 移动锚点：选择编辑锚点工具，再单击选中连接线上需要移动的锚点，然后在其上按住鼠标左键不放将其移动到对象的其他位置即可，图2-65所示为移动锚点前后的对比效果。
- 添加锚点：选择编辑锚点工具，选择对象，在对象上双击鼠标左键可以添加锚点。

● 删除锚点：选择编辑锚点工具，选择对象，单击选中已有的锚点，按【Delete】键或单击“删除锚点”按钮即可将其删除。

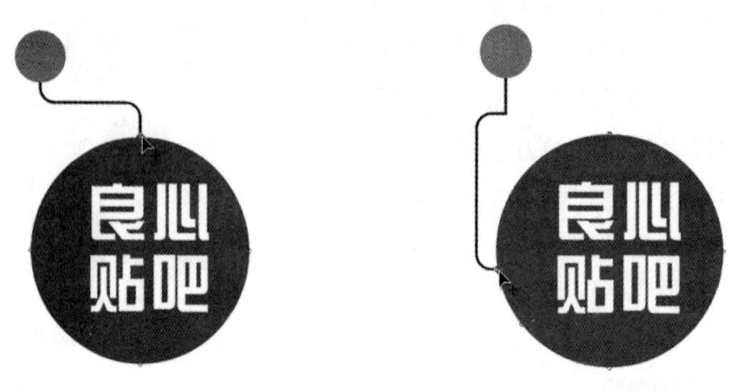


图2-65　移动锚点前后的对比效果

## 课堂练习——制作流程图

流程图常用于指示操作的步骤和流程，在各行各业中的使用都较为广泛。利用CorelDRAW中的形状工具、文本工具及连接线创建工具可以快速完成流程图的制作。本练习将制作污水处理流程图，其中涉及直线连接器工具和直角连接器工具的使用，并且需要在工具属性栏中设置连接线的宽度及连接线一端的箭头样式，完成后的效果如图2-66所示（效果\第2章\污水处理流程图.cdr）。

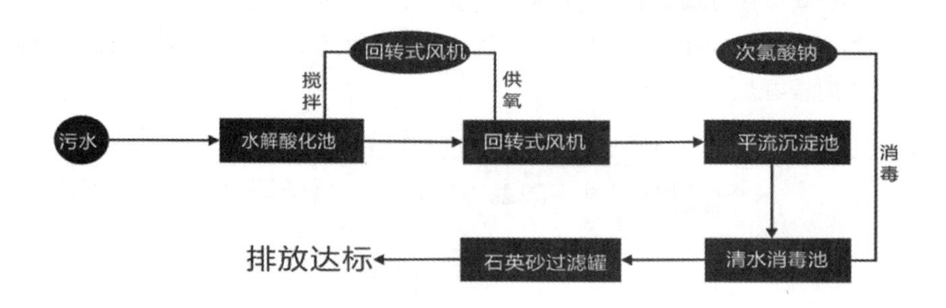


图2-66　污水处理流程图

# 2.3 图形的度量

使用度量工具标注图形的距离或角度是CorelDRAW中一个强大的功能，常用于制作平面效果图、产品设计、VI设计、工程平面图。CorelDRAW中提供了多种度量工具，用户可以根据需要选择合适的度量工具进行准确、便捷的度量。

## 2.3.1 课堂案例——测量T恤尺寸

**案例目标：** 本例将导入“T恤.jpg”图像，使用水平或垂直度量工具、平行度量工具来度量T恤的衣长、肩宽、胸围与袖长，完成后的参考效果如图 2-67 所示。需要注意的是，本例中 T 恤的实际尺寸与度量比例为 1:5，即 100 mm 对应的实际尺寸为 500 mm，即 50 cm。

**知识要点：**水平或垂直度量工具、平行度量工具。

**素材位置：**素材 \ 第 2 章 \T 恤 .jpg。

**效果文件：**效果 \ 第 2 章 \ 测量 T 恤尺寸 .cdr。

视频教学
测量 T 恤尺寸

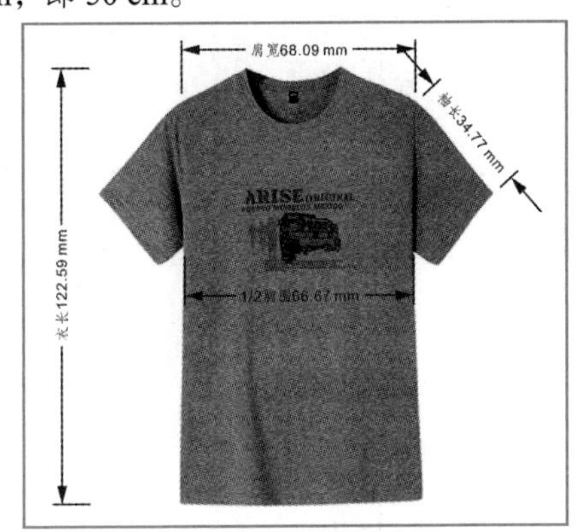


图2-67　测量T恤尺寸

其具体操作步骤如下。

**STEP 01** 新建A4、横向、名为“测量T恤尺寸”的空白文件，按【Ctrl+I】组合键打开“导入”对话框，双击“T恤.jpg”图像文件，在工作区中单击导入T恤图像，如图2-68所示。

**STEP 02** 拖动标尺为T恤创建多条方便测量衣长、肩宽、胸围与袖长的辅助线，如图2-69所示。

图2-68　导入素材

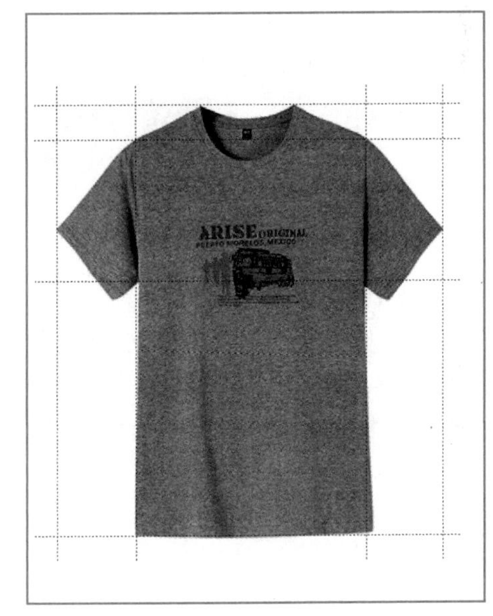


图2-69　创建测量辅助线

**STEP 03** 将鼠标指针移至平行度量工具上，单击按住鼠标左键不放，在展开的面板中选择水平或垂直度量工具，在左上角领口与袖口辅助线交叉点处按住鼠标左键不放，定位测量起点，如图2-70所示。

**STEP 04** 垂直向下拖动鼠标至T恤下摆平行位置定位测量终点，如图2-71所示。

**STEP 05** 释放鼠标，继续向左拖动鼠标指针，至合适位置释放鼠标，查看测量结果，如图2-72所示。

图2-70 定位测量起点

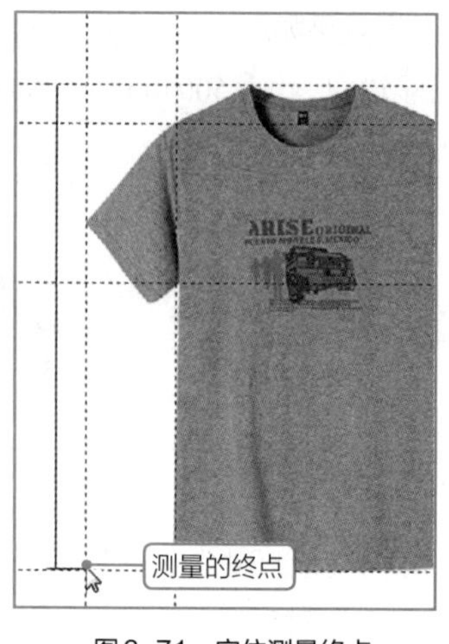

图2-71 定位测量终点

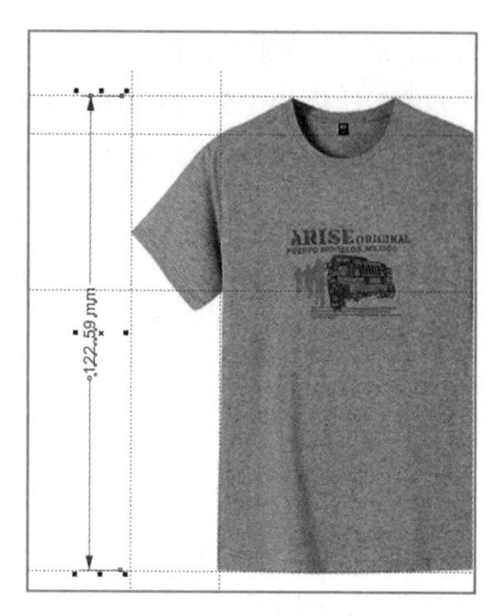

图2-72 垂直测量结果

**STEP 06** 在工具属性栏中的"前缀"文本框中输入"衣长"，按【Enter】键应用设置，将轮廓设置为"0.5 mm"，按效果如图2-73所示。

**STEP 07** 使用相同的方法继续使用水平和垂直度量工具度量1/2胸围、肩宽，在工具属性栏中设置前缀与轮廓，度量结果如图2-74所示。

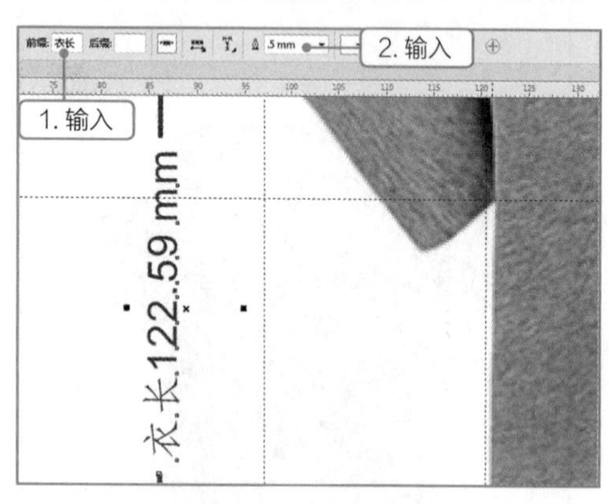

图2-73 输入前缀衣长

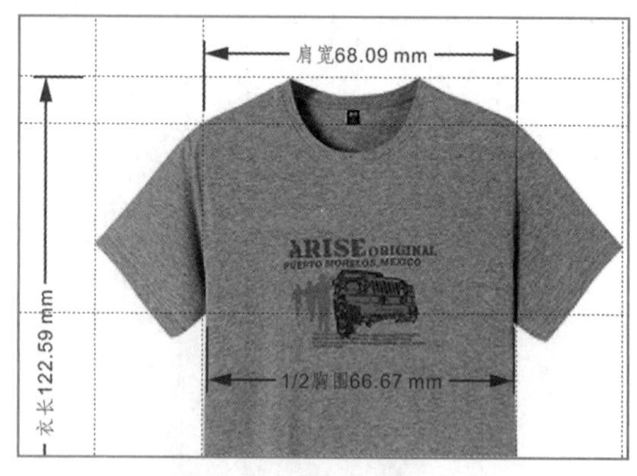

图2-74 水平度量肩宽与1/2胸围

**提示** 除了设置度量线条的粗细、度量结果的前缀，还可通过工具属性栏设置度量的单位、后缀、文本在度量线上的位置；也可选择文本，选择文本工具，然后通过文本工具属性栏设置文本的字体、字号、加粗等样式。

**STEP 08** 选择平行度量工具，在右侧肩处按住鼠标左键不放，定位测量起点，然后沿着袖长向右下角拖动鼠标指针至袖口位置，单击定位测量终点，继续向外拖动鼠标指针，至合适位置释放鼠标，查看测量结果，效果如图2-75所示。

**STEP 09** 在工具属性栏中的"前缀"文本框中输入"袖长"，将轮廓设置为"0.5 mm"，效果如图2-76所示。

**STEP 10** 选择【视图】/【辅助线】命令，隐藏辅助线，保存文件，完成本例T恤的测量。

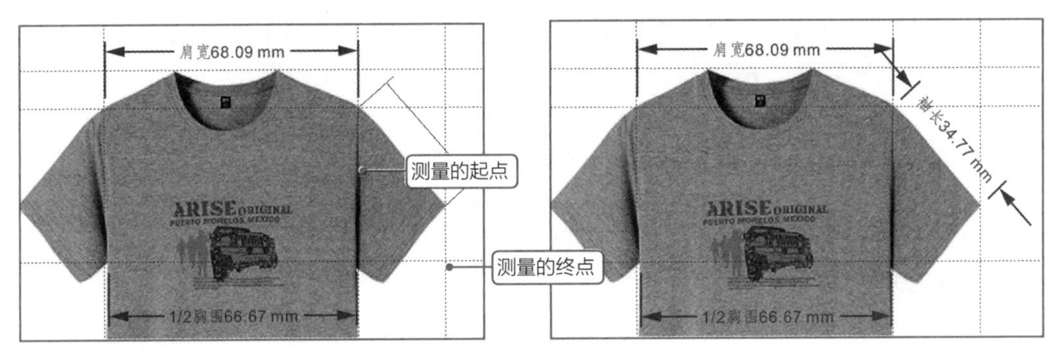


图2-75 平行度量　　图2-76 输入前缀袖长

## 2.3.2 平行度量工具

平行度量工具用于测量标注对象任意两点的尺寸。其度量方法为：在工具箱中单击“平行度量工具”按钮，在其属性栏中设置度量样式、度量精度、显示单位、尺寸单位、显示前导零、动态度量、文本位置、延伸线选项、轮廓宽度、双箭头及线条样式等，如图2-77所示。然后将鼠标指针移动到需要进行测量的对象起始节点上，按住鼠标左键不放拖动鼠标指针到测量的终点的节点上，释放鼠标并向标注的位置移动鼠标指针，单击测量两个节点之间的尺寸。

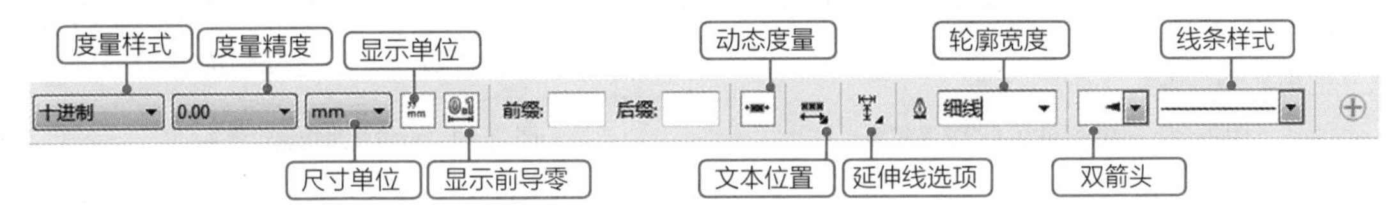


图2-77 平行度量工具属性栏

平行度量工具属性栏中相关选项的含义介绍如下。

- “度量样式”下拉列表框：在该下拉列表框中可选择度量的线条的样式，包括十进制、小数、美国工程和建筑学4种，默认为十进制。
- “度量精度”下拉列表框：在该下拉列表框中可以选择度量的精确测量的小数位数，图2-78所示为设置为一位小数。
- “尺寸单位”下拉列表框：在该下拉列表框中可选择度量的单位，图2-79所示为设置测量单位为“厘米”。

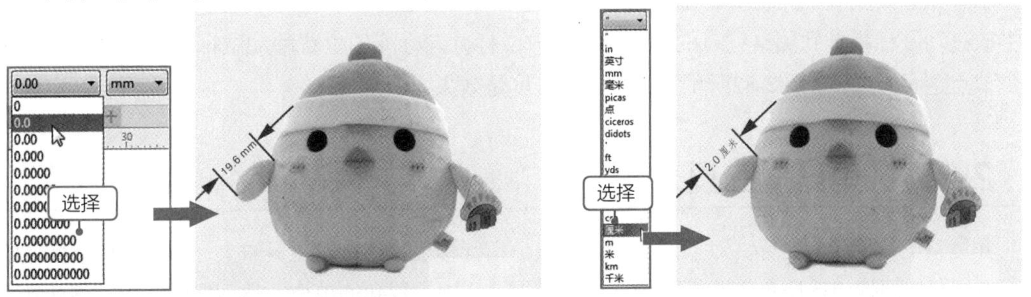


图2-78 设置度量精度　　图2-79 设置度量单位

- “显示单位”按钮：单击激活该按钮可显示单位，否则将隐藏单位。

- “显示前导零”按钮：在前导数值小于1时，单击激活该按钮显示前导零，如“0.1”，反之则隐藏前导零，如“.1”。
- “前缀”文本框：在该文本框中输入度量前缀的文本。
- “后缀”文本框：在该文本框中输入度量后缀的文本。
- “动态度量”按钮：在调整度量线时，单击激活该按钮可自动更新测量数值。
- “文本位置”按钮：单击该按钮，在弹出的下拉列表中可选择文本的位置，图2-80所示为尺度线上方文本的效果。
- “延伸线选项”按钮：单击该按钮，在弹出的面板中可设置延伸线到对象的间距。
- “轮廓宽度”下拉列表框：在该下拉列表框中可选择度量线条的宽度。
- “双箭头”下拉列表框：在该下拉列表框中可选择度量线段的箭头样式。
- “线条样式”下拉列表框：在该下拉列表框中可选择度量线段的线条样式，如图2-81所示。

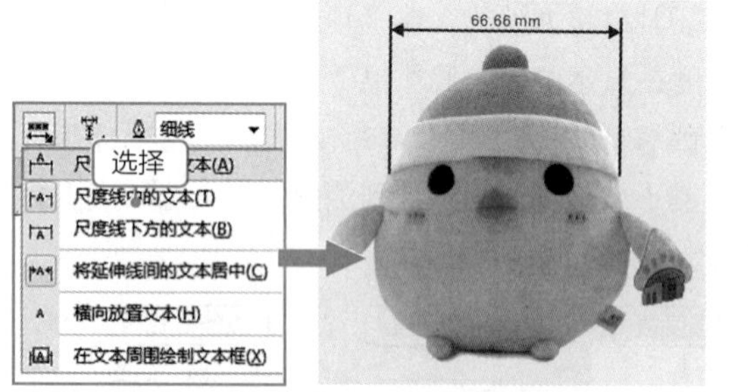

图2-80　设置度量标注的文本位置

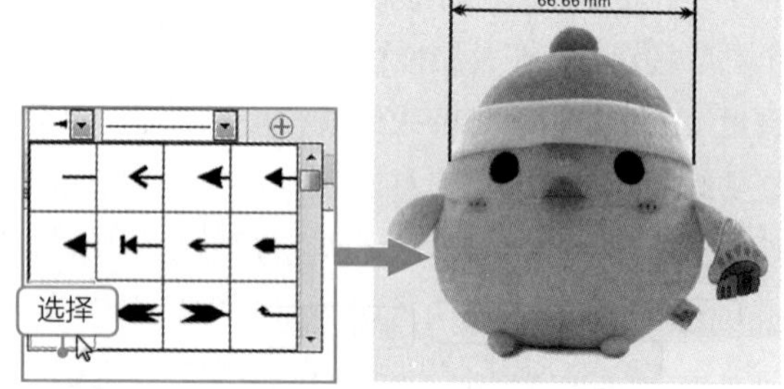

图2-81　设置度量线端双箭头

**提示**　在需要使用相同的尺寸属性来测量多个对象的尺寸时，可先在属性栏中设置尺度属性，按【Enter】键打开“更改文档默认值”对话框，单击按钮将其设置为默认属性。

## 2.3.3　水平或垂直度量工具

水平或垂直度量工具用于测量标注对象水平或垂直角度上两个节点的实际距离。其度量方法与平行度量工具一样。将鼠标指针移至平行度量工具上，单击按住鼠标左键不放，在展开的面板中选择水平和垂直度量工具，然后将鼠标指针移动到需要进行测量的对象起始节点上，按住鼠标左键不放拖动鼠标指针到测量终点的节点上，释放鼠标并向标注的位置移动鼠标指针，单击即可测量两个节点之间的尺寸，图2-82所示为水平或垂直度量效果。

## 2.3.4　角度量工具

角度量工具用于测量标注对象的角度。将鼠标指针移至平行度量工具上，单击按住鼠标左键不放，在展开的面板中选择角度量工具，在工具属性栏中设置角的单位，然后将鼠标指针移动到需要测量的角的相交处，按住鼠标左键不放拖动鼠标指针到角的一边释放鼠标，继续移动鼠标指针到角的另一边单击，即可完成角的度量，图2-83所示为角度量效果。

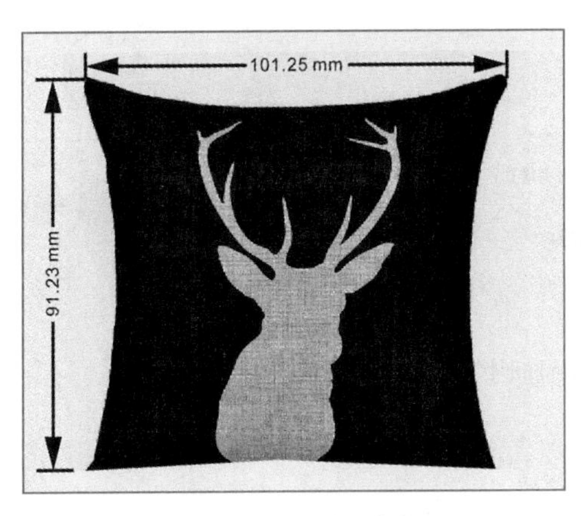


图2-82 水平或垂直度量

图2-83 角度量

## 2.3.5 线段度量工具

线段度量工具用于自动捕捉测量两个节点间线段的间距。使用线段度量工具不仅可以测量单一线段的距离，而且可以度量连续线段的距离，下面分别进行介绍。

- 度量单一线段：将鼠标指针移动到需要测量的线段上，单击鼠标左键即可自动捕捉当前线段，移动鼠标确定标注位置，单击鼠标左键即可完成测量，如图2-84所示。
- 度量连续线段：当需要度量多条连续的线段时，可在选择线段度量工具后，在工具属性栏中单击“自动连续度量”按钮，框选连续测量的所有节点，释放鼠标后移动鼠标指针来确定标注位置，单击即可完成测量，如图2-85所示。

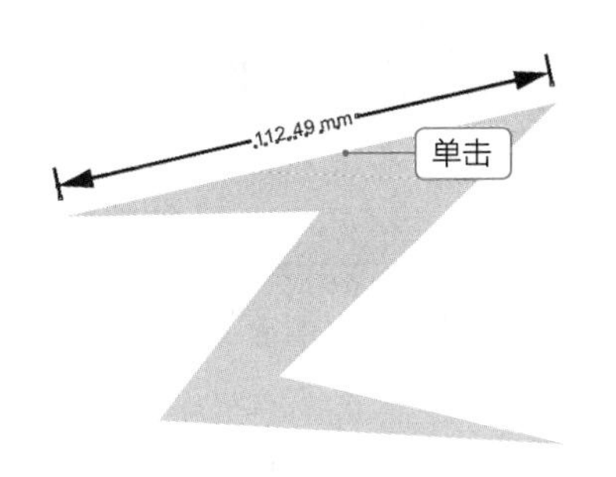


图2-84 度量单一线段

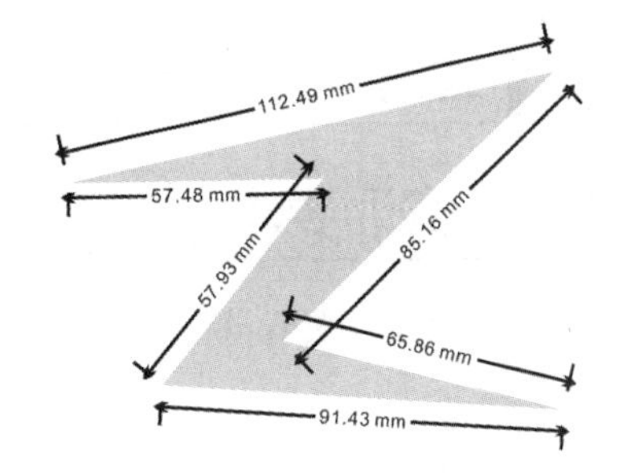


图2-85 度量连续线段

## 2.3.6 3 点标注工具

3点标注工具用于快速为对象添加折线标注。将鼠标指针移至平行度量工具上，单击按住鼠标左键不放，在展开的面板中选择3点标注工具，然后将鼠标指针移动到需要进行标注的对象位置上，按住鼠标左键不放拖动鼠标指针到第2个点释放鼠标，继续移动鼠标指针到第3个点单击，输入文本，即可完成3点标注的创建。在3点标注工具属性栏中的“标注形状”下拉列表框中可设置标注形状，如正方形和圆形等。设置标注形状后，需在其后的文本框中根据标注文本的大小设置标注形状的大小，在“双箭头”下拉列表框中可设置标注点的形状，图2-86所示为设置30 mm的圆形标注效果。

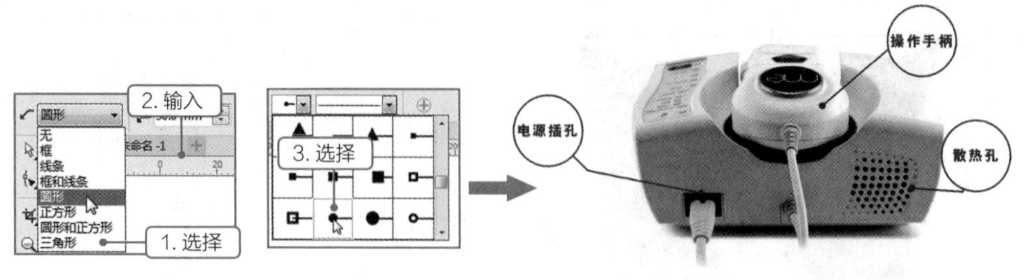


图2-86　设置标注形状

## 课堂练习——制作女包说明图

本例将导入“女包.tif”图像（素材\第2章\女包.tif），首先使用水平或垂直度量工具、平行度量工具来度量高度、长度、带宽，对度量后的线条、文本进行设置，然后使用3点标注工具添加五金件与包表面的材质标注，对标注的形状、文本、线条进行设置，完成后的效果如图2-87所示（效果\第2章\女包说明图.cdr）。

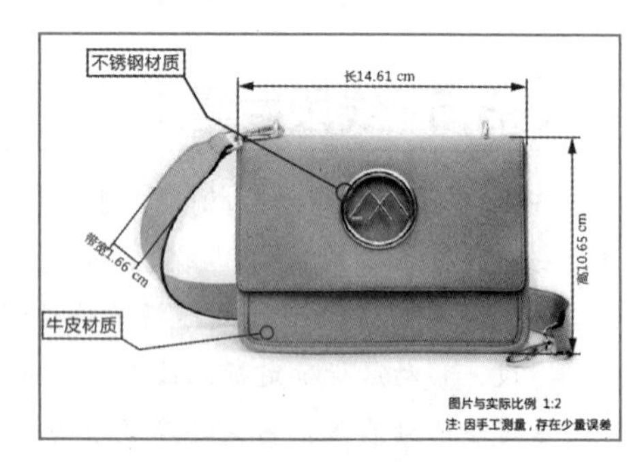


图2-87　女包说明图效果

# 2.4 上机实训——购物App标志绘制

## 2.4.1 实训要求

本实训要求绘制购物App标志，要求绘制的标志简洁、易识别，并且在视觉上符合“开心购”的含义。

## 2.4.2 实训分析

App标志常用于移动端，双击App标志可以打开App程序，一般某个系统的App标志在外观上都要求统一，以符合整齐、美观的屏幕特点，带来舒适体验。本例绘制的App标志为圆角矩形，符合目前市面上大多数的App标志要求。为了增加立体感和层次感，通过重叠、不同颜色的填充、渐变填充等方法进行绘制；为了突出App标志的内容，背景与内容分别采用绿色、白色作为基色。制作完成后，本实训的参考效果如图2-88所示。

**效果所在位置：**效果\第2章\开心购App图标.cdr。

视频教学
购物 App 标志绘制

开心购
.com

图2-88　购物App标志

### 2.4.3 操作思路

完成本实训主要包括绘制背景与图标、绘制标注与标注投影、绘制圆与圆弧和添加文本4步操作，其操作思路如图2-89所示。涉及的知识点主要包括矩形绘制、交互式渐变填充、标注绘制、圆绘制、文本输入等。

图2-89 操作思路

**【步骤提示】**

STEP 01 新建A4、横向、名为“开心购App图标”的空白文件，选择矩形工具，绘制背景矩形，填充为浅灰色（CMYK：0、0、0、10），绘制正圆角矩形，填充为森林绿（CMYK：40、0、20、60）。

STEP 02 复制圆角矩形，略微向上移动。选择交互式填充工具，在工具属性栏中单击“渐变填充”按钮，从下往上拖动创建数值为“CMYK：80、22、51、0”~“CMYK：42、0、15、0”的渐变填充。

STEP 03 选择标注形状工具，创建白色标注图形；选择3点矩形工具，在标注的两边确定两点，在右下方确定第3点，绘制倾斜的矩形，填充为“CMYK：71、11、45、0”，按两次【Ctrl+PageDown】组合键将其移动到渐变矩形下方，作为投影。

STEP 04 按住鼠标右键拖动倾斜的矩形到渐变矩形中，松开鼠标后，在弹出的快捷菜单中选择“图框精确剪裁内部”命令，将倾斜的矩形剪裁到圆角矩形中。

STEP 05 选择椭圆工具，在标注图形上按住【Ctrl】键绘制圆，填充为“CMYK：62、0、30、0”，复制圆到另一侧，制作双眼；在工具属性栏中单击“弧”按钮，设置上面一个“起始与结束角度”为“180°”，在眼睛下方绘制与眼睛颜色相同的圆弧，作为嘴巴，设置轮廓粗细为“2.5 mm”。

STEP 06 选择文本工具，在标注图形下方输入白色文本，设置“开心购”字体为“汉仪超粗圆简”，使用阴影工具在“开心购”上拖动创建阴影，完成本例的制作。

## 2.5 课后练习

### 1. 练习 1——*绘制青蛙*

本例将新建文件，利用绘图工具绘制青蛙图形，效果如图2-90所示，其中涉及圆、椭圆、圆弧和饼图等的绘制，以及纯色填充和渐变填充的应用。

**提示**：在绘制青蛙时，需要注意青蛙各个部位图形的叠放顺序，对应重复的填充与轮廓设置，可通过鼠标右键拖动目标到需要设置的图形上，在弹出的快捷菜单中选择复制填充与轮廓的相关命令。

**效果所在位置**：效果\第2章\青蛙.cdr。

图2-90　青蛙效果

### 2. 练习 2——*制作花朵背景*

本例将新建文件，利用绘图工具绘制花朵背景，效果如图2-91所示，其中涉及矩形、圆、星形、线条的绘制与编辑，以及纯色填充和图框精确剪裁的应用。

**提示**：为了使花朵分布得更为美观，复制花朵后，需要对制作后的花朵的大小、位置、角度等进行多样化的设置。

**效果所在位置**：效果\第2章\花朵背景.cdr。

图2-91　花朵背景效果

CHAPTER 3

# 第 3 章 图形的自由绘制与编辑

在CorelDRAW X7中，除了绘制基本形状，用户还可通过线条绘制工具来自由绘制图形，常见的线条绘制工具包括手绘工具、贝塞尔工具和钢笔工具等。在绘制自由图形的过程中，可通过形状工具对曲线上的节点进行编辑，使曲线造型更加精确。此外，通过画笔工具和笔刷工具可以完成一些特殊笔触图形的绘制，如书法图案的绘制、常见组合图案的绘制等。本章将详细讲解线条绘制工具、艺术笔工具、形状工具及笔刷工具在绘制自由图形方面的应用，以提高用户的绘图水平。

## 课堂学习目标

- 掌握绘制自由图形的工具与使用方法
- 掌握艺术笔工具的使用方法
- 掌握使用形状工具调整曲线的方法
- 掌握笔刷工具的使用方法

## 课堂案例展示

绘制卡通人物头像

制作夏日海报

绘制卡通场景

绘制刺猬

# 3.1 绘制自由图形

自由图形通常由直线或曲线构成。在CorelDRAW X7中，绘制直线与曲线的工具有很多，如手绘工具、2点线工具、贝塞尔工具、钢笔工具、B样条工具、折线工具、3点曲线工具及智能绘图工具，本节将进行详细介绍。

## 3.1.1 课堂案例——绘制卡通人物头像

**案例目标：**随着卡通动漫行业的不断发展，涌现了很多可爱的卡通人物，这些卡通人物往往深受大众的喜爱。由于卡通人物基本上都是不规则图形，所以需要通过手绘完成。本例将通过CorelDRAW 的手绘工具和钢笔工具等自由绘图工具来绘制卡通头像，完成后的参考效果如图 3-1 所示。

图3-1 卡通人物头像效果

**知识要点：**椭圆工具、手绘工具、贝塞尔工具、钢笔工具、2 点线工具、智能填充工具。

**效果文件：**效果 \ 第 3 章 \ 卡通人物头像 .cdr。

其具体操作步骤如下。

**STEP 01** 新建A4、横向、名为“卡通人物头像”的空白文件，选择椭圆工具，绘制长、宽为170 mm × 140 mm的椭圆，按【Alt+Enter】组合键打开“对象属性”泊坞窗，单击“填充”按钮和“均匀填充”按钮，设置填充颜色为黄色（CMYK：1、6、9、0），在属性栏中设置轮廓粗细为“1 mm”，如图3-2所示。

**STEP 02** 选择手绘工具，鼠标指针呈形状，移动鼠标指针至圆内，单击鼠标左键作为直线的起点，将鼠标指针移至合适的位置，双击确定转角节点，继续移动鼠标指针，单击完成眼睛折线的绘制。使用相同的方法继续绘制另一只眼睛，在属性栏中将轮廓设置为“2.5 mm”，如图3-3所示。

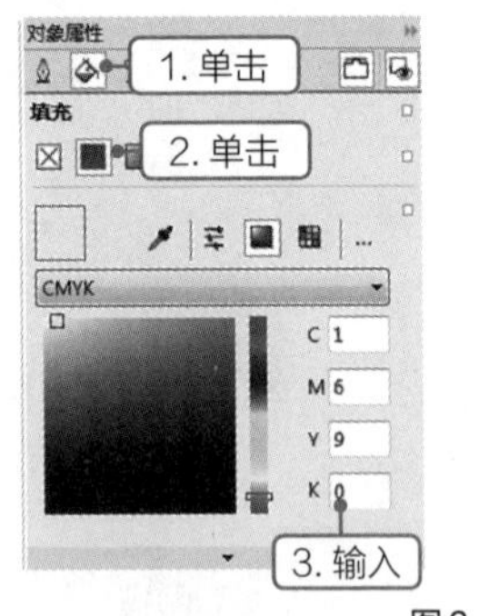


图3-2 绘制椭圆

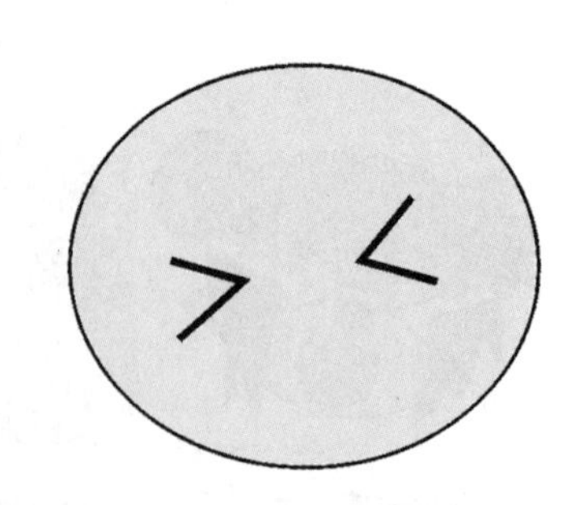

图3-3 手绘眼睛

**STEP 03** 选择贝塞尔工具，单击确定起点，将鼠标指针移至合适的位置单击绘制直线，再次单击并按住鼠标左键不放，移动鼠标以拖动终点的控制手柄将直线调整为合适弧度的曲线，继续添加并拖动节点，直到回到起点完成嘴巴的绘制，在“对象属性”泊坞窗中设置填充颜色为红色

（CMYK：0、38、18、0），设置轮廓粗细为“1 mm”，如图3-4所示。

STEP 04 选择手绘工具，在嘴角处按住鼠标左键拖动鼠标，沿着拖动轨迹绘制曲线，如图3-5所示。

STEP 05 选择智能填充工具，在属性栏中设置填充选项为“指定”，设置指定颜色为深红色（CMYK：16、71、48、0），鼠标指针变为+形状，将鼠标指针移至嘴角线条与嘴巴形成的封闭区域单击填充颜色，选择绘制的线条，按【Delete】键删除，效果如图3-6所示。

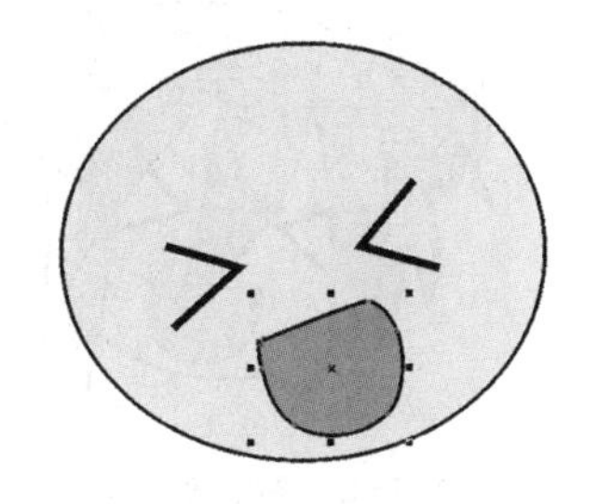
图3-4　绘制嘴巴

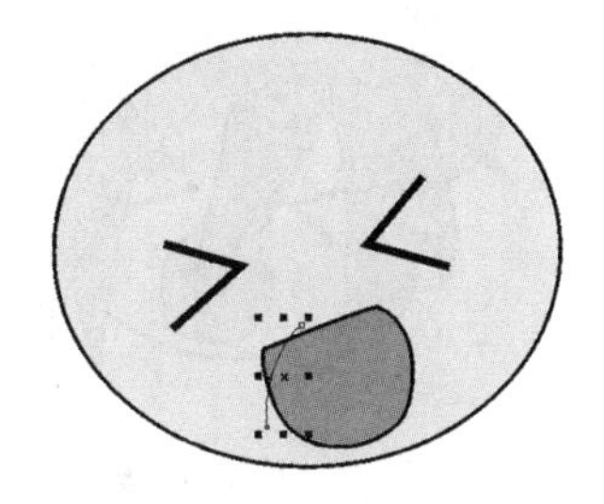
图3-5　绘制嘴角曲线

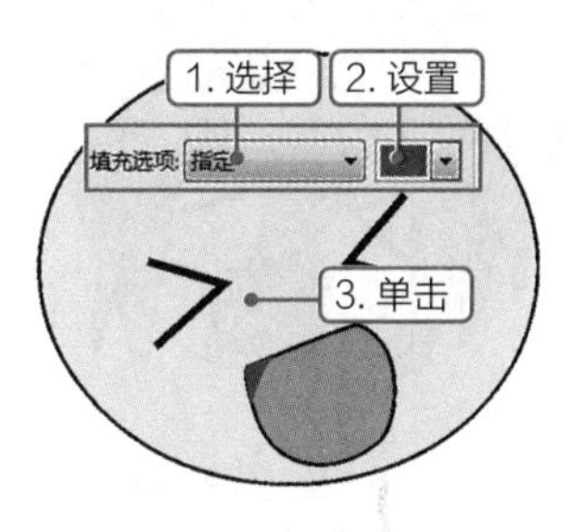

图3-6　智能填充嘴角

**提示**　绘制眼睛、嘴巴等图形时，并不固定使用步骤中所讲的工具，用户在学习本节内容后可根据自己的喜好以提高绘图效率为目的进行灵活选择。

STEP 06 选择椭圆工具，绘制腮红所需的椭圆，在“对象属性”泊坞窗中设置填充颜色为粉色（CMYK：0、15、12、0），用鼠标右键单击无填充色块☒取消轮廓，按住鼠标左键不放将其拖动到右侧单击鼠标右键，在目标位置复制腮红椭圆，在属性栏中设置合适的旋转角度，效果如图3-7所示。

STEP 07 绘制头发圈椭圆，在“对象属性”泊坞窗中设置填充颜色为绿色（CMYK：46、0、21、0），设置轮廓粗细为“1 mm”，效果如图3-8所示。

STEP 08 选择钢笔工具，单击确定起点，将鼠标指针移至合适的位置单击绘制直线，拖动终点的控制手柄将直线调整为合适弧度的曲线，继续添加并拖动节点，直到回到起点完成头发的绘制，在“对象属性”泊坞窗中设置填充颜色为绿色（CMYK：46、0、21、0），设置轮廓粗细为“1 mm”，如图3-9所示。

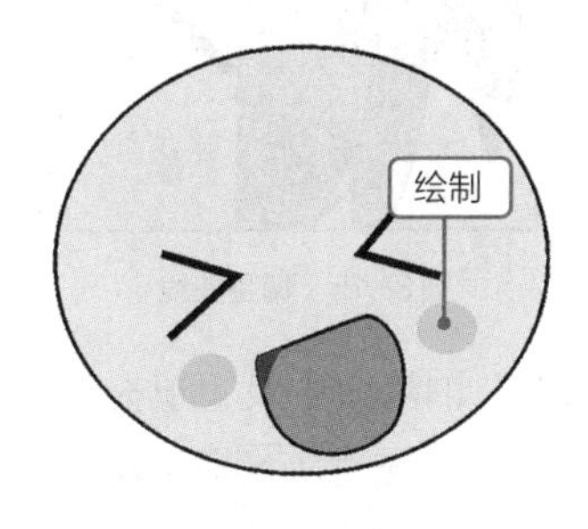

图3-7　绘制腮红

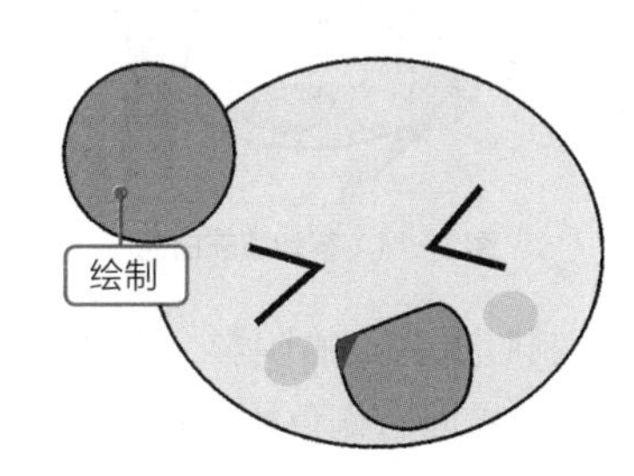

图3-8　绘制头发圈

图3-9　绘制头发

STEP 09 选择钢笔工具，为头发绘制细节线条，如图3-10所示。

STEP 10 在头发右上角绘制头发圈椭圆，在“对象属性”泊坞窗中设置填充颜色为绿色

（CMYK：46、0、21、0），设置轮廓粗细为“1 mm”，如图3-11所示。

STEP 11 选择手绘工具，在右侧发圈下端按住鼠标左键拖动鼠标，沿着拖动轨迹绘制与发圈相交的曲线；选择智能填充工具，在属性栏中设置填充选项为“指定”，设置指定颜色为较深的绿色（CMYK：77、22、38、0），鼠标指针变为+形状，将鼠标指针移至线条与发圈形成的封闭区域单击填充颜色，效果如图3-12所示。选择绘制的线条，按【Delete】键删除。

图3-10　绘制头发线条

图3-11　绘制右侧发圈

图3-12　智能填充部分发圈

**技巧**　使用钢笔工具绘制多条不相连的头发线条时，在绘制完一条线段后，可双击需要结束的节点，重新确定起点并绘制其他线条。

STEP 12 选择2点线工具，在头发中部按住鼠标左键拖动鼠标绘制两条与头发轮廓相交的平行线，如图3-13所示。

STEP 13 选择智能填充工具，在属性栏中设置填充选项为“指定”，设置指定颜色为白色，鼠标指针变为+形状，将鼠标指针移至平行线与头发轮廓形成的封闭区域单击填充白色，如图3-14所示。

STEP 14 更改指定颜色为较深的绿色（CMYK：77、22、38、0），填充发梢的封闭头发区域，此时发现部分头发线条被隐藏，此时选择形状工具，向内拖动颜色区域轮廓上的节点，将黑色的头发线条显示出来，如图3-15所示。

图3-13　2点线

图3-14　智能填充白色

图3-15　调整曲线

STEP 15 选择钢笔工具，绘制脸上头发的阴影，在“对象属性”泊坞窗中设置填充颜色为粉色（CMYK：0、35、31、0），在界面右侧色块上用鼠标右键单击无填充色块☒取消轮廓，如图3-16所示。

STEP 16 选择钢笔工具，绘制右侧露出的耳朵，在“对象属性”泊坞窗中设置填充颜色为粉色（CMYK：1、35、29、0），设置轮廓粗细为“1 mm”，如图3-17所示。

STEP 17 选择手绘工具，在眼睛上方按住鼠标左键拖动鼠标绘制眉毛，设置轮廓粗细为“1.5 mm”，如图3-18所示。保存文件，完成卡通头像的绘制。

图3-16 绘制头发的阴影

图3-17 绘制耳朵

图3-18 绘制眉毛

## 3.1.2 手绘工具

CorelDRAW X7的手绘工具可以用来绘制直线、折线和曲线，是比较常用的绘图工具。下面对其具体绘制方法进行介绍。

1. 绘制直线与折线

直线是常见的图形组成部分。选择手绘工具，当鼠标指针呈形状时，移动鼠标指针至绘图区，单击鼠标左键确定直线的起点，将鼠标指针移至合适的位置，鼠标指针变为形状时，再次单击鼠标，即可完成直线的绘制。在结束点双击鼠标，继续单击其他位置可绘制折线。在线条两端的节点上单击鼠标左键，移动鼠标指针到其他位置单击也可创建折线，如图3-19所示。在确定直线起点后，若按住【Ctrl】键可绘制以15° 为单位角度的线条，包括水平线条、垂直线条。

2. 绘制曲线

使用手绘工具绘制曲线，与在纸张上利用铅笔进行绘制的原理相似，常用于绘制一些设计感强的不规则轮廓，对绘图者的美术功底有一定的要求。按【F5】键切换到手绘工具，按住鼠标左键不放进行拖动，根据拖动的轨迹来绘制曲线，绘制完成后释放鼠标左键即可，如图3-20所示。绘制曲线时，将自动修复毛糙边缘，使绘制的线条更加流畅。此外，在使用手绘工具绘制曲线时，难免出错，这时可在按住鼠标左键的同时按住【Shift】键往回拖动鼠标，当绘制的线条变为红色时，松开鼠标即可清除红色区域的线段。

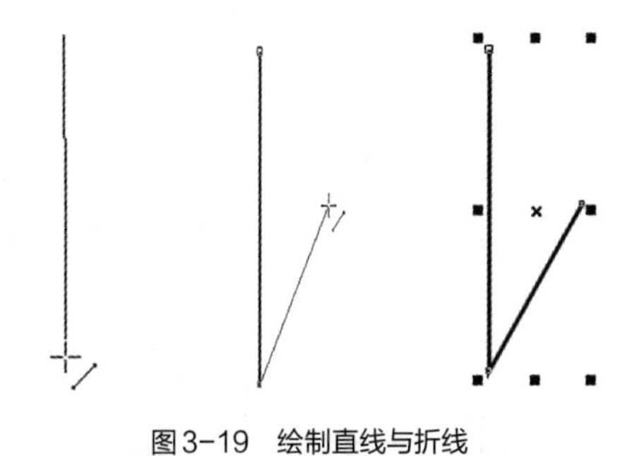

图3-19 绘制直线与折线

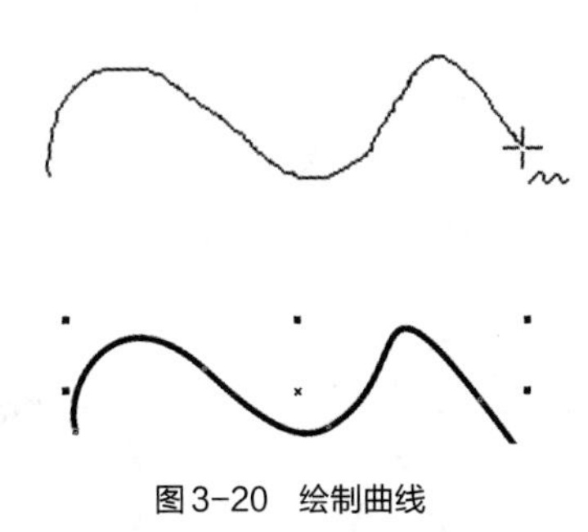

图3-20 绘制曲线

在使用手绘工具绘制图形时，可通过其属性栏对线条属性进行设置，如图3-21所示。手绘工具属性栏中相关选项的含义介绍如下。

- “起始箭头”与“终止箭头”下拉列表框：单击该下拉列表框右侧的按钮，在弹出的下拉列表框中可设置线条起始端与结束端的箭头样式，图3-22所示为设置起始箭头。

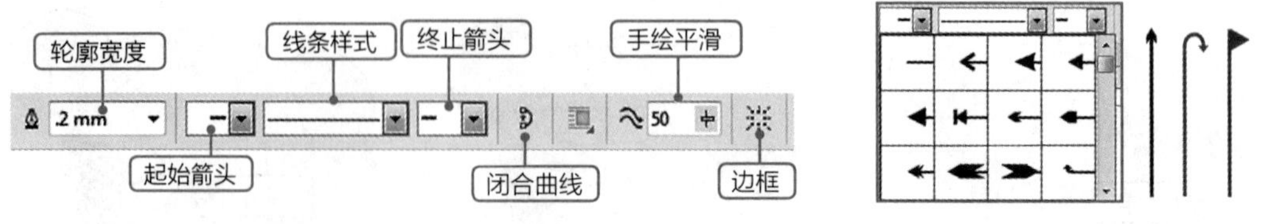


图3-21　手绘工具属性栏　　图3-22　为线条应用起始箭头效果

- “轮廓宽度”下拉列表框：在该下拉列表框中可输入需要的粗细值，也可单击该文本框右侧的按钮，在弹出的下拉列表框中选择需要的线条粗细值。
- “线条样式”下拉列表框：单击该下拉列表框右侧的按钮，在弹出的下拉列表框中提供了丰富的实线与虚线线条样式供用户选择。
- “闭合曲线”按钮：选择未闭合的线段，单击该按钮后，可将起始节点与终止节点闭合，以方便颜色的填充，如图3-23所示。

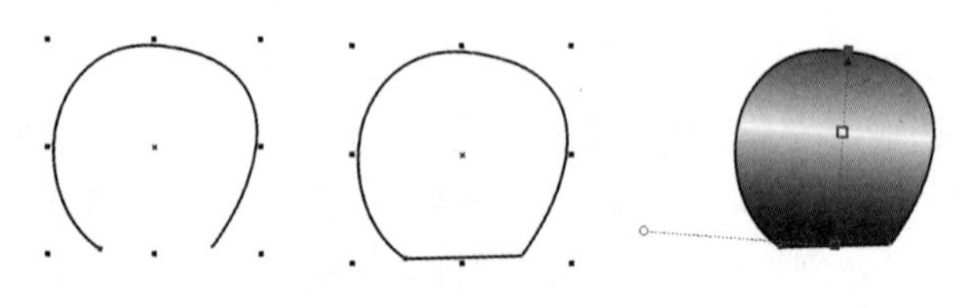

图3-23　闭合曲线

- “手绘平滑”文本框：用于设置手绘自动平滑的程度，值越大，绘制的曲线越平滑。
- “边框”按钮：默认的边框是显示的，即绘制曲线后，在四周会出现8个黑色的控制点，单击该按钮后将隐藏这8个控制点。

## 3.1.3　2点线工具

2点线工具可以用来很方便地绘制任意2点线、垂直2点线及相切的2点线，如图3-24所示。在工具箱中的手绘工具上按住鼠标左键不放，在弹出的面板中选择2点线工具，在属性栏中设置需要绘制的2点线的类型，如图3-25所示，再在工作区中按住鼠标左键并将其拖动至合适的角度及位置后释放鼠标即可绘制2点线，在起始节点上按住鼠标左键继续拖动可绘制连续的线段。

- “2点线工具”按钮：单击该按钮可绘制任意2点之间的直线。
- “垂直2点线”按钮：单击该按钮，可在已有的线段上绘制与之垂直的直线。
- “相切的2点线”按钮：单击该按钮可绘制与圆的直径垂直的线条。

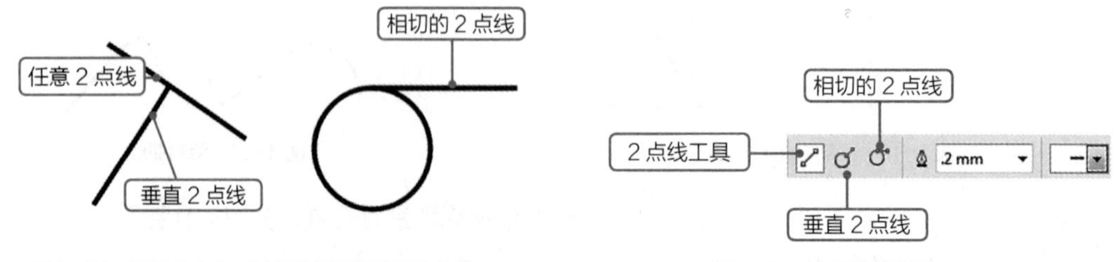


图3-24　任意2点线、垂直2点线及相切2点线　　图3-25　2点线属性栏

## 3.1.4 贝塞尔工具与钢笔工具

贝塞尔工具和钢笔工具都是CorelDRAW软件中画图、描图最常用的基础工具。手绘工具、贝塞尔工具和钢笔工具不仅可以绘制曲线，还可以通过控制点、控制线来控制曲线的弯曲度和弯曲的位置，使绘制的曲线更加平滑、精确。贝塞尔工具和钢笔工具的操作和性能几乎完全一样，其操作方法为：将鼠标指针移至绘图区单击确定起点，移动到另一点单击可绘制两点间的直线，移动鼠标指针继续单击，可绘制多段直线。在绘制的过程中，若在单击鼠标确定下一个点的位置后按住鼠标左键不放并拖动，将出现控制手柄（以确定线条的弧度），从而完成曲线的绘制。当需要开放图形时，可在结束绘制时双击终点或按【Space】键；当回到绘制的起点并单击时完成封闭图形的绘制，如图3-26所示。

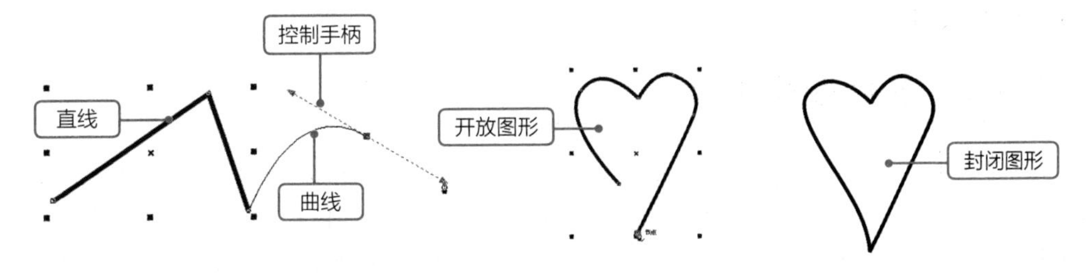


图3-26 贝塞尔工具和钢笔工具的操作

贝塞尔工具和钢笔工具的区别是：钢笔工具的属性栏上有一个“预览模式”按钮和“自动添加或删除节点”按钮，如图3-27所示。

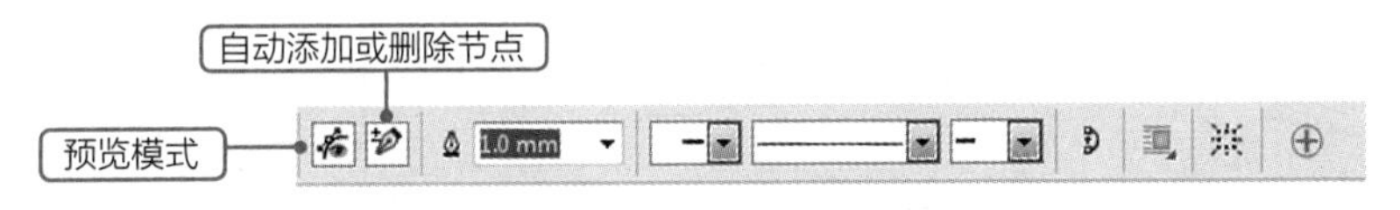


图3-27 钢笔工具属性栏

下面分别对两个按钮的含义进行介绍。

- “预览模式”按钮呈选中状态时，在绘图区单击创建一个节点，移动鼠标指针后可以预览到即将形成的路径，如图3-28所示。
- “自动添加或删除节点”按钮呈选中状态时，将鼠标指针移至绘制的曲线路径上，鼠标指针呈形状时，单击将添加节点；将鼠标指针移至曲线的节点上，鼠标指针呈形状时，单击节点将删除节点，如图3-29所示。

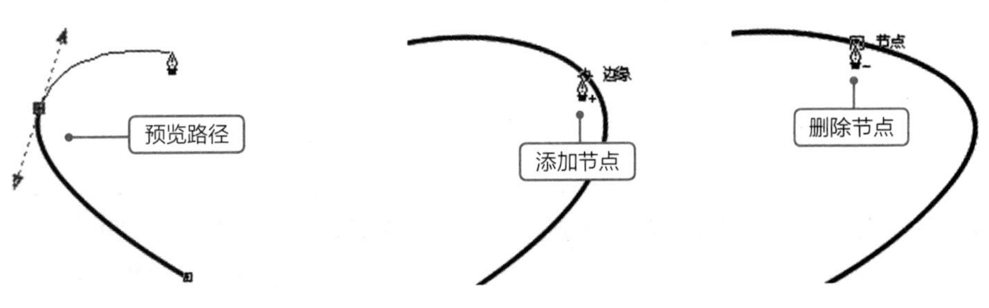


图3-28 预览路径　　图3-29 自动添加或删除节点

## 3.1.5 B样条工具

B样条工具是通过使用控制点分段绘制曲线，且绘制的曲线更为平滑。在工具箱中的手绘工具上按住鼠标左键不放，在弹出的面板中选择B样条工具，将鼠标指针移至工作区中按住鼠标左键进行移动，到合适位置单击鼠标添加控制点，确定第一段曲线，然后继续拖动与单击鼠标绘制其他曲线，如图3-30所示，终点回到起点或双击最后一个控制点结束绘制。

## 3.1.6 折线工具

折线工具可以很方便地在绘制直线与曲线间进行切换，灵活性强。在工具箱中的手绘工具上按住鼠标左键不放，在弹出的面板中选择折线工具，在属性栏中设置平滑度后，在两点之间单击可绘制直线，按住鼠标左键进行拖动可绘制曲线，图3-31所示为折线工具绘制的线条。

## 3.1.7 3点曲线工具

3点曲线工具可以通过指定曲线的宽度和高度来绘制简单曲线。使用此工具可以快速创建弧形，而无需控制节点。在工具箱中的手绘工具上按住鼠标左键不放，在弹出的面板中选择3点曲线工具，在绘图区拖动鼠标确定曲线的高度，释放鼠标继续拖动来确定曲线的宽度，如图3-32所示。

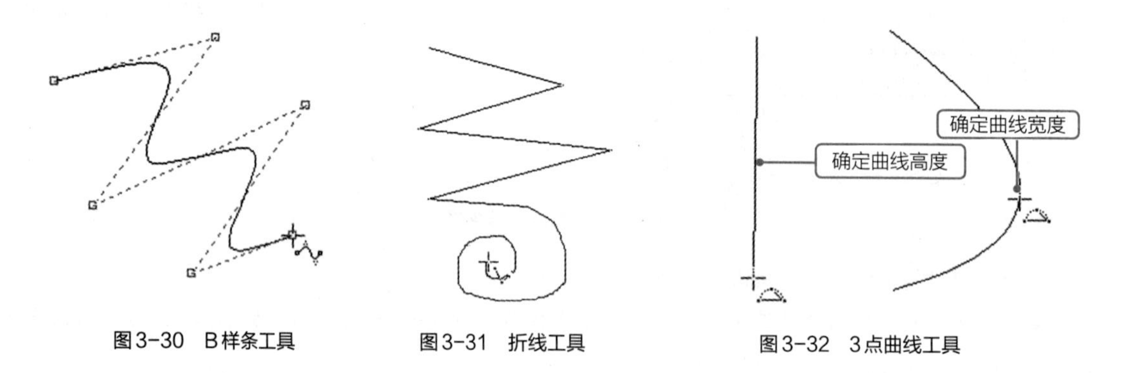


图3-30 B样条工具　　图3-31 折线工具　　图3-32 3点曲线工具

## 3.1.8 智能绘图工具

智能绘图工具允许使用形状识别功能来识别绘制的直线和曲线，将其转换为基本形状。在工具箱中的手绘工具上按住鼠标左键不放，在弹出的面板中选择智能绘图工具，在绘图区按住鼠标左键，并拖动鼠标绘制需要的基本图形的大致轮廓，释放鼠标后，绘制的轮廓将自动转化为需要的基本图形，图3-33所示为绘制与转化的圆的效果。如果绘制的对象未转换为形状，可通过属性栏设置识别等级和绘制图形的平滑等级，使之转化为形状，智能绘图工具属性栏如图3-34所示。

**技巧** 在绘制过程中，在绘制的前一个图形自动平滑前，可以继续绘制下一个图形，释放鼠标左键以后，绘制的多个图形将自动平滑，并且绘制的多个图形会形成一组编辑对象。

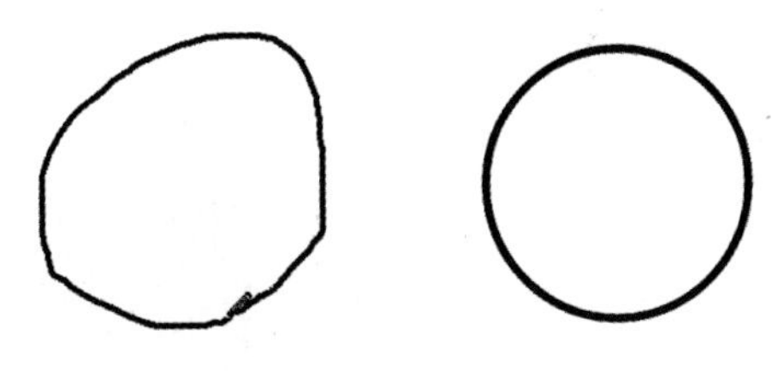

图3-33　智能绘制圆

图3-34　智能绘图工具属性栏

智能绘图工具属性栏相关选项介绍如下。

- “形状识别等级”下拉列表：设置检测形状并将其转化为对象的等级，等级越高，越容易转换为基本形状。
- “智能平滑等级”下拉列表：用于设置绘制曲线的平滑度等级。平滑度等级越高，曲线边缘越平滑，节点越少。

### 课堂练习——绘制吹号角的小女孩

本例将利用钢笔工具或贝塞尔工具、椭圆工具、智能填充工具绘制小女孩和号角。在绘制过程中需要注意脑袋、身体、手臂、腿与号角的绘制顺序，一般先绘制底层图形，然后取消轮廓进行渐变填充。也可在所有图形绘制完成后，调整图形顺序，然后取消轮廓进行渐变填充，达到最终效果。绘制后的效果如图3-35所示（效果\第3章\小女孩.cdr）。

图3-35　吹号角的小女孩效果

## 3.2 使用艺术笔工具快速绘制图形

艺术笔工具与手绘工具的使用方法相同，但艺术笔工具预设了一些特殊的笔刷样式和图案样式，可以帮助用户快速绘制出更多、更丰富的图形。艺术笔工具包括预设、笔刷、喷涂、书法和压力5种样式，不同的样式可以绘制出不同的图案、笔触效果，本节将进行详细介绍。

### 3.2.1　课堂案例——制作卡通场景

**案例目标：**卡通场景中往往具有丰富的元素，一一绘制这些元素会耗费很多时间，而使用艺术笔工具中预设的笔刷、笔触可以快速完成一些元素的制作。本例将使用艺术笔工具绘制小草、蘑菇、气球等元素，与卡通人物快速组合成卡通场景，完成后的参考效果如图 3-36 所示。

图3-36　卡通场景

**知识要点：**预设 、喷涂、压力、钢笔工具、拆分。

**素材位置：**素材 \ 第 3 章 \ 卡通人物 .cdr。

**效果文件：**效果 \ 第 3 章 \ 卡通场景 .cdr。

其具体操作步骤如下。

**STEP 01** 新建A4、横向、名为“卡通场景”的空白文件，选择艺术笔工具，在艺术笔工具属性栏中单击“压力”按钮，绘制草坪，在属性栏中将笔触宽度设置为“100”，按【Enter】键应用设置；按【Alt+Enter】组合键打开“对象属性”泊坞窗，在“对象属性”泊坞窗中设置填充颜色为绿色（CMYK：23、0、35、0），如图3-37所示。

**STEP 02** 在艺术笔工具属性栏中单击“喷涂”按钮，在“类别”下拉列表框中选择【植物】选项，在“喷射图样”下拉列表框中选择【蘑菇】选项，拖动鼠标绘制一组喷涂蘑菇，如图3-38所示。

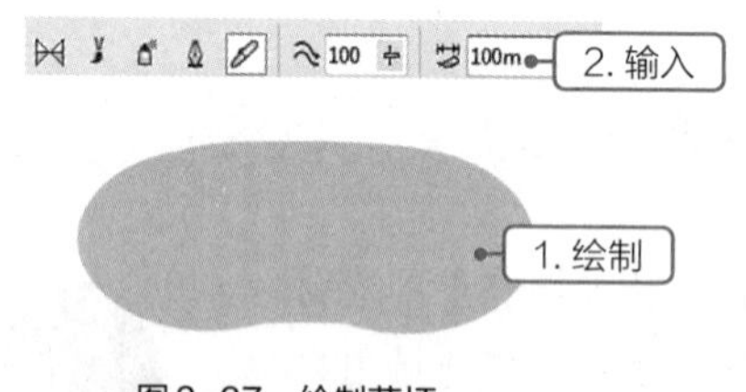


图3-37　绘制草坪

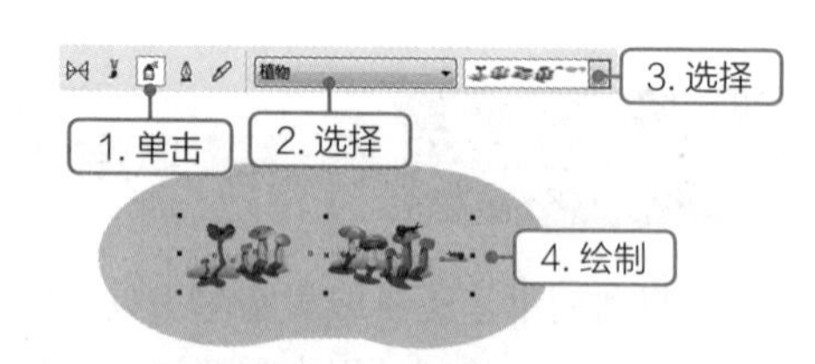


图3-38　绘制蘑菇

**STEP 03** 按【Ctrl+K】组合键拆分喷涂蘑菇，选择绘制的线条，按【Delete】键删除，按【Ctrl+U】组合键取消群组，分别移动各组蘑菇的位置，拖动四角的控制点调整蘑菇的大小，如图3-39所示。

**STEP 04** 使用相同的方法继续喷涂一组小草图案，调整小草的位置和大小，如图3-40所示。

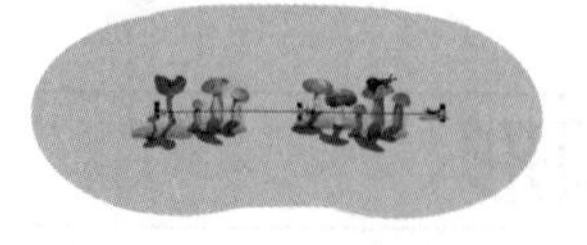

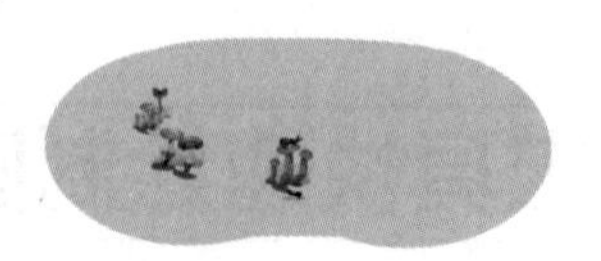

图3-39　调整蘑菇的大小与位置

图3-40　绘制小草的大小和位置

**STEP 05** 打开“卡通人物.cdr”文件，选择卡通人物，按【Ctrl+C】组合键，然后切换到卡通场景窗口，按【Ctrl+V】组合键粘贴卡通人物，调整人物的大小与位置，如图3-41所示。

**STEP 06** 在艺术笔工具属性栏中单击“压力”按钮，在卡通人物脚部绘制两个投影图形，调整笔触宽度，在“对象属性”泊坞窗中设置填充颜色为灰色（CMYK：11、0、17、50）。选择绘制的投影，按【Ctrl+PageDown】组合键将其移动到卡通人物底层，如图3-42所示。

图3-41　添加卡通人物

图3-42　绘制投影

**STEP 07** 使用相同的方法继续喷涂一组“对象”类别中的气球图案，按【Ctrl+K】组合键拆分喷涂气球，选择绘制的线条，按【Delete】键删除，按【Ctrl+U】组合键取消群组，删除除图3-43所示外的所有气球。

**STEP 08** 移动气球到卡通人物上，调整气球的大小与位置，按【Ctrl+PageDown】组合键直至移动到卡通人物底层，如图3-44所示。

**STEP 09** 选择钢笔工具，在右上角绘制太阳，在“对象属性”泊坞窗中分别设置填充颜色为黄色（CMYK：0、0、100、0），轮廓粗细为“3 mm”，轮廓颜色为橙色（CMYK：0、60、100、0），在太阳周围绘制光线，取消轮廓，填充光线为红色（CMYK：0、100、100、0），效果如图3-45所示。

图3-43 绘制气球

图3-44 调整气球

图3-45 绘制太阳

**STEP 10** 选择艺术笔工具，在属性栏中单击“预设”按钮，在属性栏中选择开始端宽、结束端尖的笔触样式，设置笔触宽度为“5 mm”，在页面左上角绘制倾斜的预设笔触效果，在“对象属性”泊坞窗中设置填充颜色为黄色（CMYK：0、0、100、0），如图3-46所示。

**STEP 11** 选择文本工具，输入文本，设置字体为“迷你简少儿”，字号为“24”，文本颜色为橙色（CMYK：0、60、100、0）；选择封套工具，出现蓝色封套框，编辑封套框外观，使文本整体倾斜，如图3-47所示。

图3-46 绘制预设笔触

图3-47 输入并编辑文本

## 3.2.2 预设

“预设”是指使用预设的矢量图来绘制曲线。选择艺术笔工具，在属性栏中单击“预设”按钮将属性栏变为预设属性，如图3-48所示。下面对艺术笔工具的常用预设参数进行介绍。

- “预设笔触”下拉列表框：用于选取笔触样式来创建图形，图3-49所示为使用选择的笔触样式绘制的花纹效果。

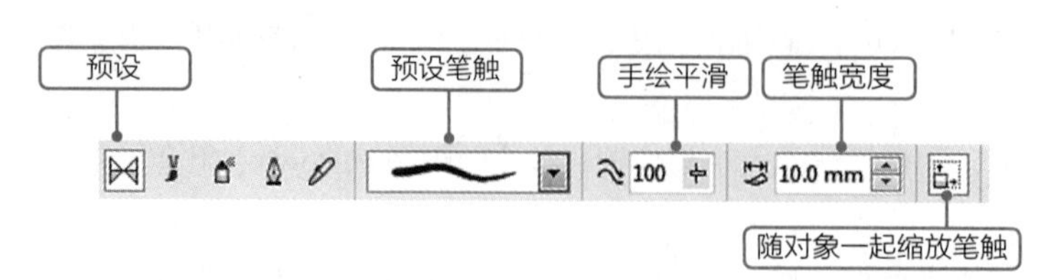


图3-48 艺术笔工具预设属性栏

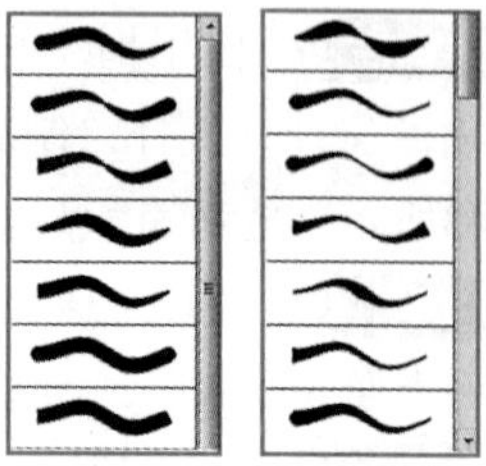

图3-49 预设笔触

- “手绘平滑”文本框：用来调整手绘线条的平滑度，最大值为100。
- “笔触宽度”文本框：用于设置画笔绘制的线条的最大宽度。
- “随对象一起缩放笔触”按钮：单击该按钮，缩放画笔绘制的对象时，线条宽度也会跟着发生变化。

## 3.2.3 笔刷

与预设笔触相比，通过笔刷可以设置更为丰富的笔触效果，在CorelDRAW X7中预设了艺术、书法、对象、滚动、感觉的、飞溅、符号和底纹8组笔刷效果。在艺术笔工具属性栏中单击“笔刷”按钮，可选择各种类别的笔刷笔触，如图3-50所示。下面对笔刷工具常用笔刷参数进行介绍。

知识链接
使用下载的艺术笔刷

- “类别”下拉列表：用于选择要使用的笔刷类别，如图3-51所示。
- “笔刷笔触”下拉列表框：用于选择相应的笔刷类别的笔刷样式，图3-52所示为底纹类别中的部分笔刷样式。

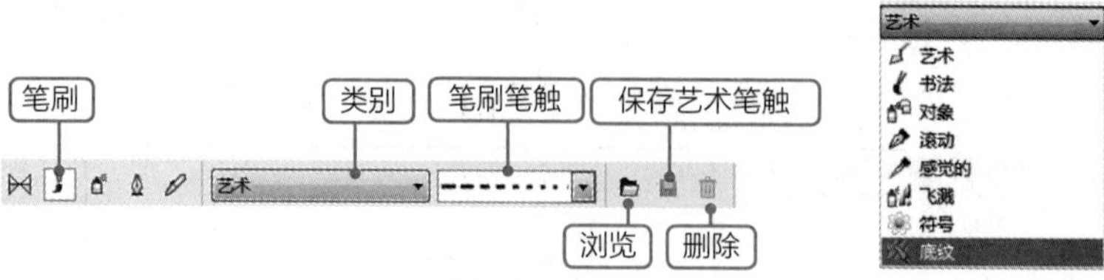


图3-50 艺术笔工具笔刷属性栏

图3-51 类别

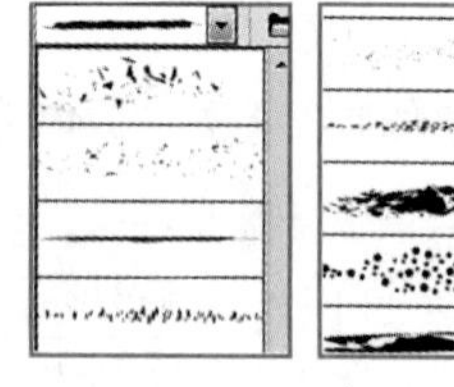

图3-52 笔刷笔触

- “浏览”按钮：单击该按钮可以打开“浏览文件夹”对话框，在其中可浏览硬盘中的艺术笔刷文件，选择艺术笔刷即可导入“自定义”类别的“笔刷笔触”下拉列表框中，方便用户直接选择使用。
- “保存艺术笔触”按钮：单击该按钮，可打开“另存为”对话框，设置名称后，保持默认路径，可将选择的图形图案保存为笔刷样式。
- “删除”按钮：选择自定义的笔触样式后，单击该按钮，可删除自定义的笔触样式。

## 3.2.4 喷涂

CorelDRAW可在线条上喷涂食物、脚印、音乐符号和星形等丰富的组合图形对象。在艺术笔工具属性栏中单击“喷涂”按钮，在属性栏中选择喷涂类别和喷涂图样，在页面中单击或绘制线条即可完成喷涂对象的绘制，喷涂属性栏如图3-53所示。下面对喷涂工具常用参数进行介绍。

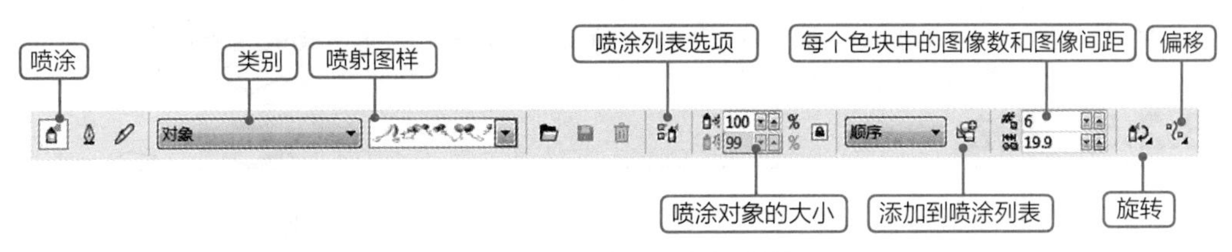


图3-53　艺术笔工具喷涂属性栏

- “类别”下拉列表框：用于选择要使用的喷射图样的类别，如图3-54所示。
- “喷射图样”下拉列表框：用于选择相应的喷射类别的喷射图案样式或图案组，图3-55所示为部分喷射图样效果。
- “喷涂列表选项”按钮：单击该按钮，可以打开“创建播放列表”对话框，如图3-56所示。在其中可单击清除按钮清空播放列表，单击添加>>按钮可将需要的对象添加到播放列表中，通过控制添加顺序可设置喷涂对象的顺序。

图3-54　类别　　　图3-55　喷射图样

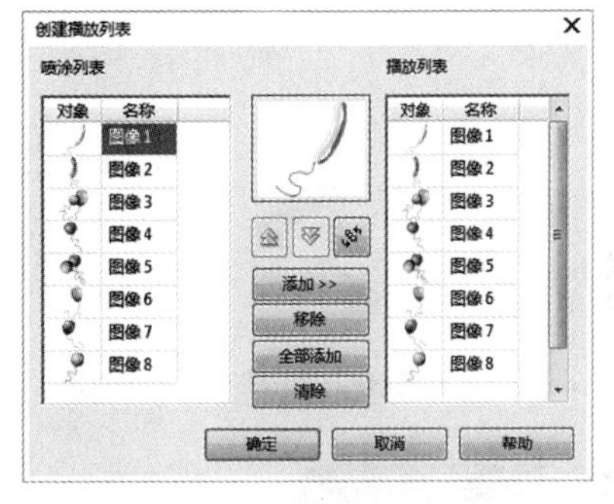


图3-56　“创建播放列表”对话框

- “喷涂对象的大小”文本框：上面的文本框用于统一调整喷涂图像的大小；单击按钮，使其变为解锁图标，即可在下面的文本框中调整喷涂的图案相对于前一图案的百分比，图3-57所示为调整为70%的效果。
- “顺序”下拉列表框：用于选择一种喷涂对象的顺序，包括顺序、随机和按方向3种。
- “添加到喷涂列表”按钮：单击该按钮，可将选择的对象添加到“自定义”类别的“喷射图样”下拉列表框中。
- “每个色块中的图像数和图像间距”文本框：上方的文本框用于调整每个间距点处喷涂的对象的数目；下方的文本框用于调整笔触长度中各间距点的间距，图3-58所示为间距为40的喷涂效果。

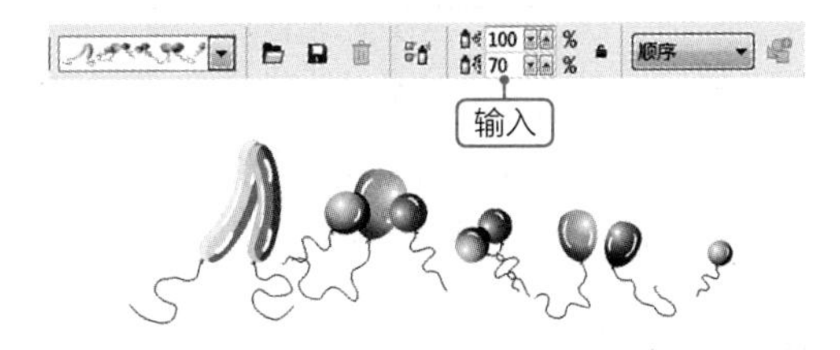


图3-57　调整喷涂对象的大小

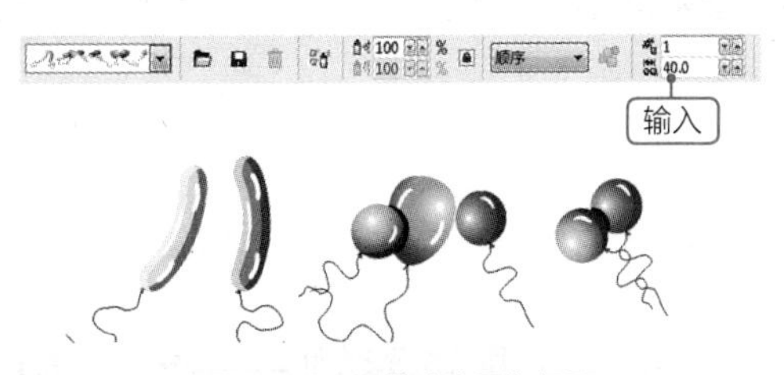


图3-58　调整喷涂图像间距

- “旋转”按钮：单击该按钮，可以在弹出的面板中设置喷涂对象的旋转角度。

- “偏移”按钮：单击该按钮，可以在弹出的面板中设置偏移的方向和距离。

### 3.2.5 书法

“书法”是指在绘制线条时模拟书法的效果。在艺术笔工具属性栏中单击“书法”按钮，拖动鼠标即可绘制书法线条。通过其属性栏可更改书法线条的宽度和书法的角度，以更改书法线条的粗细变换效果，图3-59所示为笔头角度为20° 的书法线条效果，角度越小，粗细变化也就越明显。

### 3.2.6 压力

在艺术笔工具属性栏中单击“压力”按钮，可以创建出各种粗细的压感线条。压感线条的绘制和设置与书法线条相似，但没有角度设置。因此，用压力绘制出的曲线更加顺畅、圆润，图3-60所示为用压力绘制的线条效果。

图3-59 笔头角度为20° 的书法线条效果

图3-60 压力线条效果

**课堂练习——绘制兰花**

本例将绘制浅黄色背景，然后使用艺术笔工具中的“书法”笔刷和喷涂“植物”，以及喷涂“对象”列表中的图案绘制一幅兰花图案，最后输入纵向文本“兰花集”，设置文本字体为“叶根友毛笔行书”，绘制完成后的最终效果如图3-61所示（效果\第3章\兰花集.cdr）。

图3-61 兰花效果

## 3.3 使用形状工具调整曲线

形状工具主要是通过编辑节点来调整曲线，使其产生多种多样的图形。使用形状工具可以直接编辑手绘工具、贝塞尔工具和钢笔工具等绘制的线条或形状。对于基本形状工具绘制的图形，需要按【Ctrl+Q】组合键转曲后才能编辑。本节将对编辑节点所涉及的操作进行详细介绍。

### 3.3.1 课堂案例——制作夏季海报

**案例目标：**在海报中经常会使用到艺术字，而这些艺术字的外观往往需要使用形状工具来进行造型设计。本例将通过对艺术字的编辑制作夏季海报，完成后的参考效果如图 3-62 所示。

**知识要点：**形状工具 、文本工具、编辑节点。

**素材位置：**素材 \ 第 3 章 \ 海滩 .jpg、素材 .cdr。

**效果文件：**效果 \ 第 3 章 \ 夏季海报 .cdr。

图3-62　夏季海报效果

其具体操作步骤如下。

**STEP 01** 新建大小为186 mm × 207 mm、名为“夏日海报”的空白文件，按【Ctrl+I】组合键，在打开的对话框中双击“海滩.jpg”文件，返回工作界面单击导入背景素材，调整背景的大小与位置，如图3-63所示。

**STEP 02** 选择文本工具字，输入文本，设置字体为“迷你简汉真广标”，按【Ctrl+K】组合键拆分文本，如图3-64所示。

图3-63　导入素材

图3-64　输入文本

**STEP 03** 选择拆分的文本，按【Ctrl+G】组合键群组文本对象，选择封套工具，出现蓝色封套框，双击删除两侧中点位置不需要的节点，拖动四角的节点，使文本整体倾斜，如图3-65所示。

**STEP 04** 按【Ctrl+U】组合键取消群组，分别调整单个文本的大小与位置，如图3-66所示。

图3-65　编辑封套节点

图3-66　调整文本的位置与大小

**STEP 05** 选择所有的文本，按【Ctrl+Q】组合键转曲，选择形状工具，文本笔画上出现可编辑的节点，如图3-67所示。

STEP 06 拖动曲线或节点调整曲线位置；单击选择节点后，拖动出现的控制手柄可调整曲线的弧度；双击曲线上需要删除的节点可删除节点，在曲线上单击可添加节点，编辑后的外观如图3-68所示。

图3-67 文本转曲

图3-68 编辑文本外观

STEP 07 选择“冰爽夏”文本，填充为白色，选择“日”文本，填充为深蓝色（CMYK：88、48、7、0）；选择轮廓图工具，单击选择文本，向外拖动文字上出现的节点创建外轮廓，在属性栏中设置轮廓的填充色为深蓝色（CMYK：88、48、7、0），轮廓图步长为“1”，轮廓图偏移量为“2.5 mm”，如图3-69所示。

STEP 08 选择钢笔工具，在“日”上方绘制4个点图形，在界面右侧色块上用鼠标右键单击无填充色块☒取消轮廓，在“对象属性”泊坞窗中分别设置填充颜色为玫红色（CMYK：11、100、15、0）、青色（CMYK：54、0、100、0）、蓝色（CMYK：88、48、7、0）、粉色（CMYK：0、53、1、0），如图3-70所示。

图3-69 创建轮廓

图3-70 绘制图形

STEP 09 双击打开“素材.cdr”文件，按【Ctrl+C】组合键复制素材，按【Ctrl+V】组合键粘贴素材到“夏日海报.cdr”文件中，调整气球、礼盒、树等素材的位置与大小，选择艺术文本，按【Shift+PageUp】组合键将其置于图层上方，如图3-71所示，保存文件完成本例的制作。

图3-71 添加素材

## 3.3.2 选择、移动节点

在对曲线进行编辑前，首先要选择需要编辑的节点，然后再调整节点修改曲线的形状。选择节点可分为选择单个节点、选择多个节点和全选节点，下面分别进行介绍。

- 选择单个节点：选择形状工具，将鼠标指针移至绘制的曲线上单击，单击出现的某一节点为选择的单个节点。选择的节点呈蓝色实心方块显示。
- 选择多个节点：在选择单个节点的基础上，按住【Shift】键不放，依次单击需要选择的节点即可选择多个节点。或按住鼠标左键不放并拖动鼠标，此时将出现一个蓝色弧线虚线框，使其框选住要选择的多个节点，再释放鼠标即可，如图3-72所示。
- 全选节点：选择【编辑】/【全选】/【节点】命令即可全选节点。

选择节点后，可通过移动节点来控制曲线的外观，移动节点的方法与移动对象的方法相似，使用形状工具单击选择需要编辑的曲线，单击选择需要移动的节点，按住鼠标左键不放进行拖动，拖动到合适的位置后释放鼠标即可，图3-73所示为移动节点前后的效果。

图3-72　框选多个节点

图3-73　移动节点

## 3.3.3 编辑节点

节点是构成对象的基本元素，编辑节点通常使用工具箱中的形状工具来实现。在CorelDRAW中选择形状工具，再选择节点或曲线，可通过属性栏中的按钮完成节点的增加、删除、转换、对齐、反射、结合和断开等操作，形状工具属性栏如图3-74所示。

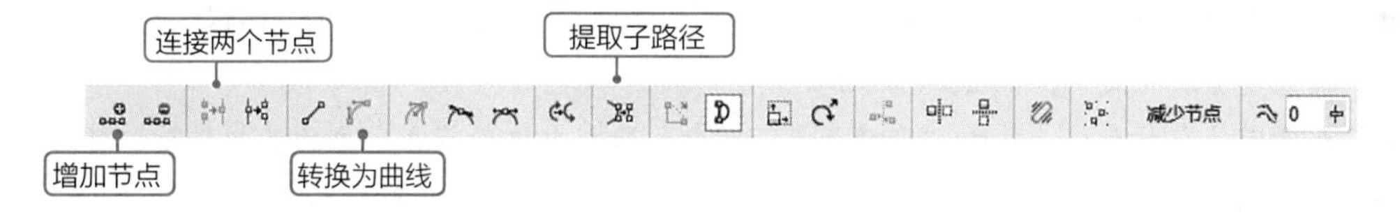


图3-74　形状工具属性栏

下面对形状工具属性栏中常用按钮的含义进行介绍。

- “增加节点”按钮、“删除节点”按钮：可在线条上增加或删除一个节点。选择形状工具，单击选择曲线，将鼠标指针移至曲线上双击可添加节点，双击已有节点可删除该节点。
- “连接两个节点”按钮、“断开曲线”按钮：选择首尾节点或其上的所有节点，单击“连接两个节点”按钮，曲线首尾节点将用曲线相连，如图3-75所示；单击“断开曲线”按钮，即可将选择的节点分成两个节点，同时图形的填充属性被取消，单击取消选择其中的一个节点，将其拖动到其他位置可形成曲线的断开效果，如图3-76所示。

图3-75　连接两个节点

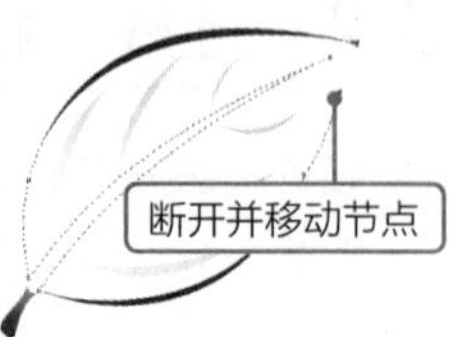


图3-76　断开曲线

- "提取子路径"按钮：断开曲线后，这些曲线段仍然是一个整体，此时可以通过提取子路径的方法使断开后的各个曲线段成为单独的对象。选择曲线断开处的任意一个节点，单击属性栏中的"获取子路径"按钮，即可获取线条的子路径，图3-77所示为获取叶子右边的子路径效果。
- "转换为曲线"按钮、"转换为线条"按钮：在编辑节点的过程中通过单击"转换为曲线"按钮可将直线转化为曲线；单击"转换为线条"按钮，可将曲线转换为直线。转换为曲线后，曲线的弧度取决于节点的控制。选择节点后，用户可通过拖动出现的蓝色控制手柄两端的箭头来调节节点两边曲线的弧度。在拖动箭头时，顺向拖动可将弧度位置向曲线两端延伸，角度拖动可调节曲线弧度，图3-78所示为将直线转换为曲线后的效果。

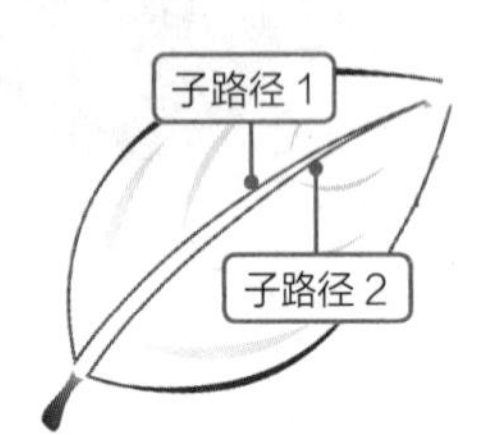

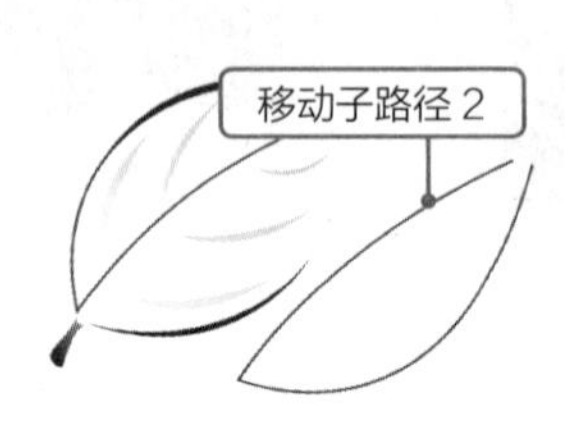


图3-77　提取子路径

图3-78　转换为曲线

**提示**　选择形状工具，在节点或曲线上单击鼠标右键，在弹出的快捷菜单中也集合了部分编辑节点的命令，选择相应的命令也可实现节点的添加、删除、到直线、到曲线、闭合、拆分等操作。

- "尖凸节点"按钮：单击"尖凸节点"按钮后，当拖动节点一边的控制柄时，另外一边的曲线不会发生变化，如图3-79所示；
- "平滑节点"按钮：单击"平滑节点"按钮后，当拖动节点一边的控制柄时，另外一边的线条也跟着移动，它们之间的线段将产生平滑的过渡，如图3-80所示；
- "对称节点"按钮：单击"对称节点"按钮后，当对节点一边的控制柄进行编辑时，另一边的线条也做相同频率的变化，如图3-81所示。

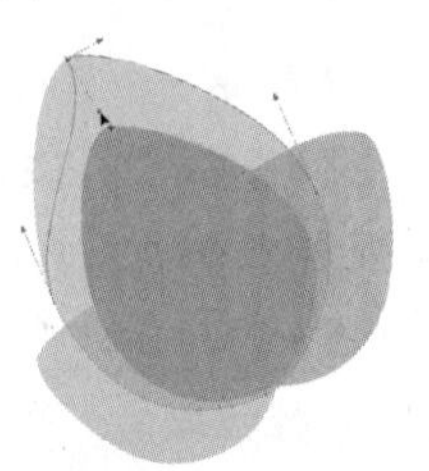

图3-79　尖凸节点

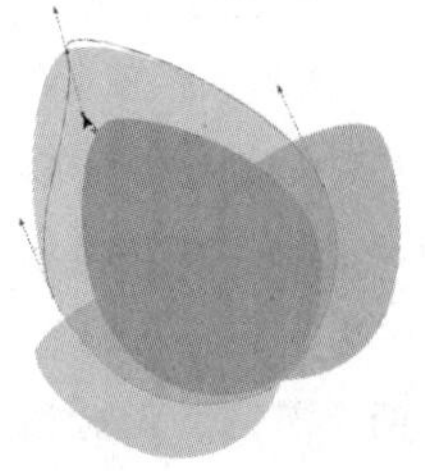

图3-80　平滑节点

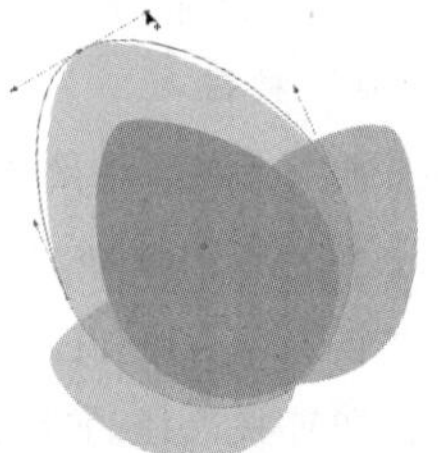

图3-81　对称节点

- “反转方向”按钮：单击该按钮可反转开始节点和结束节点的位置。
- “延长曲线使之闭合”按钮：选择首尾端的节点，单击“延长曲线使之闭合”按钮后，通过直线连接首尾节点；
- “闭合曲线”按钮：选择曲线，单击“闭合曲线”按钮，通过直线连接首尾节点，再次单击该按钮可分离曲线的首尾端，如图3-82所示。

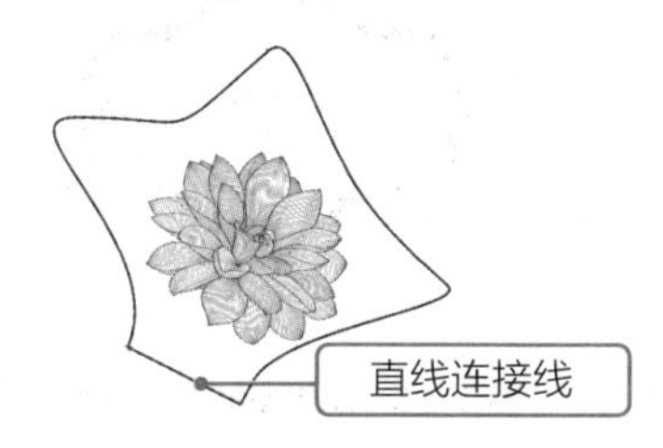

图3-82　闭合曲线、分离节点

- “延展与缩放节点”按钮：单击“延展与缩放节点”按钮，在所选节点周围出现缩放控制点，将鼠标指针移到左上角的缩放控制点处，拖动鼠标，此时将显示出缩放的蓝色线条，到合适位置释放鼠标即可，图3-83所示为延展与缩放左耳朵两个节点的效果；
- “旋转与倾斜”按钮：单击“旋转与倾斜”按钮，拖动四角出现的双箭头图标可旋转节点，拖动四边出现的双箭头图标可倾斜节点，图3-84所示为旋转左耳朵两个节点的效果。

图3-83　延展与缩放节点　　　　图3-84　旋转节点

- “对齐”按钮：单击“对齐”按钮，在打开的“节点对齐”对话框中通过单击选中对应复选框来设置水平或垂直对齐，单击确定按钮，返回操作界面即可查看对齐效果。图3-85所示为垂直对齐多个节点的效果。若同时选中“对平对齐”与“垂直对齐”复选框，可以将多个节点重叠到一个点上。

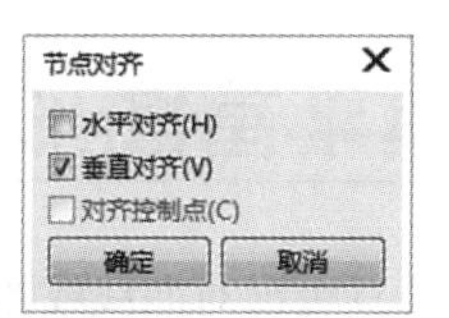

图3-85　垂直对齐多个节点

- “水平反射节点”按钮或“垂直反射节点”按钮：反射节点是指当编辑节点时，相同的编辑在相反位置的对应节点上也会发生同样的编辑。如将节点向右移动，它的对应节点将向左移动相同的距离。使用形状工具选择镜像中的两个节点，单击“水平反射节点”按钮或“垂直反射节点”按钮，启用反射节点模式，即可通过拖动某一节点来查看另一节点的反射效果。图3-86所示为水平反射节点的效果。

图3-86 水平反射节点效果

- “选择所有节点”按钮：单击该按钮后，可以全选节点。

**疑难解答**

**如何理解曲线与控制手柄的关系？**

在使用贝塞尔工具、钢笔工具和形状工具时，经常会使用控制手柄来调节曲线的弯曲度和弯曲方向。控制手柄的方向决定曲线弯曲的方向，控制手柄在下方时，曲线向下弯曲；反之则向上弯曲。控制手柄离曲线较近时，曲线的曲度较小；控制手柄离曲线较远时，曲线的曲度则较大。曲线的控制手柄可分左右两个，蓝色的箭头非常形象地指明了曲线的方向。

## 课堂练习——绘制小鸡

本例将使用绘图工具绘制小鸡的基本形状，然后使用形状工具调整图形形状，完成小鸡图像的编辑，最后使用调色板为其各部分填充不同的颜色，绘制完成后的最终效果如图3-87所示（效果\第3章\小鸡.cdr）。

图3-87 小鸡效果

# 3.4 使用笔刷工具丰富图形效果

利用CorelDRAW X7中的一些笔刷工具可以对曲线或图形的边缘进行各种造型处理，如平滑边缘、涂抹边缘、转动边缘、回缩边缘、扩张边缘、改变形状、粗糙边缘等操作，以满足不同编辑的需要。下面将对常用的笔刷工具及其使用方法进行介绍。

## 3.4.1 课堂案例——绘制刺猬

**案例目标：**刺猬具有体肥矮、爪锐利、眼小、毛短的特点，并且体背和体侧满布棘刺，要绘制出棘刺效果比较麻烦，而通过涂抹工具、粗糙工具与形状工具可以快速完成棘刺外观的绘制。本例将绘制一只可爱的刺猬图形，完成后的参考效果如图 3-88 所示。

**知识要点：**涂抹工具 、粗糙工具、钢笔工具、形状工具。

**效果文件：**效果 \ 第 3 章 \ 刺猬 .cdr。

图3-88　刺猬效果

其具体操作步骤如下。

**STEP 01** 新建大小为200 mm×200 mm、名为“刺猬”的空白文件，双击矩形工具创建页面矩形；选择交互式填充工具，在属性栏中依次单击“渐变填充”按钮、“椭圆形渐变填充”按钮，在矩形中心到边缘自动创建渐变填充；单击中心的节点，设置填充颜色为浅黄色（CMYK：0、0、12、0），单击边缘的节点，设置填充颜色为较深的浅黄色（CMYK：2、3、40、0），拖动控制线中心的滑块到边缘，在界面右侧色块上用鼠标右键单击无填充色块☒取消轮廓，如图3-89所示。

**STEP 02** 选择钢笔工具，绘制刺猬身体，设置填充颜色为黄色（CMYK：0、21、43、0），在界面右侧色块上用鼠标右键单击无填充色块☒取消轮廓，如图3-90所示。

**STEP 03** 选择钢笔工具，绘制刺猬脸、脚、耳朵，设置填充颜色为黄色（CMYK：0、31、54、0），在界面右侧色块上用鼠标右键单击无填充色块☒取消轮廓，如图3-91所示。

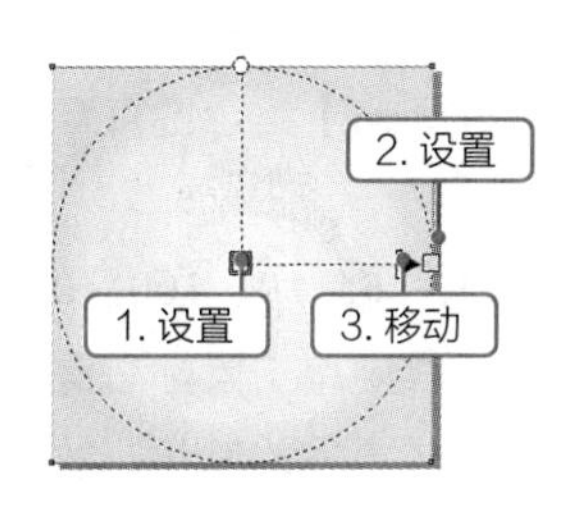


图3-89　填充背景

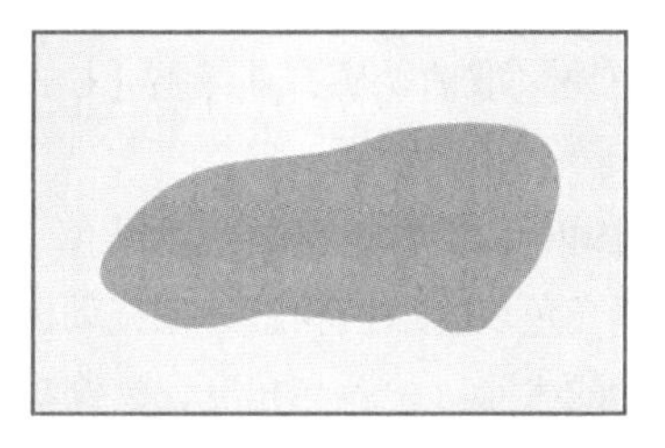

图3-90　绘制身体

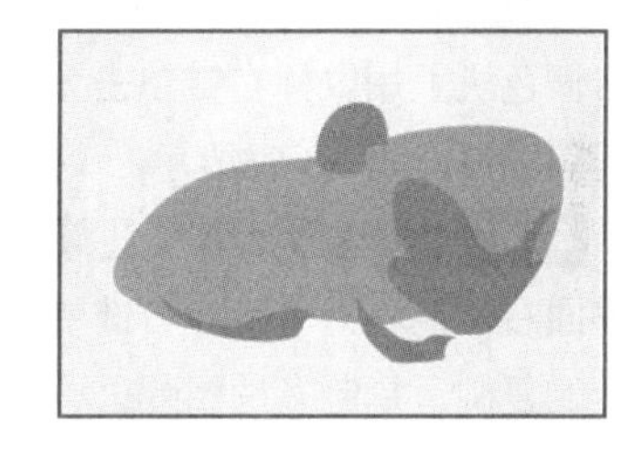

图3-91　绘制脸、脚、耳朵

**STEP 04** 选择椭圆工具和钢笔工具，绘制眼睛、眼珠、鼻子、鼻子上的图形，取消轮廓，分别填充颜色为褐色（CMYK：66、84、100、58）、白色，如图3-92所示。

**STEP 05** 选择钢笔工具，绘制刺猬背部轮廓，设置填充颜色为褐色（CMYK：51、72、89、16），在界面右侧色块上用鼠标右键单击无填充色块☒取消轮廓，如图3-93所示。

**STEP 06** 在形状工具上按住鼠标左键不放，在弹出的下拉列表框中选择涂抹工具，在属性栏中设置笔尖半径为“6.0 mm”，将压力设置为“100”，单击“尖状涂抹”按钮，拖动背部轮廓下边缘曲线进行涂抹，创建棘刺外观，其中耳朵前部向上拖动，耳朵后部向下拖动，效果如图3-94所示。

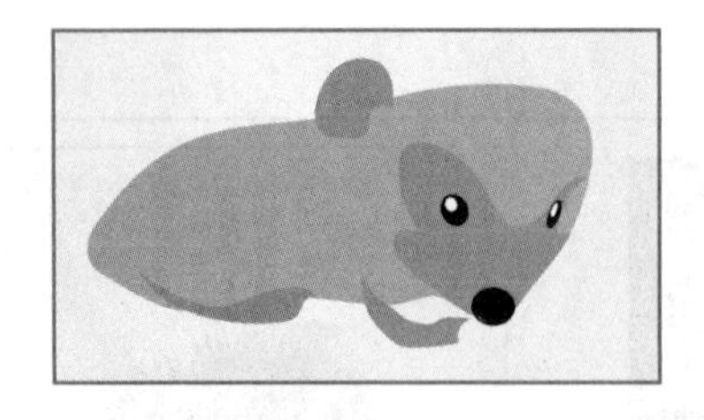

图3-92 绘制眼睛、眼珠、鼻子、鼻子上的图形

图3-93 绘制背部轮廓

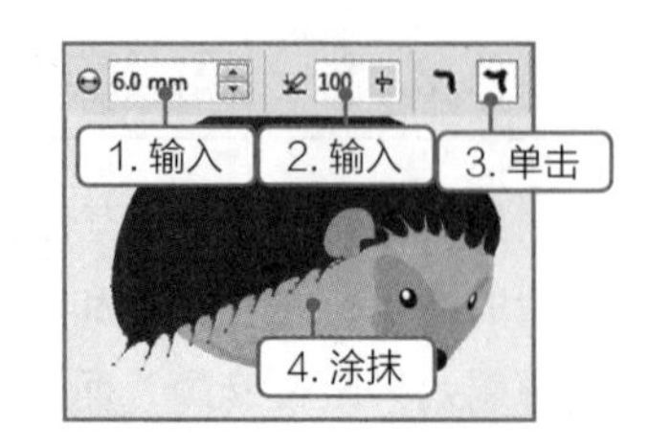


图3-94 涂抹线条

**STEP 07** 选择背部轮廓，选择形状工具，通过节点的编辑来精细调整背部下边缘棘刺的外观，如图3-95所示。

**STEP 08** 选择背部轮廓，选择粗糙工具，在属性栏中设置笔尖大小为“15.0 mm”，设置尖突频率为“4”，设置干燥为“4”，设置笔倾斜为“0° ”，按住鼠标左键在背部上边缘向外拖动，产生粗糙效果，如图3-96所示。

图3-95 编辑棘刺

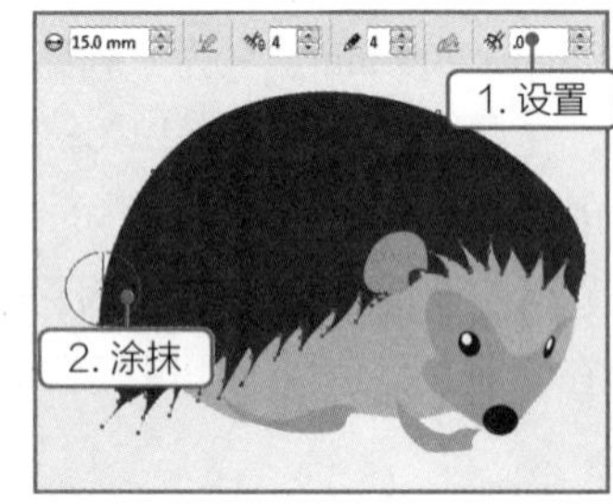

图3-96 粗糙背部轮廓

**STEP 09** 选择背部轮廓，选择形状工具，通过节点的编辑来精细调整背部上边缘棘刺的外观，如图3-97所示。框选刺猬图形，按【Ctrl+G】组合键进行群组。

**STEP 10** 选择椭圆工具绘制椭圆，设置填充颜色为黄色（CMYK：0、0、25、17），在界面右侧色块上用鼠标右键单击无填充色块☒取消轮廓，连续按【Ctrl+PageDown】组合键直至移动到刺猬底层，如图3-98所示。

**STEP 11** 选择钢笔工具，绘制树叶，设置填充颜色为绿色（CMYK：65、0、100、0），在界面右侧色块上用鼠标右键单击无填充色块☒取消轮廓，在拖动树叶的过程中单击鼠标右键进行树叶的复制，复制多片树叶，调整树叶的大小、位置与角度，装饰页面，完成本例的制作，效果如图3-99所示。

图3-97 编辑棘刺

图3-98 绘制投影

图3-99 绘制树叶

## 3.4.2 平滑工具

使用平滑工具可以平滑弯曲的对象，以移除锯齿状边缘，并减少其节点数量，图3-100所示为平滑线条的效果。其方法为：使用平滑笔刷工具在不平滑的轮廓处按住鼠标左键不放或沿轮廓拖动鼠标，可以使不平滑线段变得平滑。在其属性栏中可对笔尖半径与速度进行设置，如图3-101所示。

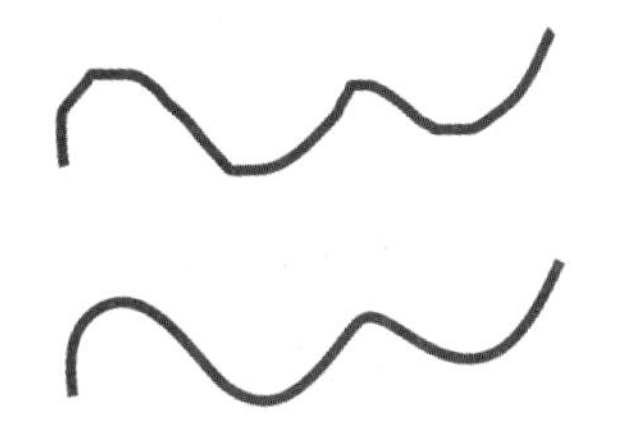

图3-100 平滑线条的效果

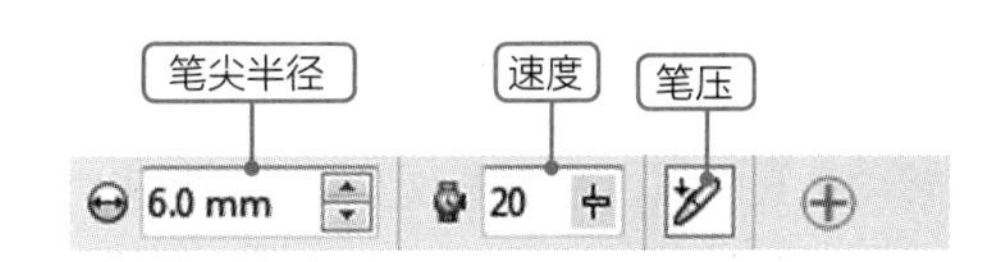


图3-101 平滑工具属性栏

- “笔尖半径”文本框：用于设置平滑笔刷的大小。
- “速度”文本框：用于设置平滑效果的速度。
- “笔压”按钮：单击该按钮，可使用数字笔的压力来控制效果。

## 3.4.3 涂抹工具

使用涂抹工具沿轮廓拖动鼠标，会沿着拖动轨迹来改变轮廓外观。在涂抹工具的属性栏中可改变涂抹笔刷的笔尖大小、笔刷力度、涂抹样式，如图3-102所示。

- “笔尖半径”文本框：用于设置涂抹笔刷的大小。
- “压力”文本框：用于设置涂抹效果的强度，值越大，效果越突出。
- “平滑涂抹”按钮：单击该按钮，可涂抹出平滑的曲线，如图3-103所示。
- “尖状涂抹”按钮：单击该按钮，可涂抹出带有尖角的曲线，如图3-104所示。

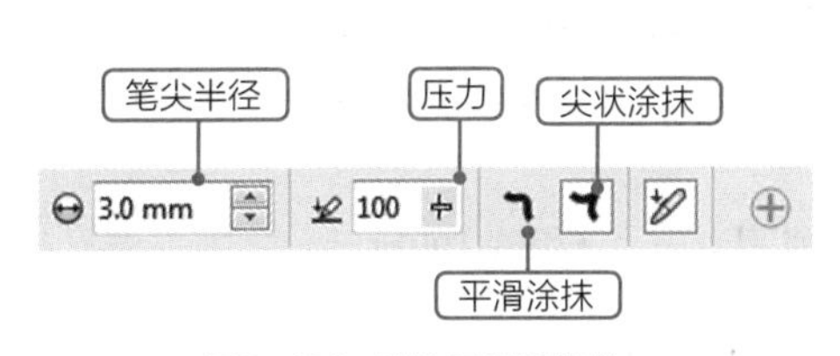


图3-102 涂抹工具属性栏

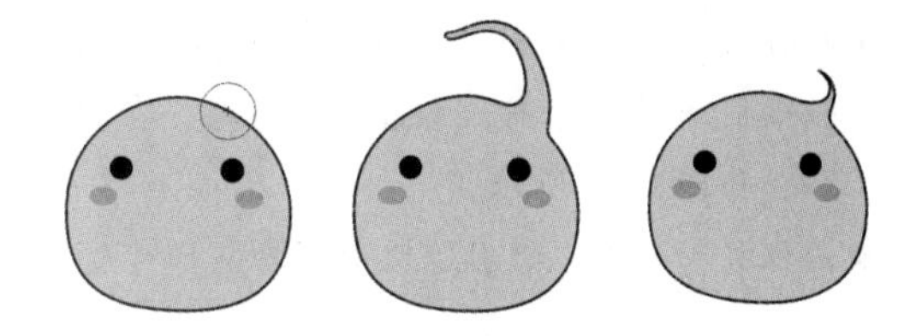

图3-103 平滑涂抹效果　图3-104 尖状涂抹效果

## 3.4.4 转动工具

使用转动工具可以将图形边缘的曲线按指定方向进行旋转。当笔刷中心在面的边缘上时，长按鼠标左键可以转动面，图3-105所示为面的转动效果。当笔刷中心在曲线外时，按住鼠标左键，旋转后的形状为尖角；当笔刷中心在曲线上时，按住鼠标左键，旋转后的形状为圆角；当笔刷中心在曲线起点或终点时，按住鼠标左键，出现单线条螺纹转动效果。图3-106所示为线的3种转动效果。

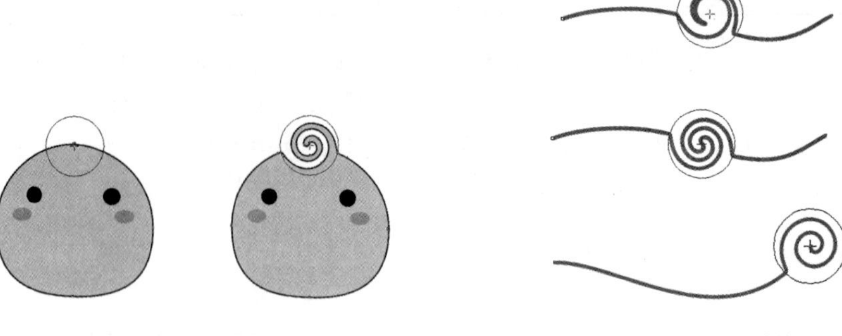

图3-105　面的转动　　　图3-106　线的3种转动效果

在转动工具的属性栏中可改变转动的笔尖大小、速度、转动方向，如图3-107所示，下面对转动相关参数进行详细介绍。

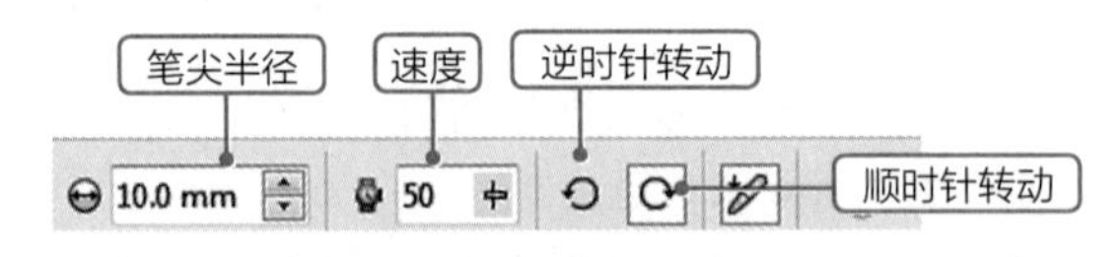


图3-107　转动工具属性栏

- “笔尖半径”文本框：用于设置转动笔刷的大小，值越大，转动的效果范围越大。
- “速度”文本框：用于设置按住鼠标左键时，转动的速度。
- “顺时针转动”按钮：单击该按钮，可设置顺时针转动效果。
- “逆时针转动”按钮：单击该按钮，可设置逆时针转动效果。

## 3.4.5　吸引工具

使用吸引工具可以将笔刷范围内的边缘向笔刷中心回缩，产生被中点吸引的效果。吸引对象的方法有以下两种。

- 按住鼠标左键吸引：选择吸引工具，在属性栏中设置笔刷的大小与速度，使笔刷圆能框住吸引边缘的范围，单击选择对象，在需要吸引的位置按住鼠标左键不放，即可执行吸引操作，如图3-108所示。
- 涂抹吸引：若在吸引过程中拖动鼠标可创建涂抹吸引效果，如图3-109所示。

图3-108　按住鼠标左键吸引　　　图3-109　涂抹吸引

## 3.4.6　排斥工具

排斥工具用于将笔刷范围内的边缘向笔刷边缘扩张，产生推挤出的效果，其使用方法与吸引笔刷工具相似。在属性栏中设置笔刷大小和速度后，在需要排斥的区域按住鼠标左键不放，即可产生排斥效果。在进行排斥时，可能会遇到以下两种情况。

- 向外凸出：当笔刷中心在对象内时，排斥效果将向外凸出，如图3-110所示。
- 向内凹陷：当笔刷中心在对象外部时，排斥效果将向内凹陷，如图3-111所示。

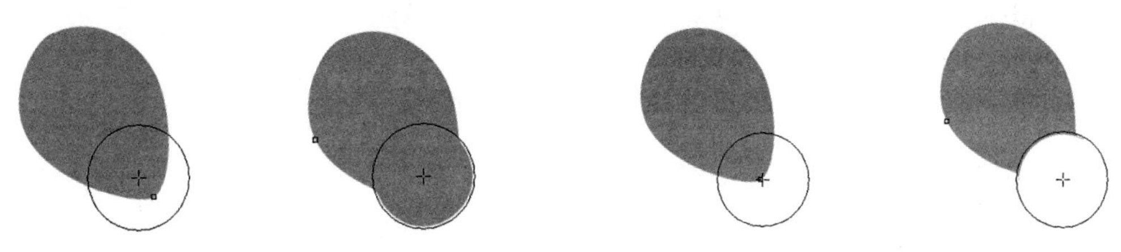

图3-110　向外凸出　　图3-111　向内凹陷

## 3.4.7　沾染工具

使用沾染工具可以沿对象轮廓拖动鼠标来改变对象的形状。在属性栏中可对笔尖半径、笔刷的干燥、笔倾斜和笔方位等属性进行设置，以便涂抹出更加符合需要的形状，如图3-112所示。下面对沾染主要参数进行详细介绍。

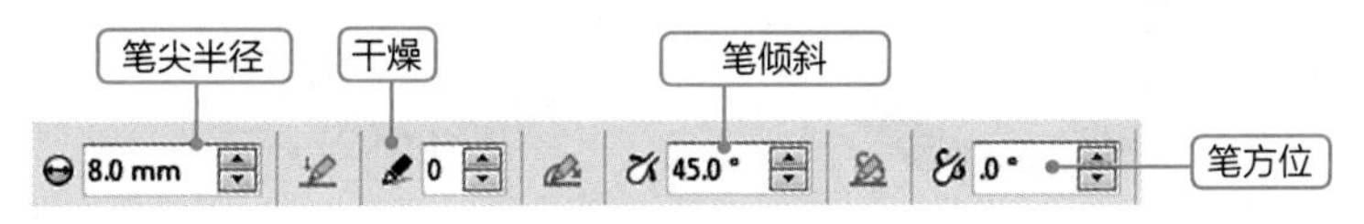


图3-112　沾染工具属性栏

- “干燥”文本框：用于设置笔刷在涂抹时变宽或变窄，值越大越窄，图3-113所示为干燥分别为0、5的沾染效果。
- “笔倾斜”文本框：用于指定笔刷的倾斜角度，不同角度具有不同的笔刷形状，最小值为15°，最大值为90°。笔倾斜值越接近90°，笔刷形状越接近圆，笔刷宽度一致；值越小，笔刷宽细变化越明显，图3-114所示为笔倾斜值分别为10°、90°的沾染效果。

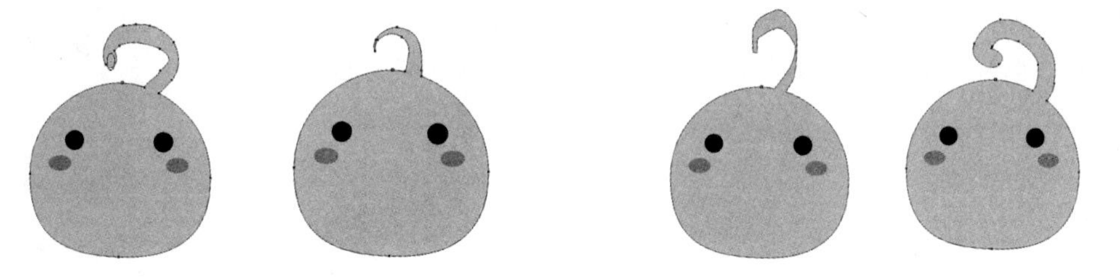

图3-113　干燥分别为0、5的沾染效果　　图3-114　笔倾斜值分别为10°、90°的沾染效果

- “笔方位”文本框：用于指定笔刷圆的旋转角度，以绘制出不同的效果。

## 3.4.8　粗糙工具

使用粗糙工具拖动图形轮廓，可在平滑的曲线上产生粗糙的、锯齿或尖突的边缘变形效果。在使用该工具时，若没有将对象轮廓转换为曲线，系统会自动将轮廓转换为曲线。在属性栏中可对笔尖半径、尖突频率、干燥和笔倾斜等属性进行设置，如图3-115所示。下面对粗糙主要参数进行详细介绍。

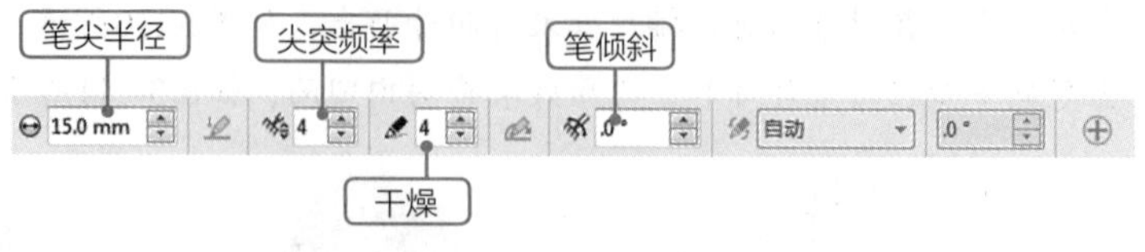


图3-115　粗糙工具属性栏

- “尖突频率”文本框：通过输入数值改变粗糙突出的数量，取值范围为1~10，值越小，尖突越平缓。图3-116所示为尖突频率分别为2、8的粗糙效果。
- “干燥”文本框：用于更改粗糙区域干燥的数值。
- “笔倾斜”文本框：通过输入数值改变粗糙的倾斜度，取值范围为0°~90°。值越小，锯齿的长度越长，粗糙效果越明显。图3-117所示为笔倾斜值分别为0°、45°的粗糙效果。

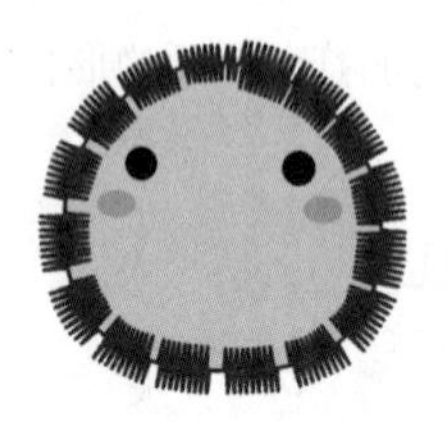

图3-116　尖突频率分别为2、8的粗糙效果

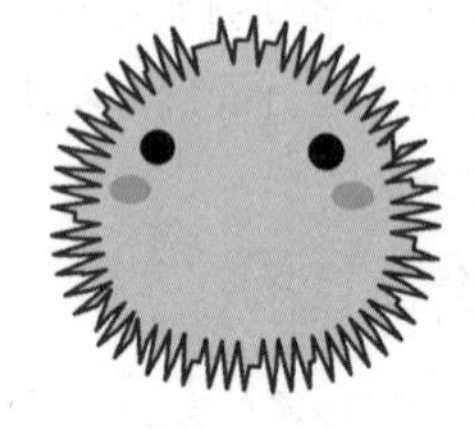
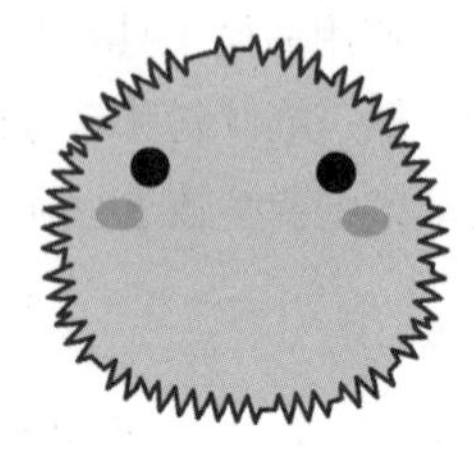

图3-117　笔倾斜值分别为0°、45°的粗糙效果

## 课堂练习——绘制愤怒的小鸟

本练习将首先绘制小鸟的各个组成部分的大致轮廓，取消轮廓，分别填充相应的颜色，对称的眼睛、翅膀、脚等可以采用复制、水平翻转的操作实现，然后使用涂抹工具对小鸟的轮廓曲线进行涂抹，添加毛绒效果，绘制完成后的最终效果如图3-118所示（效果\第3章\愤怒的小鸟.cdr）。

图3-118　愤怒的小鸟

# 3.5 上机实训——绘制黄昏景色

## 3.5.1 实训要求

本实训要求绘制黄昏时的景色，画面中的元素主要以剪影的形式呈现，要求画面元素丰富、画面唯美和谐。

## 3.5.2 实训分析

图3-119 黄昏景色效果

“夕阳无限好，只是近黄昏”，黄昏的景色是非常漂亮的。本实训将绘制一幅唯美的黄昏景色，金色的夕阳快要沉下地面，余晖笼罩着整个大地，大象带着小象沐浴在余晖中，在茂密的草地上悠闲地吃草，碧绿的湖泊中倒映着岸上的景色，天空盘旋着两只雄壮的老鹰。绘制完成后的参考效果如图3-119所示。

视频教学
绘制黄昏景色

**效果所在位置：**效果\第3章\黄昏景色.cdr。

## 3.5.3 操作思路

本实训主要包括绘制草地、绘制草地上的对象、绘制夕阳、复制与镜像对象、创建渐变填充背景、图框精确剪裁内部几个步骤，其操作思路如图3-120所示。涉及的知识点主要包括涂抹工具的使用、钢笔工具的使用、艺术笔工具的使用、高斯模糊和交互式填充等。

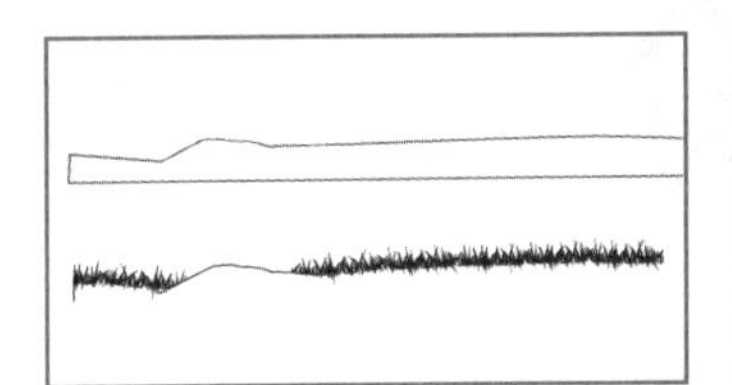

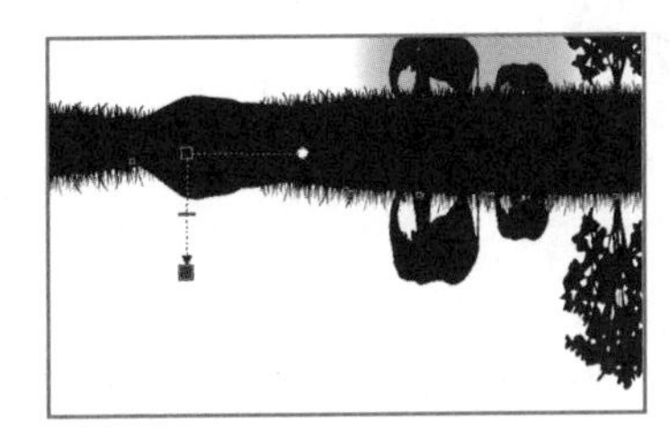

图3-120 操作思路

**【步骤提示】**

STEP 01 新建横向的空白文件，绘制与页面等宽的草地大致轮廓。选择涂抹工具，在属性栏中设置笔尖半径为“4.0 mm”，将压力设置为“100”，单击“尖状涂抹”按钮，拖动鼠标绘制草地的轮廓边缘，创建草地效果。

STEP 02 在草地上绘制大象、老鹰图形，填充为黑色；在艺术笔工具属性栏中单击“喷涂”按钮，在“类别”下拉列表框中选择【植物】选项，在“喷射图样”下拉列表框中选择【大树】选项，拖动直线绘制一组大树，按【Ctrl+K】组合键拆分、按【Ctrl+U】组合键取消群组，仅保留其中的一棵大树，删除其他大树。

STEP 03 绘制夕阳，填充CMYK值为“0、18、67、0”的颜色，取消轮廓，选择【位图】/【转换为位图】命令，将其转换为位图。

STEP 04 选择【位图】/【模糊】/【高斯式模糊】命令，设置“模糊半径”为“100”，将其置于大象与草地后面。

STEP 05 复制并垂直镜像草地及草地上的对象，增加高度，创建渐变填充。

STEP 06 绘制页面大小的矩形，创建渐变填充。

STEP 07 将渐变填充背景置于图形后面，群组所有图形，创建页面大小的矩形，用鼠标右键拖动组合对象到页面中，拖动时注意对齐右上角，释放鼠标，在弹出的快捷菜单中选择【图框精确剪裁内部】命令，将图形裁剪到矩形内，取消矩形轮廓，完成本例的制作。

## 3.6 课后练习

### 1. 练习1——*绘制精美吊牌*

吊牌是产品的一个简短说明信息。本练习将通过使用贝塞尔工具绘制直线与曲线的方法来绘制吊牌中的各个对象，然后设置各个对象的轮廓与填充色，制作精美吊牌的外观，效果如图3-121所示。其中主要涉及椭圆、线条的绘制，以及纯色填充和渐变填充的应用。

**效果所在位置：** 效果\第3章\吊牌.cdr。

图3-121　吊牌效果

### 2. 练习2——*喷涂鱼缸中的世界*

本练习将在空鱼缸中通过喷涂的图样来创建鱼缸中的金鱼、小草和石头等对象，打造生动有趣的鱼缸中的世界，素材及完成后的效果如图3-122所示。其中涉及喷射图案的选择、喷射图案的拆分、取消群组和对象大小的调整等知识。

**素材所在位置：** 素材\第3章\鱼缸.jpg。

**效果所在位置：** 效果\第3章\鱼缸中的世界.cdr。

图3-122　鱼缸中的世界

CHAPTER 4

# 第4章 图形轮廓设置与颜色填充

在CorelDRAW X7中绘制图形时，通常都会有默认的黑色轮廓，通过对轮廓粗细、颜色等的设置，可以得到更为美观的图形。此外，一件好的设计作品离不开颜色运用和搭配，各种不同的色彩搭配会给人以不同的感觉。而CorelDRAW X7中默认绘制的图形大多是没有颜色的，此时就可以根据需要选择合适的颜色填充方式，如均匀填充、渐变填充、图样填充、底纹填充和网状填充等。本章将讲解图形轮廓设置与颜色填充的具体方法，从而丰富图形的视觉效果，提高用户的绘图水平。

## 课堂学习目标

- 掌握图形的轮廓线设置方法
- 掌握图形的纯色填充方法
- 掌握图形的渐变与图样填充方法
- 掌握网格填充、底纹填充和PostScript填充方法

## 课堂案例展示

制作水果标签

绘制热气球

制作唇彩广告

绘制香蕉

# 4.1 图形的轮廓线设置

在CorelDRAW中绘制图形时，都带有黑色的轮廓线。这些轮廓线既可以取消，也可以通过轮廓颜色、线条粗细、线条样式等设置进行美化。本节将进行详细介绍。

## 4.1.1 课堂案例——制作水果标签

**案例目标**：在很多标签图形中，都会对轮廓线的粗细、颜色、样式进行设置。本例将绘制一款水果标签图形，通过轮廓线的多种设置，来美化绘制的水果标签，完成后的参考效果如图 4-1 所示。

**知识要点**：星形工具、形状工具、轮廓粗细设置、轮廓颜色设置、轮廓样式设置。

**素材位置**：素材 \ 第 4 章 \ 橙子 .jpg。

**效果文件**：效果 \ 第 4 章 \ 水果标签 .cdr。

图 4-1 水果标签

其具体操作步骤如下。

**STEP 01** 新建A4、横向、名为“水果标签”的空白文件，选择星形工具，设置点数或边数为“14”，锐度为“8”，在空白处按住【Ctrl】键在页面中心绘制星形，如图4-2所示。

**STEP 02** 按【Ctrl+Q】组合键转曲，使用形状工具框选所有节点，单击“转换为曲线”按钮，在属性栏中单击“对称节点”按钮，绘制花朵形状，如图4-3所示。

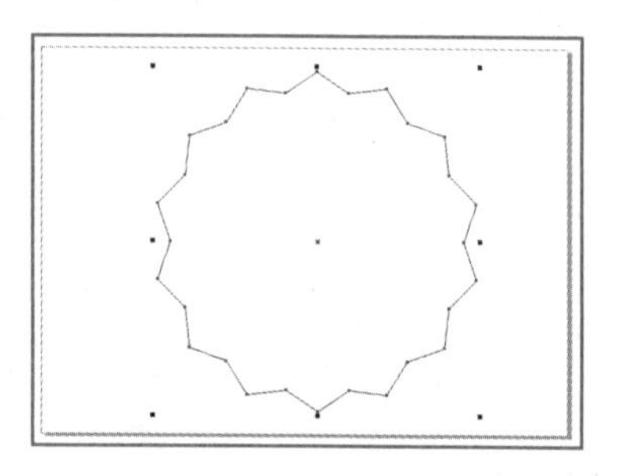

图 4-2 绘制星形

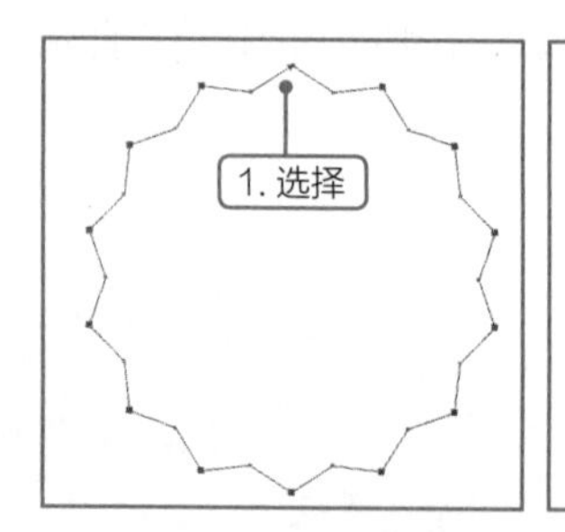


2. 平滑

图 4-3 绘制花朵形状

**STEP 03** 在界面右侧色板中单击白色色块，填充为白色，按【F12】键打开“轮廓笔”对话框，设置轮廓宽度为“4.0 mm”，在“颜色”下拉列表框中单击更多(O)...按钮，打开“选择颜色”对话框，在右侧的C、M、Y、K文本框中分别输入“3”“29”“98”“0”，单击确定按钮返回“轮廓笔”对话框，继续单击确定按钮，查看设置轮廓后的效果，如图4-4所示。

**STEP 04** 选择花朵形状，按住【Shift】键向内拖动四角的任意控制点，至合适位置时单击鼠标右键，复制花朵，在界面右侧色块中单击无填充色块☒，取消填充色，如图4-5所示。

**STEP 05** 选择内部的轮廓，按【Alt+Enter】组合键打开“对象属性”泊坞窗，单击“轮廓”按钮，在“轮廓粗细”文本框中设置粗细值为“2.0 mm”，设置轮廓色为“CMYK：6、0、84、0”，设置轮廓样式为图4-6所示的“虚线”。

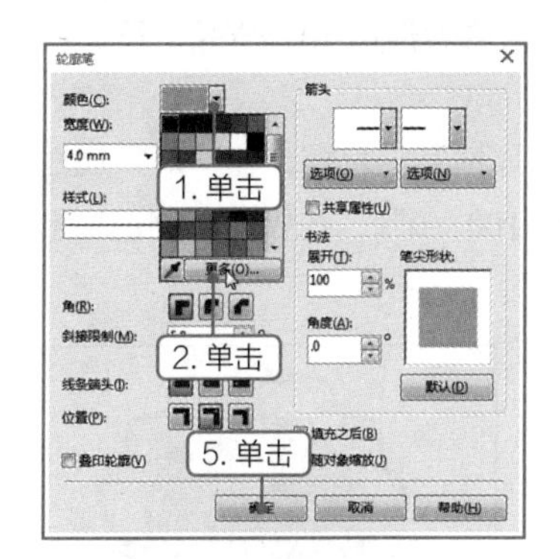


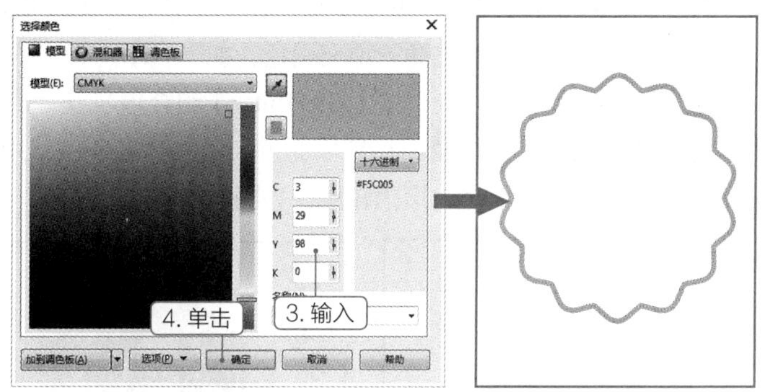


图4-4　设置轮廓粗细、颜色

图4-5　复制轮廓

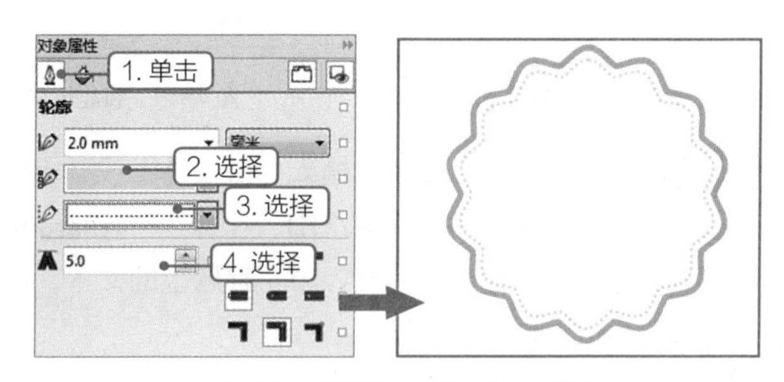


图4-6　设置轮廓粗细、颜色、样式

**STEP 06** 将鼠标指针移动到标签中心，选择椭圆工具，按【Ctrl+Shift】组合键绘制圆，选择颜色滴管工具，单击花型外侧的轮廓吸取颜色，单击圆填充为黄色，在界面右侧色块上用鼠标右键单击无填充色块☒，取消轮廓色，如图4-7所示。

**STEP 07** 按住【Shift】键不放，使用鼠标左键向内拖动四角的任意控制点，至合适位置时单击鼠标右键复制圆。在界面右侧色块上用鼠标右键单击白色色块设置轮廓色，在属性栏中设置轮廓粗细为“2.0 mm”，如图4-8所示。

**STEP 08** 使用相同的方法继续中心复制并缩小圆，按【Ctrl+I】组合键，在打开的对话框中双击“橙子.jpg”图像，再在界面中单击导入该图片，调整大小，按住鼠标右键拖动图片到中心的圆中，在弹出的快捷菜单中选择【图框精确剪裁内部】命令，将图片剪裁到圆中，如图4-9所示。

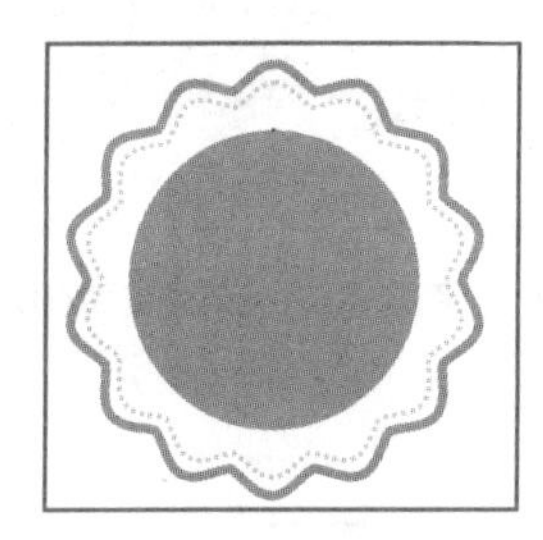

图4-7　绘制圆

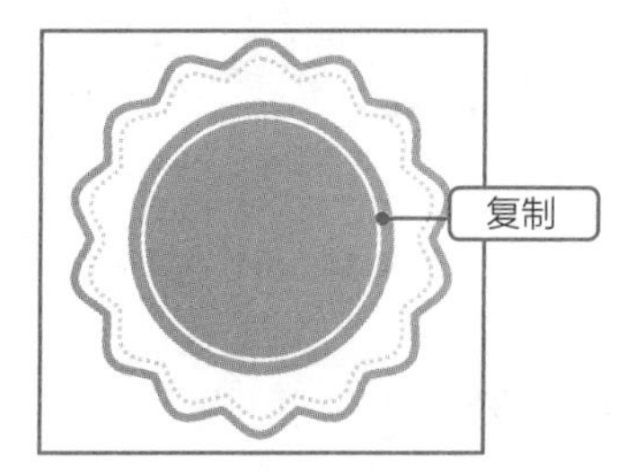


图4-8　复制圆并设置轮廓

图4-9　复制圆并剪裁图片

STEP 09 选择标题形状工具，绘制标题形状，按【Ctrl+Q】组合键转曲，使用形状工具调整标题形状外观，如图4-10所示。

STEP 10 选择智能填充工具，在属性栏中设置填充选项为“指定”，设置指定颜色为黄色（CMYK：3、30、98、0），单击形状外侧填充黄色，更改指定颜色为褐色（CMYK：73、71、76、41），单击形状下侧的夹角，填充褐色，如图4-11所示。

STEP 11 选择标题形状，按【Alt+Enter】组合键打开“对象属性”泊坞窗，在“对象属性”泊坞窗中单击“填充”按钮，设置填充色为“CMYK：13、38、100、0”，在界面右侧色块上用鼠标右键单击无填充色块☒，取消轮廓，如图4-12所示。

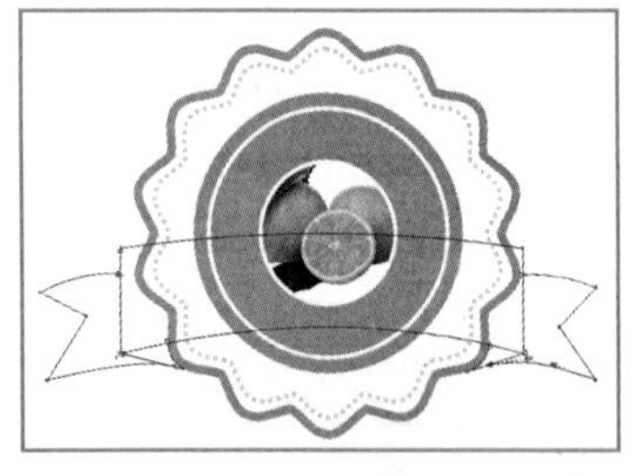
图4-10　编辑标题形状

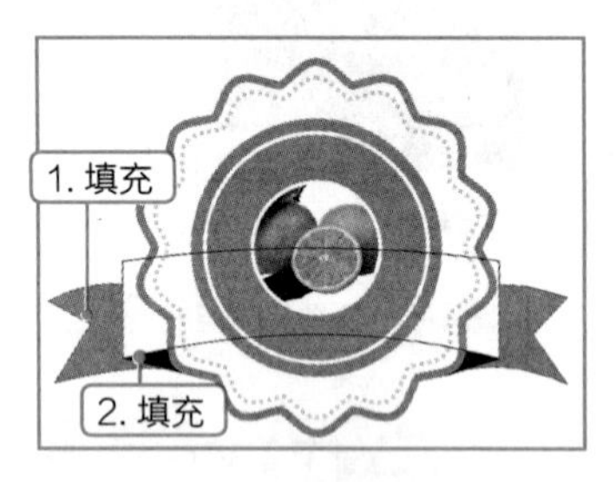

图4-11　智能填充

图4-12　填充标题形状并取消轮廓

STEP 12 选择文本工具，输入标签文本，文本颜色为白色，其中“鲜橙汁”字体为“迷你简汉真广标”，“XIANCHENGZHI”字体为“Aharoni”，标题形状上的文本字体为“华文楷体”，调整字号，选择封套工具，单击标题上的文本，出现蓝色封套框，编辑封套框外观，使文本整体以弧形显示，如图4-13所示。

STEP 13 选择钢笔工具，在标题文本上方绘制线条，用鼠标右键单击界面右侧色块上的白色色块，设置轮廓色为白色，在属性栏中设置轮廓粗细为“1.5 mm”，设置轮廓线条样式为“虚线”，拖动线条到文本下方，单击鼠标右键，再释放鼠标左键，复制线条，如图4-14所示。

STEP 14 选择星形工具，设置点数或边数为“5”，锐度为“60”，在文本左侧按住【Ctrl】键绘制五角星，在界面右侧色块中单击白色色块填充白色，用鼠标右键单击无填充色块☒取消轮廓，拖动五角星到文本右侧，单击鼠标右键，再释放鼠标左键，复制五角星，如图4-15所示。保存文件完成本例的制作。

图4-13　输入文本

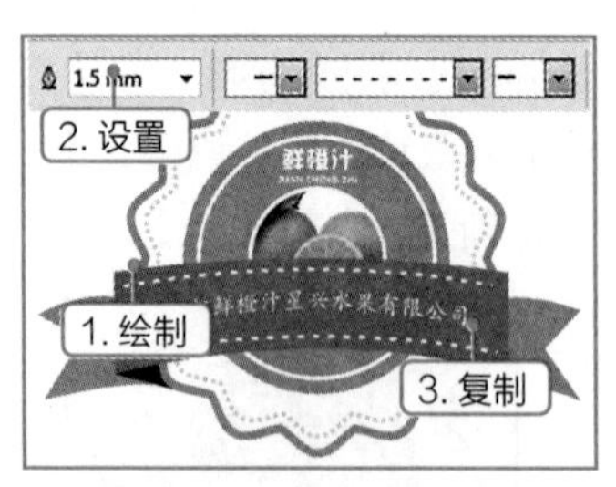

图4-14　绘制并复制线条

图4-15　绘制并复制五角星

## 4.1.2　设置轮廓线的粗细

不同轮廓线的粗细会直接影响图形的外观效果，图4-16所示为不同粗细的轮廓线对比效果。在

CorelDRAW中设置轮廓线粗细的方法有以下3种。

- 第1种：选择需要设置的轮廓线，在绘图工具属性栏的“轮廓粗细”文本框中设置粗细值。
- 第2种：选择需要设置的轮廓线，选择轮廓笔工具，或按【F12】键打开“轮廓笔”对话框，在“轮廓粗细”文本框中设置粗细值，单击确定按钮，如图4-17所示。
- 第3种：选择需要设置的轮廓线，按【Alt+Enter】组合键打开“对象属性”泊坞窗，单击“轮廓笔”按钮，在“轮廓粗细”文本框中设置粗细值，如图4-18所示。

图4-16 不同粗细的轮廓线效果

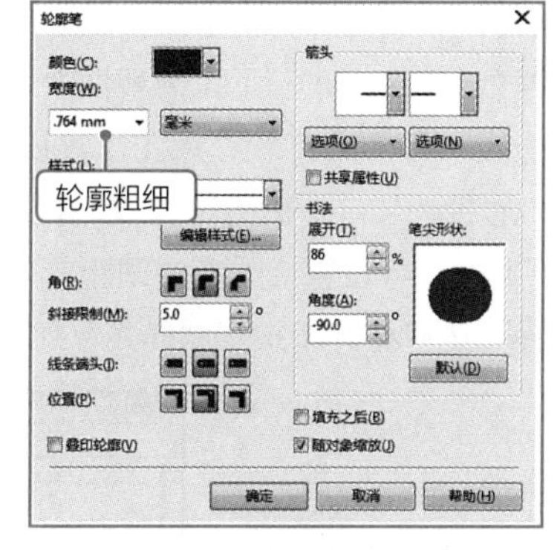


图4-17 “轮廓笔”对话框

图4-18 “对象属性”泊坞窗

**提示** 在属性栏或“轮廓笔”对话框中设置“轮廓宽度”为“无”，或选择要删除轮廓的对象，用鼠标右键单击调色板上的“无色”色块⊠，都可直接清除轮廓线。

## 4.1.3 设置轮廓线的颜色

在CorelDRAW中设置轮廓线颜色的常用方法有以下3种。

- 第1种：在调色板中需要的色块上单击鼠标右键，或将色块拖动至轮廓线上，都可快速设置轮廓线的颜色。
- 第2种：选择颜色吸管工具，在界面中单击吸取颜色后，单击图形轮廓，即可设置轮廓线颜色，如图4-19所示。
- 第3种：若常用的轮廓色无法满足轮廓编辑的需求，用户可以按【Shift+F12】组合键打开“轮廓颜色”对话框，在其中选择更为丰富的颜色，选择或输入合适的颜色后单击确定按钮应用颜色，如图4-20所示。

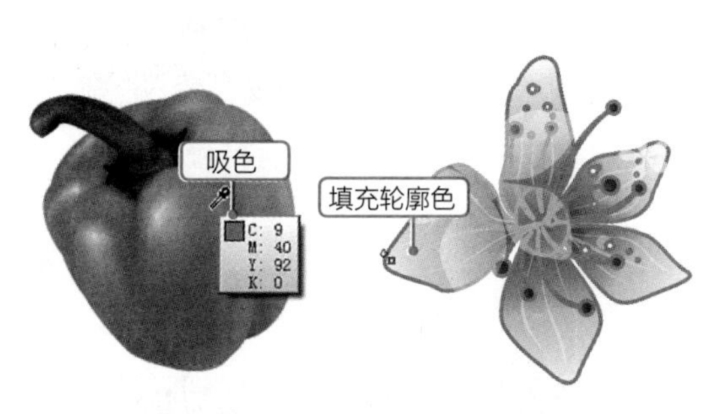


图4-19 用颜色吸管工具设置轮廓色

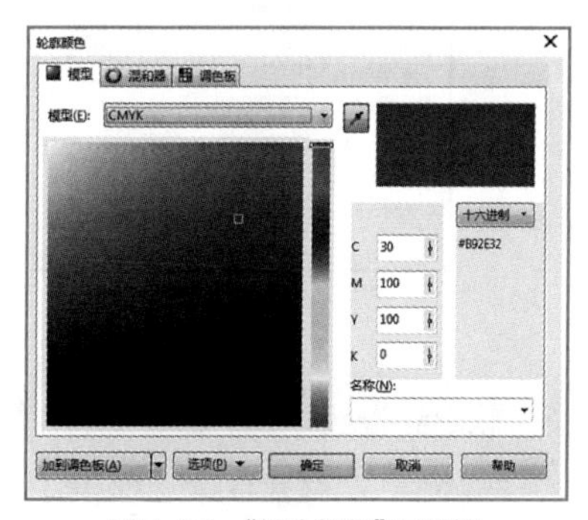


图4-20 “轮廓颜色”对话框

## 4.1.4 设置轮廓线的样式

轮廓线的样式包括轮廓线条样式、轮廓线端箭头样式、轮廓线端头样式和轮廓线夹角样式。其中，轮廓线条样式、轮廓线端箭头样式可通过绘图工具的属性栏进行设置，而轮廓线端头样式、轮廓线夹角样式需要通过“轮廓笔”对话框进行设置，下面进行具体介绍。

1. 轮廓线条样式

除了将轮廓线设置为实线外，还可以根据需要将轮廓线设置为不同样式的虚线。其方法是：选择需要设置的轮廓，在绘图工具属性栏“线条样式”下拉列表框中选择一种样式，或在“轮廓笔”对话框中的“样式”下拉列表框中选择一种样式。若在绘图工具属性栏“线条样式”下拉列表框中单击 更多... 按钮，或在“轮廓笔”对话框的“样式”栏中单击 编辑样式(E)... 按钮，将打开“编辑线条样式”对话框，拖动滑轨上的点可设置虚线点的间距，单击白色方块可将其切换为有虚线点的黑色方块，编辑完成后单击 添加(A) 按钮将其添加到“样式”列表框中，如图4-21所示。

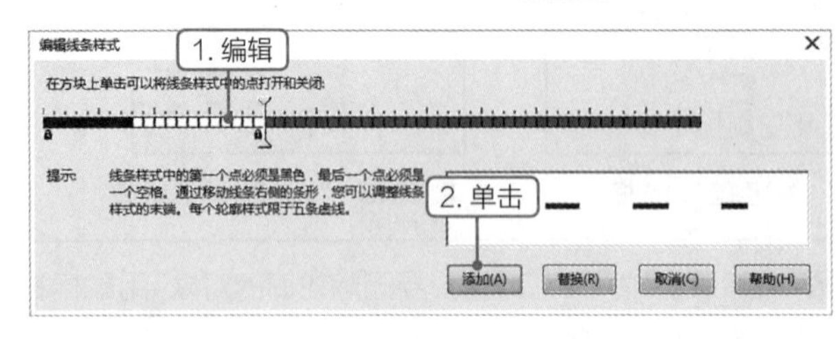

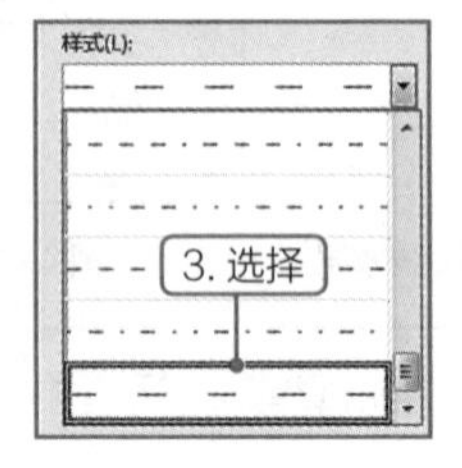

图4-21 编辑与添加线条样式

2. 轮廓线端箭头样式

箭头样式主要针对开放线条的两端。选择开放线条后，在绘图工具的“起始箭头”或“终止箭头”下拉列表框中可直接选择开放线条的起始端或终止端的箭头样式，也可在“轮廓笔”对话框的“箭头”下拉列表框中选择箭头样式。选择箭头样式后，单击 选项(O) 按钮，在弹出的下拉列表框中可新建、编辑或删除箭头样式，图4-22所示为更改箭头属性。

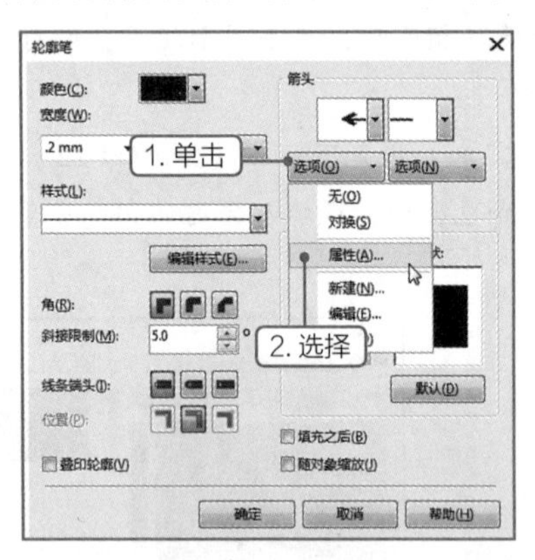

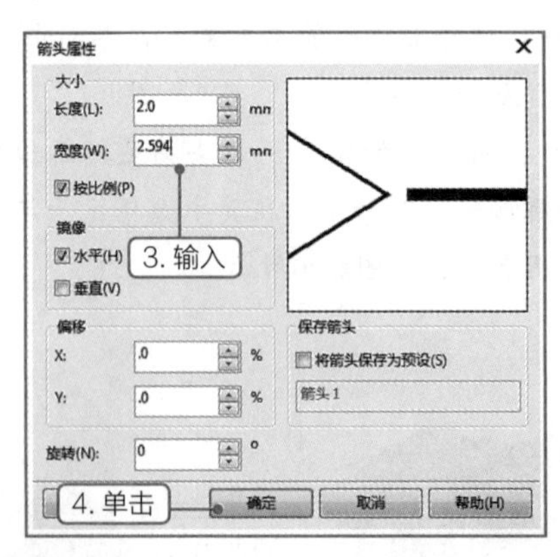


图4-22 编辑箭头属性

3. 轮廓线端头样式

在“轮廓笔”对话框中，提供了“方形端头”按钮、“圆形端头”按钮、“延伸方形端头”按钮3种轮廓线端头样式，图4-23所示分别为虚线轮廓应用3种轮廓线端头样式的效果。

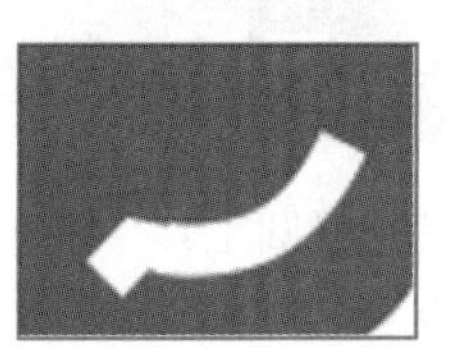

图4-23　轮廓线端头样式

4．轮廓线夹角样式

在“轮廓笔”对话框中，提供了“斜接角”按钮、“圆角”按钮和“斜角”按钮3种轮廓线夹角样式，单击对应的样式可设置不同的夹角样式。图4-24所示分别为虚线轮廓应用3种轮廓线夹角样式的效果。

图4-24　轮廓线夹角样式

如何处理文字轮廓夹角的毛刺？

在夹角处出现毛刺时，需要选择轮廓笔工具，打开“轮廓笔”对话框，在“斜接限制”文本框中设置角的尖突程度，值越小，尖突越明显，图4-25所示为斜接限制为1、15的对比效果。

图4-25　斜接限制为1、15的对比效果

## 4.1.5　将轮廓转换为对象编辑

作为线条或轮廓，只能对其宽度、样式和平均颜色进行设置。若要被作为对象进行操作，如进行填充渐变、图样或底纹等，则需要选择轮廓线后，选择【对象】/【将轮廓转换为对象】命令，或按【Shift+Ctrl+Q】组合键将轮廓线转换为对象。此外，将轮廓转换为对象后，对象上会再次出现封闭的轮廓，通过对轮廓的编辑，可得到丰富的外形。图4-26所示为将轮廓转换为对象，然后编辑对象得到的花朵外观，最后进行渐变填充的效果。

图4-26　将轮廓转换为对象

## 课堂练习——制作爱心基金会标志

本练习将使用椭圆工具、贝塞尔工具绘制爱心基金会标志，其中重点涉及轮廓线的设置，如轮廓粗细、轮廓色的设置，设置完成后的标志效果如图4-27所示（效果\第4章\爱心基金会标志.cdr）。

图4-27 爱心基金会标志效果

# 4.2 图形的纯色填充

均匀填充即单色或纯色填充，是最简单的颜色填充模式。除了利用调色板中的颜色进行纯色填充外，用户还可通过编辑填充工具、“颜色”或“对象属性”泊坞窗、颜色滴管工具、交互式填充工具、智能填充工具来实现更多颜色的填充，本节将进行详细介绍。

## 4.2.1 课堂案例——制作热气球

**案例目标：**热气球具有丰富的色彩外观，本例将使用多种纯色填充方式，以蓝色为主色调，加入黄色、绿色与白色，绘制一幅热气球飘飞的画面，完成后的参考效果如图 4-28 所示。

**知识要点：**调色板、钢笔工具、智能填充、“颜色”泊坞窗、交互式填充工具。

**效果文件：**效果 \ 第 4 章 \ 热气球 .cdr。

视频教学
制作热气球

图4-28 热气球效果

其具体操作步骤如下。

STEP 01 新建大小为200 mm × 200 mm、名为“热气球”的空白文件，双击矩形工具，创建页面矩形，在界面右侧色块上用鼠标右键单击无填充色块☒，取消轮廓色，选择交互式填充工具，在属性栏中单击“均匀填充”按钮■，在右侧单击填充色下拉按钮，在打开的面板中设置填充色为蓝色（CMYK：29、1、10、0），如图4-29所示。

STEP 02 选择手绘工具，绘制草地线条，选择智能填充工具，在属性栏中设置填充选项为“指定”，在“颜色”下拉列表框中单击更多(O)...按钮，如图4-30所示。

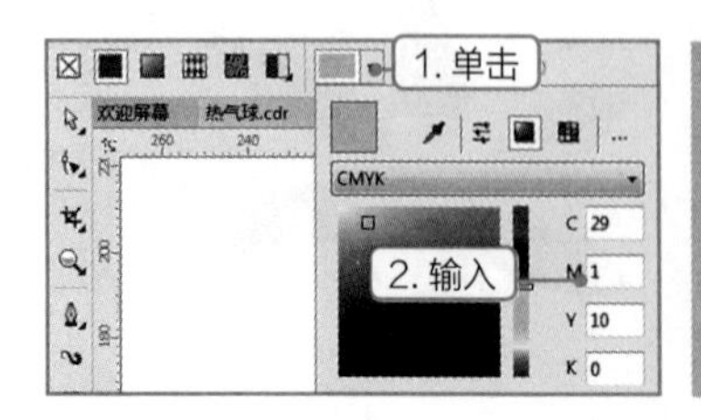


图4-29 绘制与填充矩形

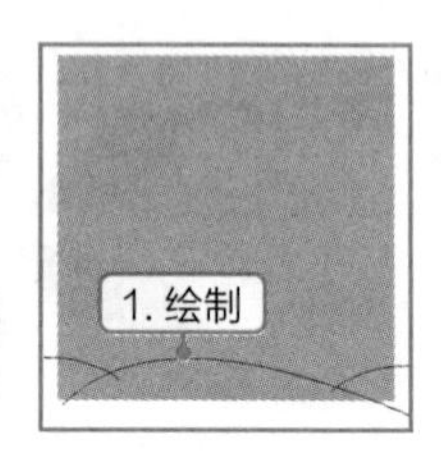


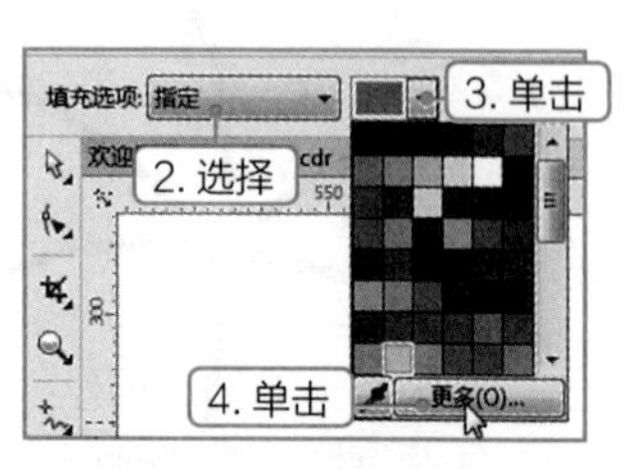


图4-30 绘制线条并设置“指定”填充颜色

STEP 03 打开“选择颜色”对话框，设置颜色为绿色（CMYK：56、2、67、0），单击确定按钮，如图4-31所示。

STEP 04 将鼠标指针移至下方线条包围的区域单击填充绿色，继续单击左侧和右侧的线条包围区域，选择并按【Delete】键删除线条；选择两侧的绿色图形，设置颜色为绿色（CMYK：64、2、73、0），加深填充颜色，效果如图4-32所示。

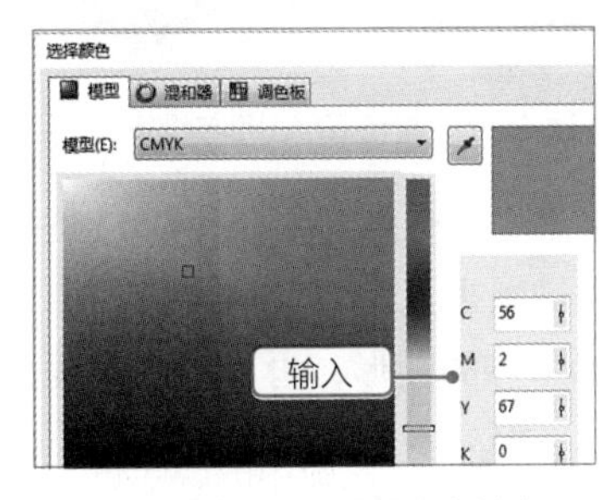


图4-31　设置绿色填充

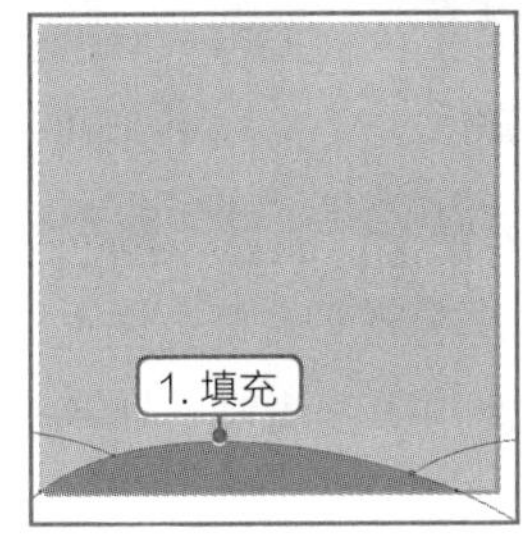

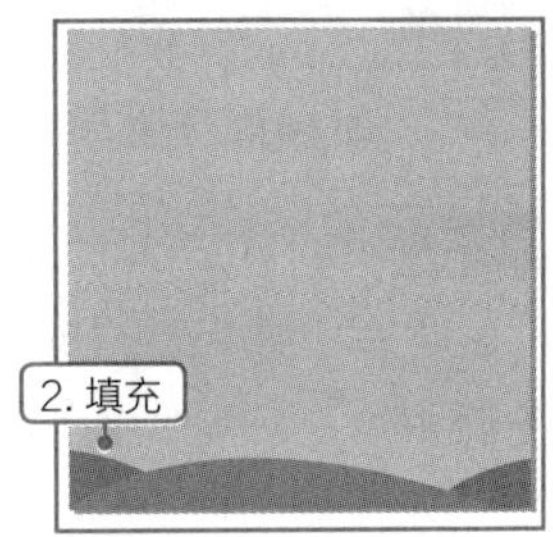


图4-32　智能填充并混合绿色

STEP 05 选择钢笔工具绘制热气球外观，按【Ctrl+C】组合键和按【Ctrl+V】组合键原位复制热气球，拖动两边的控制点，热气球高度不变，宽度变窄，使顶点与原气球顶点重合，继续执行两次复制与变换操作，得到图4-33所示的效果。

STEP 06 适当在上下两端向内拖动热气球外围图形，减少高度，以保证后面智能填充为封闭区域。选择智能填充工具，在属性栏中设置填充选项为“指定”，设置指定颜色为蓝色（CMYK：67、2、28、0），单击1、3、5、7区域填充蓝色；更改指定颜色为黄色（CMYK：5、3、17、0），单击2、4、6区域填充黄色，如图4-34所示。

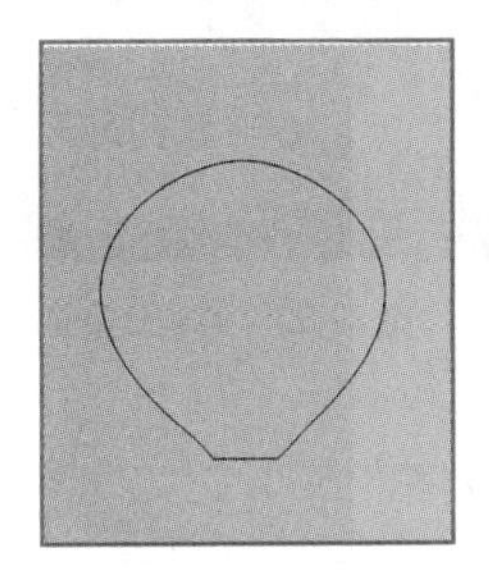

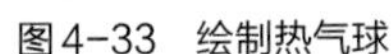
图4-33　绘制热气球

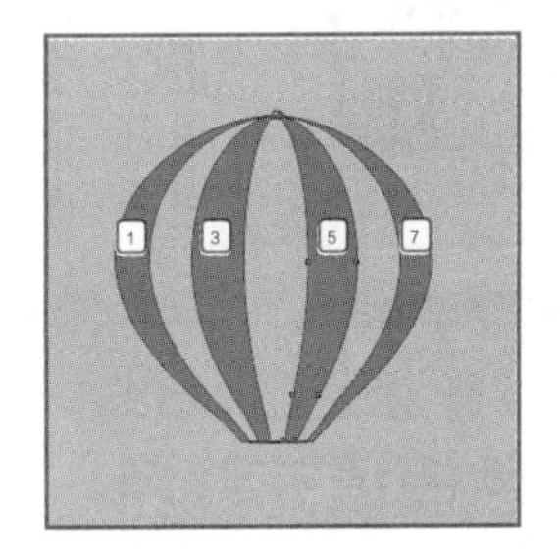


图4-34　智能填充热气球

STEP 07 删除多余的热气球轮廓线条，选择钢笔工具在下方绘制梯形，在界面右侧色块上用鼠标右键单击无填充色块☒，取消轮廓色，选择彩色工具，打开“颜色”泊坞窗，设置指定颜色为蓝色（CMYK：76、27、39、0），单击填充(F)按钮，如图4-35所示。

**提示**　若在工具箱中未发现彩色工具，可单击工具箱下方的“自定义”按钮，在弹出的列表框中单击选中对应复选框将其显示出来。

STEP 08 选择钢笔工具在梯形中绘制线条，在属性栏中设置轮廓线为虚线、宽度为“0.25 mm”，使用颜色滴管工具单击热气球蓝色区域，再单击虚线，设置轮廓颜色，如图4-36所示。

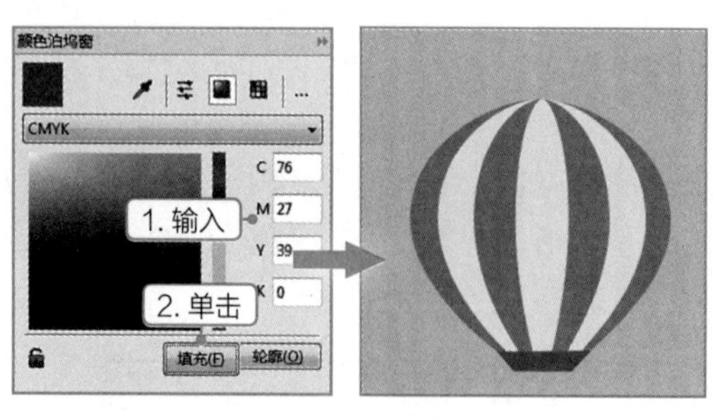


图4-35　绘制与填充图形

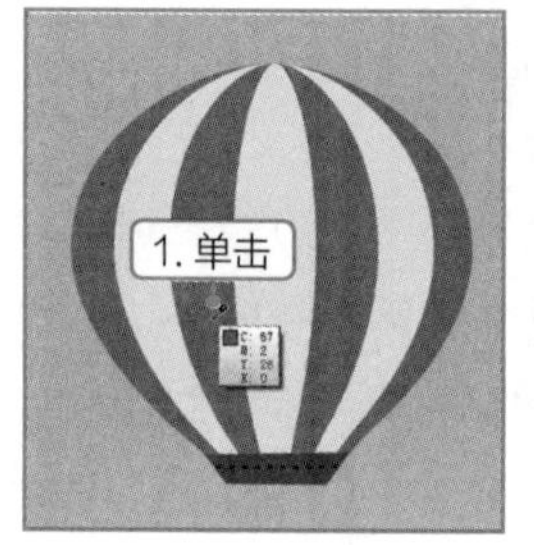

图4-36　绘制底部图形与线条

STEP 09 绘制热气球下端的图形，通过“颜色”泊坞窗设置填充色为褐色（CMYK：49、75、100、16），单击填充(F)按钮，在界面右侧色块上用鼠标右键单击无填充色块☒取消轮廓色；绘制“0.25 mm”宽的连接线，使用颜色滴管工具单击梯形下方的图形，再单击连接线，设置轮廓颜色，如图4-37所示。

STEP 10 复制并缩小热气球到右上角，选择蓝色区域，更改为橘红色（CMYK：0、60、100、0），选择较深的蓝色区域更改为褐色（CMYK：0、36、59、42），效果如图4-38所示。

STEP 11 选择钢笔工具绘制多朵白云，在界面右侧色块上单击白色色块填充为白色，用鼠标右键单击无填充色块☒，取消轮廓色，按【Ctrl+PageDown】组合键调整白云叠放的顺序，如图4-39所示。保存文件，完成本例的制作。

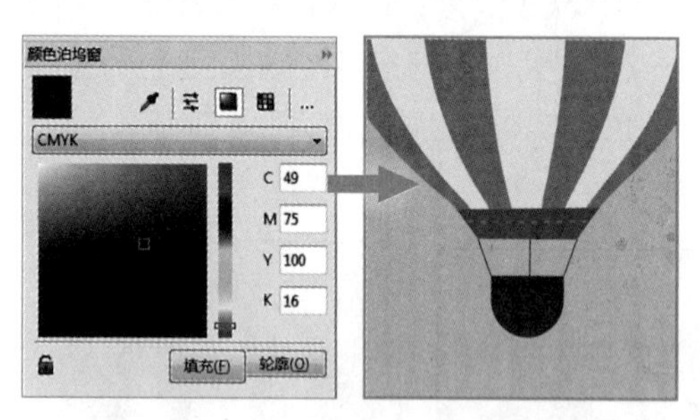


图4-37　复制热气球并更改颜色

图4-38　复制并更改热气球颜色

图4-39　绘制云朵

## 4.2.2 使用调色板填充颜色

CorelDRAW X7提供了多种调色板模式，用户只需选择【窗口】/【调色板】命令，在弹出的子菜单中选择相应的调色板模式，即可打开调色板。使用调色板填色的方法很简单，选择所需的填充的对象，单击调色板中所需的颜色的色块即可；若在调色板上按住鼠标左键不放，在弹出的面板中会得到与该颜色相邻的多种颜色色块，如图4-40所示；按住【Ctrl】键单击调色板中所需的颜色的色块，可在已经填色的颜色中混合单击的颜色，图4-41所示为黄色圆混合白色的效果。

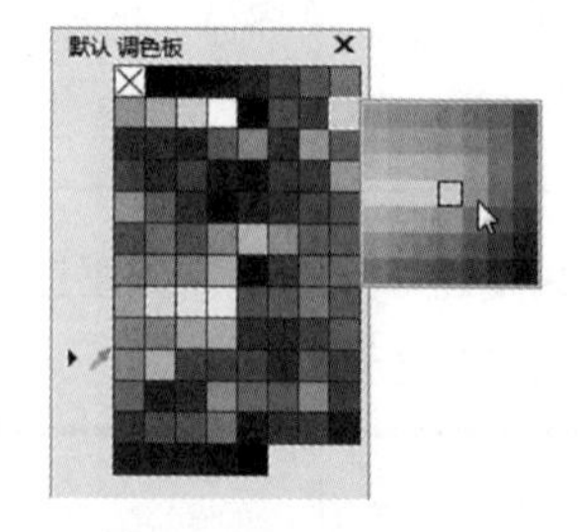


图4-40　展开调色色块

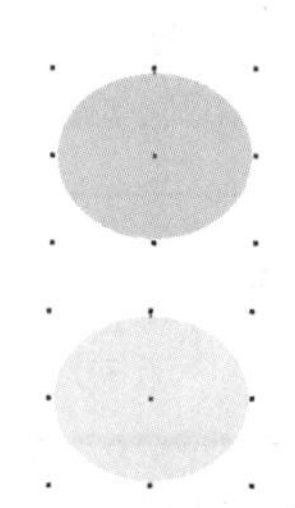

图4-41　混合白色效果

**技巧** 在调色板中使用颜色后，颜色将自动添加到界面下方的“文档调色板”中，下次使用时，可直接在其中单击色块使用该颜色。

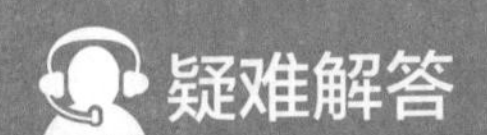

**如何将喜欢的颜色添加到调色板中?**

首先在CorelDRAW文档中打开或导入喜欢的颜色的文件，打开需要添加颜色的调色板，单击调整色板中的“添加颜色到调色板”按钮，然后在界面中单击喜欢的颜色，即可将喜欢的颜色添加到对应的调色板中。

**提示** 此外，用户不仅可以利用程序提供的默认调色板，还可根据需要创建自己的调色板。选择已填充的对象，选择【窗口】/【调色板】/【从选择中创建调色板】命令，将对象的颜色创建为调色板；打开设置填充颜色的文档，选择【窗口】/【调色板】/【从文档中创建调色板】命令，可将当前文档的颜色创建为调色板。

## 4.2.3 使用编辑填充工具填充颜色

选择编辑填充工具，打开“编辑填充”对话框，在顶端单击“均匀填充”按钮，在下方提供了“模型”、“混合器”、“调色板”3种填充模式供用户自由选择。下面对这些工具分别进行介绍。

1. 模型模式

在“均匀填充”下单击【模型】选项卡，进入模型模式，如图4-42所示。该模式提供了完整的色谱，在左侧的颜色框中单击鼠标可以选择颜色，也可以在右侧“组件”栏中设置需要的颜色模式与具体的颜色值，当前选择的颜色将出现在右侧的“参考”预览框中。其中上方的框中显示了上一次选择的颜色，下方的框中则显示了新选择的颜色。

2. 混和器模式

在“均匀填充”下单击【混和器】选项卡，进入混和器模式，如图4-43所示。该模式的主要功能是通过组合其他颜色来生成新的颜色，通过旋转色环或从“色度”下拉列表框中选择颜色形状样式，单击色环下方的颜色块可以选择所需的颜色，拖动“大小”滑条可以调整颜色的数量，使用“变化”下拉列表框可调整颜色的色调。

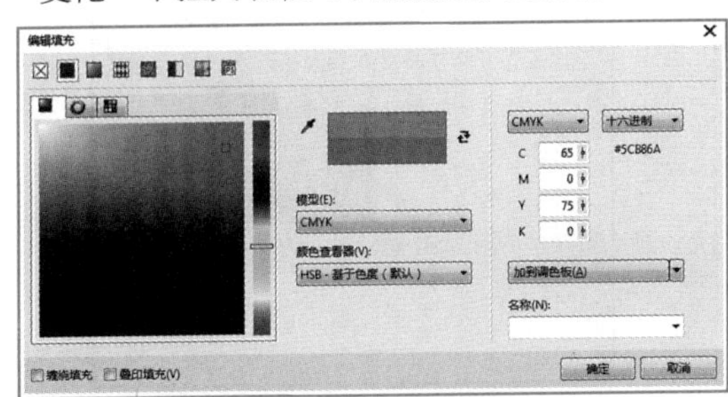


图4-42　模型模式

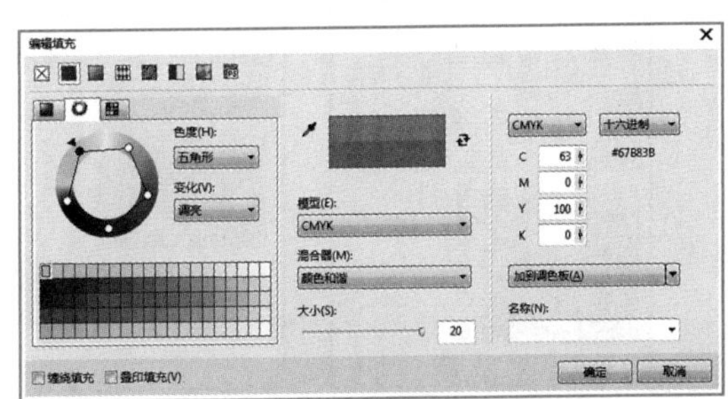


图4-43　混和器模式

3. 调色板模式

在“均匀填充”下单击【调色板】选项卡，进入调色板模式，如图4-44所示。该模式的主要功能是通过选择CorelDRAW X7中现有的颜色来填充图形，单击“调色板”下拉列表框右侧的下拉按钮，在弹出的下拉列表框中选择需要的调色板，若单击右侧的“打开”按钮，可在打开的对话框中选择自定义的调色板，如图4-45所示，单击打开(O)按钮，可打开电脑中保存的调色板。在色块右侧拖动滑块可调整色块的显示范围，在左侧单击色块可选择颜色，通过“淡色”滑块和文本框可设置色块的深浅。

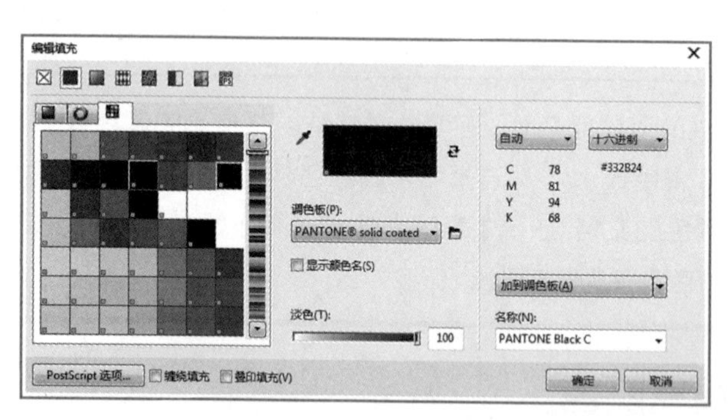


图4-44 调色板模式

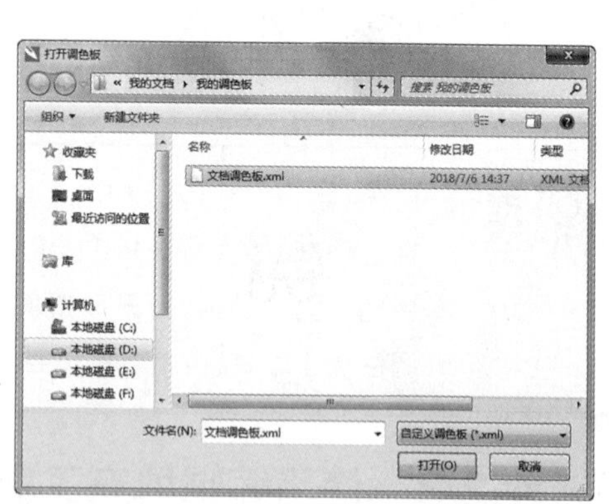


图4-45 “打开调色板”对话框

## 4.2.4 使用“对象属性”或“颜色”泊坞窗填充颜色

选择【窗口】/【泊坞窗】/【对象属性】命令，打开“对象属性”泊坞窗，如图4-46所示，单击“填充”按钮，再单击“均匀填充”按钮，在打开的面板中单击“颜色滴管”按钮，可在界面中单击需要吸取的颜色来填充对象。若单击“显示颜色滑块”按钮、“显示颜色查看器”按钮或“显示调色板”按钮，可采用不同的模式来填充对象。选择颜色工具，将打开“颜色”泊坞窗，如图4-46所示，其填充方法与“对象属性”泊坞窗相同。

## 4.2.5 使用交互式填充工具填充颜色

选择填充图形后，再选择交互式填充工具，在属性栏中单击“均匀填充”按钮，在右侧单击【填充色】下拉按钮，在打开的面板中可设置填充模式、颜色模式和具体的颜色值，如图4-47所示。

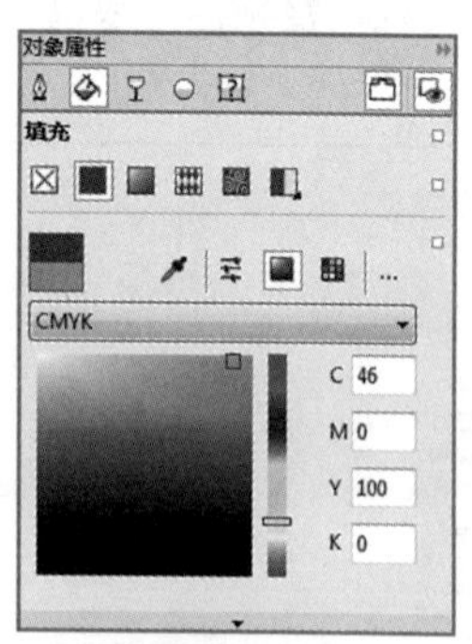


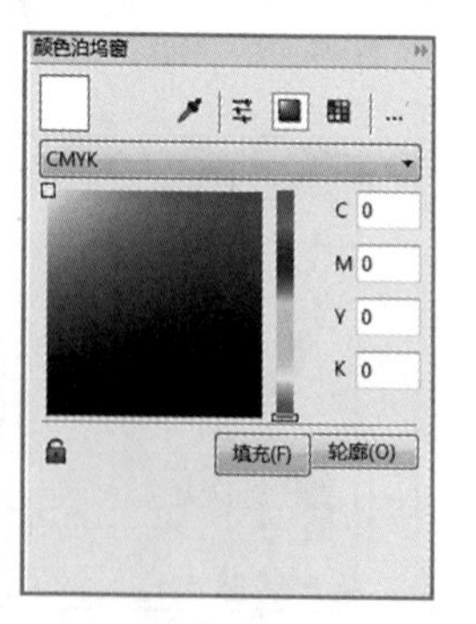


图4-46 “对象属性”和“颜色”泊坞窗

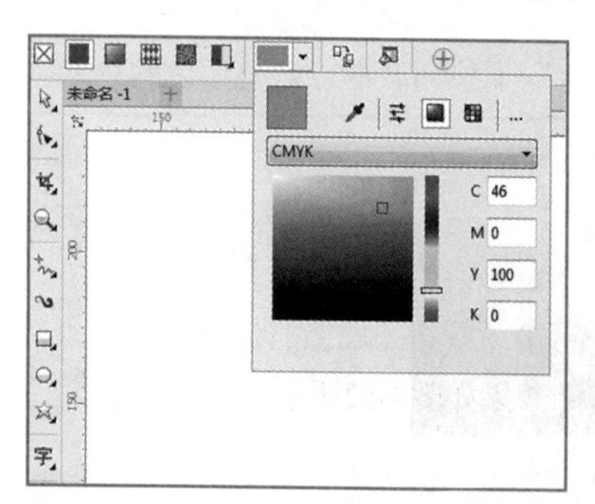


图4-47 交互式填充工具

## 4.2.6 使用颜色滴管工具填充颜色

颜色滴管工具用于吸取对象的颜色应用于当前对象。选择颜色滴管工具，当鼠标指针变为形状后，在需吸取颜色的对象上单击，当鼠标指针变为形状后，再单击需要填充的对象即可，如图4-48所示。若在其属性栏中单击"选择颜色"按钮和"应用颜色"按钮，可重复使用滴管工具填充不同的对象。

图4-48 使用颜色滴管工具填充颜色

## 4.2.7 使用智能填充工具填充颜色

智能填充工具不仅可以填充封闭区域，还能够检测多个对象的边缘，对多个对象进行合并填充，下面分别进行介绍。

- 封闭区域填充：选择智能填充工具，在其属性栏中分别设置"填充选项"与"轮廓"，如图4-49所示，在线条围成的封闭区域内单击，可以为封闭区域创建一个新对象，并填充新对象，如图4-50所示。
- 多个对象的合并填充：选择智能填充工具，选择多个重叠的对象，设置填充颜色与轮廓后，使用智能填充工具在页面中空白位置单击，可以将多个重叠对象合并填充为一个新的对象，如图4-51所示。

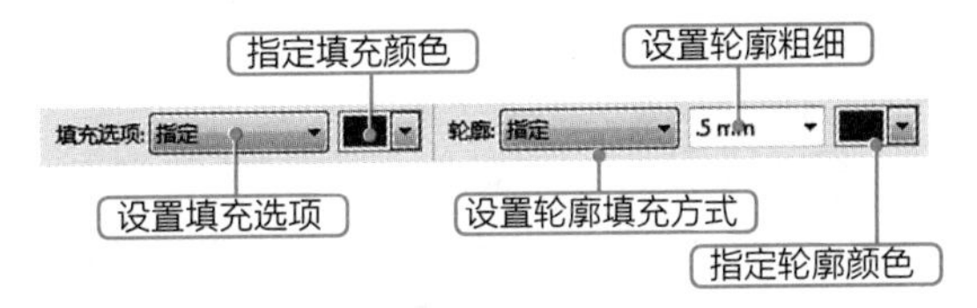


图4-49 设置填充选项与轮廓

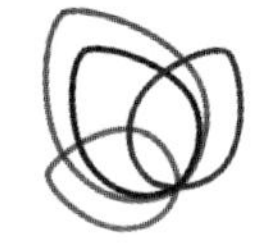
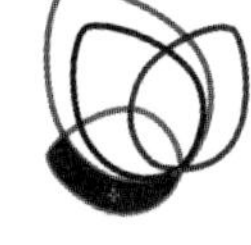

图4-50 封闭区域填充

图4-51 合并填充

## 课堂练习——制作可爱蜜蜂

本练习将使用贝塞尔工具绘制可爱蜜蜂，然后选择合适的填充方式，为蜜蜂不同部位填充相应的颜色，最后取消蜜蜂的轮廓，绘制完成后的蜜蜂效果如图4-52所示（效果\第4章\可爱蜜蜂.cdr）。

图4-52 可爱蜜蜂效果

# 4.3 图形的渐变填充与图样填充

渐变填充与图样填充是填充中比较广泛的填充方式，通过渐变填充与图案填充的图形更容易体现一些填充材质的质感，如金属材质、纹理材质等。本节将详细介绍如何在CorelDRAW X7中实现图形的渐变填充与图样填充。

## 4.3.1 课堂案例——制作唇彩广告

**案例目标：**本例将首先绘制唇彩轮廓，然后使用交互式填充工具和“编辑填充”对话框来制作唇彩的渐变颜色，最后添加文本、玫瑰，以及双色填充背景图样，增加画面的丰富性，完成唇彩广告的制作，参考效果如图4-53所示。

视频教学
制作唇彩广告

**知识要点：**交互式填充工具、“编辑填充”对话框、钢笔工具、文件导入、文本输入、双色图样填充。

**素材位置：**素材\第4章\玫瑰.png。

**效果文件：**效果\第4章\唇彩广告.cdr。

图4-53 唇彩广告效果

其具体操作步骤如下。

**STEP 01** 新建A4、纵向、名为“唇彩广告”的空白文件，使用钢笔工具绘制唇彩轮廓，选择交互式填充工具，在属性栏中单击“渐变填充”按钮，在唇彩轮廓上从左到右拖动鼠标，创建渐变填充，单击选择起点颜色节点，在出现的工具栏中的“颜色”下拉列表框中设置颜色，如图4-54所示。

**STEP 02** 在右侧双击添加颜色节点，单击选择颜色节点，在出现的工具栏中的“颜色”下拉列表框中设置颜色，如图4-55所示。

**STEP 03** 再使用相同的方法继续添加并设置节点颜色，将起点与终点颜色节点移动到边线上，将带圈的控制点拖动到左侧边线上，使填充角度与边线垂直，效果如图4-56所示。

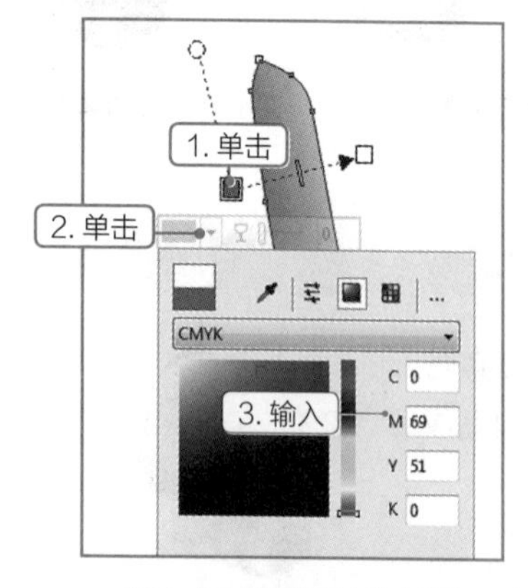


图4-54 设置起点节点颜色

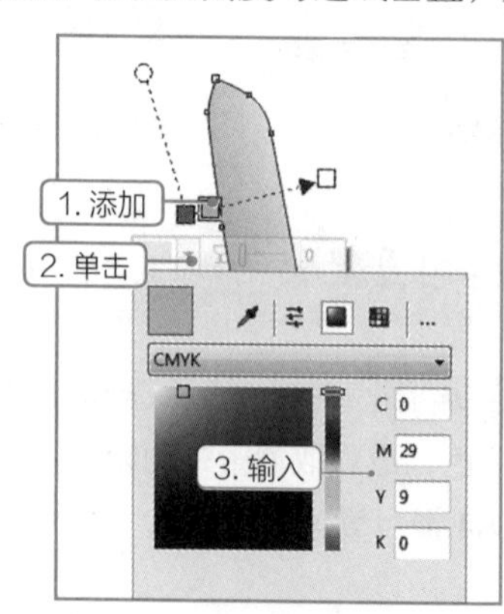


图4-55 添加节点并设置颜色

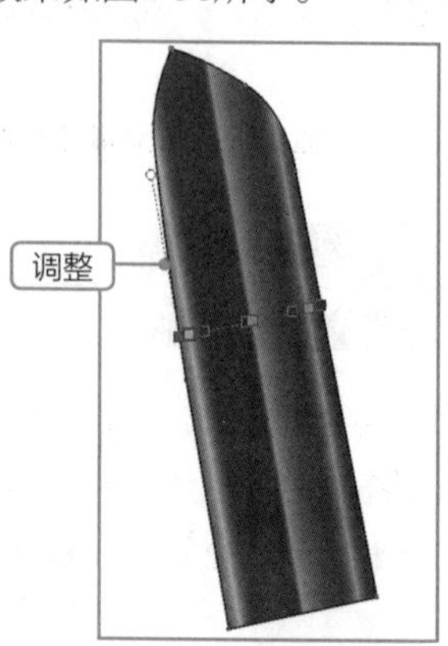


图4-56 调整渐变位置与角度

**STEP 04** 在界面右侧色块上用鼠标右键单击无填充色块☒，取消轮廓色；选择手绘工具，在顶端绘制线条，选择智能填充工具，在属性栏中设置填充选项为“指定”，设置指定颜色为红色（CMYK：8、92、87、0），单击线条与唇彩围成的封闭区域，如图4-57所示。

**STEP 05** 删除手绘线条和封闭区域的轮廓，使用钢笔工具绘制唇彩金属壳轮廓，选择编辑填充工具，打开“编辑填充”对话框，在顶端单击“渐变填充”按钮，双击颜色条上边缘添加颜色节点，选择颜色节点，在下方的“颜色”下拉列表框中设置颜色，拖动颜色节点调整颜色的位置，在“变换”栏中设置旋转角度为“15°”，单击确定按钮，如图4-58所示。

**STEP 06** 返回工作界面查看渐变填充效果，如图4-59所示。

图4-57　智能填充颜色

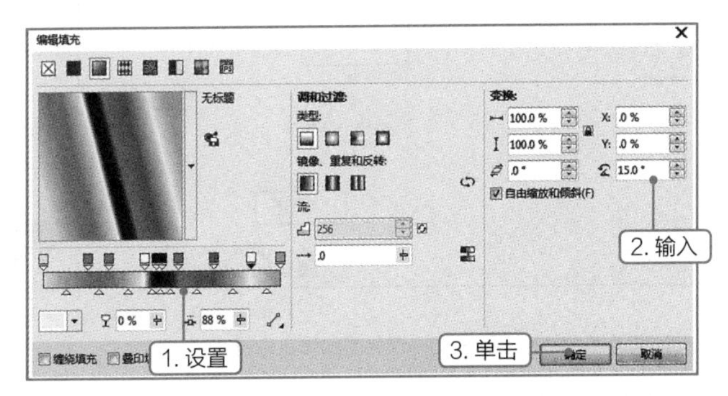


图4-58　渐变填充颜色

图4-59　查看渐变填充

**STEP 07** 在界面右侧色块上用鼠标右键单击无填充色块☒，取消轮廓色。拖动金属轮廓到适当位置单击鼠标右键进行复制，选择形状工具，更改金属壳外观；选择交互式填充工具，单击金属壳，调整颜色节点的位置与渐变的角度，如图4-60所示。

**STEP 08** 继续复制金属壳并调整金属壳外观与渐变填充颜色，组合成完整的金属壳外观；选择阴影工具分别拖动金属壳创建阴影，在属性栏中设置阴影的不透明度为“80”，设置阴影羽化值为“5”，按【Enter】键，如图4-61所示。框选唇彩图形，按【Ctrl+G】组合键群组。

**STEP 09** 拖动唇彩图形到适当位置单击鼠标右键进行复制，在属性栏中设置旋转角度为“330°”，按【Enter】键应用设置，按【Ctrl+PageDown】组合键调整到底层；输入文本，设置字体为“浪漫雅圆”，其中“源自”字体为“方正兰亭细黑_GBK”，在“法国经典”文本下方绘制矩形，颜色为红色（CMYK：8、92、87、0）；按【Ctrl+I】组合键，在打开的对话框中双击“玫瑰.png”图片，再单击鼠标，导入玫瑰，调整其大小，置于底层，如图4-62所示。

图4-60　调整渐变位置与角度

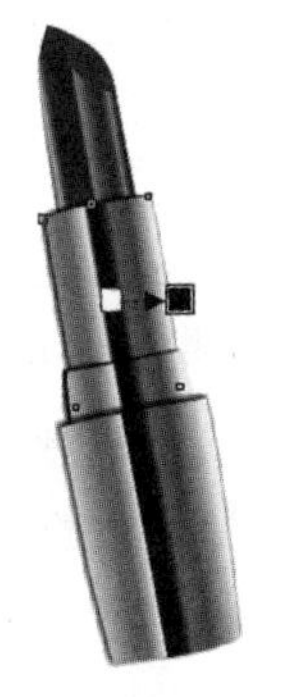

图4-61　添加阴影

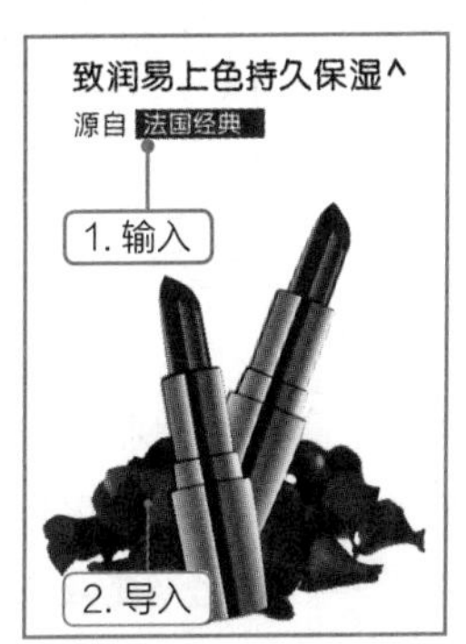


图4-62　输入文本添加玫瑰

STEP 10 双击矩形工具，创建页面矩形，在界面右侧色块上用鼠标右键单击无填充色块☒，取消轮廓色，选择编辑填充工具，打开“编辑填充”对话框，在顶端单击“双色图样填充”按钮，选择图4-63所示的图样，设置前景颜色为灰色（CMYK：0、0、0、10），设置背景颜色为白色，设置倾斜为“20°”，单击确定按钮，返回工作界面查看图案填充效果，如图4-63所示。保存文件完成本例操作。

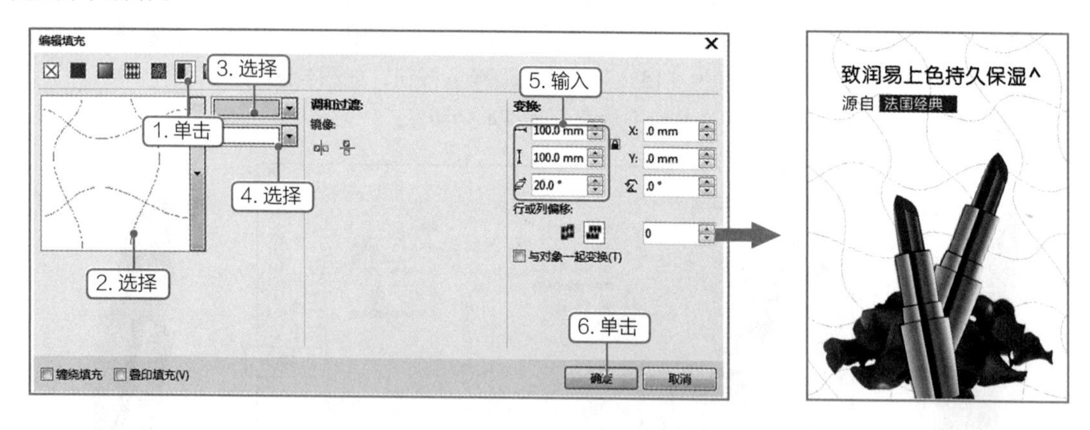


图4-63 双色图案填充背景

## 4.3.2 设置渐变填充

渐变填充可以为图形添加两种或两种以上的平滑渐变的过渡色彩效果。CorelDRAW X7中提供了3种渐变填充工具，下面分别进行介绍。

1. 通过“编辑填充”对话框填充

选择填充的对象，选择编辑填充工具，打开“编辑填充”对话框，在顶端单击“渐变填充”按钮，进入渐变填充设置界面，如图4-64所示。设置渐变填充的类型、颜色、位置与透明度等参数，单击确定按钮。

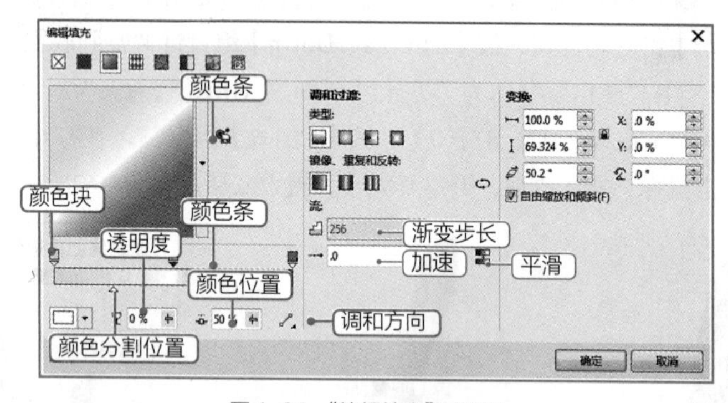


图4-64 “编辑填充”对话框

- 渐变类型：单击“线性渐变”按钮，可设置两种或多种颜色之间的直线渐变填充效果，如图4-65所示；单击“椭圆形渐变”按钮，可设置以一点为中心，以同心圆的形式向四周方向放射的一种颜色渐变效果，椭圆形渐变填充能够充分地展现出球体的光线变幻效果和光晕效果，如图4-66所示；单击“圆锥形渐变”按钮，可设置以一点为中心，以同心圆的形式向四周方向放射的一种颜色渐变效果，如图4-67所示；单击“矩形渐变填充”按钮，可设置以同心方形的形式从对象中心向外扩散的颜色渐变填充，如图4-68所示。

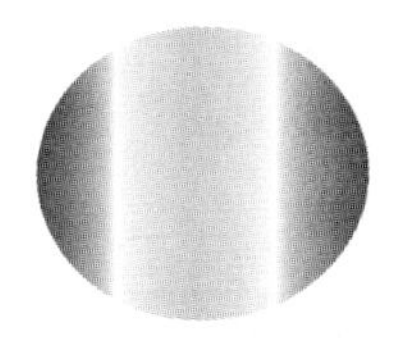
图4-65 线性渐变

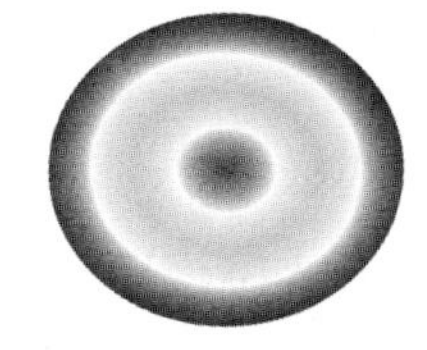
图4-66 椭圆形渐变

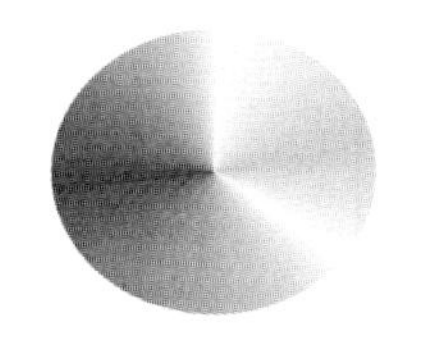
图4-67 圆锥形渐变

图4-68 矩形渐变填充

- 颜色条设置：在颜色条上单击选择颜色节点后，在下方的下拉列表框中可设置节点处的颜色、透明度、颜色节点位置。双击颜色条上边缘可添加颜色节点，双击已有颜色节点可删除颜色节点。
- “调和方向”按钮：单击该按钮，在弹出的下拉列表框中提供了线性颜色调和、顺时针颜色调和与逆时针颜色调和3种调和方向。
- 镜像、重复与反转：单击“默认渐变填充”按钮可将任意一个渐变填充颜色设置为最初的渐变填充颜色；单击“重复与镜像”按钮可设置重复并镜像渐变填充；单击“重复”按钮可重复渐变填充。
- “渐变步长”文本框：单击右侧的“设置默认值”按钮启用步长设置，可在文本框中输入渐变的层次，层次越多，渐变填充的效果越细腻。
- “加速”文本框：指定渐变填充从一种颜色调和为另一种颜色的速度。
- “平滑”按钮：单击该按钮可在渐变填充节点之间创建更加平滑的颜色过渡。
- 变换：用于设置填充宽度与高度、上下或左右移动填充的中心、填充的倾斜度、填充的角度。图4-69所示为不同倾斜度的填充与不同角度的填充效果。

图4-69 不同倾斜度的填充与不同角度的填充

2. 通过“对象属性”泊坞窗填充

选择【窗口】/【泊坞窗】/【对象属性】命令，打开“对象属性”泊坞窗，单击“填充”按钮，再单击“渐变填充”按钮，即可对选择的对象进行渐变填充，如图4-70所示。其填充参数设置和填充方法与“编辑填充”对话框相同。

3. 通过交互式填充工具填充

交互式填充工具主要是通过属性栏的设置与拖动填充手柄来实现填充效果。选择填充图形后，再选择交互式填充工具，在属性栏中单击“渐变填充”按钮，在属性栏中单击“渐变类型”按钮，然后在图形上拖动鼠标创建起点颜色节点与终点颜色节点渐变填充。移动起点颜色节点与终点颜色节点可改变渐变填充的位置和角度；移动上面带圈的线条可调整渐变角度；双击带颜色块的虚线可添加颜色节点，双击已有颜色节点可删除颜色节点；单击可选择颜色节点，然后在属性栏或下方弹出的列表框中设置该节点的颜色、透明度；拖动中间颜色节点在控制线上的位置可调整节点颜色渐变的位置，如图4-71所示。

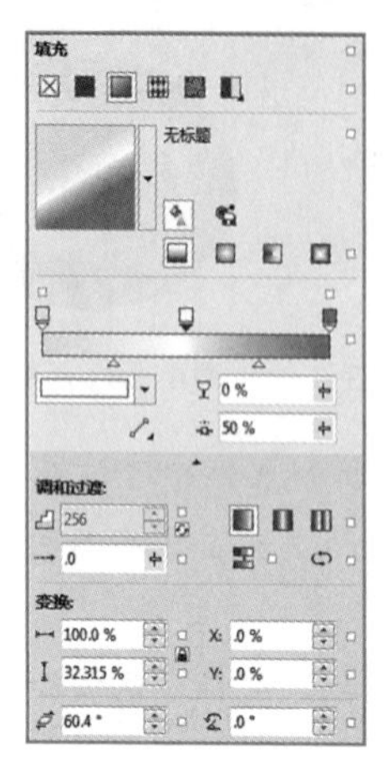
图4-70 “填充”对话框

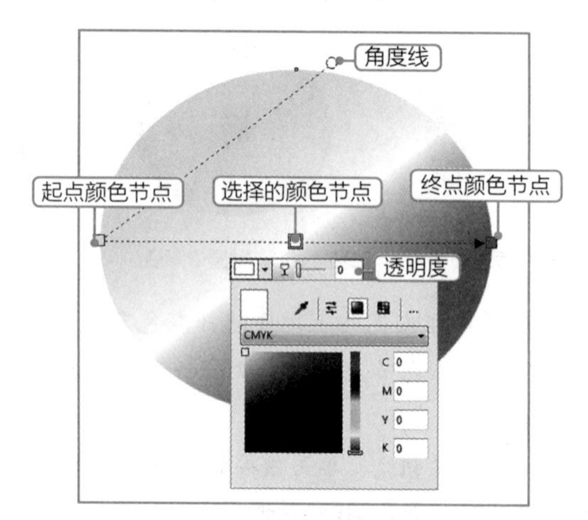

图4-71 交互式渐变填充

## 4.3.3 设置图样填充

图样填充可以将预设的多种图案按平铺的方式对图形进行填充。在“编辑填充”对话框、“对象属性”泊坞窗和交互式填充工具属性栏中提供了“矢量图样填充”、“位图图样填充”和“双色图样填充”3种图样填充方式供用户选择，单击对应的按钮可切换到对应的图案填充对话框中，下面分别进行介绍。

- 矢量图样填充：矢量图样填充是指使用矢量图样填充图形，如图4-72所示。
- 位图图样填充：把位图图样填充到对象上，如图4-73所示。
- 双色图样填充：双色图样填充是指允许对象的填充有两种图案样式。选择需要的双色图样后，在右侧的“颜色”下拉列表框中分别设置前景、背景颜色，如图4-74所示。

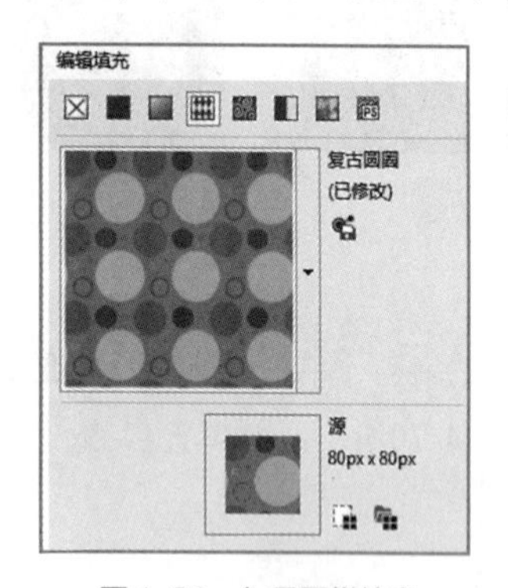

图4-72 矢量图样填充

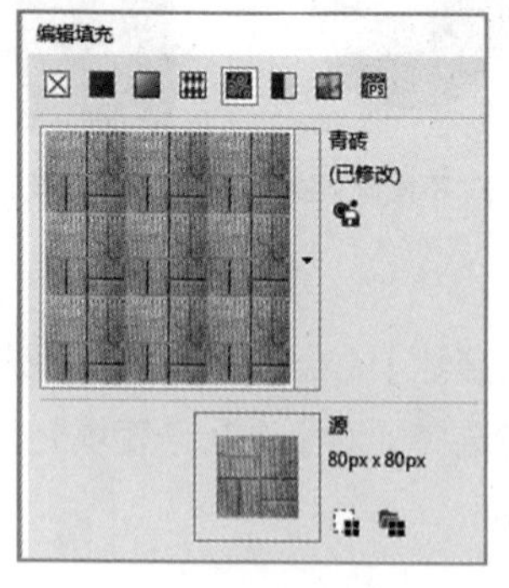

图4-73 位图图样填充

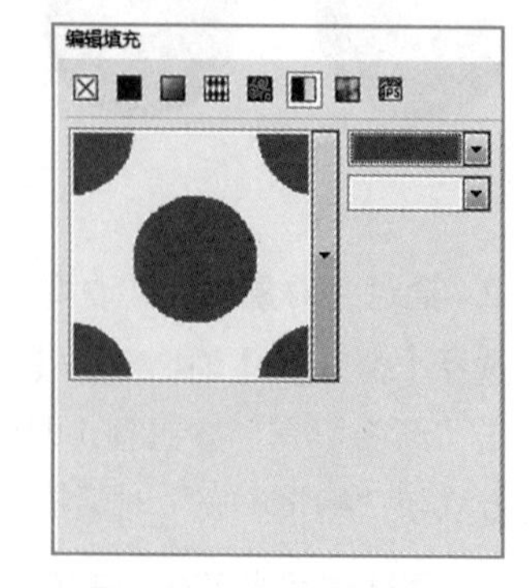

图4-74 双色图样填充

**提示** 选择图案后，可通过在“编辑填充”对话框或交互式填充工具属性栏中设置镜像、图案大小、图案角度、图案倾斜度等参数，使图案填充更为理想。

**疑难解答**

**如何使用电脑中的图案填充对象?**

在进行矢量图案和位图图案的选择时，在“图案”下拉列表框中单击浏览...按钮，可将保存在电脑中的图案应用到对象上。此外，在使用交互式填充工具填充双色图案时，在属性栏“图案”下拉列表框中单击更多(O)...按钮，可在打开的对话框中选择双色图案。

**课堂练习——制作花朵**

本例将打开“鲜花.cdr”文档（素材\第4章\鲜花.cdr），通过均匀填充与渐变填充为鲜花填充颜色，填充前后的效果如图4-75所示（效果\第4章\鲜花.cdr）。

图4-75　填充花朵效果

## 4.4 图形的复杂填充

如果一些简单的颜色、图案或渐变填充不能满足图形填充的需要，就需要使用到一些复杂的填充方式，如网线填充、底纹填充和PostScript填充，本节将进行详细介绍。

### 4.4.1 课堂案例——制作香蕉

**案例目标：**香蕉、苹果、芒果等水果具有丰富的色彩走向，使用一般的均匀填充和渐变填充很难体现其逼真感。本例将绘制香蕉，然后使用网状填充工具来填充香蕉，完成后的参考效果如图 4-76 所示。

**知识要点：**钢笔工具的使用 、网状填充工具的使用、阴影工具的使用。

**效果文件：**效果 \ 第 4 章 \ 香蕉 .cdr。

视频教学
制作香蕉

图4-76　香蕉效果

其具体操作步骤如下。

STEP 01 新建空白文件，绘制香蕉轮廓，取消选择绘制的图形。选择矩形工具，在香蕉上方绘制矩形，如图4-77所示。

STEP 02 选择网状填充工具，在属性栏中设置行、列均为“1”，按【Enter】键，单击绘制的矩形，为矩形轮廓创建填充网格，拖动曲线与控制柄调整矩形的外观，使其与绘制的香蕉轮廓大致相似，如图4-78所示。

STEP 03 选择网状填充工具，在矩形上边缘双击4次，添加8个节点，填充网格变成5列，调整节点、曲线位置，使其与绘制的香蕉轮廓重叠，调整红色虚线的弧度，使其走势自然，如图4-79所示。

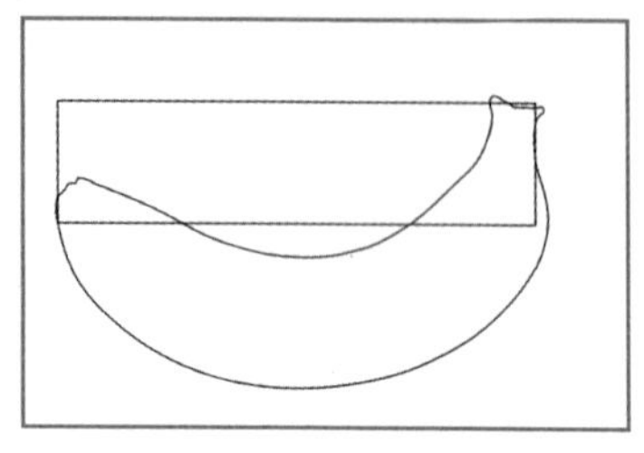

图4-77　绘制香蕉与矩形

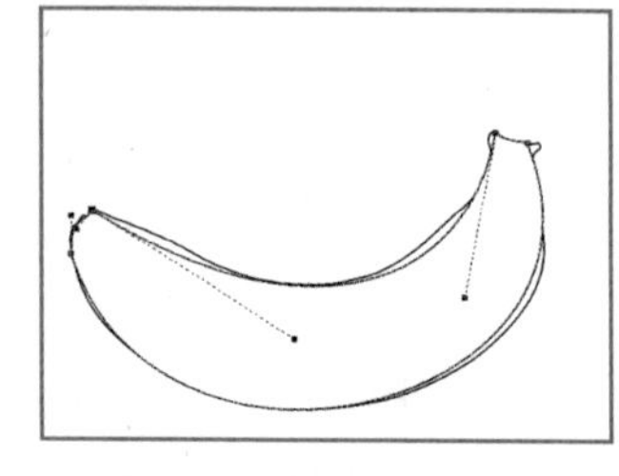

图4-78　为矩形创建网格

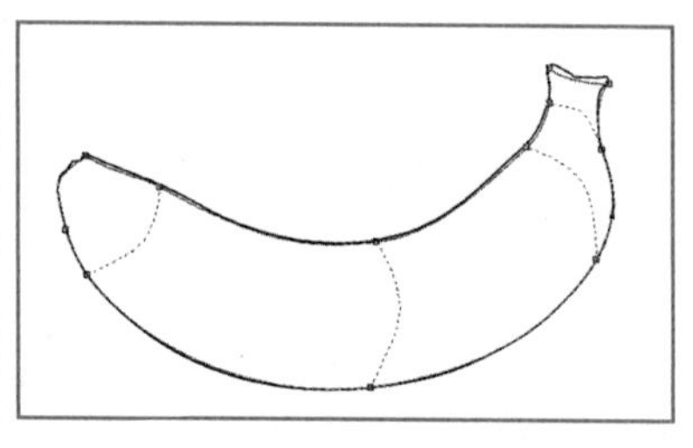

图4-79　添加列线

STEP 04 在列线上双击添加行线，使用该方法添加两条行线，填充网格变成5列3行，如图4-80所示。

STEP 05 调整红色虚线的弧度及节点的位置，使其走势自然，注意外轮廓与绘制的香蕉轮廓重叠，如图4-81所示。

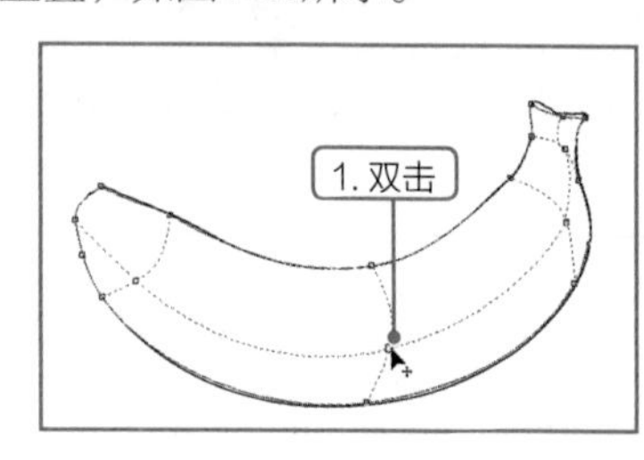


图4-80　添加行

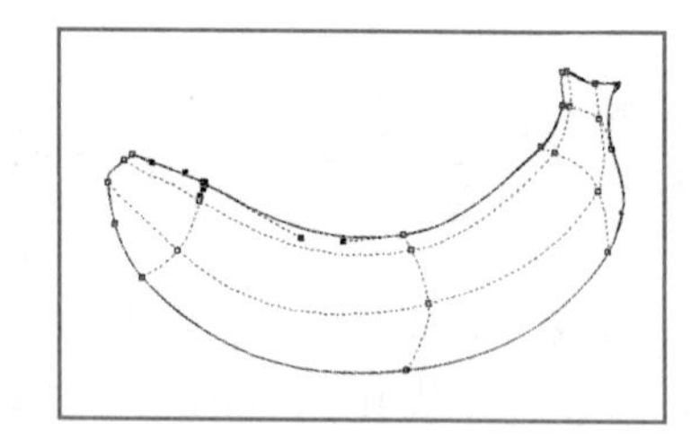

图4-81　调整填充网格

STEP 06 按住【Shift】键不放依次单击需要设置同一颜色的节点，在属性栏的“网状填充颜色”下拉列表框中将填充颜色设置为绿色（CMYK：47、20、96、0），如图4-82所示。

STEP 07 单击选择节点，按住【Shift】键不放继续单击需要设置同一颜色的节点，在属性栏的“网状填充颜色”下拉列表框中将填充颜色设置为黄色（CMYK：5、23、80、0），如图4-83所示。

STEP 08 释放【Shift】键，单击选择底部的节点，选择节点为黑色方块，按【Shift】键继续单击需要设置同一颜色的节点，在属性栏的“网状填充颜色”下拉列表框中将填充颜色设置为深黄色（CMYK：31、47、87、0），如图4-84所示。

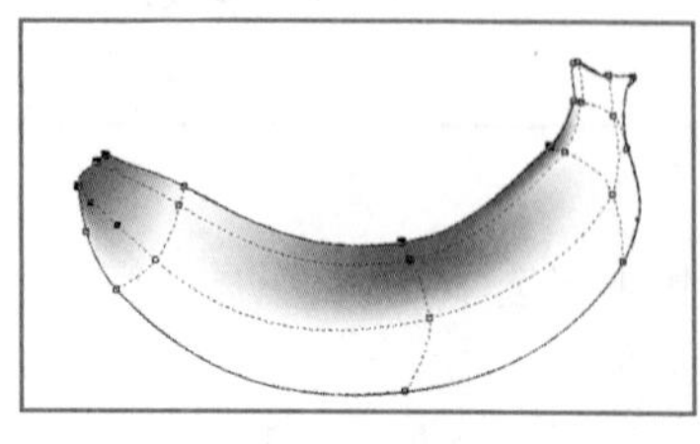

图4-82　填充绿色

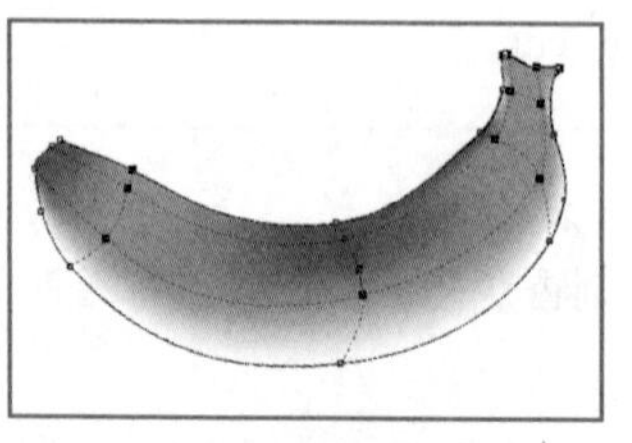

图4-83　填充黄色

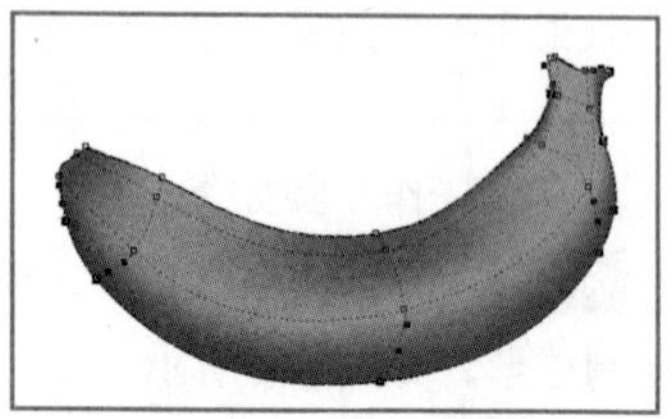

图4-84　填充深黄色

STEP 09 在第2行的列线上双击添加2条行线，按住【Shift】键不放单击选择添加的行线上的节点，以及2行2列的交叉节点，在属性栏的“网状填充颜色”下拉列表框中将填充颜色设置为黄色（CMYK：5、19、69、0），如图4-85所示。

STEP 10 在第3行的列线上双击添加1条行线，在第2列的行线上双击添加3条列线，单击选择第5条行线与第4条列线交叉的节点，在属性栏的“网状填充颜色”下拉列表框中将填充颜色设置为褐色（CMYK：32、51、96、0），模仿擦痕，如图4-86所示。

STEP 11 使用相同的方法在两端添加列线，选择两端的节点，在属性栏的“网状填充颜色”下拉列表框中将填充颜色设置为褐色（CMYK：67、74、100、49），制作香蕉头，如图4-87所示。

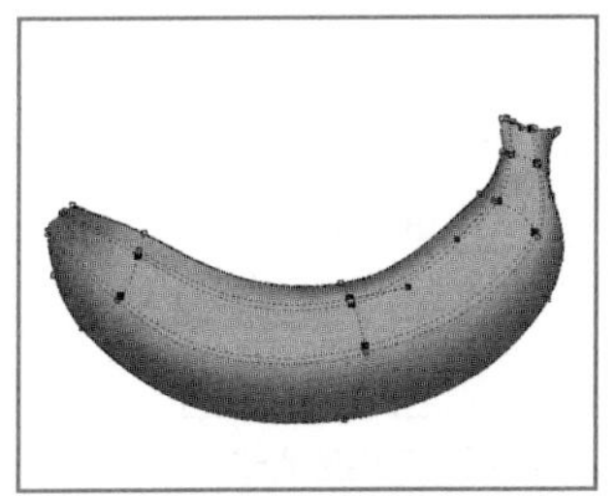

图4-85 添加行线并填充黄色

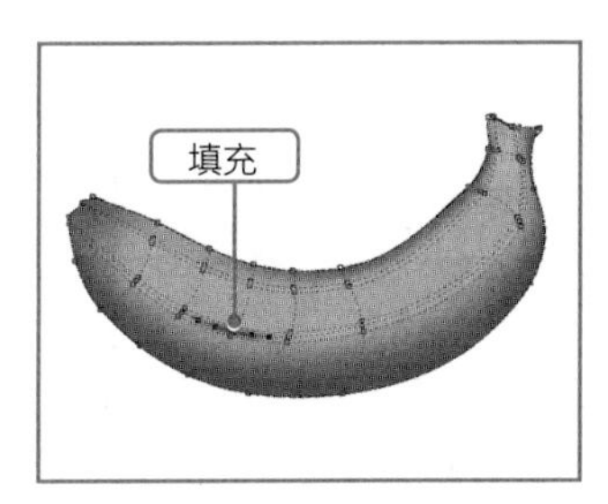


图4-86 添加行、列线并填充褐色

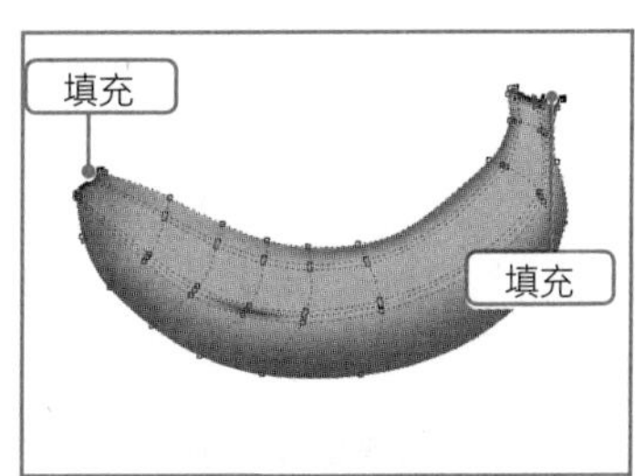


图4-87 添加列线并填充褐色

STEP 12 在界面右侧色块上用鼠标右键单击无填充色块☒，取消香蕉轮廓，复制香蕉，设置旋转角度，进行组合排列，如图4-88所示。

STEP 13 绘制椭圆，填充为黑色，选择阴影工具，拖动鼠标创建阴影，在属性栏中设置阴影羽化值为“80”，设置阴影不透明度为“50”，如图4-89所示。

STEP 14 按【Ctrl+Q】组合键转曲，按【Ctrl+K】组合键拆分，删除椭圆，按【Shift+PageDown】组合键将阴影置于图层下方，如图4-90所示。保存文件，完成本例的制作。

图4-88 群组与复制香蕉

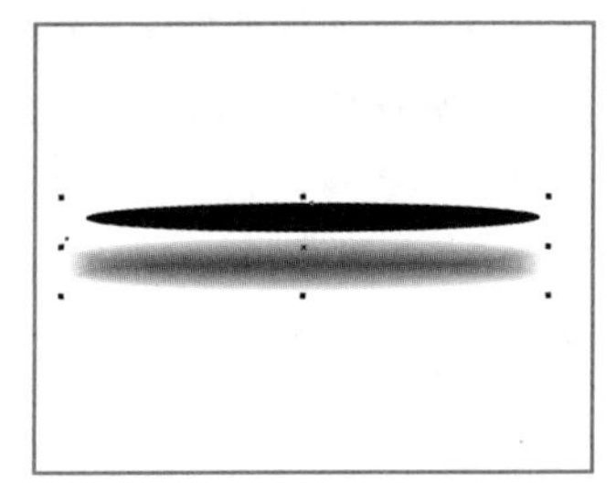

图4-89 绘制椭圆添加阴影

图4-90 拆分阴影置于底层

## 4.4.2 设置网状填充

网状填充工具主要是通过单击填充节点来对一个对象填充多种颜色，被填充对象上将出现分割网状填充区域的经纬线，从而创造出自然而柔和的过渡填充，体现出图形的光影效果和质感。选择网格填充图形，选择网状填充工具，即可创建网格，在属性栏中可更改网格大小、选取模式，双击网格线可添加节点，双击已有节点可删除节点；选择网格上的节点后，拖动节点可调整颜色节点的位置，并可在属性栏中设置节点的类型、节点的颜色和节点的不透明度等，如图4-91所示。

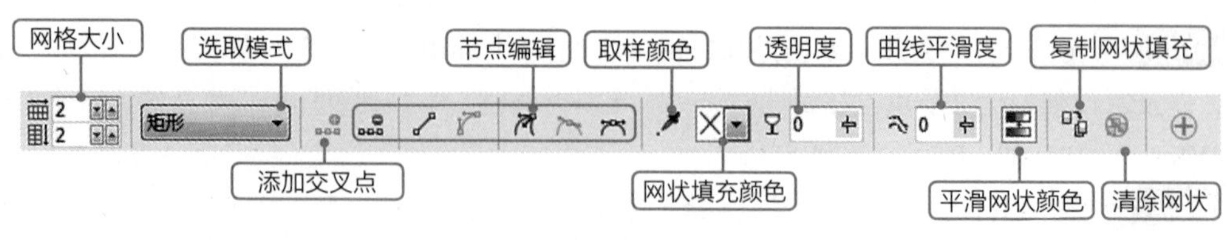


图4-91　网状填充工具属性栏

- “网格大小”文本框：在第1个“网格大小”文本框中可以设置网格的列数；在第2个“网格大小”文本框中可以设置网格的行数，图4-92所示为6列9行的填充网格。
- “选取模式”下拉列表框：用于设置框选多个节点的模式，包括矩形与手绘两种，图4-93所示为手绘选取模式。

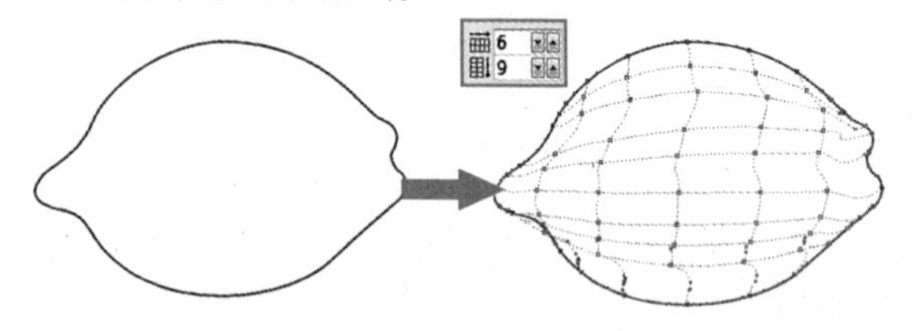

图4-92　创建6列9行的填充网格

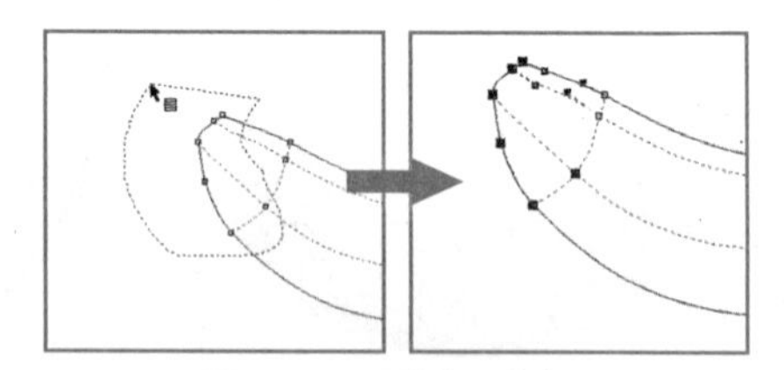

图4-93　手绘选取节点

- “添加交叉点”按钮：在需要添加交叉点的位置单击，再单击该按钮可添加一个交叉点。
- 节点编辑按钮：与形状工具属性栏中的节点编辑操作一样，可以实现节点的删除、转换为直线、转换为曲线和节点类型转换等。
- “取样颜色”按钮：选择节点后，单击该按钮，在界面中需要的颜色上单击，可将吸取的颜色应用到选择的节点上。
- “网状填充颜色”下拉列表框：用于设置选中节点的颜色。
- “透明度”文本框：用于设置选中节点的颜色的透明度。
- “曲线平滑度”文本框：选择多个节点后，通过更改节点的数量来更改曲线的平滑度。
- “平滑网状颜色”按钮：单击可减少网状填充中的硬边缘，使填充颜色过渡得更加自然。
- “复制网状填充”按钮：选择对象，单击该按钮，再单击以设置网状填充的对象，可将网格行列数和节点颜色复制到选择的对象上。
- “清除网状”按钮：选择设置网状填充的对象，单击该按钮可清除设置的网状填充效果。

## 4.4.3　底纹填充

底纹填充也称纹理填充，是指利用天然材料的外观来填充对象。选择需要填充底纹的图形，在“编辑填充”对话框中单击“底纹填充”按钮，在“填充挑选器”下拉列表框中选择需要的底纹图样，在右侧的面板中可对底纹的软度、密度和亮度等进行设置，如图4-94所示，不同的底纹选项，其设置的选项也会有所不同，下面对常见的底纹选项进行介绍。

- “样品”下拉列表框：在该下拉列表框中提供了多个底纹样品。选择对应的样品选项后，在上面的列表框中可选择该样品的底纹。
- “保存底纹”按钮：选择底纹样式后，在右侧的面板中进行设置，单击该按钮可打开“保存底纹为”对话框，在其中设置底纹名称与保存底纹的样品库，如图4-95所示。

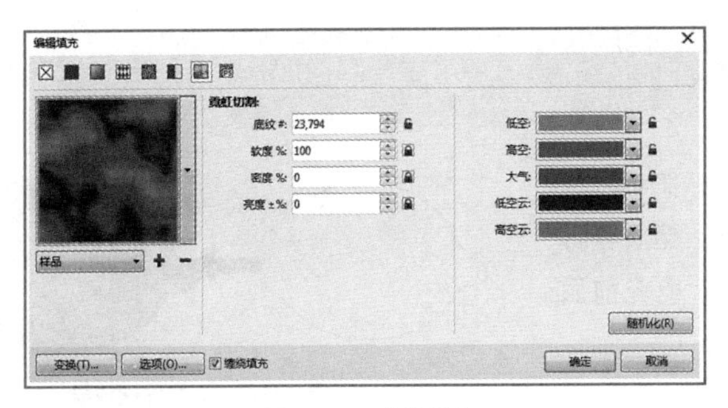

图4-94　底纹填充

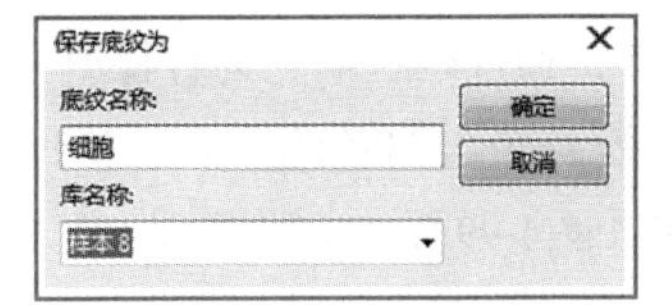

图4-95　保存设置的底纹

- “删除底纹”按钮▬：单击该按钮可删除当前的底纹样式。
- 变换(T)...按钮：单击该按钮可打开“变换”对话框，在其中可对镜像、宽度、高度、倾斜角度、旋转角度和行列偏移等进行设置，如图4-96所示。
- 选项(O)...按钮：单击该按钮可打开“底纹选项”对话框，在其中可对位图分辨率、最大平铺宽度进行设置，如图4-97所示。

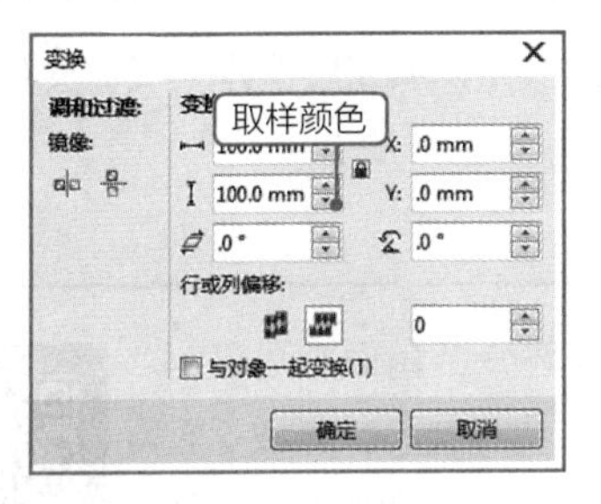


图4-96　“变换”对话框

图4-97　“底纹选项”对话框

- 随机化(R)按钮：单击该按钮可使用不同的参数重新设置底纹。若不满意当前随机化底纹效果，可多次单击该按钮。

## 4.4.4　PostScript 填充

PostScript填充是建立在数学公式基础上的一种特殊纹理填充方式。该填充方式具有纹理细腻的特点，用于较大面积的填充。选择需要填充的图形，在“编辑填充”对话框中单击“PostScript填充”按钮，在中间的下拉列表框中选择需要的图样，在右侧的面板中可对图样的参数进行设置。设置完成后，单击确定按钮即可，图4-98所示为蛛网填充背景的效果。

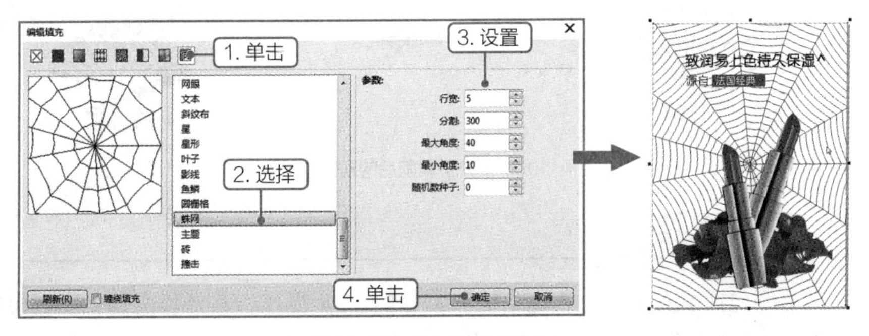


图4-98　PostScript填充

## 课堂练习——制作柠檬

本例将打开“柠檬.cdr”图像（素材\第4章\柠檬.cdr），通过网状填充为柠檬填充颜色，然后在柠檬上绘制黄色与白色的小点，修饰柠檬，填充前后的效果如图4-99所示（效果\第4章\柠檬.cdr）。

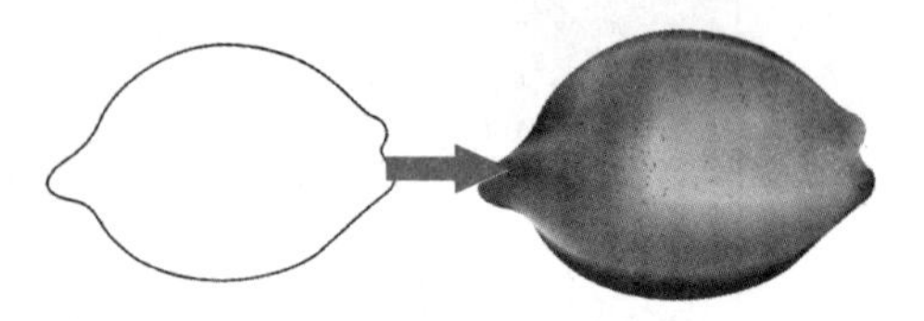

图4-99 填充柠檬效果

# 4.5 上机实训——填充折扇

## 4.5.1 实训要求

本实训要求填充折扇，要求扇面用渐变填充，扇柄用图案填充，填充后整体大气、美观。

## 4.5.2 实训分析

中国折扇文化有着深厚的文化底蕴，是民族文化的组成部分，扇面既可以为素色纸张或布料，也可以绘制各种花纹、添加各种书画图案，使得其不仅雅致、精巧，更具有浓厚的古典气息。本实训将打开“折扇.wmf”文件，为扇面填充淡雅质朴的渐变色彩，填充图案时，需要考虑图案的走向与扇柄的走向一致，填充折扇前后的对比效果如图4-100所示。

视频教学
填充折扇

**素材所在位置：**素材\第4章\折扇.wmf。

**效果所在位置：**效果\第4章\折扇.cdr。

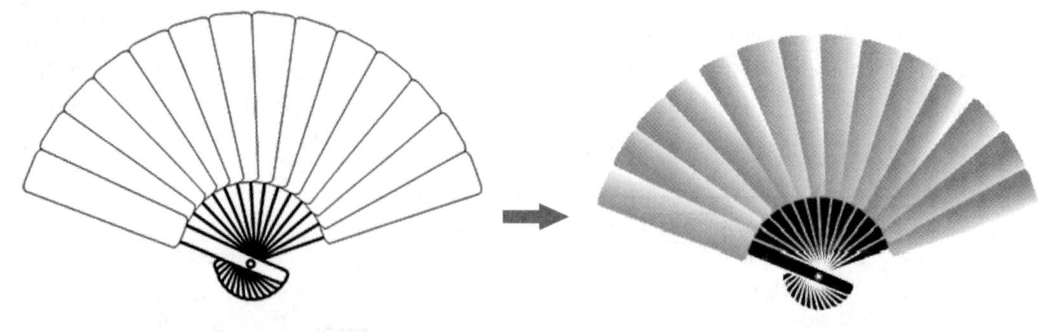

图4-100 填充折扇前后的对比效果

## 4.5.3 操作思路

完成本实训主要包括填充扇面、填充扇柄和填充螺丝3步操作，其操作思路如图4-101所示。涉及的知识点主要包括交互式渐变填充、位图图样填充和均匀填充等。

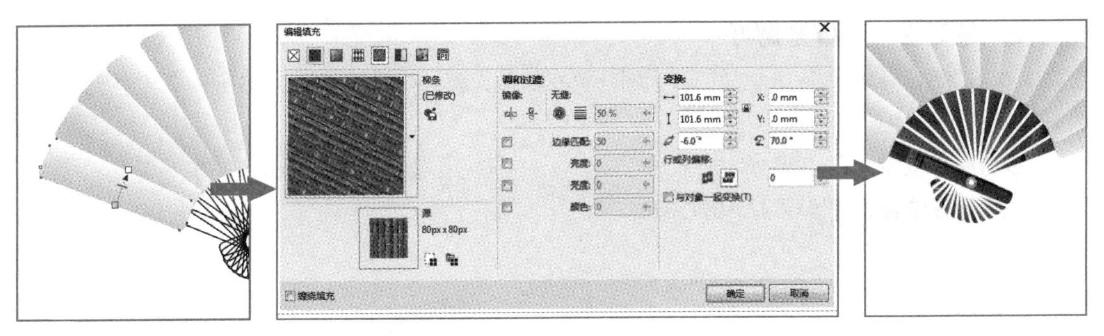

图4-101　操作思路

【步骤提示】

STEP 01 打开“折扇.wmf”文件，选择扇面图形，选择交互式填充工具，在属性栏中单击“渐变填充”按钮，在扇面图形上从左到右拖动鼠标，创建渐变填充，设置节点位置与颜色，调整渐变角度，保持渐变线与边缘垂直。

STEP 02 选择编辑填充工具，打开“编辑填充”对话框，在顶端单击“位图图样填充”按钮，选择图案，设置参数，填充扇柄轮廓为白色。

STEP 03 选择扇柄交叉处的螺丝图案，轮廓设置为“1 mm”，设置轮廓色和填充色。

STEP 04 框选所有扇面图形，在界面右侧色块上用鼠标右键单击无填充色块☒，取消轮廓，框选整个折扇图形，按【Ctrl+G】组合键群组，最后保存文件，完成本例的制作。

## 4.6 课后练习

### 1. 练习 1——*填充按钮*

本练习将综合利用本章所学知识，为播放器的按钮填充颜色，素材与效果如图4-102所示。其中涉及均匀填充和渐变填充的应用。

提示：在进行渐变填充时，可用椭圆渐变填充和线性渐变填充。

**素材所在位置：**素材\第4章\按钮.cdr。

**效果所在位置：**效果\第4章\按钮.cdr。

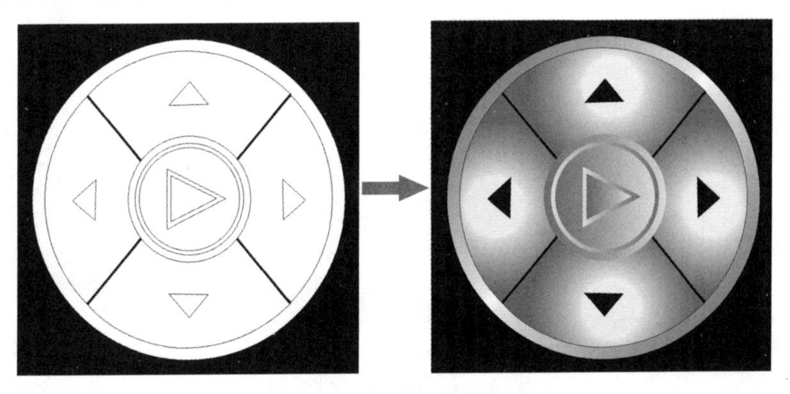

图4-102　填充按钮前后的效果

### 2. 练习 2——*填充树叶*

本练习将综合利用本章所学知识，为树叶填充颜色，素材与效果如图4-103所示。其中涉及均匀填充和渐变填充的应用。

**素材所在位置：**素材\第4章\树叶.cdr。

**效果所在位置：**效果\第4章\树叶.cdr。

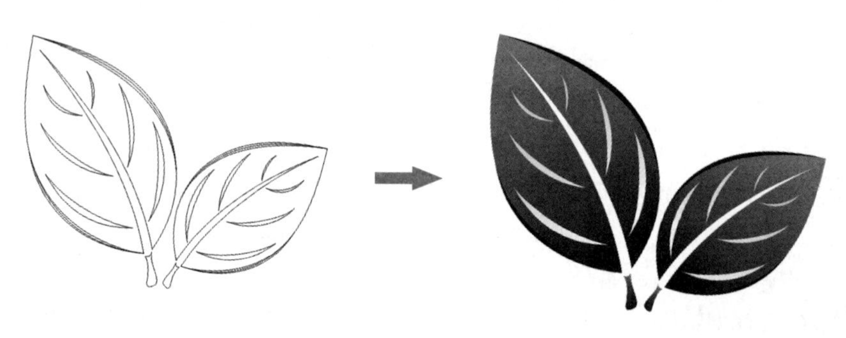

图4-103　填充树叶前后的效果

CHAPTER 5

# 第 5 章 对象的编辑

在绘制图形的过程中，一般不可能一次性就完成，常常需要在已绘制的图形对象的基础上进行编辑，如对绘制的图形对象进行复制、变换、剪裁、擦除、分布与对齐、锁定与组合等。本章将对图形对象的这些简单操作进行详细介绍。

## 课堂学习目标

- 掌握对象的选择、复制与删除方法
- 掌握对象的变换方法
- 掌握对象的剪裁、切分与擦除方法
- 掌握对象的控制与拼接方法

## 课堂案例展示

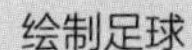
绘制足球

制作放射背景

排版手机应用界面

# 5.1 对象的选择与复制

为了节约时间，提高效率，当需要使用相同的对象或属性时，可复制对象或对象的属性，而选择对象是复制对象与对象属性的前提。下面对对象的选择与复制方法进行详细介绍。

## 5.1.1 课堂案例——绘制足球

**案例目标：** 本例中的足球由多个多边形组成，为了快速完成绘制，需要使用对象的选择、复制和再制等操作，然后使用“鱼眼”透镜创建膨胀的变形效果，为足球的每个部分填充渐变色，添加阴影与背景，完成后的参考效果如图 5-1 所示。

图 5-1 足球效果

**知识要点：** 对象的选择、对象的复制、阴影的添加、“鱼眼”透镜的应用。

**素材位置：** 素材 \ 第 5 章 \ 足球背景 .cdr。

**效果文件：** 效果 \ 第 5 章 \ 足球 .cdr。

其具体操作步骤如下。

**STEP 01** 新建A4、横向、名为“足球”的空白文件，选择多边形工具，在其工具属性栏中的“多边形上的点数”文本框中输入“6”，按住【Ctrl】键拖动鼠标绘制正六边形，在属性栏中锁定长宽比，将宽设置为“22 mm”，如图5-2所示。

**STEP 02** 按【Ctrl+Shift+D】组合键打开“步长和重复”泊坞窗，在“水平设置”栏下方的下拉列表框中选择【对象之间的间距】选项，将距离设置为“.0mm”，方向为“右”，在“垂直设置”栏下方的下拉列表框中选择【无偏移】选项，在份数文本框中输入“4”，单击 应用 按钮在水平方向复制出4个六边形，并且多边形间无间距排列，如图5-3所示。

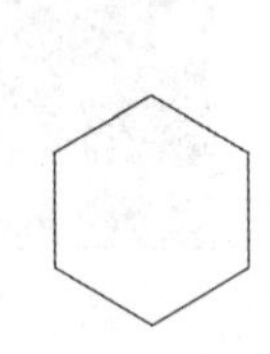

图5-2 绘制正六边形

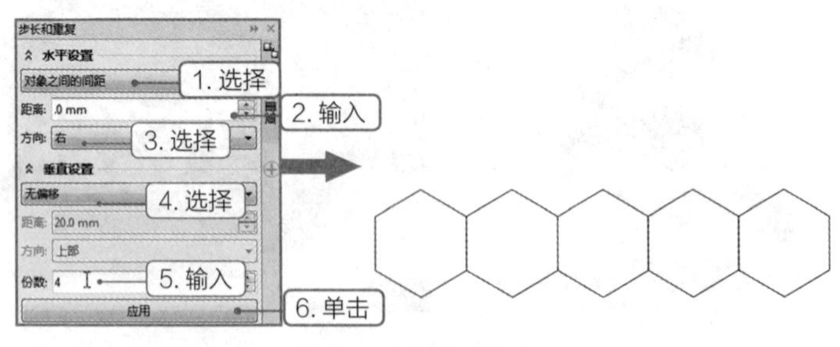


图5-3 复制六边形

**STEP 03** 按住【Shift】键选择左边的4个六边形，向上排中间拖动，使其与下一排中间的六边形的轮廓重合，确定位置后单击鼠标右键复制4个六边形，如图5-4所示。

**STEP 04** 用相同的方法继续复制六边形，得到排成“3、4、5、4、3”的5排六边形效果，且六边形之间无间距，如图5-5所示。

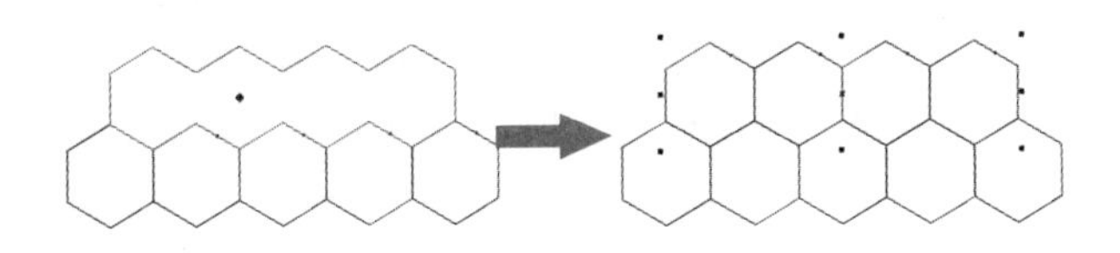

图5-4　右键复制多个六边形

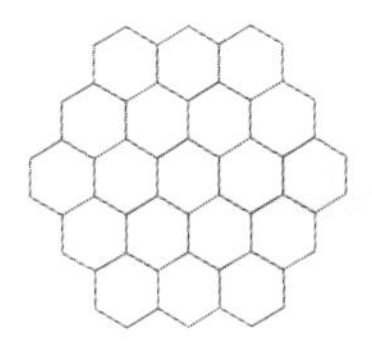

图5-5　5排六边形

**STEP 05** 单击边线选择中间的六边形，选择交互式填充工具，在属性栏中单击“渐变填充”按钮，在六边形上从左上到右下拖动鼠标创建渐变填充，其中起点颜色为“CMYK：56、38、28、2”，双击虚线添加中间颜色节点，设置颜色为“CMYK：83、65、28、9”，设置终点颜色为“CMYK：83、73、59、78”，如图5-6所示。

**STEP 06** 按住【Shift】键单击选择上、下、左、右边缘的六边形，选择交互式填充工具，在属性栏中单击“复制渐变”按钮，单击前面已经填充的渐变六边形，复制渐变填充效果，调整渐变颜色的位置与角度，如图5-7所示。

**STEP 07** 按【F12】键，在打开的对话框中将轮廓粗细设置为“0.35 mm”，将轮廓色设置为深蓝色（CMYK：82、61、34、14）；在页面任意处单击以取消选择已填充渐变的5个六边形，然后按住【Shift】组合键选择其他六边形，选择交互式填充工具，拖动鼠标创建灰色到白色的渐变；在界面右侧用鼠标右键单击无填充色块☒，取消轮廓色；分别调整渐变位置与角度，效果如图5-8所示。

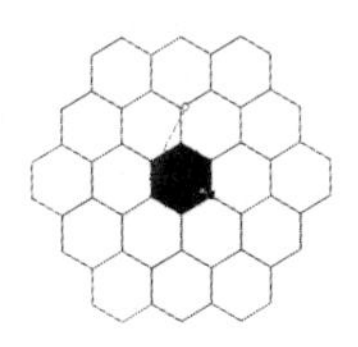

图5-6　渐变填充图形

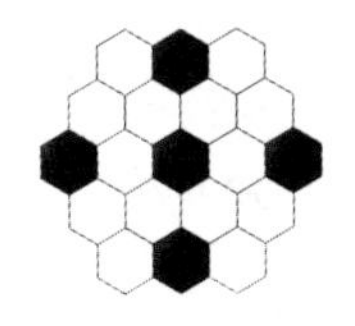

图5-7　复制渐变填充

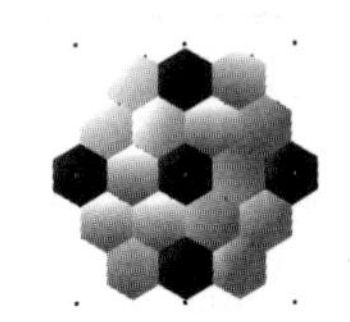

图5-8　创建渐变

**STEP 08** 选择椭圆工具将鼠标指针移动到中心的正六边形的中心，按住【Ctrl+Shift】组合键，在足球上绘制正圆，如图5-9所示。

**STEP 09** 按【Alt+F3】组合键打开“透镜”泊坞窗，在“透镜类型”下拉列表框中选择“鱼眼”选项，在“比率”文本框中输入“120”，选中☑冻结复选框，单击按钮解锁，单击应用按钮，创建“鱼眼”透镜效果，在界面右侧色块上用鼠标右键单击无填充色块☒，取消轮廓色，删除边缘多余的多边形如图5-10所示。

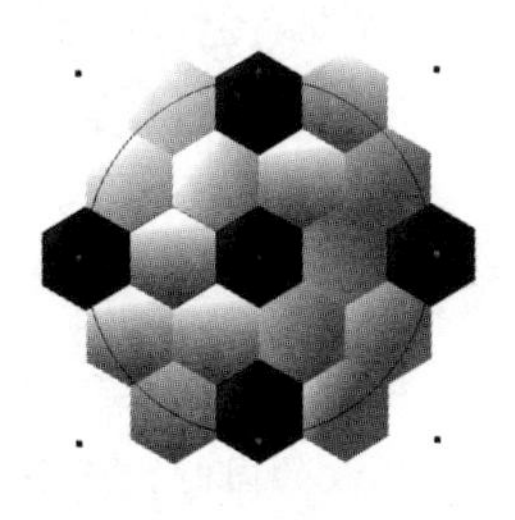

图5-9　绘制正圆

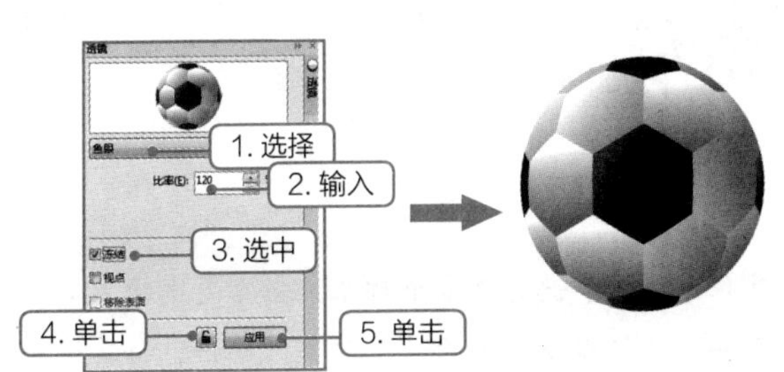


图5-10　为足球添加透镜

STEP 10 按【Ctrl+U】组合键取消足球的群组，选择选择工具框选足球，在属性栏中单击“创建边界”按钮，创建边界圆，填充为黑色，选择阴影工具从中心到右下角拖动创建阴影，在属性栏中设置阴影的不透明度为“80”，按【Ctrl+K】组合键拆分阴影与圆，按【Delete】键删除圆，连续按【Ctrl+PageDown】组合键直至将阴影置于底层，如图5-11所示。

STEP 11 打开“足球背景.cdr”文件，框选所有对象，按【Ctrl+C】组合键复制，切换到“足球.cdr”文件，按【Ctrl+V】组合键粘贴，连续按【Ctrl+PageDown】组合键直至将背景和文本置于底层，拖动四角调整背景大小，效果如图5-12所示。至此保存文件，完成本例的操作。

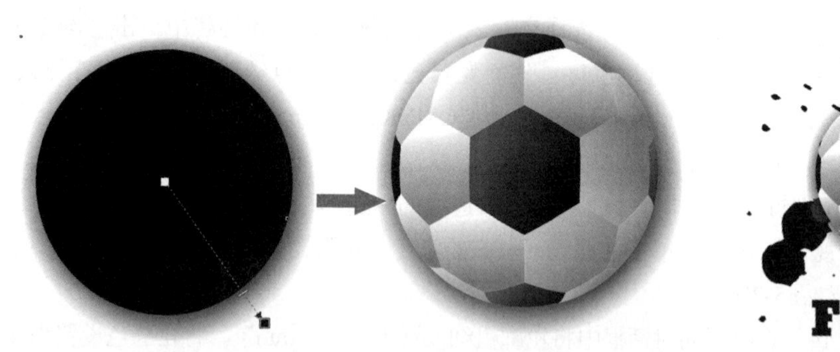
图5-11 添加阴影

图5-12 添加背景中的花纹与文本

## 5.1.2 选择对象

选择对象是编辑对象的第一步，CorelDRAW提供了多种选择对象的方法，下面分别进行介绍。

- 单击选择对象：使用选择工具单击需选择的对象，当该对象四周出现黑色控制点，表示对象被选中。
- 框选对象：使用选择工具，在空白处按住鼠标左键拖动一个虚线框，将需要选择的多个对象包含在虚线框中，释放鼠标左键即可看到虚线框内的所有对象都被选中，如图5-13所示。
- 手绘选择对象：在选择工具上按住鼠标左键不放，在弹出的“工具”面板中选择手绘选择工具，按住鼠标左键沿着所选对象边缘绘制虚线范围，范围内的对象被全部选中，如图5-14所示。

图5-13 框选对象

图5-14 手绘选择对象

- 按住【Shift】键选择多个对象：当需要选择不同位置的多个对象时，按空格键切换到“选择工具”，然后在其中的一个对象上单击，将其选中，按住【Shift】键不放的同时，逐个单击其余的对象即可。

- 选择全部对象：框选所有对象，双击选择工具，即可快速选择工作区的所有对象；选择【编辑】/【全选】命令，在弹出的子菜单中包括【对象】【文本】【辅助线】【节点】4个命令，选择不同的命令将得到不同的选择结果。
- 按【Tab】键按顺序选择对象：在工具箱中单击“选择工具”按钮，按【Tab】键，可以方便地按对象的叠放循序，从前到后快速地选择对象。
- 选择被覆盖的对象：当选择的对象被前面的对象覆盖时，选择选择工具，按住【Alt】键不放，在被覆盖对象的位置单击，即可将其选中。图5-15所示为按住【Alt】键前后的选择对比效果。
- 按【Ctrl】键选择群组中的对象：当选择的对象处于群组状态时，选择选择工具，按住【Ctrl】键不放，单击单个对象可将其选中，选择的对象的控制点变为圆形控制点，如图5-16所示。

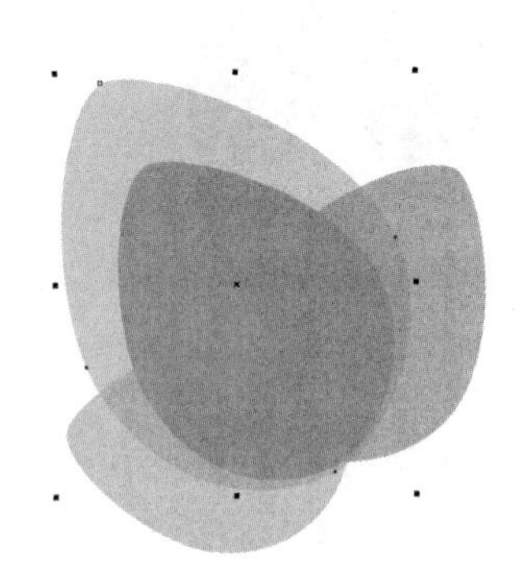
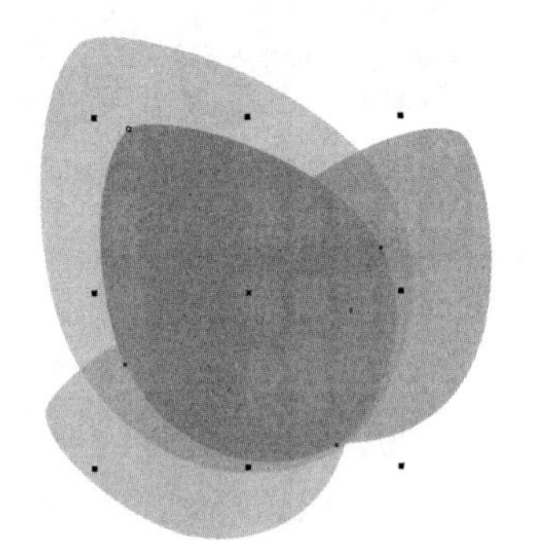

图5-15 选择被覆盖的对象

图5-16 选择群组中的对象

**提示** 选择对象后，选择【编辑】/【删除】命令或按【Delete】键可将选择的对象删除。

## 5.1.3 复制对象与对象属性

在设计过程中，经常会遇到相同的对象，这时可采用复制的方法来简化绘制的步骤。除常见的基本复制外，还可实现再制、多重复制和复制对象属性等，下面分别进行介绍。

1. 对象的基本复制

在CorelDRAW X7中，为对象提供了多种基本复制的方法，选择需要复制的对象后，可通过以下几种方法实现复制与粘贴操作。

- 按住鼠标左键不放并将图形拖动到所需位置，单击鼠标右键即可复制所选择的对象。
- 选择【编辑】/【复制】命令复制对象，再选择【编辑】/【粘贴】命令粘贴对象。
- 单击鼠标右键，在弹出的快捷菜单中选择【复制】命令，再在目标位置单击鼠标右键，在弹出的快捷菜单中选择【粘贴】命令复制所选择的对象。
- 按【Ctrl+C】组合键复制，再按【Ctrl+V】组合键粘贴。
- 在属性栏中单击“复制”按钮，再单击“粘贴”按钮，即可复制所选择的对象。

**提示** 选择【编辑】/【剪切】命令，或按【Ctrl+X】组合键可剪切对象，然后执行粘贴操作，可将对象移动到剪切的位置。相较而言，移动对象不会改变对象叠放顺序，而剪切与粘贴对象后，对象将位于当前操作的顶层。

2. 对象再制

再制对象不仅仅是简单的复制对象，还可根据需要按照一定的排列方式来均匀分布复制的多个对象。其方法是：复制对象并与原对象保持一定的位置关系，保持复制对象的选择状态，重复选择【编辑】/【再制】命令，或重复按【Ctrl+D】组合键可按照复制对象与原对象的位置关系再制对象，如图5-17所示。

图5-17　复制与再制对象

3. 克隆对象

克隆对象即创建链接到原始的对象副本。与再制对象不同的是，原始对象所做的更改将反应到克隆对象上，而克隆对象所做的更改将不会作用于原始对象。选择要克隆的原始对象后，选择【编辑】/【克隆】命令即可实现对象的克隆。

4. 复制对象属性

复制对象属性是指将对象的轮廓笔、轮廓色、填充和文本属性应用到其他对象上。其方法为：选择需要赋予属性的对象，选择【编辑】/【复制对象属性至】命令，打开“复制属性”对话框，在其中选中需要复制属性的复选框，单击确定按钮，当鼠标指针呈➡形状时，单击具有属性的对象即可，如图5-18所示。

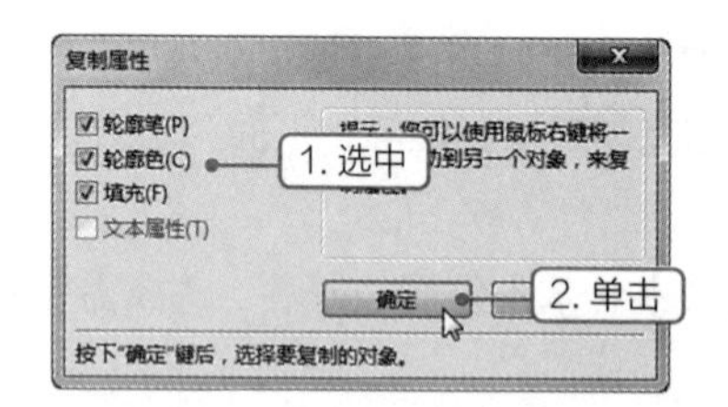



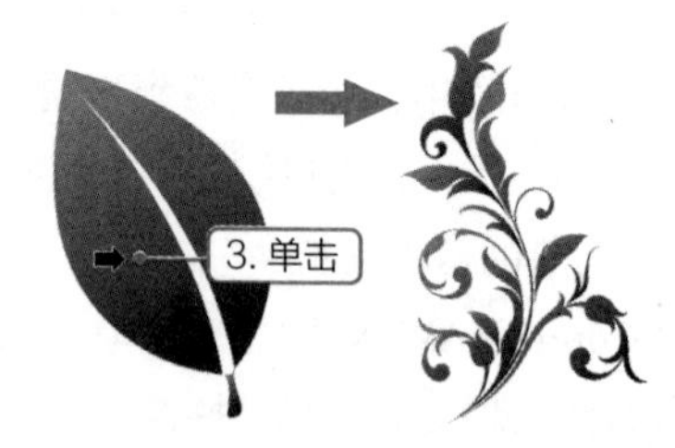



图5-18　复制对象属性

## 5.1.4　使用步长和重复命令

使用步长和重复命令不仅可以设置对象重复的数量，还可以设置对象偏移的值和重复各对象的间距、方向。选择需要设置步长与重复的对象，按【Ctrl+Shift+D】组合键即可打开“步长和重复”泊坞窗，在其中进行相应设置，单击应用按钮，如图5-19所示。

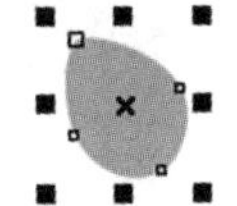

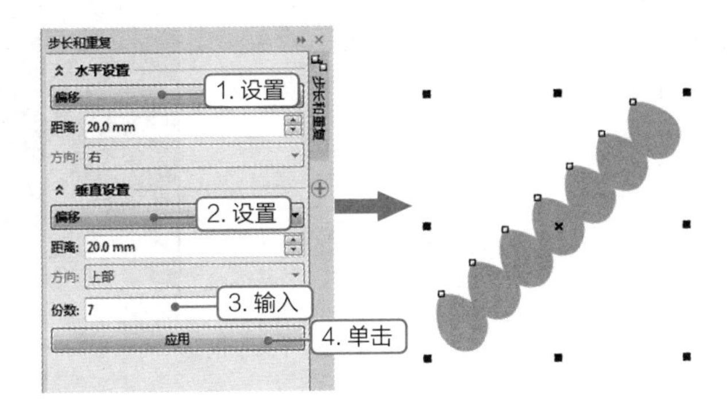


图5-19　使用步长和重复命令

下面对“步长和重复”泊坞窗中的重要参数进行介绍。

- 偏移：在“类型”下拉列表框中选择【偏移】选项，表示以对象为基准进行偏移。
- 对象间的距离：在“类型”下拉列表框中选择【对象间的距离】选项，表示以对象间的距离为基准进行再制。
- 距离：用于设置对象偏移的具体值或移动后对象间的距离。
- 方向：用于设置对象步长与重复的方向，可以设置左和右。
- 份数：用于设置再制的数量。

## 课堂练习——制作信纸

本例将绘制一页信纸，复制并粘贴“信纸图案.cdr”文件中的图案到信纸中（素材\第5章\信纸图案.cdr），信纸上均匀排列的孔与虚线可通过设置“步长与再制”属性实现，制作后的效果如图5-20所示（效果\第5章\信纸.cdr）。

图5-20　信纸效果

# 5.2 对象的变换

变换对象是对图形的基本编辑，是指对对象进行移动、缩放、旋转、倾斜和镜像等操作，通过这些变换操作，可以制作出更丰富的对象效果。下面分别对这些知识进行介绍。

## 5.2.1 课堂案例——制作放射背景

视频教学
制作放射背景

**案例目标：**在制作一些放射背景时，通常需要用到变换与复制操作，并且变换的角度比较均匀，此时可通过“变换”泊坞窗进行精确的设置。本例将制作促销海报的放射背景，然后添加促销文本与元素，完成后的参考效果如图 5-21 所示。

**知识要点：**对象的选择、对象的旋转、对象的缩放、对象的移动、对象的复制。

**素材位置：**素材\第5章\促销文本.png、树叶1.png、树叶2.png。

**效果文件：**效果\第5章\促销海报.cdr。

图5-21 放射背景效果

其具体操作步骤如下。

**STEP 01** 新建大小为297 mm×180 mm、名为“促销海报”的空白文件，双击矩形工具□，创建页面矩形，填充颜色为“CMYK：56、13、0、0”，在界面右侧色块上用鼠标右键单击无填充色块☒，取消轮廓色；使用钢笔工具从中心绘制三角形，填充颜色为“CMYK：66、29、0、0”，在界面右侧色块上用鼠标右键单击无填充色块☒，取消轮廓色，如图5-22所示。

**STEP 02** 在三角形中心的×控制点上单击，鼠标指针变为⊙形状（称为旋转基点），拖动旋转基点到右下角的控制点上，如图5-23所示。

图5-22 绘制矩形和三角形并填充颜色

图5-23 调整旋转基点

**STEP 03** 选择【窗口】/【泊坞窗】/【变换】/【旋转】命令，打开“变换”泊坞窗，在“旋转角度”文本框中输入“18°”，在“中心”栏中单击选中右下角的方块，在“副本”文本框中输入“19”，单击应用按钮，效果如图5-24所示。

**STEP 04** 选择选择工具，选择未完全覆盖矩形的三角形，拖动外侧的控制点进行缩放，按住【Shift】键选择所有三角形，按【Ctrl+G】组合键群组，如图5-25所示。

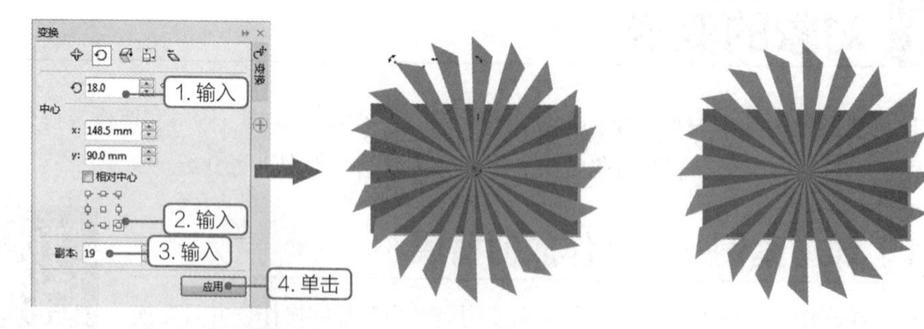

图5-24 旋转与复制三角形

图5-25 调整三角形

**STEP 05** 按住鼠标右键拖动群组的放射图形到矩形的中点，在弹出的快捷菜单中选择【图框精确剪裁内部】命令，将图形剪裁到矩形中，如图5-26所示。

STEP 06 选择椭圆工具，按住【Ctrl】键绘制圆，设置填充色为“CMYK：9、5、49、0”，在界面右侧色块上用鼠标右键单击无填充色块，取消轮廓色，如图5-27所示。

图5-26　图框精确剪裁内容

图5-27　绘制圆

STEP 07 选择圆，按住【Shift】键向内拖动四周的任意控制点，至合适位置时单击鼠标右键，复制圆，设置轮廓粗细为“3.0 mm”，设置轮廓色为“CMYK：66、29、0、0”，设置填充色为“CMYK：9、5、49、0”；使用钢笔工具绘制斜线条，设置轮廓粗细为“0.75 mm”，设置轮廓色为“CMYK：66、29、0、0”，如图5-28所示。

STEP 08 选择【窗口】/【泊坞窗】/【交换】/【位置】命令，打开“变换”泊坞窗，在“X”文本框中输入“8.0 mm”，单击选中“相对位置”复选框，在“副本”文本框中输入“25”，单击中心的控制点，单击应用按钮，如图5-29所示。

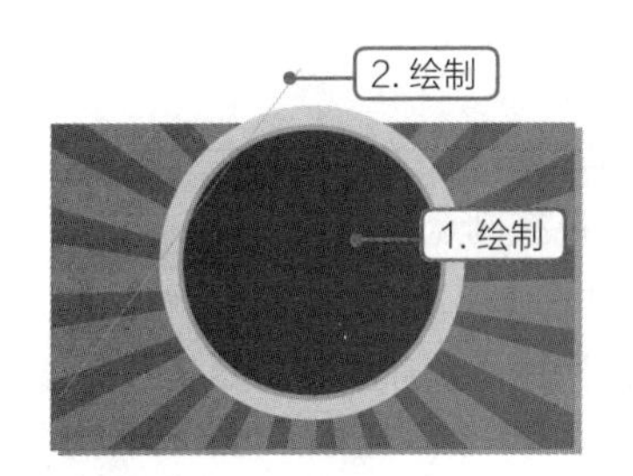


图5-28　复制圆并绘制线条

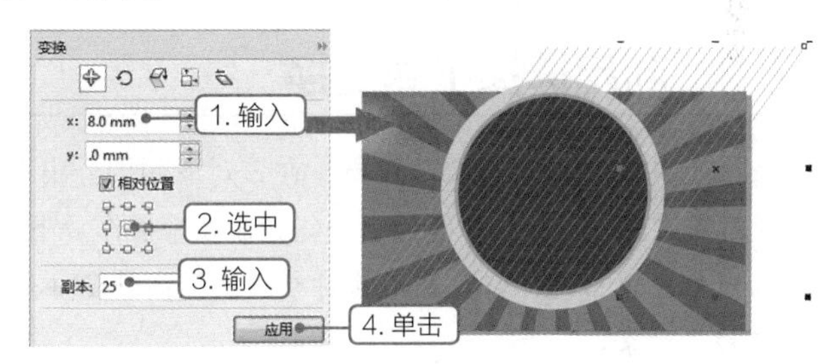


图5-29　移动并复制线条

STEP 09 选择选择工具，按住【Shift】键选择所有线条，按【Ctrl+G】组合键群组，按住鼠标右键拖动群组的线条到中心的圆中，在弹出的快捷菜单中选择【图框精确剪裁内部】命令，将图片剪裁到圆中，如图5-30所示。

STEP 10 再绘制一个蓝色的圆（CMYK：36、13、0、0），群组中心的圆，选择阴影工具拖动鼠标创建阴影，在属性栏中设置阴影的不透明度为“100”，设置阴影羽化值为“5”，设置阴影颜色为“CMYK：82、59、0、0”，如图5-31所示。

STEP 11 按住鼠标右键拖动群组圆到矩形中，在弹出的快捷菜单中选择【图框精确剪裁内部】命令，将圆剪裁到矩形中，如图5-32所示。

图5-30　图框精确剪裁内容

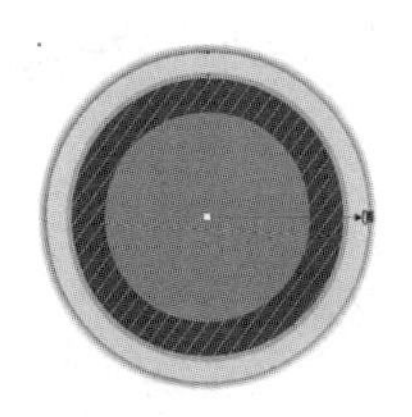

图5-31　添加投影

图5-32　图框精确剪裁内容

STEP 12 使用钢笔工具绘制云朵，填充为白色，在界面右侧色块上用鼠标右键单击无填充色块☒，取消轮廓色，如图5-33所示。

STEP 13 按【Ctrl+I】组合键，在打开的对话框中选择“促销文本.png”图片，返回界面单击鼠标，导入促销文本，调整位置与大小；按【Ctrl+I】组合键，在打开的对话框中双击“树叶1.png”图片，返回界面单击鼠标，导入树叶，调整大小和位置，放在左下角，继续导入“树叶2.png”图片，移动到右下角，调整大小和位置，效果如图5-34所示。保存文件，完成本例的操作。

图5-33 绘制云朵

图5-34 添加文本与树叶

## 5.2.2 利用选择工具变换

使用选择工具单击需选择的对象，在该对象四周会出现黑色控制点，通过对控制点的操作可以快速实现对象的移动、旋转、缩放、倾斜和镜像等操作。下面对具体变换方法进行讲解。

- 移动对象：单击选择需要移动的对象，鼠标指针呈✥形状，移动鼠标至合适位置后释放鼠标即可移动对象。
- 旋转对象：单击选择需要旋转的对象，在对象中心的×控制点上单击，鼠标指针变为⊙形状（称为旋转基点），拖动旋转基点到需要的位置，设置基点后将鼠标指针移动至四角控制点的任意一角时，指针呈↻形状，按住鼠标左键不放，移动鼠标指针至需要的位置，释放鼠标即可进行旋转，如图5-35所示。
- 缩放对象：选择需要缩放的对象，拖动四角出现的控制点，可以进行等比例缩放；拖动四边中点出现的控制点，可以调整对象的宽度或高度，如图5-36所示。

图5-35 旋转对象

图5-36 缩放对象

- 倾斜对象：选择需要倾斜的对象，在对象中心的×控制点上单击，鼠标指针变为⊙形状，拖动该图标设置倾斜的基点，再将鼠标指针移动至边中心的 ⬌ 形状上，按住鼠标左键拖动倾斜至一定角度后释放鼠标即可，如图5-37所示。

- 镜像对象：在缩放对象时，从对象的一侧向反方向拖动至线或点，继续拖动鼠标即可镜像对象，如图5-38所示。

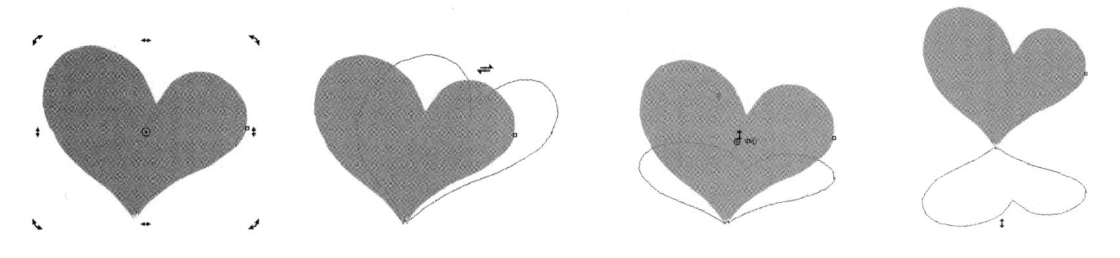

图5-37　倾斜对象　　　　图5-38　镜像对象

此外，使用选择工具选择对象后，在选择工具的属性栏中可以实现对象的垂直移动、水平移动、对象大小设置、缩放比例设置、旋转角度设置、水平与垂直镜像等操作，如图5-39所示。

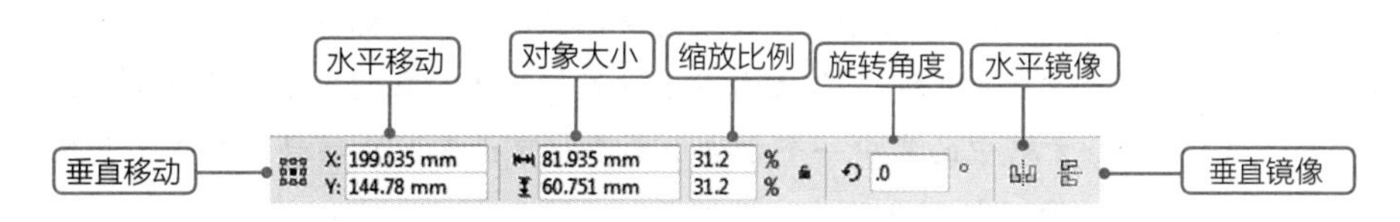


图5-39　选择工具属性栏

## 5.2.3　利用自由变换工具变换

与选择工具相比，自由变换工具的变换更加丰富。在工具箱中的选择工具上单击鼠标左键不放，在弹出的“工具”面板中选择自由变换工具，通过属性栏可实现对象的旋转、倾斜、缩放和再制等操作，如图5-40所示。

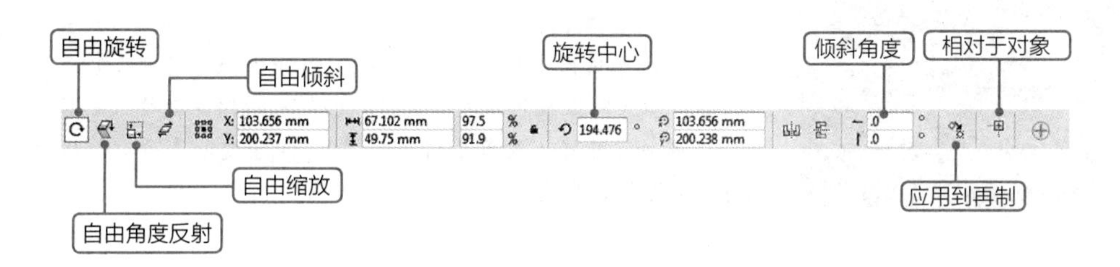


图5-40　自由变换工具属性栏

- 按钮：选择对象，单击对应的按钮，可直接拖动鼠标，以鼠标指针为变换基点，实现对象的自由旋转、角度反射、缩放和倾斜变换。
- “旋转中心”文本框：用于设置旋转基点的水平与垂直坐标。
- “倾斜角度”文本框：用于设置水平与垂直方向的倾斜角度。
- “应用到再制”按钮：单击该按钮，对象的每一次变换都应用到复制的对象上。
- “相对于对象”按钮：单击该按钮，将根据对象的位置来应用变换。

## 5.2.4 利用“变换”泊坞窗变换

选择【窗口】/【泊坞窗】/【变换】/【位置】命令，打开“变换”泊坞窗，选择对象后，在其中单击相应的按钮，可以在打开的面板中实现移动对象位置、旋转对象、缩放和镜像对象、指定对象大小和倾斜对象等操作，并且在变换的同时还可以设置变换的基点，以及变换的副本数量，如图5-41所示。设置完成后，单击应用按钮即可完成变换。

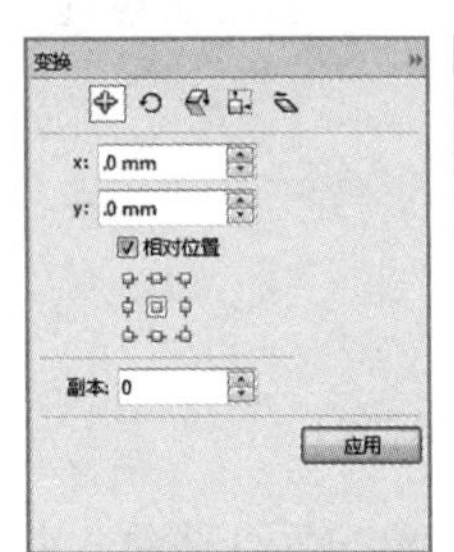

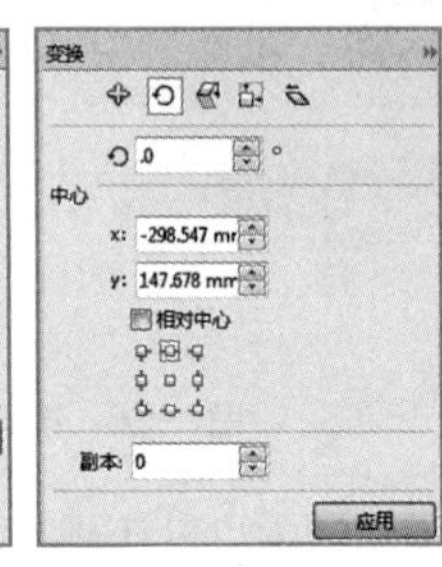

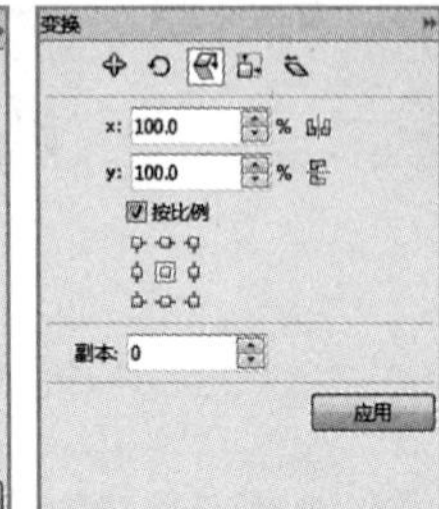

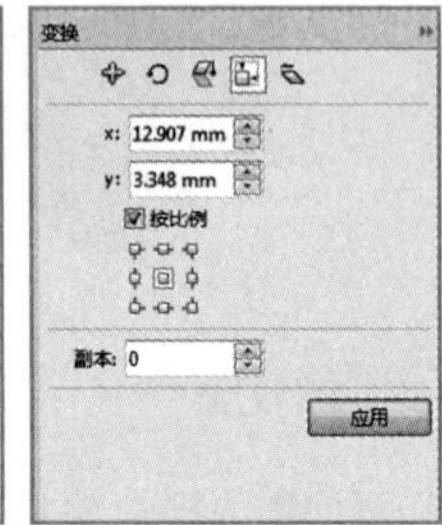

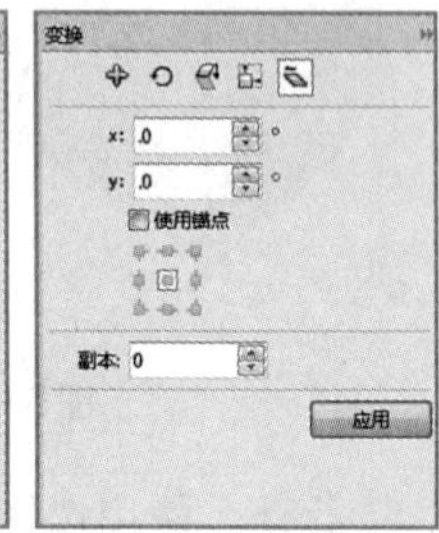


图5-41 “变换”泊坞窗

- 移动对象位置：单击“位置”按钮，设置对象原点的x、y坐标值和副本；若单击选中“相对位置”复选框，可在“x”和“y”文本框中设置相对于对象的当前位置水平或垂直方向的移动值，在下方9个方格中的其中一个方格中单击，可设置对象移动的基点，如从中心移动一定距离，或从左上角的控制点移动一定距离。
- 旋转对象：单击“旋转”按钮，设置“旋转角度”数值与旋转的中心位置。
- 缩放和镜像对象：单击“缩放和镜像”按钮，然后分别对缩放、镜像、按比例和副本进行设置。
- 指定对象大小：单击“大小”按钮，设置对象的高度和宽度，以及对象缩放后的中心位置。
- 倾斜对象：单击“倾斜”按钮，可设置倾斜的角度、倾斜基点与副本。

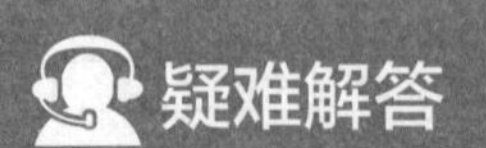


执行变换后，如何重复变换或清除变换？

为对象执行变换操作后，按【Ctrl+R】组合键可重复变换操作；当为对象应用缩放、旋转、倾斜和镜像等变换效果后，用户可通过选择【对象】/【变换】/【清除变换】命令，快速将对象还原到变换之前的效果。

## 课堂练习——绘制折扇

本例将打开“扇柄.cdr”“扇子花纹.cdr”图像（素材\第5章\扇柄.cdr、扇子花纹.cdr），通过对扇柄和花纹的缩放、旋转、复制制作折扇效果，如图5-42所示（效果\第5章\折扇.cdr）。

图5-42 折扇效果

# 5.3 对象的剪裁、切分与擦除

在CorelRDAW X7中，用户不仅可以对矢量图或导入的位图进行矩形剪裁，还可使用图框精确剪裁对象功能使用指定的形状对对象进行精确剪裁。若当剪裁功能剪裁出的形状不能满足图形区域删除处理的需要时，还可使用刻刀工具、橡皮擦工具和虚拟段删除工具来进行处理，以保留需要的部分，下面分别对剪裁、切分与擦除对象的方法进行介绍。

## 5.3.1 课堂案例——制作简约名片

**案例目标：**本例中的名片主要由不规则的渐变形状组成，这些不规则的形状主要通过图形的分割来实现无缝衔接，然后输入文本，将文本剪裁到矩形框中，最后添加二维码，完成名片的制作，参考效果如图 5-43 所示。

**知识要点：**切割图形、图框精确剪裁内部、文本输入、交互式渐变填充。

视频教学
制作简约名片

**素材位置：**素材 \ 第 5 章 \ 二维码 .jpg。

**效果文件：**效果 \ 第 5 章 \ 简约名片 .cdr。

图5-43 名片效果

其具体操作步骤如下。

**STEP 01** 新建名为“简约名片”的空白文件，双击矩形工具，创建页面矩形，填充颜色为“CMYK：4、3、3、0”，在界面右侧色块上用鼠标右键单击无填充色块☒，取消轮廓色；绘制90 mm × 55 mm大小的矩形，在界面右侧色块上单击白色色块填充矩形为白色，用鼠标右键单击无填充色块☒，取消轮廓色，如图5-44所示。

**STEP 02** 选择渐变图形，选择刻刀工具，在边缘上单击确定切割起点，移动鼠标，再在边缘的切割结束点位置单击进行直线切割，将矩形切割成两部分，选择左上角的图形，选择交互式填充工具，拖动鼠标创建深灰到浅灰的渐变填充，如图5-45所示。

图5-44 绘制矩形

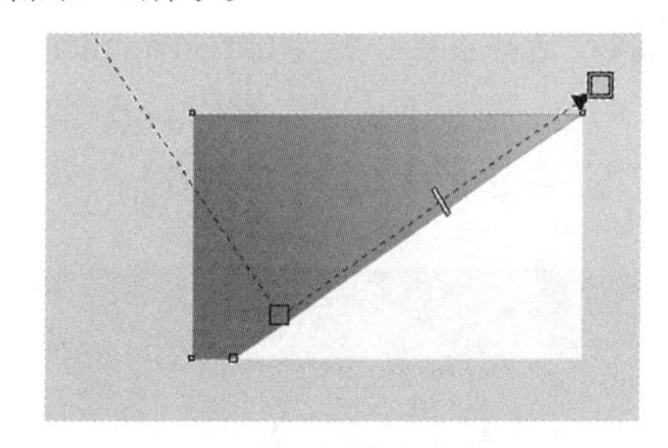
图5-45 切割并渐变填充图形

**STEP 03** 选择形状工具，添加节点编辑切割后的形状，效果如图5-46所示。

**STEP 04** 选择渐变图形，选择刻刀工具，在边缘上单击确定切割起点，移动鼠标，再在边缘的切割结束点位置单击进行直线切割，使用同样的方法将渐变图形切割成多个图形，选择交互式填充工具，分别调整切割图形的渐变颜色和角度，得到图5-47所示的效果。

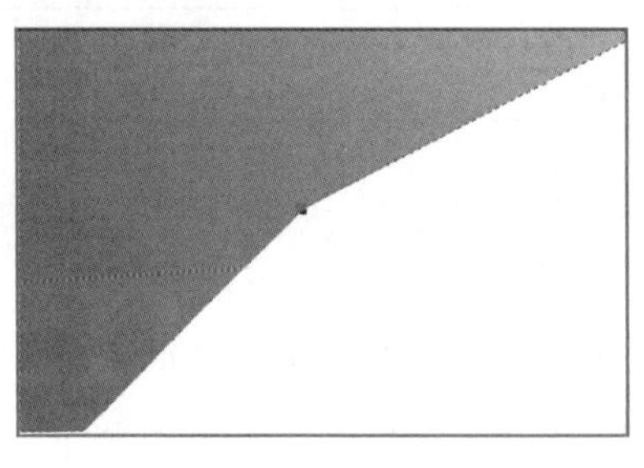

图5-46　编辑图形

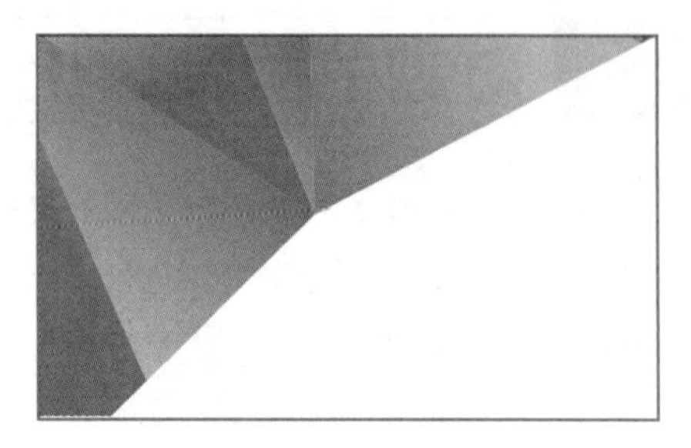

图5-47　切割渐变图形

**STEP 05** 使用相同的方法制作右上角和左下角的渐变几何图形；选择文本工具字，输入深灰色名片文本，其中“XIN”字体格式为“Arial、加粗”，“RUI”“YOUR OFFICIAL POSITION”字体格式为“Sentury Gothic”，其他文本字体为“Arial”，调整字号与位置，如图5-48所示。

**STEP 06** 在最后3行文本左侧绘制深灰色矩形，在界面右侧色块上用鼠标右键单击无填充色块☒，取消轮廓色，如图5-49所示。

**STEP 07** 输入白色文本“A”，字体格式为“Arial、加粗”，调整字号，按住鼠标右键将“A”拖动到第一个矩形中，在弹出的快捷菜单中选择【图框精确剪裁内部】命令，将文本剪裁到矩形中，如图5-50所示。使用相同的方法在其他两个矩形中剪裁字母“P”“E”。

图5-48　输入文本

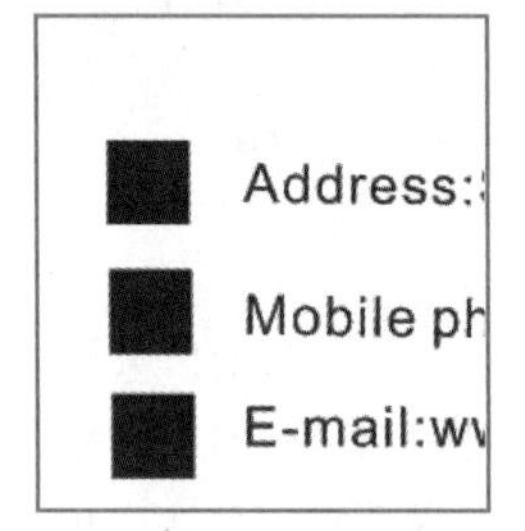


图5-49　绘制矩形

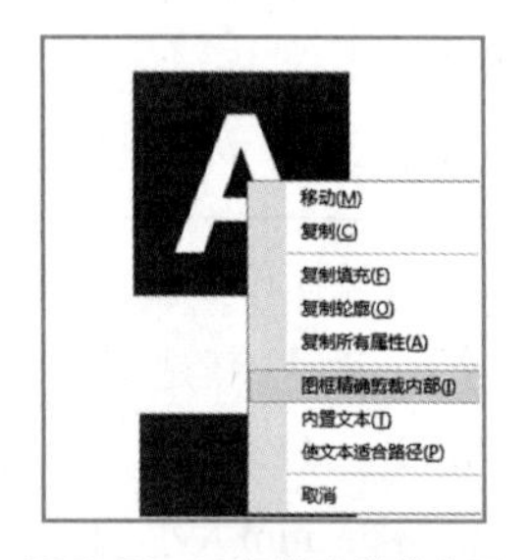


图5-50　图框精确剪裁字母

**STEP 08** 绘制名片大小的矩形，选择网状填充工具，单击矩形创建网格填充，编辑网格节点与线条曲度，将中间的节点填充为深灰色，将下边缘的节点及左右边缘倒数第2个节点填充为页面的颜色（CMYK：4、3、3、0），得到投影效果，如图5-51所示。

**STEP 09** 选择投影，按【Ctrl+PageDown】组合键将阴影置于名片下方。按【Ctrl+I】组合键，在打开的对话框中双击“二维码.jpg”图片，再单击鼠标，导入二维码，调整其大小，将其放在名片右下角，框选名片，按【Ctrl+G】组合键群组，如图5-52所示。保存文件完成本例的制作。

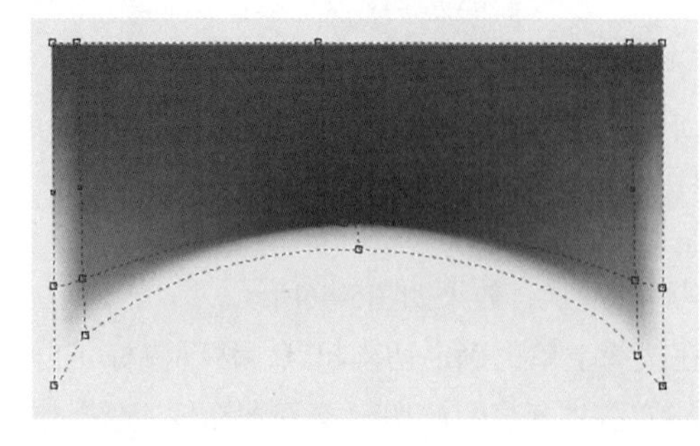

图5-51　制作投影

图5-52　添加二维码

## 5.3.2 剪裁工具

选择剪裁工具后，鼠标指针将呈 ⌗ 形状，这时在图形中拖动，可绘制需要保留区域的矩形框，按【Enter】键即可剪裁其余部分，如图5-53所示。当对绘制的保留区域不满意时，可拖动矩形框四周的控制点来更改保留区域大小；在绘制剪裁范围后，单击范围内的区域，在四角将出现旋转符号，拖动四角的旋转符号，可对剪裁区域进行旋转操作，如图5-54所示。在剪裁时也可通过属性栏设置剪裁区域的大小、角度等。

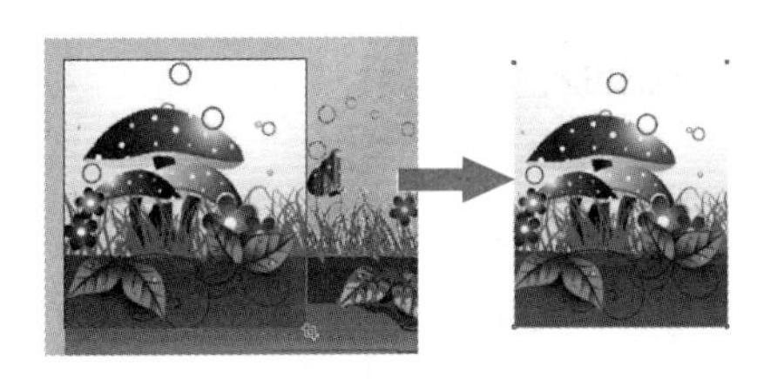

图5-53 方框剪裁

图5-54 旋转剪裁

## 5.3.3 图框精确剪裁对象

图框精确剪裁对象是指将图形或图片置入到绘制好的任意形状的路径中，其方法通常有以下两种。

- 选择需要放置于图框中的图像，选择【对象】/【图框精确剪裁】/【置于图框内部】命令，这时，鼠标指针呈➡形状，将其移至图框上单击，即可将所选的图形置于该图框中，如图5-55所示。
- 选择需要放置于图框中的图像，在按住鼠标右键的同时将对象拖动至图框上，当鼠标指针呈⊕形状时释放鼠标右键，在弹出的快捷菜单中选择【图框精确剪裁内部】命令，所选对象被置入到图框内部，如图5-56所示。

图5-55 菜单图框精确剪裁对象

图5-56 鼠标右键图框精确剪裁对象

对对象进行精确剪裁后，若置入对象的大小、位置等不符合需要，可选择对象，选择【对象】/【图框精确剪裁】命令中相关的子命令，或在出现的功能按钮栏中单击相应的按钮来编辑内容，如图5-57所示。

 **技巧** 选择图形，选择【对象】/【图框精确剪裁】/【复制Powerclip自】命令，单击已经设置图文框剪裁的对象，可将图框剪裁的对象复制并裁剪到选择的图形中。

图 5-57 【图框精确剪裁】命令和功能按钮栏

下面对图框常用的编辑方法进行介绍。

- 选择【对象】/【图框精确剪裁】/【编辑Powerclip】命令，或单击“编辑图框”按钮，将进入图框内部，在其中可对置入的对象进行缩放、旋转或移动等操作，使其更加符合需要，编辑完成后，单击功能按钮栏上的“结束编辑”按钮即可。
- 单击“选择Powerclip内容”按钮，可选择置入的对象。
- 选择【对象】/【图框精确剪裁】/【提取内容】命令或单击“提取内容”按钮，可将内容从图框中提出来。提取内容后，图框会带×，此时在其上单击鼠标右键，在弹出的快捷菜单中选择【框类型】/【无】命令，可取消图框上的×。
- 选择【对象】/【图框精确剪裁】/【锁定Powerclip的内容】命令，或单击“锁定Powerclip的内容”按钮锁定Powerclip的内容，在变换图框对象时，可以保持内容不受影响。

## 5.3.4 橡皮擦工具

选择图形，使用橡皮擦工具在需要擦除的区域按住鼠标左键进行拖动，可以将图形或位图中不需要的部分擦除，并自动封闭擦除部分，如图5-58所示；若单击确定擦除起点，移动鼠标，再在擦除结束点位置单击可实现直线擦除，如图5-59所示。当擦除错误时，使用形状工具可对擦除的区域进行编辑，从而生成新的图形。在使用橡皮擦工具的过程中，用户还可以通过属性栏设置笔触的宽度和形状。

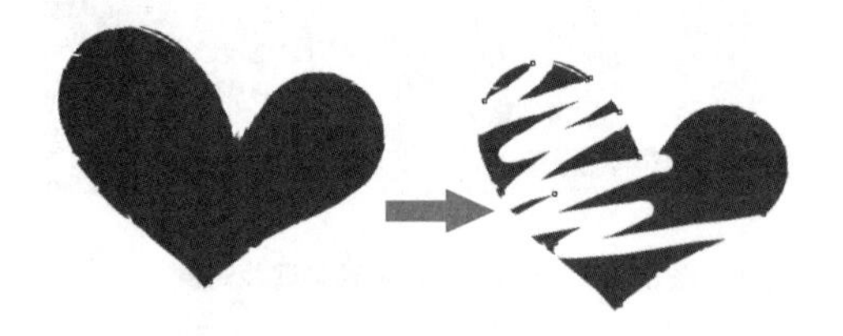

图 5-58 手绘擦除

图 5-59 直线擦除

## 5.3.5 刻刀工具

选择图形，选择刻刀工具，按住鼠标左键绘制切割线，可以沿着手绘线将一个对象切割成两部分，如图5-60所示；若单击确定切割起点，移动鼠标，再在切割结束点位置单击可实现直线切割，如图5-61所示。在进行切割前，在刻刀工具属性栏中单击“保留为一个对象”按钮，可将对象拆分为一个对象的两个子路径；若单击“切割时自动闭合”按钮，可在切割时自动闭合路径，否则拆分的图形为未闭合的曲线，填充属性会消失。

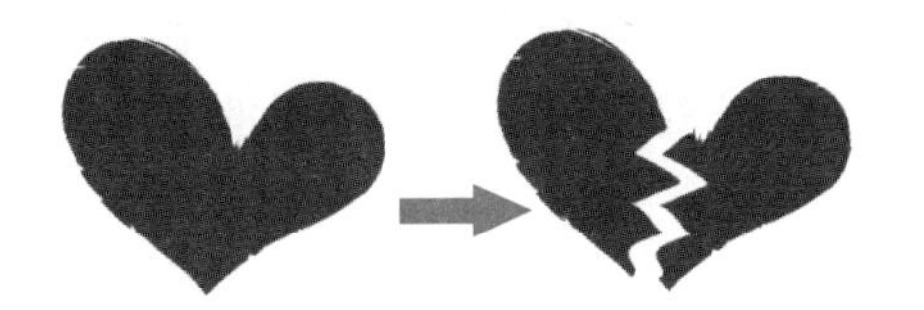

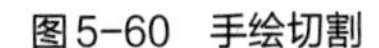

图5-60　手绘切割

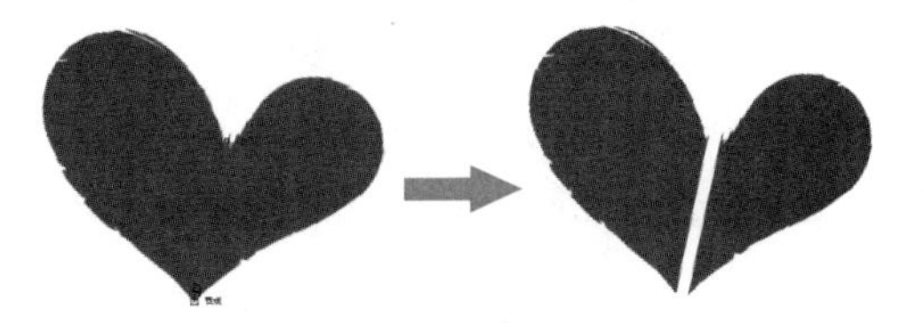

图5-61　直线切割

## 5.3.6　虚拟段删除工具

选择图形，选择虚拟段删除工具，将鼠标指针移至相交部分，当鼠标指针呈形状时，单击重叠对象中相交部分的线段，即虚拟线段，可以将其删除，如图5-62所示；若在要删除的线段周围拖出一个虚线框，释放鼠标删除多条虚拟线段，如图5-63所示。当擦除错误时，使用形状工具可对擦除的区域进行编辑，从而生成新的图形。在使用橡皮擦工具的过程中，用户还可以通过属性栏设置笔触的宽度和形状。

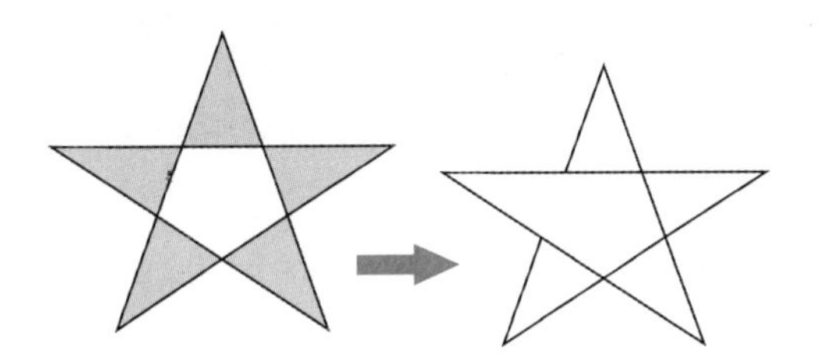

图5-62　单条虚拟线段删除

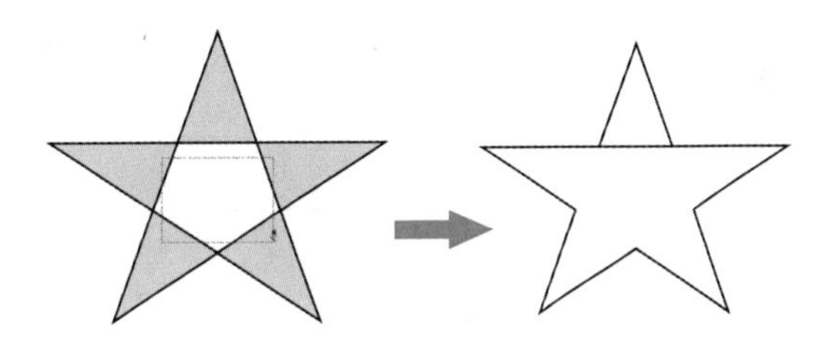

图5-63　框选多条虚拟的线段删除

**疑难解答**　单击删除多余的线条后，图形为什么不能进行填充呢？

使用虚拟段删除工具删除线条后，节点是断开的，若需要进行填充，可使用形状工具进行节点的连接。此外，虚拟段删除工具不能对群组的对象、文本、阴影和图像等进行操作。

## 课堂练习——绘制鼠标

本练习将使用钢笔工具绘制鼠标整体轮廓，再使用刻刀工具分割鼠标的轮廓，得到鼠标的各部分，然后通过渐变填充、网格填充、阴影添加制作逼真的鼠标外观，完成后的效果如图5-64所示（效果\第5章\鼠标.cdr）。

图5-64　鼠标效果

# 5.4 对象的控制

一件作品往往由多个对象组成，合理掌握控制这些对象的技巧，如更改对象叠放顺序、锁定与解锁对象、组合与取消组合对象、合并与拆分对象及分布与对齐对象等，不仅可增添作品的美观度，还可以提高绘制的速度，便于后期的编辑处理，下面分别进行介绍。

## 5.4.1 课堂案例——排版手机系统桌面图标

**案例目标**：在手机系统桌面上有大量的应用图标，除了需要统一这些图标的大小外，还需要对这些应用图标进行均匀的分布与排列，以提高手机桌面的美观度与用户体验的舒适度。本例将对手机系统桌面添加应用图标，并进行分布与对齐排列，完成后的参考效果如图 5-65 所示。

视频教学
排版手机系统桌面图标

**知识要点**：组合对象、对齐对象、分布对象、设置对象大小、移动对象位置。

**素材位置**：素材 \ 第 5 章 \ 手机系统桌面 .png、应用图标 \。

**效果文件**：效果 \ 第 5 章 \ 手机系统桌面 .cdr。

图5-65 手机系统桌面效果

其具体操作步骤如下。

**STEP 01** 新建A4、纵向、名为“手机系统桌面”的空白文件，按【Ctrl+I】组合键，在打开的对话框中双击“手机系统桌面.png”图片，返回界面单击鼠标，导入手机系统桌面，调整其大小，将其放在页面中心；继续导入“应用图标”文件夹中的应用图标，如图5-66所示。

**STEP 02** 选择所有应用图标，在属性栏中单击“锁定比率”按钮锁定宽和高，将宽度设置为“100.00mm”；单击选择应用图标，将其拖动到手机界面上，底排图标为“相机”“音乐”“短信”“电话”，如图5-67所示。

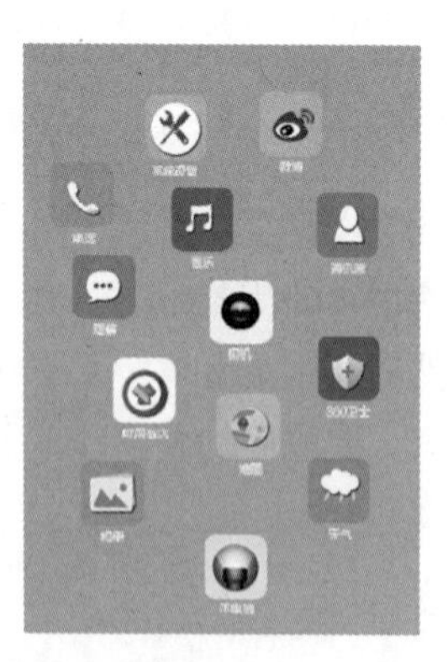

图5-66 导入手机与应用图标

图5-67 更改图标的大小与位置

**STEP 03** 拖动标尺，在手机界面上创建需要放置图标区域的辅助线，如图5-68所示。

**STEP 04** 选择相机图标，按【Ctrl+Shift+A】组合键打开“对齐与分布”泊坞窗，在“对齐对象到”栏中单击“指定点”按钮，再单击x、y文本框后的按钮，在左下角辅助线相交点处单击定位，在“对齐”栏中单击“左对齐”按钮和“底端对齐”按钮，如图5-69所示。

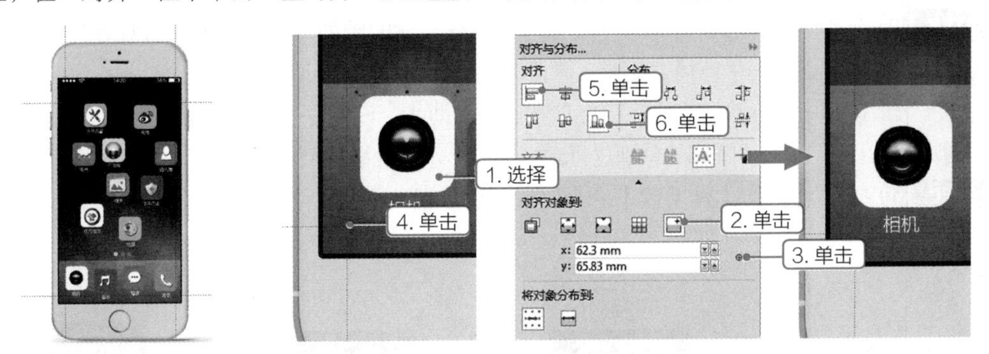


图5-68　添加辅助线　　图5-69　按点左对齐与底端对齐相机图标

**STEP 05** 使用相同的方法选择电话图标，设置对齐点在右侧和下端辅助线的交叉点上，单击“右对齐”按钮进行右对齐，单击“底端对齐”按钮进行底端对齐，如图5-70所示。

**STEP 06** 选择音乐和短信图标，设置对齐点在底部的辅助线上，单击“底端对齐”按钮进行底端对齐，如图5-71所示。

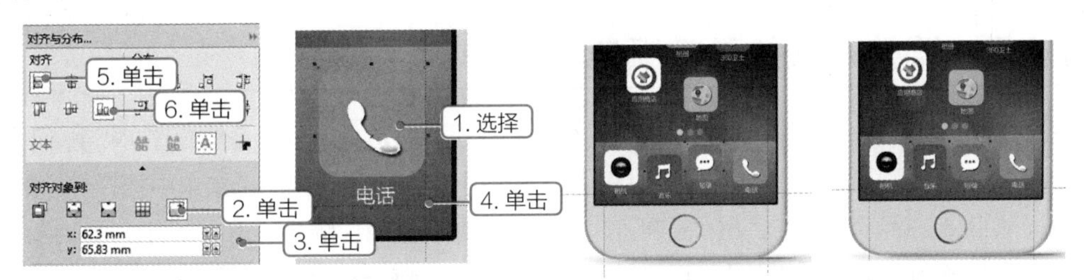


图5-70　按点右对齐与底端对齐图标　　图5-71　底端对齐图标

**STEP 07** 选择相机、音乐、短信和电话图标，在“对象分布到”栏中单击“选定的范围”按钮，在“分布”栏中单击“水平分散排列中心”按钮，水平均匀分布图标，效果如图5-72所示，按【Ctrl+G】组合键组合相机、音乐、短信和电话图标。

**STEP 08** 选择系统设置、天气和应用商店图标，设置对齐点在左侧的辅助线上，单击“左对齐”按钮进行左对齐；选择系统设置图标，设置对齐点在上端的辅助线上，单击“顶端对齐”按钮顶端对齐，如图5-73所示的效果。

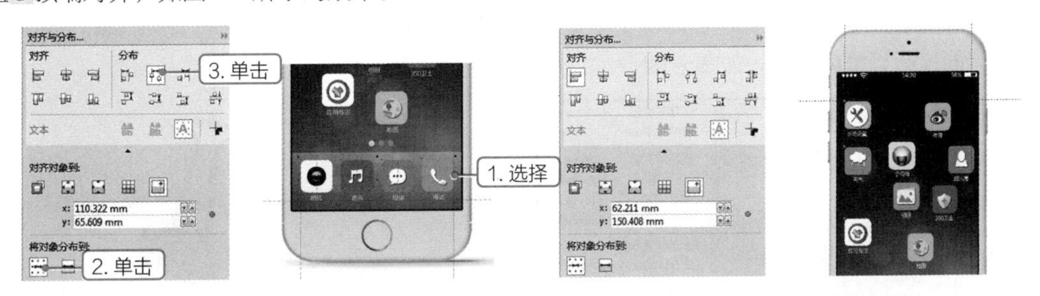


图5-72　水平均匀分布图标　　图5-73　左对齐与顶端对齐图标

**STEP 09** 创建第3排图标的放置辅助线，“底端对齐”按钮应用商店图标；同时选择系统设置、天气和应用商店图标，在“对象分布到”栏中单击“选定的范围”按钮，在“分布”栏中单击“垂直分散排列中心”按钮，垂直均匀分布图标，效果如图5-74所示。

**STEP 10** 选择微博、通讯簿图标，设置对齐点在右侧的辅助线上，单击“右对齐”按钮进行右对齐：选择系统设置、手电筒、相册、微博图标，设置对齐点在顶端的辅助线上，分别进行顶端对齐、水平分散排列中心分布；为天气图标顶端创建辅助线，设置对齐点在创建的辅助线上，选择天气、地图、360卫士、通讯簿图标，分别进行顶端对齐、水平分散排列中心分布，如图5-75所示。

**STEP 11** 择【视图】/【辅助线】命令，取消显示辅助线，如图5-76所示。保存文件，完成本例的操作。

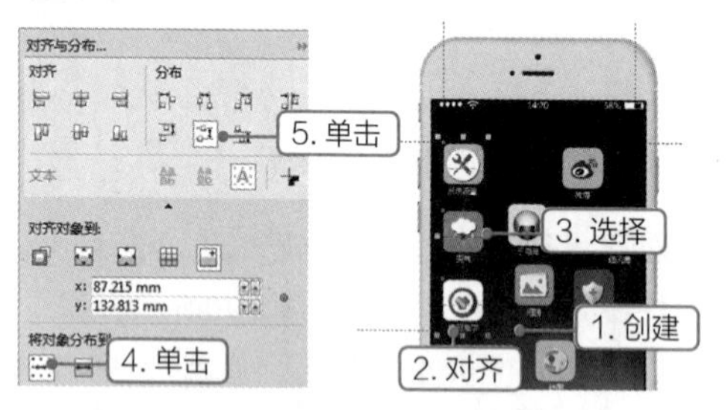


图5-74　垂直均匀分布图标

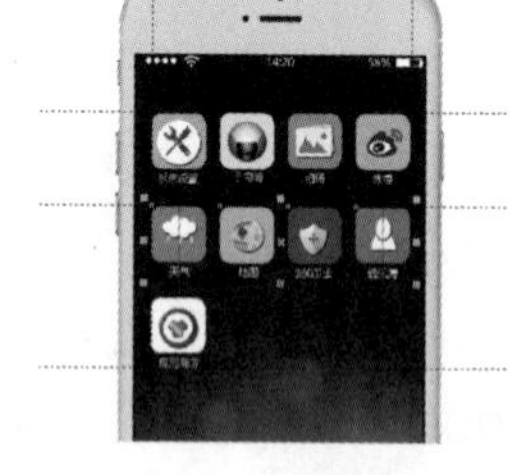

图5-75　对齐其他图标

图5-76　取消显示辅助线

## 5.4.2　调整对象的叠放顺序

在CorelDRAW X7中，软件会按绘制对象的先后顺序进行叠放，不同的叠放顺序可得到不同的效果。更改对象叠放顺序的方法为：选择【对象】/【顺序】命令，在弹出的子菜单中选择相应的顺序命令即可，如图5-77所示。此外，用户还可通过快捷键快速调整图层顺序，下面分别进行介绍。

- 按【Ctrl+Home】组合键或【Ctrl+Enter】组合键实现到页面前面或到页面后面。
- 按【Shift+PageUp】组合键或【Shift+PageDown】组合键实现到图层最前面或到图层最后面。
- 按【Ctrl+PageUp】组合键或【Ctrl+PageDown】组合键实现向前一层或向后一层。

## 5.4.3　锁定与解锁对象

在图形编辑过程中，为了避免错误操作，一些暂时不编辑的对象，可将其锁定。当编辑锁定的对象时，需要解锁对象。锁定后的对象只能进行单独选择操作，不能进行其他任何操作。锁定对象的方法为：选择需要锁定的对象，选择【对象】/【锁定】/【锁定对象】命令，即可查看到锁定的对象四周的控制点呈形状，如图5-78所示。

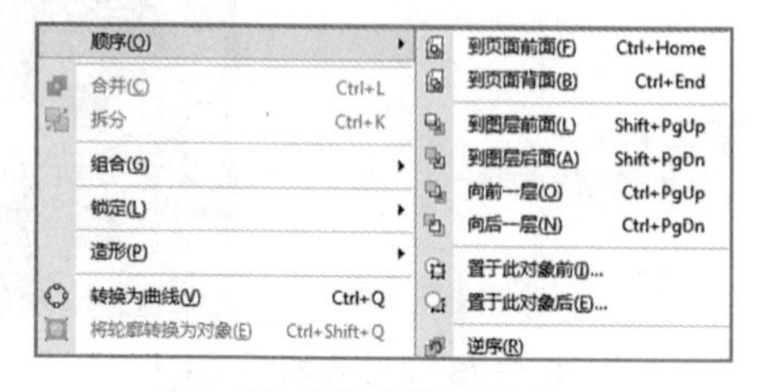


图5-77　调整对象顺序命令

图5-78　锁定对象的状态

解锁对象后，才能对锁定的对象进行编辑，其方法为：选择锁定的对象后，选择【对象】/【锁定】/【解锁对象】命令。若需要同时对所有锁定的对象解锁，选择【对象】/【锁定】/【对所有对象解锁】命令。

## 5.4.4 组合与取消组合对象

若需要对复杂图形中的多个对象同时进行编辑，可选择这些对象，将其进行组合，组合对象后，使用选择工具单击组合中的任意对象，都将选择整个组合对象，并且在进行移动、缩放、倾斜、旋转、轮廓设置和颜色设置等操作时，组合中的每个对象都将应用相同的操作，图5-79所示为缩小组合对象。组合对象的方法有多种，下面分别进行介绍。

- 选择需要组合的对象，选择【对象】/【组合】/【组合对象】命令。
- 选择需要组合的对象，按【Ctrl+G】组合键。
- 选择需要组合的对象，单击鼠标右键，在弹出的快捷菜单中选择“群组”命令。
- 选择需要组合的对象，在属性栏单击“群组”按钮。

将多个对象进行组合后，若要单独编辑某个对象，选择需要取消组合的对象，选择【对象】/【组合】/【取消组合对象】命令，或按【Ctrl+U】组合键取消对象组合。

## 5.4.5 合并与拆分对象

合并对象是指将多个不同属性的对象合成一个相同属性的对象，合并对象的属性与选择对象的方式相关，若以框选所有对象的方式来选择合并的对象，那么合并的对象将为最下层对象的属性。若采用单击选择对象的方式，合并后的对象将沿用最后被选择对象的属性。选择需要合并的多个对象，选择【对象】/【合并】命令，或按【Ctrl+L】组合键，图5-80所示为合并前后的效果。

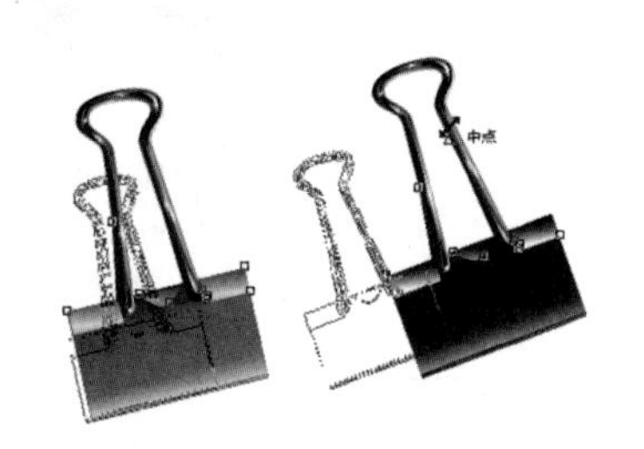


图5-79 缩小组合对象

图5-80 合并前后的效果

执行合并后，还可通过拆分对象将对象还原为多个相同属性的对象。其方法是：选择需要拆分的对象，选择【对象】/【拆分】命令，或按【Ctrl+K】组合键，拆分后可以编辑各个对象或删除多余的对象。

**提示** 拆分的方法不仅用于图形之间，还常用于将输入的文本拆分为笔画或单个字符，或将添加效果与原图形拆分，如阴影的拆分、轮廓图的拆分、喷涂图案的拆分等。

### 5.4.6 对齐与分布对象

通过对齐与分布对象功能，可以将多个对象准确地排列、对齐，以得到具有一定规律的分布组合效果。对齐和分布对象的方法通常有以下两种。

- 选择多个需要分布与对齐的对象，选择【对象】/【对齐和分布】命令，在弹出的子菜单中选择对应的分布与对齐命令，如图5-81所示。
- 选择多个需要分布与对齐的对象，选择【对象】/【对齐和分布】/【对齐与分布】命令，或按【Ctrl+Shift+A】组合键打开"对齐与分布"泊坞窗，在其中设置对齐基点、对齐与分布方式和分布范围后，即可完成对齐与分布，如图5-82所示。

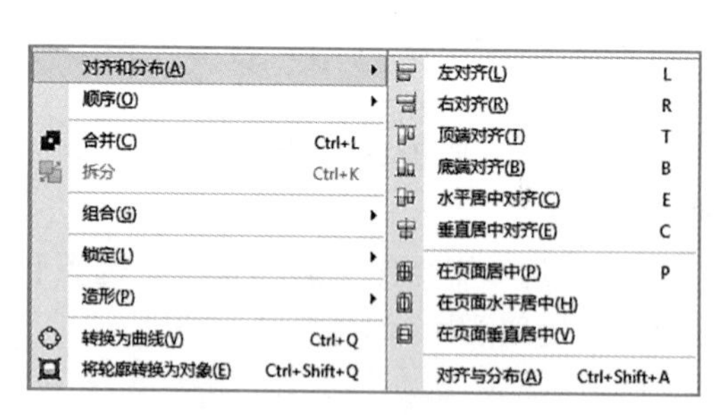


图5-81 "对齐和分布"菜单

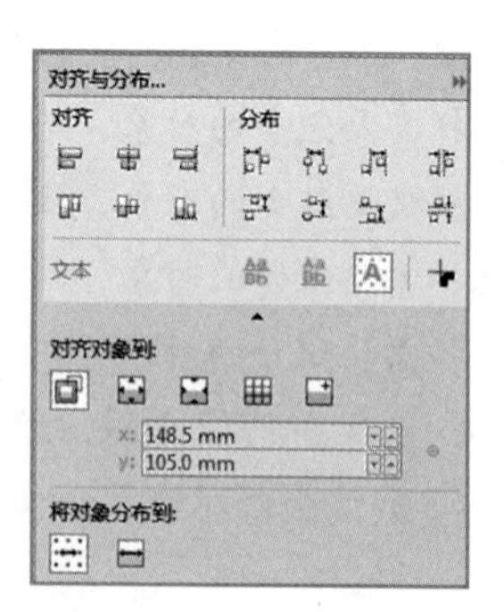


图5-82 "对齐与分布"泊坞窗

## 课堂练习——制作婚纱海报

本例将使用相片素材和海报元素（素材\第5章\婚纱海报\）、矩形工具、步长与重复、复制对象属性、分布与对齐等知识来制作一张甜蜜爱人的婚纱海报，完成后的效果如图5-83所示（效果\第5章\婚纱海报.cdr）。

图5-83 婚纱海报效果

## 5.5 多个对象的拼接

在进行图形设计时，并不是所有形状都必须通过手绘才能得到，用户可以使用多个图形进行不同的拼接造型，得到需要的效果。在CorelDRAW X7中提供了合并、相交、简化、移除后面对象、移除前面对象和创建边界6种拼接造型功能，下面分别对这些功能进行介绍。

### 5.5.1 课堂案例——制作中国结

**案例目标：**中国结是一种中国特有的手工编织工艺品，体现其复杂并有规律的编织外观是绘制中国结的难点。本例将通过矩形、椭圆的造型拼接快速制作中国结，完成后的参考效果如图 5-84 所示。

**知识要点：**绘制矩形与椭圆、合并对象、相交对象、移除前面的对象、设置步长和重复。

**效果文件：**效果\第 5 章\中国结 .cdr。

图5-84 中国结效果

其具体操作步骤如下。

STEP 01 新建A4、纵向、名为“中国结”的空白文件，选择矩形工具，拖动鼠标绘制正矩形，在属性栏中取消锁定长宽比，将宽设置为“60 mm”，将高设置为“10 mm”，如图5-85所示。

STEP 02 选择绘制的矩形，按【Ctrl+Shift+D】组合键打开“步长和重复”泊坞窗，在“水平设置”栏下方的下拉列表框中选择【无偏移】选项；在“垂直设置”栏下方的下拉列表框中选择【对象之间的间距】选项，将距离设置为“10 mm”，在“方向”下拉列表框中选择【往下】选项，在份数文本框中输入“2”，单击 应用 按钮即可在垂直方向等距复制2个矩形，如图5-86所示。

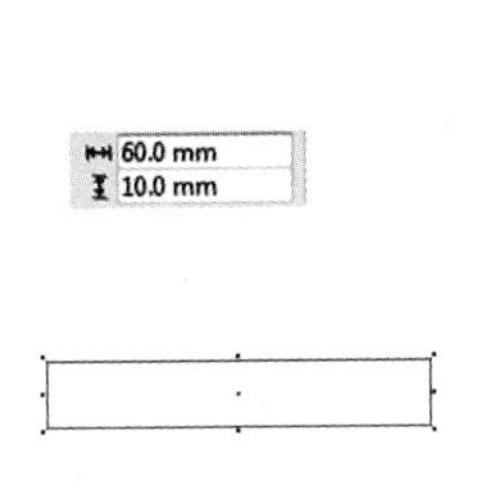


图5-85 绘制矩形

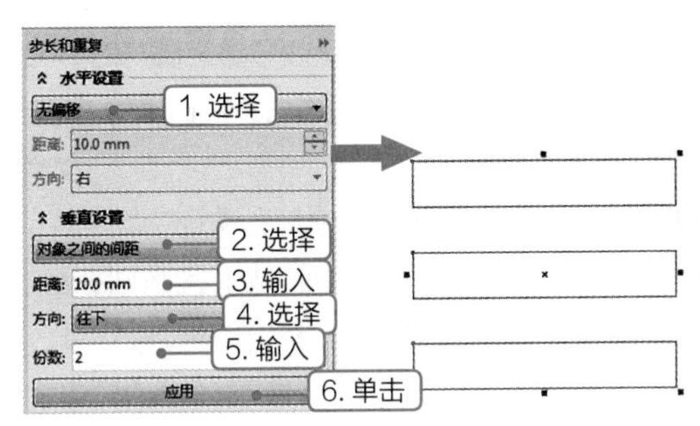


图5-86 等距复制矩形

STEP 03 同时选择3个矩形，按【Ctrl+C】组合键和【Ctrl+V】组合键进行复制，在属性栏中将复制矩形的旋转角度设置为“90°”，如图5-87所示。

STEP 04 同时选择6个矩形，在属性栏中将旋转角度设置为“45°”，填充为红色（CMYK：0、100、100、0），得到图5-88所示的效果。

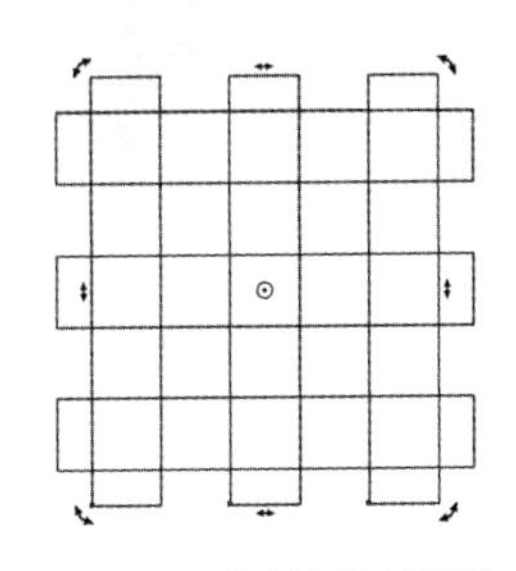

图5-87 复制与旋转矩形

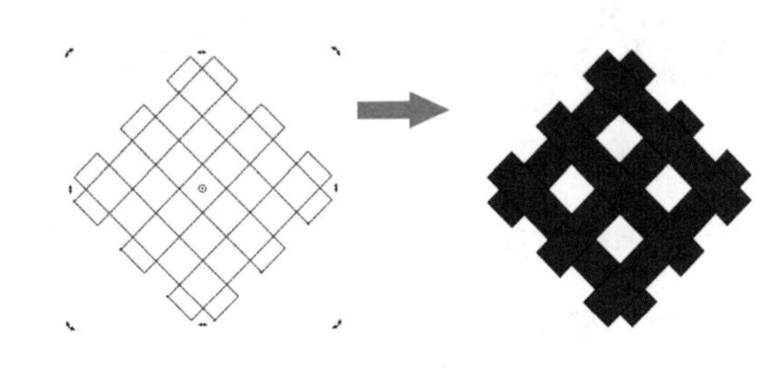

图5-88 旋转与填充矩形

STEP 05 选择椭圆工具，按【Ctrl】键绘制宽度为“30 mm”的圆，按【Ctrl+C】组合键和【Ctrl+V】组合键进行复制，在属性栏中更改复制圆的宽度为“10 mm”；同时选择两个圆，在属性栏中单击“移除前面对象”按钮，得到圆环，将圆环填充为红色（CMYK：0、100、100、0）；

为圆环创建中心交叉的辅助线，在右侧绘制矩形，选择矩形和圆环，在属性栏中单击“相交”按钮，得到半边圆环，复制与旋转3个半边圆环，放到中国结上、下位置，使其与矩形相接，效果如图5-89所示。

STEP 06 选择矩形，调整高度，使其框住圆环的四分之一；选择矩形与圆环，在属性栏中单击“移除前面对象”按钮，得到四分之三圆环，如图5-90所示。

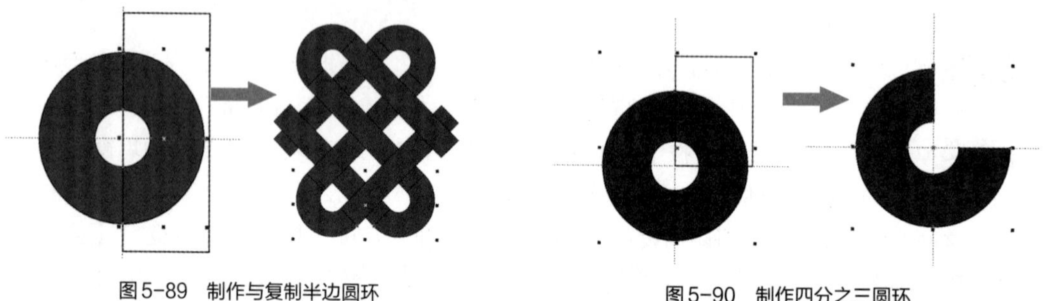

图5-89 制作与复制半边圆环

图5-90 制作四分之三圆环

**技巧** 在矩形边缘拼接半圆环和四分之三圆环时，可通过水平镜像、垂直镜像快速得到需要角度，同时，拖动圆环边缘的控制点与矩形边缘的控制点使之重叠，可实现无缝拼接。

STEP 07 复制与旋转四分之三圆环，放到中国结左、右位置，并与矩形相接，如图5-91所示。

STEP 08 使用钢笔工具绘制中国结上、下的图形，填充为红色（CMYK：0、100、100、0），框选所有中国结对象，在属性栏中单击“合并”按钮，取消轮廓，如图5-92所示。

STEP 09 选择矩形工具，绘制矩形，取消轮廓，填充为黄色（CMYK：0、0、100、0），放到中国结下方作为吊坠，如图5-93所示。保存文件，完成本例的制作。

图5-91 复制四分之三圆环

图5-92 合并图形

图5-93 添加吊坠

## 5.5.2 合并图形

合并图形是指将多个图形焊接到一起，新生成的图形具有单一的轮廓，将沿用目标对象的填充和轮廓属性。选择需要合并的所有图形对象，在属性栏中单击“合并”按钮；或选择【对象】/【造型】/【合并】命令；或选择【对象】/【造形】/【造形】命令，打开“造形”泊坞窗，在“造型”下拉列表框中选择【焊接】选项，单击焊接到按钮，鼠标呈形状时单击心形，此时便得到焊接后的效果，图5-94所示为选择所有圆，将圆焊接到心形上得到的图形。

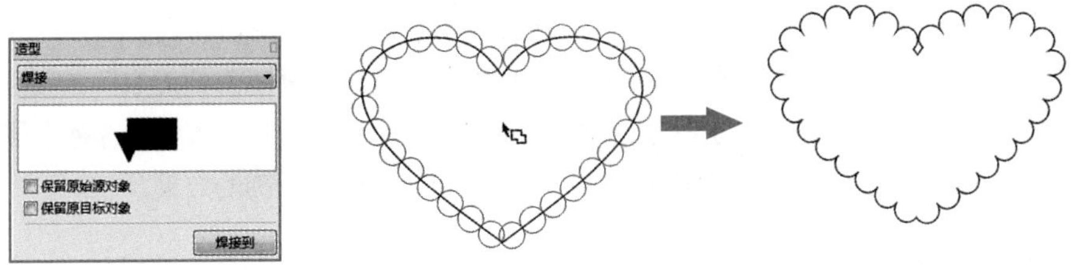


图5-94　焊接图形

## 5.5.3　相交图形

相交图形是指保留多个图形相交部分来创建新对象，新对象的尺寸和形状与重叠区域完全相同，其属性则与目标对象一致。选择需要得到相交区域的多个重叠图形，在属性栏中单击“相交”按钮；或选择【对象】/【造形】/【相交】命令；或在“造形”泊坞窗的下拉列表框中选择【相交】选项，然后单击相交对象按钮，鼠标指针呈形状时单击目标对象，此时可得到相交图形，并沿用目标图形的属性，图5-95所示为选择所有圆，将圆与心形相交得到的图形。

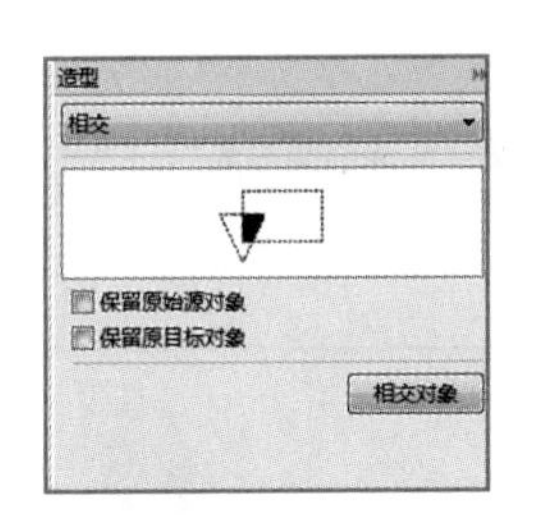

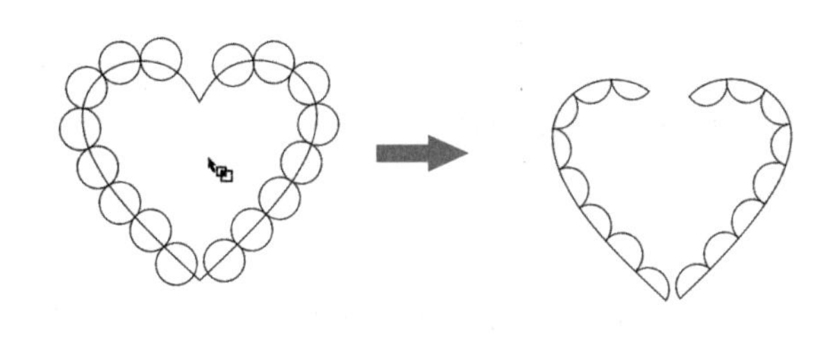

图5-95　相交图形

## 5.5.4　简化图形

简化功能与修剪相似，不同的是，简化功能与对象的选择顺序无关，只与图形放置的图层位置有关，上一图层对象将简化下一图层对象。选择需要简化的多个重叠图形，在属性栏中单击“简化”按钮；或选择【对象】/【造形】/【简化】命令；或在“造形”泊坞窗的下拉列表框中选择【简化】选项，然后单击应用按钮，图5-96所示分别为心形在下层和在上层的简化效果。

图5-96　简化图形

## 5.5.5 移除后面对象

移除后面对象是指清除后面图形的同时，清除底层图形与最上层图形的重叠部分，保留最上层图形对象的非重叠部分。选择多个重叠图形后，在属性栏中单击“移除后面对象”按钮，或选择【对象】/【造形】/【移除后面对象】命令；或在“造形”泊坞窗的下拉列表框中选择【移除后面对象】选项，单击应用按钮即可，图5-97所示为心形在上层，移除后面圆的效果。

## 5.5.6 移除前面对象

移除前面对象是指清除最上层的图形及与最下层图形的重叠部分，并保留最下层图形的非重叠部分。选择多个重叠图形后，在属性栏中单击“移除前面对象”按钮；或选择【对象】/【造形】/【移除前面对象】命令；或在“造形”泊坞窗的下拉列表框中选择【移除前面对象】选项，单击应用按钮即可，图5-98所示为在大心形上移除小心形的效果。

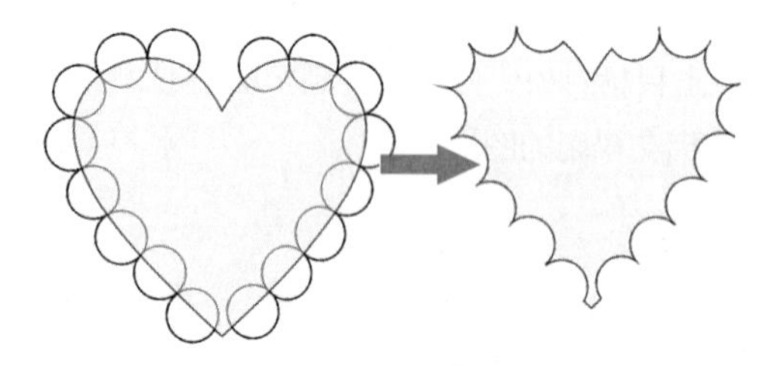

图5-97 移除后面对象

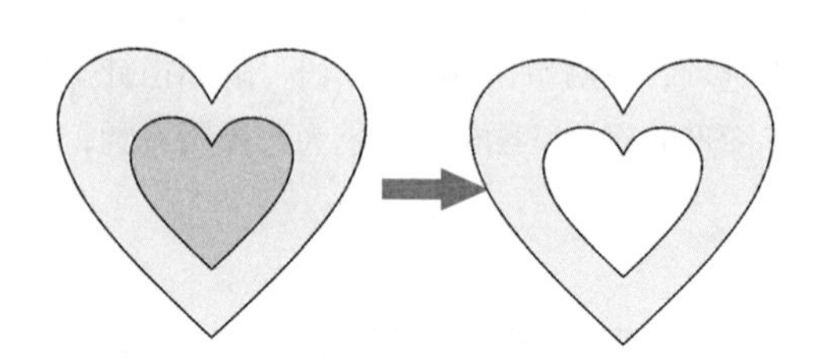

图5-98 移除前面对象

## 5.5.7 创建图形边界

创建边界是指在保持原有对象不变的情况下，创建所有轮廓的边缘轮廓。选择多个重叠图形后，在属性栏中单击“边界”按钮；或选择【对象】/【造形】/【边界】命令；或在“造形”泊坞窗的下拉列表框中选择【边界】选项，单击应用按钮即可，如图5-99所示。

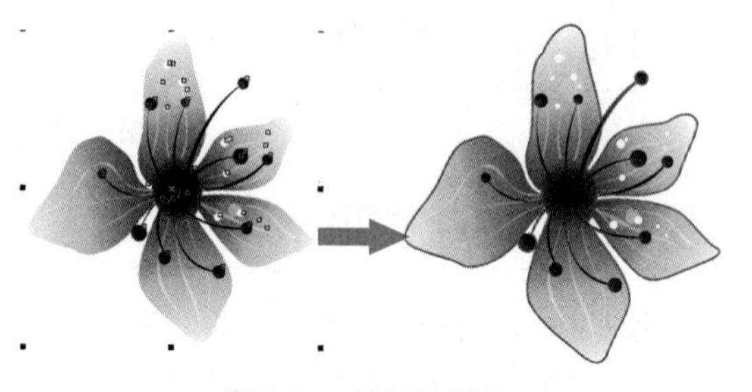

图5-99 创建图形边界

## 课堂练习——制作中国元素

本例将打开“祥云.cdr”图像（素材\第5章\祥云.cdr），绘制圆形与矩形，使用“造型”泊坞窗中的修剪功能及镜像、复制功能制作中国元素图像，完成后的效果如图5-100所示（效果\第5章\祥云.cdr）。

图5-100 中国元素效果

# 5.6 上机实训——绘制兔子一家

## 5.6.1 实训要求

本实训要求绘制兔子一家卡通画，要求图形温馨、色彩艳丽。

## 5.6.2 实训分析

本实训利用彩色条和心形构成温馨的画面，绘制兔子爸爸、兔子妈妈和两只可爱的兔子宝宝，最后添加蝴蝶、文本来装饰画面，增加画面的童趣，主要涉及对象位置的变换与复制、图形的焊接等操作，完成后的参考效果如图5-101所示。

**效果所在位置：**效果\第5章\兔子一家.cdr。

视频教学
绘制兔子一家

图5-101 兔子一家效果

## 5.6.3 操作思路

完成本实训主要包括制作背景、绘制兔子和添加文本与装饰元素3步操作，其操作思路如图5-102所示。涉及的知识点主要包括矩形、圆、心形的绘制，对象位置的移动与复制，图形的焊接和文本输入等。

图5-102 操作思路

【步骤提示】

STEP 01 新建A4、横向、名为“兔子一家”的空白文件，绘制宽为10.5 mm、与页面相同高度的矩形，打开“变换”泊坞窗，单击“位置”按钮，在“x”文本框中输入“15.0 mm”，设置相对位置为“右中”，在“副本”文本框中输入“19”，单击应用按钮，将绘制的矩形填充不同的颜色，并取消轮廓。

STEP 02 绘制心形，在心形上绘制并复制多个圆，选择圆，选择【对象】/【造型】/【造型】命令，打开“造型”泊坞窗，在“造型”下拉列表框中选择【焊接】选项，单击焊接到按钮，鼠标指针呈形状时单击心形，得到造型效果，组合背景，填充心形为白色，并取消轮廓。

STEP 03 分别绘制兔子的耳朵与身体，使用相同的方法将兔子的耳朵焊接到身体上，仅需绘制兔子的其他部分，使用相同的方法绘制多只兔子，填充不同的颜色，组合兔子。

STEP 04 绘制蝴蝶与心形，取消轮廓，填充不同的颜色，输入文本，设置文本字体为

“Showcard Gothic”，为文本设置颜色，保存文件，完成本实训的制作。

## 5.7 课后练习

### 1. 练习1——*制作水纹标志*

本例将新建文件，利用造型功能、对象的复制与变换来制作水纹标志，并填充不同深浅的蓝色，最后添加文本，效果如图5-103所示。

**提示：**标志下面的图形通过复制、垂直镜像得到。

**效果所在位置：**效果\第5章\水纹标志.cdr。

### 2. 练习2——*制作闹钟*

本例将新建文件，利用“变换”泊坞窗、图框精确剪裁内容、渐变填充和文本输入等知识制作闹钟图形，效果如图5-104所示。

**提示：**为了使绘制的闹钟更为美观，可为闹钟中心的圆剪裁不同样式的图案，图案颜色比较淡雅，以不遮挡时间显示为佳。

**效果所在位置：**素材\第5章\闹钟图案.tif。

**效果所在位置：**效果\第5章\闹钟.cdr。

图5-103 水纹标志效果

图5-104 闹钟效果

CHAPTER 6

# 第6章 交互式特效的应用

在CorelDRAW X7中提供了一些丰富的交互式效果工具，这些工具应用得比较频繁，如调和工具、变形工具、阴影工具和透镜等，通过这些工具可以为矢量图添加一些特殊效果，如颜色过渡效果、透明效果、立体效果、多重轮廓和投影等。本章将结合实例具体讲解这些交互式工具的使用方法，以提高用户的图形绘制水平。

## 课堂学习目标

- 掌握调和、创建轮廓和变形效果的制作方法
- 掌握阴影、封套效果的制作方法
- 掌握立体与透视效果的制作方法
- 掌握透明与透镜效果的制作方法

## 课堂案例展示

水珠　　立体字　　沙冰海报

# 6.1 制作调和效果

调和是渐变的一种方式，不仅可以将一个图形的颜色渐变过渡到另一个图形上，还能将一个图形的形状平滑过渡到另一个图形，并且在这两个图形对象之间会生成一系列的中间过渡对象。

## 6.1.1 课堂案例——制作梦幻彩条

**案例目标：**梦幻彩条常用于背景装饰，利用调和工具可以在两条线条之间创建多条线条，通过对线条粗细、颜色等的编辑得到彩条效果。本例将利用调和功能制作彩条与标志，制作完成后的参考效果如图 6-1 所示。

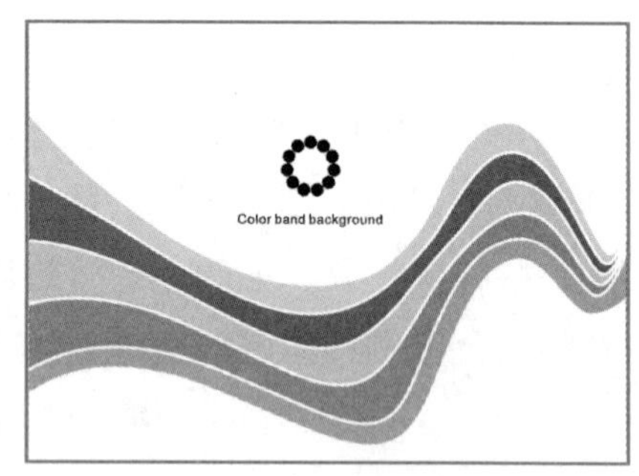

图6-1　梦幻彩条

**知识要点：**调和创建、路径调和、线条与椭圆绘制、形状工具、将轮廓转换为对象、均匀填充。

**效果文件：**效果 \ 第 6 章 \ 梦幻彩条 .cdr。

其具体操作步骤如下。

**STEP 01** 新建A4、横向、名为“梦幻彩条”的空白文件，绘制两条10 mm宽、不同颜色的线条，如图6-2所示。

**STEP 02** 选择调和工具，在起始对象上按住鼠标左键不放，向另一个对象拖动鼠标，即可在两个对象间创建直线调和效果，在属性栏中设置调和步长为“3”；按【Ctrl+K】组合键拆分调和效果，单击中间的线条，按【Ctrl+U】组合键取消组合；依次选择线条，按【Ctrl+Shift+Q】组合键将轮廓转换为对象，分别填充图6-3所示的颜色。

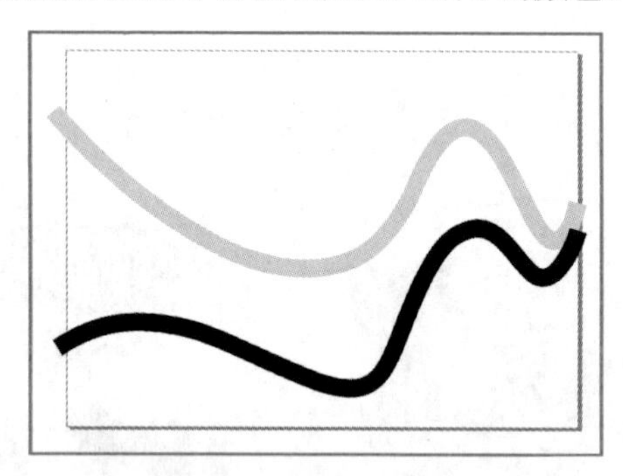
图6-2　绘制线条

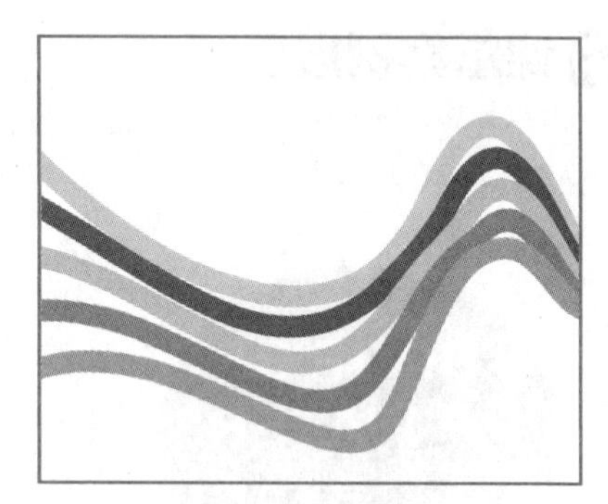
图6-3　创建调和线条

**STEP 03** 使用形状工具调整线条外观，按【Ctrl+G】组合键组合调整后的图形，效果如图6-4所示。

**STEP 04** 在界面右侧色块上用鼠标右键单击白色色块将彩条轮廓设置为白色，在属性栏中将轮廓粗细设置为“1.5 mm”；双击矩形工具创建页面矩形，用鼠标右键拖动组合的彩条到矩形中，释放鼠标，在弹出的快捷菜单中选择【图框精确剪裁内部】命令，将彩条剪裁到页面矩形中，如图6-5所示。

STEP 05 绘制一个大圆和一个小圆，复制小圆，移动一定距离，大圆轮廓和小圆填充色为“CMYK：100、91、32、0”，小圆无轮廓，如图6-6所示。

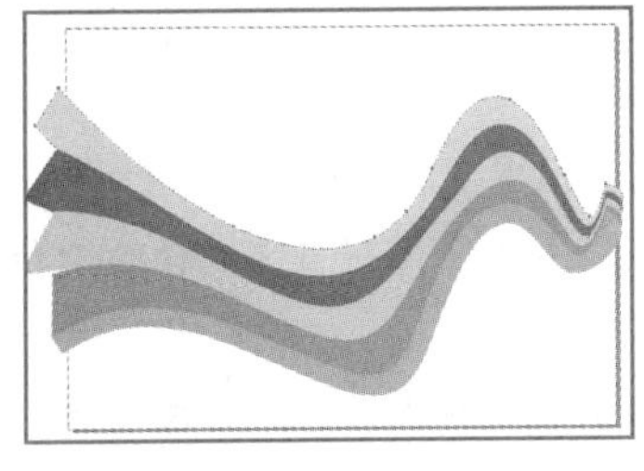

图6-4　调整彩条外观

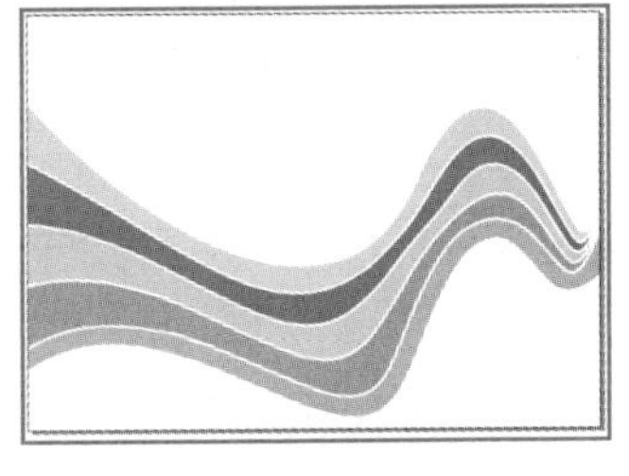

图6-5　剪裁彩条到矩形中

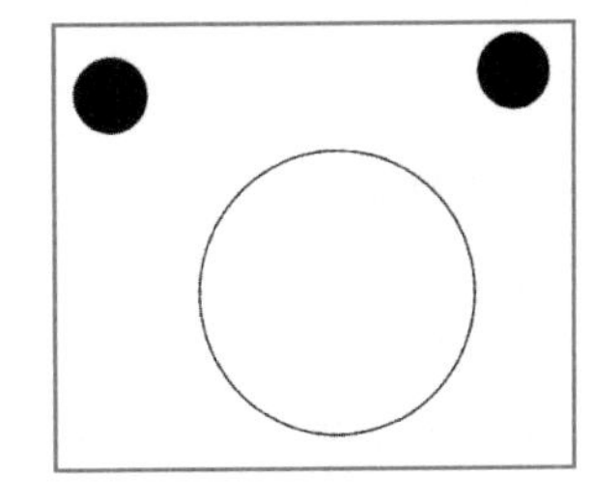

图6-6　绘制圆

STEP 06 选择调和工具，在左侧小圆上按住鼠标左键不放，向另一个小圆拖动鼠标，即可在两个圆间创建直线调和效果，如图6-7所示。

STEP 07 选择调和对象，在属性栏中单击“路径属性”按钮，在弹出的下拉列表框中选择【新路径】选项，这时鼠标指针呈形状，单击圆，将调和对象附着到圆上，此时选择路径中的调和对象，在属性栏中单击“更多调和选项”按钮，在弹出的下拉列表框中选择【沿全路径调和】选项；在属性栏中调整调和步长，控制圆之间的间距，如图6-8所示。

STEP 08 选择文本工具，输入文本，在属性栏中设置字体格式为“Arial，18pt”，使用颜色滴管工具单击小圆颜色，然后单击文本，设置文本颜色，如图6-9所示。保存文件，完成本例的制作。

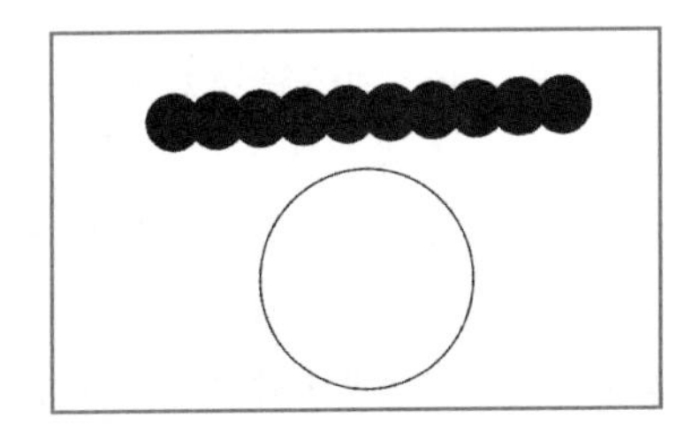

图6-7　直线调和

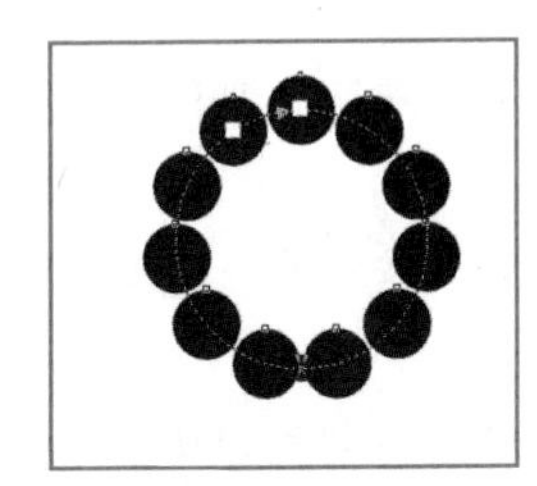

图6-8　沿路径调和

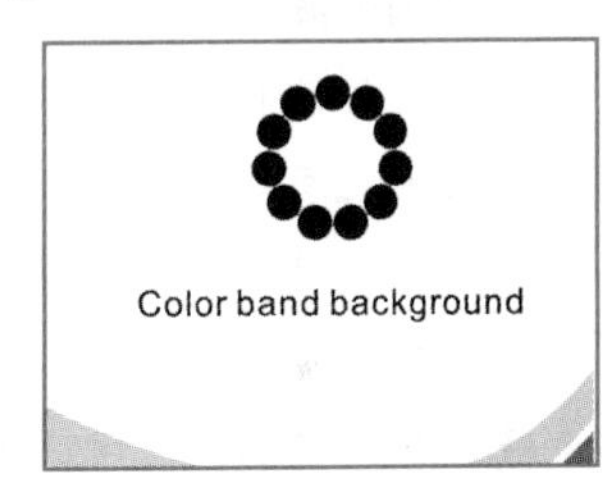


图6-9　输入文本

## 6.1.2　创建调和方式

将调和的两个对象放置在需要的位置，选择“调和工具”按钮，在起始对象上按住鼠标左键不放，向另一个对象拖动鼠标，即可在两个对象间创建直线调和效果，如图6-10所示；若在向另一个对象拖动鼠标的过程中按【Alt】键可绘制调和的路径，如图6-11所示；若在调和的对象上继续进行调和，将得到复合调和效果，如图6-12所示。

图6-10　直线调和

图6-11　手绘调和

图6-12　复合调和

## 6.1.3 设置调和属性

创建出调和图形之后，可在调和工具属性栏中对调和效果进行设置，其属性栏如图6-13所示。

预设... X: 194.299 mm Y: 241.019 mm 161.936 mm 91.544 mm 20 10.0 mm 30.0

图6-13 调和工具属性栏

- “预设”下拉列表框：同时选择调和的对象后，在该下拉列表框中可使用预设的调和方式。
- “添加预设”按钮+：单击该按钮，打开“另存为”对话框，在其中可将当前选择的调和对象保存为预设。
- “删除预设”按钮−：在“预设”下拉列表框中选择自定义的预设样式后，单击该按钮，可删除自定义的预设调和效果。
- “调和步长”文本框：单击“调和步长”按钮，激活其后的“调和步长”文本框，输入数值可控制中间对象的个数。
- “调和间距”文本框：单击“调和间距”按钮，激活其后的“调和间距”文本框，输入数值可控制调和对象的间距。
- “调和方向”文本框：在该文本框中输入数值，可将调和效果沿图形的中心或调和路径的中心进行旋转，这种旋转只限于直线调和图形，而且旋转的只是调和图形之间的图形，起始图形和结束图形均不变。
- “环绕调和”按钮：在设置了调和方向时单击该按钮可按调和方向在对象之间产生环绕式的调和效果。
- “直接调和”按钮：该方式为默认的调和方式，单击该按钮后，将直接在所选对象的填充颜色之间进行颜色过渡。
- “顺时针调和”按钮：单击该按钮后，可使选择对象上的颜色按色盘中顺时针方向进行颜色过渡。
- “逆时针调和”按钮：单击该按钮后，可使调和对象上的颜色按色盘中逆时针方向进行颜色过渡。
- “对象和颜色加速”按钮：单击该按钮，将打开“对象和颜色加速”面板，拖动“对象”和“颜色”滑块可调整形状和颜色的加速效果，值越大，开始变化的位置越靠近起始对象。单击按钮，可分别调整“对象”和“颜色”滑块。
- “调整加速大小”按钮：单击该按钮，可调整调和对象大小更改的速率。
- “路径属性”按钮：单击该按钮后，在弹出的下拉列表框中可设置新的路径、显示路径或从路径中分离。
- “更多调和选项”按钮：单击该按钮后，在弹出的下拉列表框中可设置映射节点、拆分、融合始端、融合末端、沿全路径调和和旋转全部对象。
- “起始与结束属性”按钮：单击该按钮后，在弹出的下拉列表框中可设置新起点、显示起点、设置新终点、显示终点。
- “清除调和”按钮：单击该按钮，可清除选择的调和对象的调和效果。
- “复制调和属性”按钮：选择调和对象，单击该按钮后，鼠标指针将呈➡形状，单击目标调和对象，可将目标调和对象的调和效果复制到选择的对象上。

### 6.1.4 编辑调和路径

调和对象后，用户可对调和的路径进行设置，包括设置新的调和路径、显示与编辑调和路径及拆分调和对象与路径，下面分别进行介绍。

1. 创建与分离调和路径

选择调和对象，在属性栏中单击“路径属性”按钮，在弹出的下拉列表框中选择【新路径】选项，这时鼠标指针呈形状，单击新的路径，即可将调和对象附着到新的路径上，如图6-14所示；此时选择路径中的调和对象，在属性栏中单击“更多调和选项”按钮，在弹出的下拉列表框中选择【沿全路径调和】选项，自动将调和对象沿全路径调和，如图6-15所示。

图6-14 创建调和路径

图6-15 沿全路径调和

选择调和对象，在属性栏中单击“路径属性”按钮，在弹出的下拉列表框中选择【从路径分离】选项，可将调和对象从路径中分离出来，且调和方式转换为直线调和。

2. 显示与编辑调和路径

选择调和对象，在属性栏中单击“路径属性”按钮，在弹出的下拉列表框中选择【显示路径】选项，将选择调和对象的路径，使用形状工具可以对该路径进行编辑，如图6-16所示。

3. 拆分调和路径

拆分路径可以分为两种情况：一是将一段调和路径拆分为多段路径；二是将路径与调和对象进行拆分。下面分别进行介绍。

- 拆分为多个调和对象：选择路径中的调和对象，在属性栏中单击“更多调和选项”按钮，在弹出的下拉列表框中选择【拆分】选项，这时鼠标指针呈形状，在需要拆分的对象上单击，即可将一个调和对象拆分为两个调和对象。
- 拆分路径与调和对象：选择路径中的调和对象，按【Ctrl+K】组合键，可在不改变调和路径的情况下将路径分离出来，如图6-17所示。拆分后，取消组合，可单独编辑调和的每个对象。

图6-16 显示与编辑调和路径

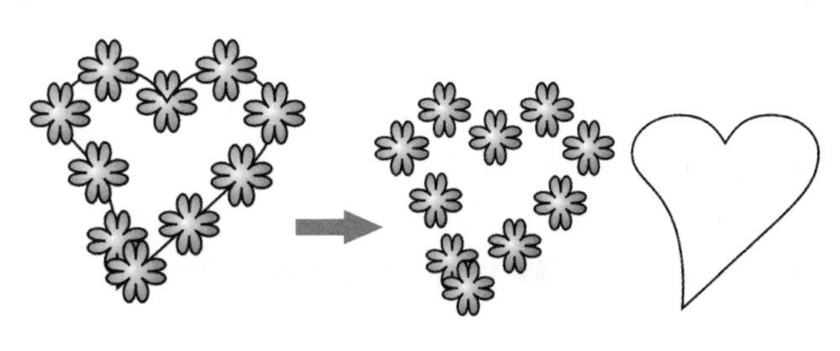

图6-17 拆分路径与调和对象

## 课堂练习——制作购物袋

本例将绘制购物袋，并为购物袋添加阴影，然后在购物袋上绘制圆，导入“插画.jpg”图像（素材\第6章\插画.jpg），将插画剪裁到圆中，最后绘制绳索与绳索孔。在制作绳索时，需要先绘制小图形作为绳索起点，复制小图形到绳索另一端，然后为两个小图形创建调和效果，最后通过为绳索创建封套效果来编辑绳索的弧度。制作完成后的购物袋效果如图6-18所示（效果\第6章\购物袋.cdr）。

图6-18 购物袋效果

# 6.2 制作轮廓图效果

添加轮廓图效果是指为对象创建到内部或外部的同心线，可以使图形呈现出从内到外的放射层次效果。轮廓图效果广泛应用于创建图形和文字的三维立体效果。

## 6.2.1 课堂案例——制作轮廓字

**案例目标：**为文本添加轮廓可以突出与美化文本，常用于海报中的文本制作。本例将制作雪糕海报中的轮廓字，完成后的参考效果如图 6-19 所示。

**知识要点：**文本输入 、渐变填充、创建轮廓图、轮廓图拆分、创建阴影。

**素材位置：**素材 \ 第 6 章 \ 雪糕背景 .tif。

**效果文件：**效果 \ 第 6 章 \ 雪糕海报 .cdr。

视频教学
制作轮廓字

图6-19 轮廓字效果

其具体操作步骤如下。

**STEP 01** 新建A4、横向、名为“雪糕海报”的空白文件，创建黄色背景，依次输入文本的每个字。输完一个文字后单击其他位置定位文本插入点，继续输入其他文本，设置字体为“迷你少儿简”，调整文本的位置与大小，进行排列；框选所有文本，选择交互式填充工具，在属性栏中单击“渐变填充”按钮，从下到上拖动鼠标，创建渐变填充，起点填充为“CMYK：88、35、100、0”，终点填充为“CMYK：41、0、100、0”，如图6-20所示。

**STEP 02** 按【Ctrl+Q】组合键将文本转曲，按【Ctrl+L】组合键合并文本；选择轮廓图工具，向文本外部拖动可创建外部轮廓图，在属性栏中设置轮廓图步长为“1”，轮廓图偏移为“5 mm”，轮廓图的颜色与填充均为白色，如图6-21所示。

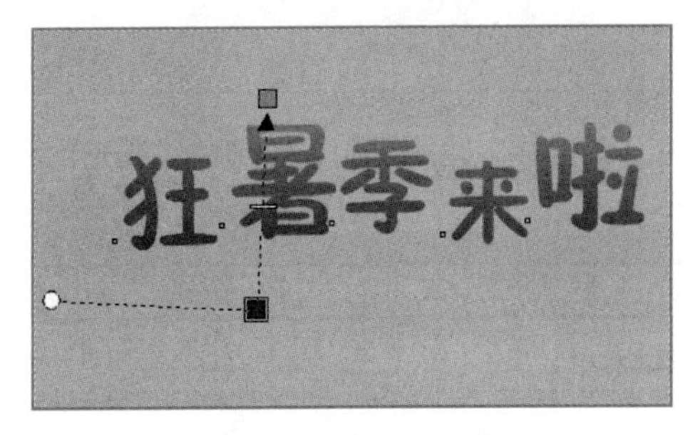


图6-20 创建渐变填充

图6-21 创建外部轮廓图

STEP 03 单击轮廓图效果，按【Ctrl+K】组合键拆分轮廓图；选择阴影工具分别拖动文字和轮廓创建阴影，在属性栏中设置文字阴影的不透明度为“50”，设置阴影羽化值为“2”；设置轮廓阴影的不透明度为“50”，设置阴影羽化值为“10”，效果如图6-22所示。

STEP 04 删除黄色背景，按【Ctrl+I】组合键，在打开的对话框中双击“雪糕背景.tif”图片，返回界面单击鼠标，导入雪糕背景，如图6-23所示。调整雪糕背景的大小和位置，按【Shift+PageDown】组合键将其调整到文本底层，保存文件，完成本例的制作。

图6-22 拆分轮廓图并添加阴影

图6-23 导入背景

## 6.2.2 创建轮廓图

创建轮廓图效果后，也可通过属性栏对轮廓图属性进行设置。选择创建轮廓的对象，选择轮廓图工具，在图形轮廓处按住鼠标左键向图形内部拖动，可创建内部轮廓图；若向图形外部拖动可创建外部轮廓图。此外，在属性栏中有“到中心”按钮、“内部轮廓”按钮、“外部轮廓”按钮，单击对应的按钮可实现中心、向内和向外3种创建轮廓的方式，图6-24所示分别为中心、向内和向外3种轮廓效果。

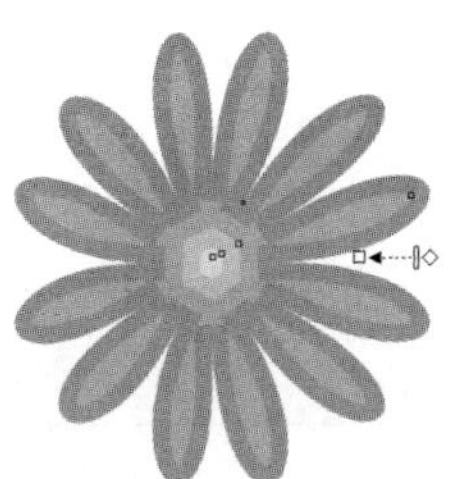

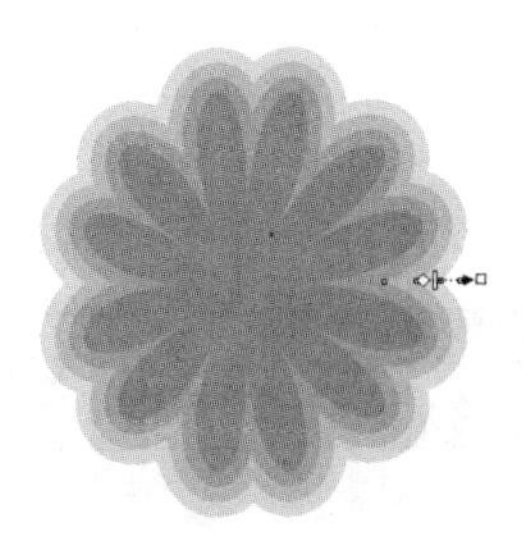

图6-24 原图、中心轮廓图、向内轮廓图、向外轮廓图

### 6.2.3 轮廓图属性设置

创建轮廓图后，可在其属性栏中对轮廓图步长、轮廓图偏移、轮廓图角、轮廓色、填充色及对象和颜色加速等属性进行设置，使其更加符合需要，如图6-25所示。

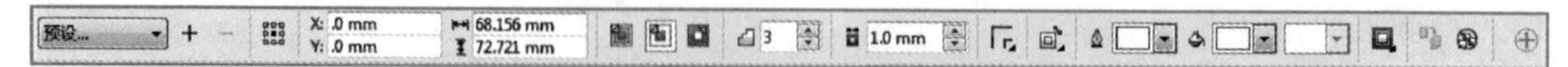

图6-25 轮廓图工具属性栏

- “预设”下拉列表框：选择对象后，在该列表框中可使用预设的轮廓图样式。
- “添加预设”按钮+：单击该按钮，将当前选择的轮廓图效果保存为预设。
- “删除预设”按钮−：单击该按钮，可删除“预设”下拉列表框中选择的自定义预设轮廓图效果。
- “轮廓图步长”文本框：输入数值设置轮廓图的轮廓数量。
- “轮廓图偏移”文本框：输入数值可调整各层轮廓之间的间距。
- “轮廓图角”按钮：单击该按钮，在弹出的下拉列表框中可以设置创建轮廓的角，包括斜接角、圆角、斜切角。
- “轮廓色”按钮：单击该按钮，在弹出的下拉列表框中可设置按调色盘中的颜色设置轮廓的过渡颜色。
- “轮廓色”下拉列表框：用于设置终点轮廓的颜色。
- “填充色”下拉列表框：用于设置终点图形的填充颜色。
- “对象和颜色加速”按钮：单击该按钮，将打开“对象和颜色加速”面板，在其中可调整轮廓图中对象大小和颜色的变化速率。
- “清除轮廓图”按钮：单击该按钮，可清除选择对象的轮廓图效果。
- “复制轮廓图属性”按钮：单击该按钮，可将目标对象的轮廓图效果复制到选择的对象上。

**课堂练习——制作精美伞面**

本例将利用八边形绘制太阳伞的伞面，然后利用轮廓图功能为八边形创建内部轮廓图，再拆分轮廓图，得到中心的5层图形。为每层添加渐变颜色，绘制分割线，然后组合太阳伞，为其添加阴影，最后导入“夏日背景.jpg”图像（素材\第6章\夏日背景.jpg），置于底层作为背景，效果如图6-26所示（效果\第6章\伞面.cdr）。

图6-26 伞面效果

## 6.3 制作变形效果

使用变形工具可以对图形进行推拉、拉链或扭曲变形，从而形成一些特殊的效果。下面将分别介绍这些变形效果的制作方法。

## 6.3.1 课堂案例——制作水纹

**案例目标：**本例将利用扭曲变形功能快速完成水纹的制作，要求水纹自然，并添加背景和树叶对水纹进行修饰，使其更加逼真，画面更加生动，完成后的效果如图 6-27 所示。

视频教学
制作水纹

**知识要点：**四角星绘制、扭曲变形、阴影创建、不透明度设置。

**素材位置：**素材 \ 第 6 章 \ 水纹背景 .tif、树叶 .png。

**效果文件：**效果 \ 第 6 章 \ 水纹 .cdr。

图6-27　水纹效果

其具体操作步骤如下。

STEP 01 新建大小为210 mm×210 mm、名为“水纹”的空白文件，按【Ctrl+I】组合键，在打开的对话框中双击“水纹背景.tif”图片，返回界面单击鼠标，导入背景，调整背景的大小，使其适应页面大小，如图6-28所示。

STEP 02 选择星形工具，在属性栏中设置点数或边数为“4”，锐度为“60”，按【Ctrl】键绘制四角星，如图6-29所示。

STEP 03 选择四角星，选择变形工具，在属性栏中单击“扭曲变形”按钮和“逆时针旋转”按钮，在“完整旋转”文本框中输入“2”，按【Enter】键，效果如图6-30所示。

图6-28　导入背景

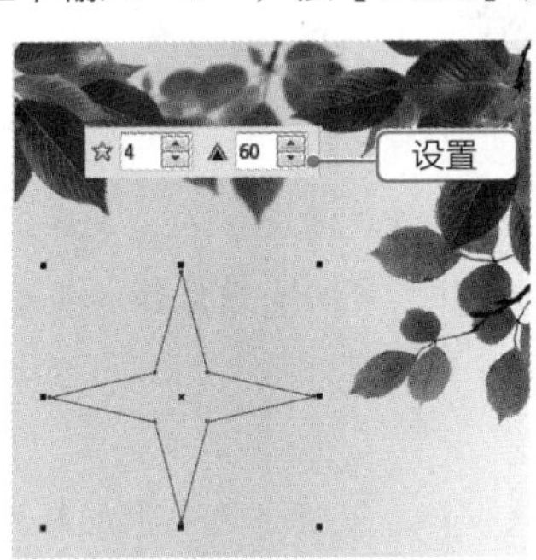


图6-29　绘制四角星

图6-30　创建扭曲变形

STEP 04 选择扭曲后的图形，选择【效果】/【添加透视】菜单命令，调整四角的控制点，调整透视效果，效果如图6-31所示。

STEP 05 将图形填充为白色，取消轮廓，选择阴影工具，拖动图形创建阴影效果，在属性栏中设置阴影的不透明度为“100”，设置阴影羽化值为“15”，设置阴影颜色为“CMYK：66、18、21、0”，如图6-32所示 。

STEP 06 按【Ctrl+K】组合键拆分阴影，删除原图形；按【Ctrl+I】组合键，在打开的对话框中双击“树叶.png”图片，返回界面单击鼠标，导入树叶，调整树叶的大小与角度，移动到水纹上；选择透明工具，从中心向下拖动鼠标创建渐变透明，将起点透明度设置为“0”，将终点透明度设置为“100”，向下拖动中间的滑块，调整透明位置，效果如图6-33所示。

图6-31 添加透视效果

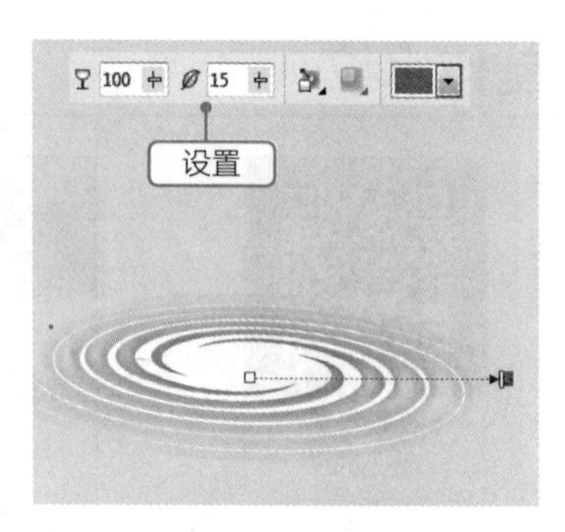


图6-32 添加阴影

图6-33 为树叶创建渐变透明

## 6.3.2 推拉变形

推拉变形包括“推”和“拉”两个方面，“推”是指将变形图形的节点向内推进；“拉”是指将变形图形的节点向外拉出。在工具箱中选择变形工具，选择需要应用变形的图形，在属性栏中单击“推拉变形”按钮，当鼠标指针变成形状时，将其移动到图形上，按住鼠标左键不放向右拖动可执行“推”的变形操作，按住鼠标左键不放向左拖动可执行“拉”的变形操作，如图6-34所示。创建推拉变形后，在属性栏中还可对创建的推拉变形的参数进行调整，如图6-35所示。

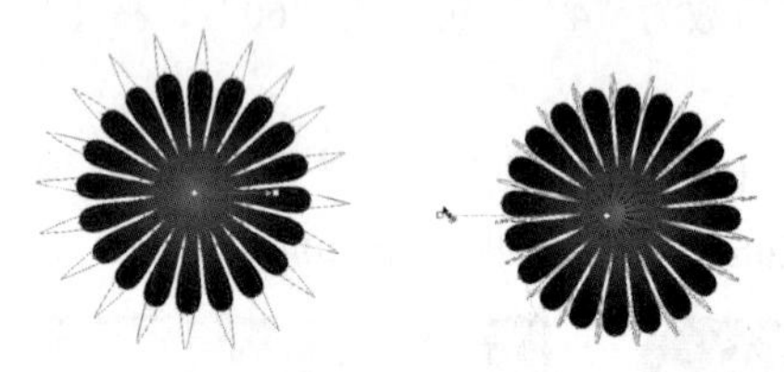

图6-34 推、拉变形

图6-35 推拉变形工具属性栏

- “预设”下拉列表框：同时选择变形的对象后，在该下拉列表框中可选择预设的推拉变形方式。
- “添加预设”按钮＋：单击该按钮，可将当前选择的变形方式保存为预设。
- “删除预设”按钮－：单击该按钮，可删除“预设”下拉列表框中选择的自定义的预设变形样式。
- “居中变形”按钮：单击该按钮，可将当前变形的起点调整为对象的中心。
- “推拉振幅”文本框：输入数值可设置选择对象的推进拉出的程度。输入正值为向外拉出，输入负值为向内推进，值越靠近0，推进拉出的变形程度越小，最大值为200，最小值为-200。
- “添加新变形”按钮：单击该按钮，可将当前变形的对象转换为新对象，并可在该变形对象上再次应用变形效果。
- “清除变形”按钮：单击该按钮，可清除选择的变形对象的变形效果。
- “复制变形属性”按钮：选择变形对象，单击该按钮后，单击目标变形对象，可将目标变形对象的变形效果复制到选择的对象上。

## 6.3.3 拉链变形

在工具箱中选择变形工具，选择需要应用变形的图形，在属性栏中单击“拉链变形”按钮，在图形上拖动鼠标创建拉链变形效果。拉链变形可以将对象的边缘调整为锯齿效果，如图6-36所示。创建拉链变形后，在属性栏中还可对创建的拉链变形的频率、振幅和变形效果等进行调整，如图6-37所示。

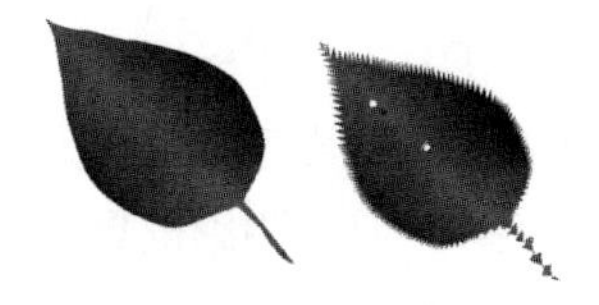

图6-36　拉链变形

图6-37　拉链变形工具属性栏

- “拉链振幅”文本框：输入数值可调整拉链变形锯齿的高度。
- “拉链频率”文本框：输入数值可调整拉链变形锯齿的数量。
- “随机变形”按钮：单击该按钮，可设置随机变形效果，包括不同的拉链振幅和拉链频率。
- “平滑变形”按钮：单击该按钮，可将锯齿的角进行平滑处理。
- “局限变形”按钮：单击该按钮，可随着变形的进行降低变形的效果。

## 6.3.4　扭曲变形

在工具箱中选择变形工具，选择需要应用变形的图形，在属性栏中单击“扭曲变形”按钮，在图形上拖动鼠标即可创建扭曲变形效果，如图6-38所示。创建扭曲变形后，在属性栏中还可对创建的扭曲变形的方向、完整旋转圈数和附加角度进行调整，如图6-39所示。

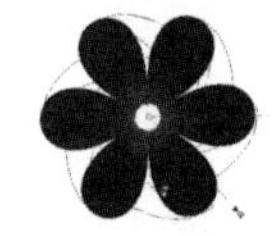

图6-38　扭曲变形

图6-39　扭曲变形工具属性栏

- “顺时针旋转”按钮：单击该按钮，将顺时针扭曲选择的对象。
- “逆时针旋转”按钮：单击该按钮，将逆时针扭曲选择的对象。
- “完整旋转”文本框：输入数值可设置完整旋转的圈数。
- “附加角度”文本框：输入数值可调整超出变形完整旋转的度数。

## 课堂练习——制作精美花朵

本练习将绘制五边形，添加渐变填充颜色，在工具箱中选择变形工具，在属性栏中单击“推拉变形”按钮，按住鼠标左键不放向左拖动可执行“拉”的变形操作，将五边形转换为花朵形状，复制并缩小花朵，填充为白色，叠加到原来的花朵上，单击“添加新变形”按钮，继续执行“拉”的变形操作，得到精美的花朵效果，效果如图6-40所示（效果\第6章\精美花朵.cdr）。

图6-40　花朵效果

# 6.4 制作透明与阴影效果

使用透明工具可以将图形设置为透明的状态，CorelDRAW X7中的透明工具提供了标准透明、渐变透明、图样透明和底纹透明，能够满足用户设置多种透明度的需求；而使用阴影工具可以为图形添加投影效果，使图形看起来具有立体感，更加逼真。本节将具体介绍透明工具与阴影工具的使用方法。

## 6.4.1 课堂案例——制作水珠

**案例目标：**本例将利用透明工具来制作水珠的透明效果，为使制作的水珠更加逼真，综合应用了线性渐变透明、椭圆形渐变透明方法，并添加投影与背景，通过水珠可以看见背景中的颜色或文字，完成后的效果如图 6-41 所示。

视频教学
制作水珠

**知识要点：**图形绘制、透明效果创建、图形造型、阴影创建。

**效果文件：**效果 \ 第 6 章 \ 水珠 .cdr。

图6-41 水珠效果

其具体操作步骤如下。

STEP 01 新建A4、横向、名为“水珠”的空白文件，双击矩形工具绘制页面矩形，填充为“CMYK：4、3、3、0”，取消轮廓；绘制椭圆，填充为“CMYK：78、11、43、0”，取消轮廓；输入文本，填充为白色，字体为“Arial”，框选椭圆与文本，按【Ctrl+G】组合键进行组合，如图6-42所示。

STEP 02 选择贝塞尔工具绘制水滴形状，填充为黑色，取消轮廓，如图6-43所示。

STEP 03 选择透明工具，单击绘制的圆，从中心拖动鼠标创建线性透明效果，在属性栏中单击“椭圆形渐变透明”按钮，在控制线上双击添加透明节点，调整各节点的位置与透明度，拖动椭圆控制点上的白色圆点，调整椭圆的形状，效果如图6-44所示。

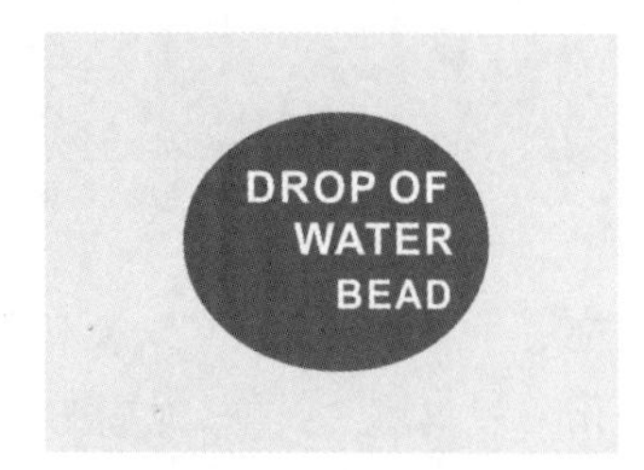

图6-42 制作背景

图6-43 绘制水珠

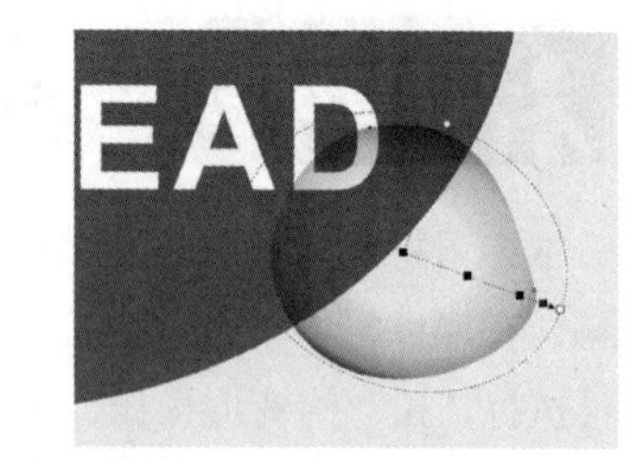

图6-44 创建椭圆形渐变透明

STEP 04 复制水珠，选择阴影工具，将鼠标指针移动到复制的水珠的中心位置，按住鼠标左键不放向左下方拖动创建阴影，在属性栏中设置阴影的不透明度为“100”、阴影羽化为“15”、羽化方向为“向内”、合并模式为“乘法”，默认阴影颜色为黑色，如图6-45所示。

STEP 05 按【Ctrl+K】组合键拆分阴影，选择阴影与水珠，在属性栏中单击“移除前面对象”按钮，得到月牙状的阴影，如图6-46所示。

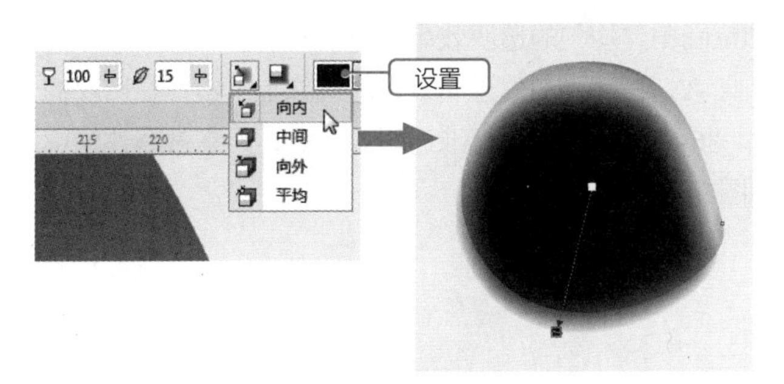


图6-45　添加阴影

图6-46　创建月牙

STEP 06 将阴影移动到水珠下方，调整阴影位置，如图6-47所示。

STEP 07 选择贝塞尔工具在水珠上绘制白色图形，取消轮廓作为高光，如图6-48所示。

STEP 08 选择透明工具，单击绘制的白色图形，从上向右下拖动鼠标创建线性透明效果，调整起点与终点节点的位置与透明度，效果如图6-49所示。

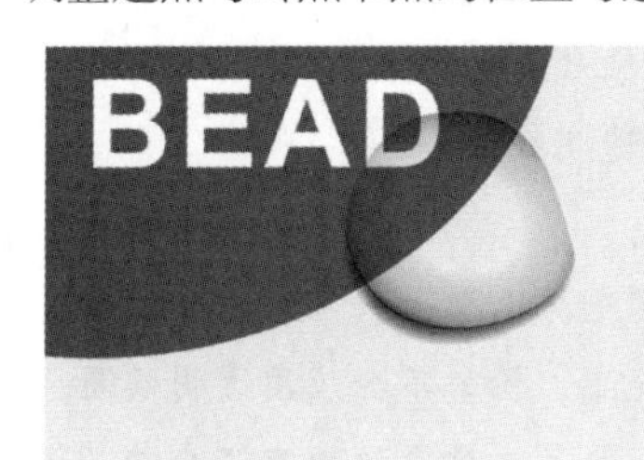


图6-47　添加投影

图6-48　绘制白色图形

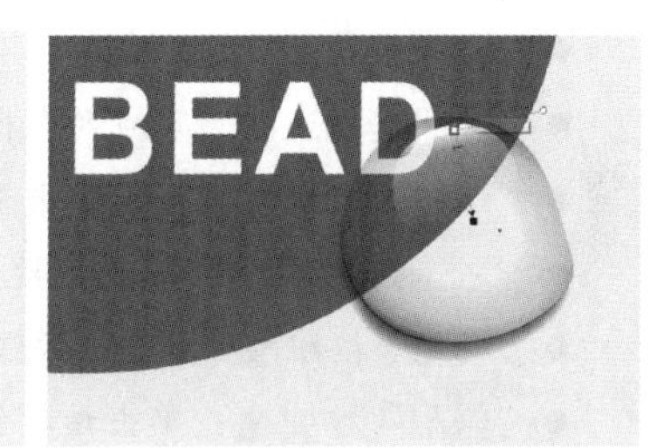


图6-49　创建线性渐变透明

STEP 09 选择贝塞尔工具在水珠上继续绘制白色图形，取消轮廓作为高光，如图6-50所示。

STEP 10 选择透明工具，单击绘制的白色图形，从上向右下拖动鼠标创建线性透明效果，调整起点与终点节点的位置与透明度，如图6-51所示。

STEP 11 使用相同的方法继续绘制与制作其他形状各异的水珠形状，效果如图6-52所示。保存文件，完成本例的制作。

图6-50　绘制白色图形

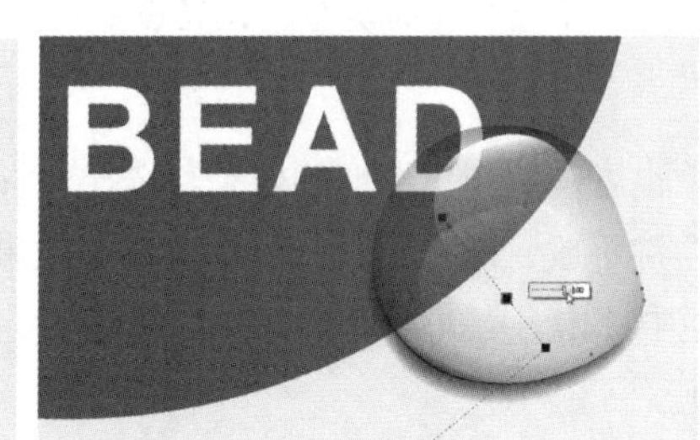


图6-51　创建线性渐变透明

图6-52　绘制其他水珠形状

## 6.4.2　透明工具

使用透明工具可以为对象添加需要的透明效果。下面分别对标准透明、渐变透明、图样透明和底纹透明的添加方法进行介绍。

1. 创建标准透明效果

标准透明效果是指为矢量图、文本和位图创建均匀的透明效果。在工具箱中的调和工具上单击鼠标右键，在弹出的面板中选择透明工具，在需要创建透明效果的对象上单击，在出现的文本框中输入透明值，按【Enter】键即可，如图6-53所示。创建标准透明效果后，可在其属性栏中对透明度、应用范围等进行设置，其属性栏如图6-54所示。

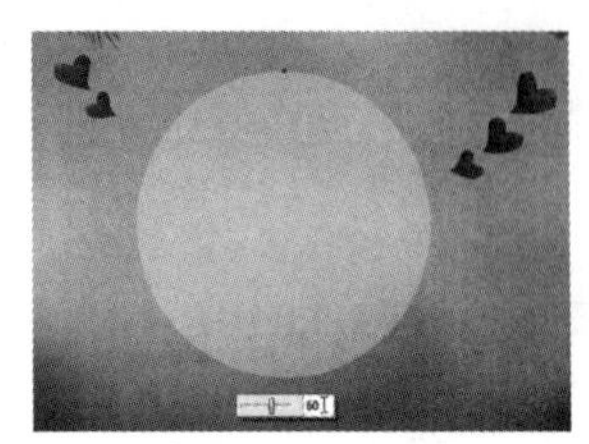

图6-53 标准透明

图6-54 标准透明属性栏

- "无透明"按钮：单击该按钮，可清除选择对象的透明效果。
- "均匀透明"按钮：单击该按钮，可将其他类型的透明切换到均匀透明。
- "合并模式"下拉列表框：在其中可以选择透明颜色与下层对象颜色的调和方式。
- "透明度挑选器"下拉列表框：在其中可以选择预设的不同的透明效果。
- "透明度"文本框：用于设置选择对象的透明度。
- "全部"按钮：单击该按钮，可将透明效果应用到对象的填充与轮廓上。
- "填充"按钮：单击该按钮，可将透明效果应用到对象的填充上，轮廓不会应用透明效果。
- "轮廓"按钮：单击该按钮，可将透明效果应用到对象的轮廓上，对象的填充不会应用透明效果。
- "冻结透明度"按钮：单击该按钮，可冻结透明区域下方的图形，即移动透明区域时，下方的图形跟着移动。
- "复制透明度"按钮：单击该按钮后，单击目标对象，可将目标透明对象的透明效果复制到选择的对象上。
- "编辑透明度"按钮：单击该按钮，将打开"编辑透明度"对话框，在其中可使用编辑颜色的方式来编辑透明度，如设置透明度的类型、设置合并模式和透明目标等。

2. 渐变透明

与渐变填充一样，透明效果也可以制作出渐变的效果。选择对象，选择透明工具，在需要创建透明效果的对象上按住鼠标左键不放，即可创建线性渐变透明效果，如图6-55所示。若需要创建其他渐变透明方式，可在属性栏中单击对应的渐变按钮，并设置渐变参数，如图6-56所示。

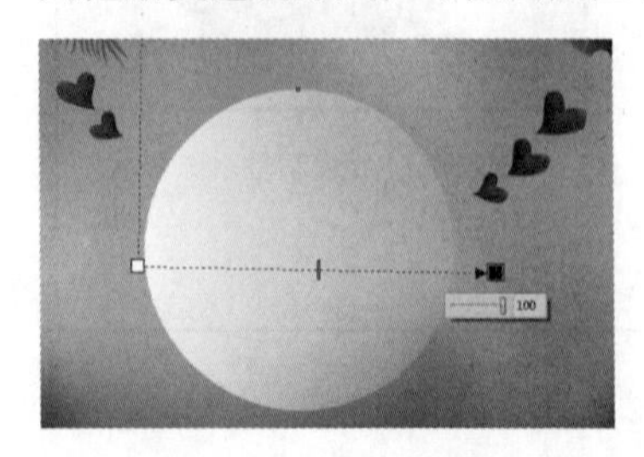

图6-55 线性渐变透明

图6-56 渐变透明属性栏

- “渐变透明”按钮：单击该按钮，可将其他类型的透明效果切换到渐变透明效果。
- “透明度挑选器”下拉列表框：在其中可以选择预设的不同的渐变透明效果。
- “线性渐变透明”按钮：单击该按钮，可将渐变透明效果切换到线性渐变透明效果。
- “椭圆形渐变透明”按钮：单击该按钮，可将渐变透明效果切换到椭圆形透明效果，如图6-57所示。
- “锥形渐变透明”按钮：单击该按钮，可将渐变透明切换到锥形透明效果，如图6-58所示。
- “矩形渐变透明”按钮：单击该按钮，可将渐变透明切换到矩形渐变透明，如图6-59所示。

图6-57　椭圆形渐变透明

图6-58　锥形渐变透明

图6-59　矩形渐变透明

- “节点透明度”文本框：选择透明控制柄上的节点，在该文本框中输入数值，可以设置该节点的透明度。
- “节点位置”文本框：在该文本框中可输入该节点在控制线上的百分比位置。
- “旋转角度”文本框：输入数值可设置渐变透明的方向。
- “自由缩放与倾斜”按钮：单击该按钮可显示自由变换虚线，拖动变换线可更改透明角度、透明区域大小。

3. 图样与底纹透明

图样与底纹透明效果即为对象创建具有透明度的图样或底纹。选择透明工具，在属性栏中单击“向量图样透明度”按钮、“位图图样透明度”按钮和“双色图样透明度”按钮可添加图样与底纹透明效果；或在属性栏中单击“双色图样透明度”按钮，在弹出的面板中单击“底纹透明度”按钮，也可添加图样与底纹透明效果，图6-60~图6-63所示分别为向量图样、位图图样、双色图样和底纹透明效果。

图6-60　向量图样透明度

图6-61　位图图样透明度

图6-62　双色图样透明度

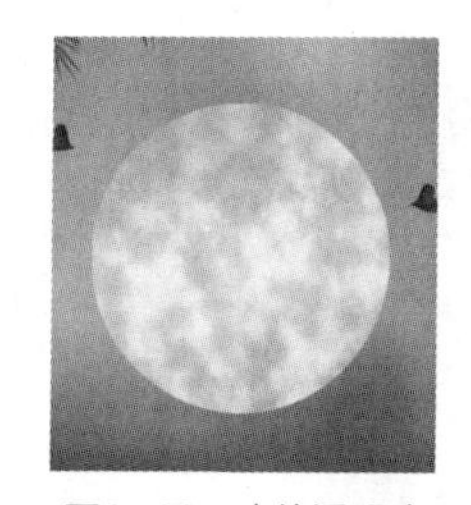
图6-63　底纹透明度

**技巧**　进行图样与底纹透明度设置的方法与交互式填充图样和底纹相似，拖动控制柄可控制图样与底纹的大小与角度；为对象添加图样透明后，可通过对应的属性栏对图样的前景透明度和图样的背景透明度等参数进行设置。

## 6.4.3 阴影工具

阴影为对象在光线下的投影，除了手绘阴影外，还可以直接使用阴影工具快速添加阴影。在工具箱中的调和工具上单击鼠标右键，在弹出的面板中选择阴影工具，单击对象，并在需要添加阴影的位置向外拖动鼠标，即可添加阴影效果，如图6-64所示。需要注意的是，拖动的起点与终点的位置、线条的长度和线条的方向都会影响阴影的范围与角度。通过属性栏可以 设置阴影参数，如图6-65所示。

图6-64 阴影效果

图6-65 阴影工具属性栏

- “预设”下拉列表框：在该下拉列表框中可选择预置的阴影样式，单击其后的+按钮，可将当前选择对象的阴影效果添加到预设列表中，单击−按钮可删除自定义预设的阴影样式。
- “阴影水平偏移”文本框：从对象中心创建阴影时，在该文本框中可设置阴影在水平方向上与对象的间距。
- “阴影垂直偏移”文本框：从对象中心创建阴影时，在该文本框中可设置阴影在垂直方向上与对象的间距。
- “阴影角度”文本框：在该文本框中可设置阴影的方向。
- “阴影延展”文本框：在该文本框中可调整阴影的长度，取值范围为0~100，默认为“50”，当输入大于50的值时将延长阴影；当输入小于50的值时将缩短阴影。
- “阴影淡出”文本框：在该文本框中可设置阴影的淡出效果，值越大，淡出效果越明显。
- “阴影的不透明”文本框：在该文本框中可设置阴影的透明度。
- “阴影羽化”文本框：在该文本框中可设置阴影边缘的模糊程度，值越大，阴影边缘越模糊，且模糊的边缘越粗，图6-66所示为阴影羽化值分别为2、20的效果。
- “羽化方向”按钮：单击该按钮，在弹出的下拉列表框中可设置羽化方向，图6-67所示为向内羽化的效果。

图6-66 不同阴影羽化值的效果

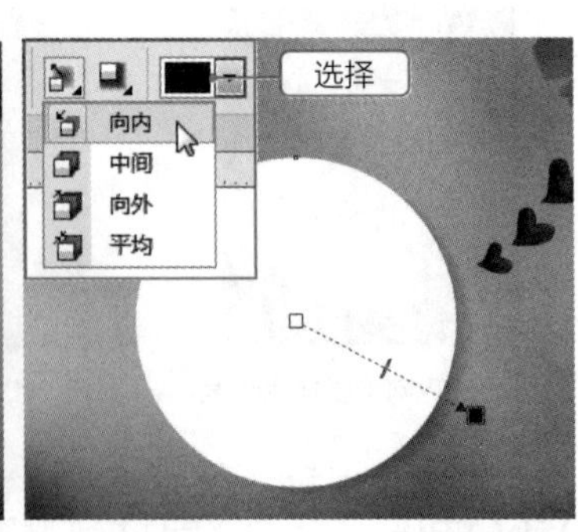


图6-67 设置阴影羽化方向

- “羽化边缘”按钮：单击该按钮，在弹出的下拉列表框中可设置羽化的类型。
- “阴影颜色”下拉列表框：可设置阴影的颜色。

- “合并模式”下拉列表框：在该下拉列表框中可选择阴影的合并模式。
- “复制变形属性”按钮：选择对象，单击该按钮后，单击目标对象，可将目标变形对象的阴影效果复制到选择的对象上。
- “清除阴影”按钮：单击该按钮，可清除选择对象的阴影效果。

## 课堂练习——制作红酒杯

本练习将绘制红酒杯，在绘制过程中需要分别绘制红酒杯的各个部分，用不同深浅的红色渐变来表现红酒的颜色，为透明部分填充黑色，利用透明工具分别为各部分制作渐变透明效果，最后添加白色高光图形，设置渐变透明，使高光更加自然，绘制后的红酒杯效果如图6-68所示（效果\第6章\红酒杯.cdr）。

图6-68 红酒杯

# 6.5 制作透视与封套效果

观察某一物体的角度不同，所观察到的外观也有所变化。在CorelDRAW X7中，除了通过调整透视点位置改变图形的形态，从而产生立体的效果外，还可添加封套进行自由变形，它常用于产品包装设计、字体设计和一些效果处理。本节将具体介绍添加透视与添加封套的方法。

## 6.5.1 课堂案例——制作沙冰海报

**案例目标：**本例将利用封套工具为沙冰海报的文本制作透视变形效果，制作时文本的颜色采用背景中的黄色和白色，制作后的海报精美、重点突出，完成后的效果如图 6-69 所示。

视频教学
制作沙冰海报

**知识要点：**文本输入、文本转曲、创建与编辑封套、图形绘制。

**素材位置：**素材 \ 第 6 章 \ 沙冰背景 .jpg。

**效果文件：**效果 \ 第 6 章 \ 沙冰海报 .cdr。

图6-69 沙冰海报效果

其具体操作步骤如下。

**STEP 01** 新建A4、纵向、名为“沙冰海报”的空白文件，按【Ctrl+I】组合键，在打开的对话框中双击“沙冰背景.jpg”图片，返回界面单击鼠标，导入背景，调整背景的大小，使其适应页面大小；选择文本工具，输入文本，字体、字号为“方正正粗黑简体、80pt”，将“夏日”“水果”填充为白色，将“激情”“沙冰”填充为“CMYK：7、4、90、0”，如图6-70所示。

**STEP 02** 按【Ctrl+K】组合键拆分文本为单个文字，选择需要调整外观的文字，按【Ctrl+Q】组合键将文本转曲，使用形状工具调整文本外观，如图6-71所示。分别框选第一排和第二排文本，按【Ctrl+G】组合键分别组合第一排和第二排文本。

**STEP 03** 选择轮廓图工具，分别从第一排和第二排文本上向外拖动鼠标，创建外部轮廓图，在属性栏中设置轮廓图步长为“1”，轮廓图偏移为“3.2 mm”，轮廓图的颜色与填充均为黑色，效果如图6-72所示。

图6-70　输入文本

图6-71　调整文本外观

图6-72　创建黑色轮廓

**STEP 04** 选择封套工具单击第一排文本，创建封套，在属性栏中单击“直线模式”按钮，分别调整四角的节点，变形文本，双击删除不需要的节点，如图6-73所示。

**STEP 05** 使用相同的方法为第二排文本添加封套，编辑封套外观，如图6-74所示。

**STEP 06** 使用钢笔工具在文本左上角和右下角绘制黑色装饰图形，使用标注形状工具在文本左下角绘制标题形状，取消轮廓，填充为“CMYK：7、4、90、0”，在其上输入白色文本，设置字体为“微软雅黑”，调整字号，效果如图6-75所示。

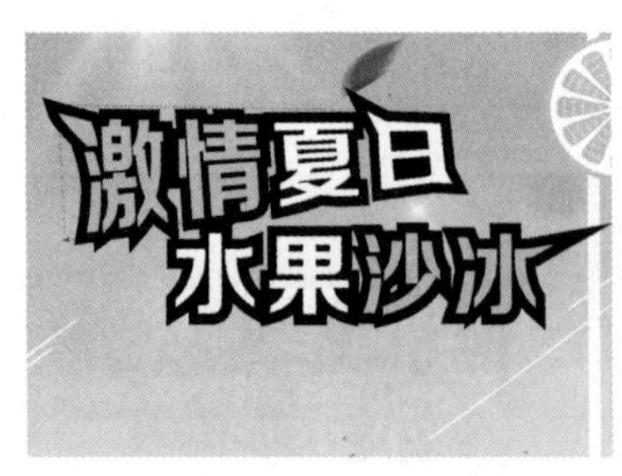

图6-73　为第一排文本添加封套

图6-74　为第二排文本添加封套

图6-75　添加装饰形状

**STEP 07** 使用钢笔工具在文本下方绘制3个相连的图形，取消轮廓，中间图形填充为“CMYK：32、65、94、27”，上、下图形均填充为“CMYK：7、54、96、0”，组合成折叠的标签形状，如图6-76所示。

**STEP 08** 在标签图形上输入两排白色文本，设置字体为“微软雅黑”，调整字号，如图6-77所示。

**STEP 09** 使用相同的方法为这两排文本添加封套，编辑封套外观，使其适应标签形状，如图6-78所示。保存文件，完成本例的制作。

图6-76　绘制标签

图6-77　输入文本

图6-78　添加封套

## 6.5.2　添加透视

选择需要添加透视点的图形，选择【效果】/【添加透视点】命令，将鼠标指针移至图形的四角，当鼠标指针呈+形状时，按住鼠标左键不放进行拖动，至合适位置时释放鼠标即可，图6-79所示为添加透视前后的效果。

图6-79　添加透视前后的效果

添加透视效果后，若需要还原透视前的效果，可选择【效果】/【清除透视点】命令清除透视效果。

**技巧**　选择需要添加透视点的对象，选择【效果】/【添加透视点】命令，再选择【效果】/【复制效果】/【建立透视点至】命令，这时鼠标指针呈➡形状，单击目标透视对象，即可为选择的对象创建相同的透视效果。

## 6.5.3　封套工具

使用封套工具，单击需编辑的对象，在边界框处将自动生成一个蓝色虚线框，用鼠标左键拖动虚线上的节点可改变对象形状，如图6-80所示。双击节点可删除节点，在虚线上双击可添加节点，也可通过属性栏设置封套效果，如图6-81所示，其编辑节点的方法与编辑曲线的方法相同，下面对封套参数进行介绍。

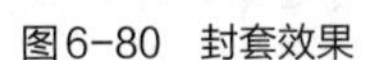

图6-80　封套效果

图6-81　封套工具属性栏

**技巧** 此外，也可选择【效果】/【封套】命令，在打开的“封套”泊坞窗中设置封套属性。

- “预设”下拉列表框：选择对象后，在该下拉列表框中可使用预设的封套样式。
- “添加预设”按钮+：单击该按钮，将当前选择的封套效果保存为预设。
- “删除预设”按钮−：单击该按钮，可删除自定义的预设封套效果。
- “选取模式”下拉列表框：用于切换选择多个节点时的选择类型，包括矩形与手绘两种，默认为矩形。
- “非强制模式”按钮：单击该按钮，将封套模式变为允许更改节点的自由模式，同时激活前面的节点编辑按钮，用户可使用与形状工具相似的方法编辑节点。
- “直线模式”按钮：单击该按钮，将应用由直线组成的封套改变对象形状，如图6-82所示。
- “单弧模式”按钮：单击该按钮，可将对象的边线调整为单个拱形弧度，如图6-83所示。
- “双弧模式”按钮：单击该按钮，可将对象的边线调整为两个呈S形弧度，如图6-84所示。

图6-82 直线模式

图6-83 单弧模式

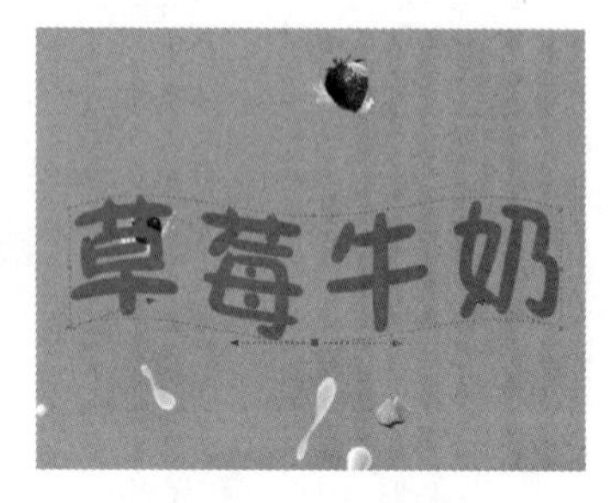

图6-84 双弧模式

- “映射模式”下拉列表框：用于选择封套中对象变形的方式。
- “保留线条”按钮：单击该按钮后，调整封套时，原对象的直线段将不会转换为曲线。
- “添加新封套”按钮：为对象添加封套后，单击该按钮，可为对象添加新的封套效果。
- “创建封套自”按钮：使用封套工具单击需编辑的对象，单击该按钮，鼠标指针呈➡形状，单击需要作为封套的图形，即可为选择的对象创建对应的封套外形，轻微移动节点，即可封套，如图6-85所示。

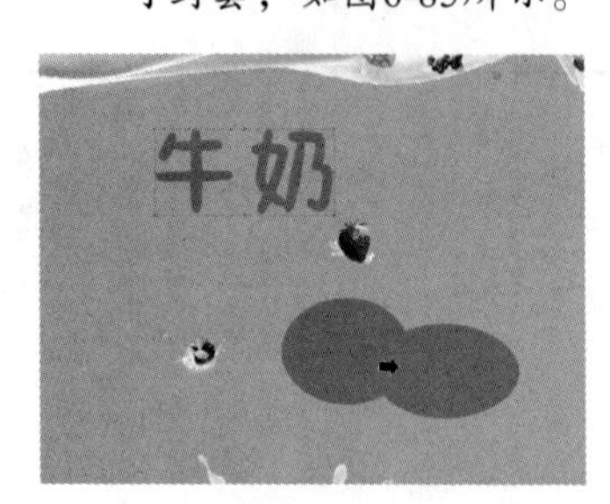

图6-85 创建封套自图形

- “清除封套”按钮：单击该按钮，可清除选择的对象的封套效果。
- “复制封套属性”按钮：单击该按钮，可将目标对象的封套效果复制到选择的对象上。

## 课堂练习——制作变幻彩条

本练习将绘制不同颜色的矩形，然后组合矩形，利用封套工具来改变组合矩形的形状，制作变幻彩条效果，最后绘制同心圆，并添加花纹素材（素材\第6章\花纹.cdr），完成后的效果如图6-86所示（效果\第6章\变幻彩条.cdr）。

图6-86　变幻彩条效果

# 6.6 制作三维立体化效果

三维立体化效果是指为对象创建三维效果，使其更加形象、逼真。该效果广泛用于字体设计、LOGO设计、产品设计和包装设计等领域。在CorelDRAW X7中，用户可以通过立体化工具或斜角效果的添加来实现对象的三维立体化，本节将进行详细介绍。

## 6.6.1 课堂案例——制作立体字

**案例目标：**本例将利用立体化工具将输入的文本制作成三维立体效果，并通过智能填充制作文本渐变效果，最后添加图形进行修饰，完成后的效果如图 6-87 所示。

**知识要点：**立体化效果添加、文本输入、智能填充、阴影添加。

**素材位置：**素材 \ 第 6 章 \ 图形 .cdr。

**效果文件：**效果 \ 第 6 章 \ 立体字 .cdr。

视频教学
制作立体字

图6-87　立体字效果

其具体操作步骤如下。

**STEP 01** 新建A4、纵向、名为“立体字”的空白文件，选择文本工具字，输入文本“2019”，设置字体、字号为“Bauhaus 93、204pt”，设置文本颜色为“CMYK：60、0、20、0”，如图6-88所示。

**STEP 02** 按【Ctrl+K】组合键将文本拆分为单个文字，选择文本“2”，选择立体化工具，从中心向右拖动创建立体化效果；在属性栏中单击“立体化颜色”按钮，在弹出的面板中单击“使用递减的颜色填充”按钮，可在面板的两个颜色下拉列表框中分别设置立体部分渐变的两种颜色为“CMYK：70、27、35、0”“CMYK：0、0、0、100”，如图6-89所示。

图6-88　输入文本

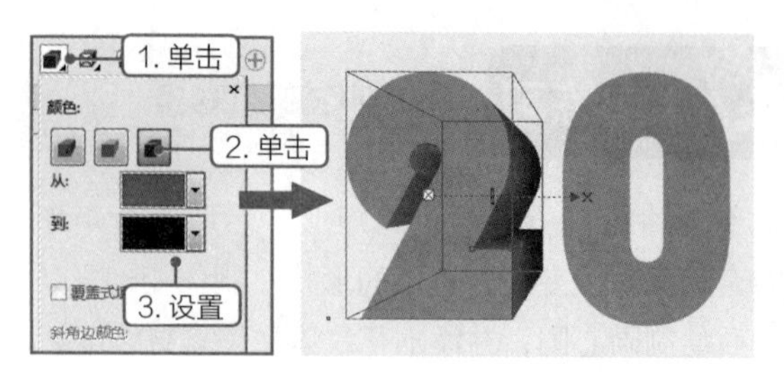


图6-89　添加立体效果并设置立体化颜色

STEP 03 选择文本“0”，选择立体化工具，从中心拖动到边缘创建立体化效果，单击“复制立体化属性”按钮，单击“2”的立体化效果部分，将“2”的立体化效果复制到“0”对象上，如图6-90所示。

STEP 04 选择立体化工具单击“0”，向左拖动出现的控制柄上的灭点×，将灭点设置到“0”边缘上，降低立体化深度，如图6-91所示。

图6-90　复制立体化效果

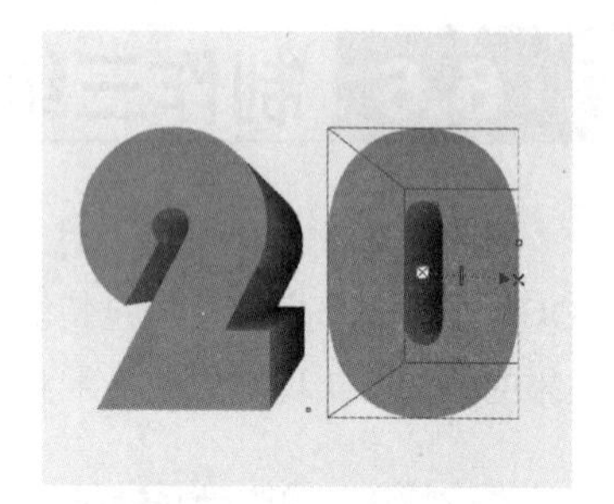

图6-91　调整立体化深度

STEP 05 使用相同的方法将“2”的立体化效果复制到“1”“9”上，拖动出现在控制柄上的灭点×，调整立体化的角度，效果如图6-92所示。框选所有文本，按【Ctrl+G】组合键进行群组。

STEP 06 选择文本，选择阴影工具，将鼠标指针移动到文本中心位置，按住鼠标左键不放向左下方拖动创建阴影，在属性栏中设置阴影的不透明度为“20”、阴影羽化为“5”、合并模式为“乘法”，默认阴影颜色为黑色，如图6-93所示。

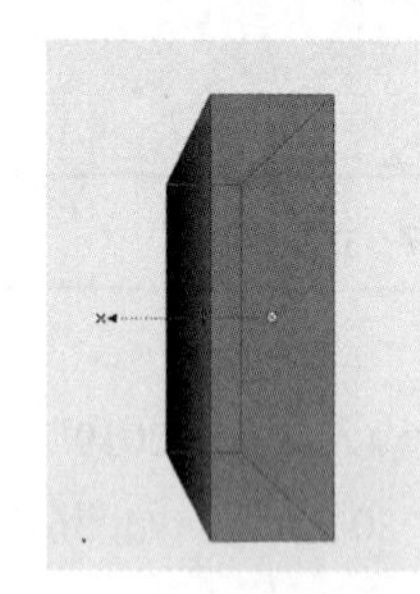
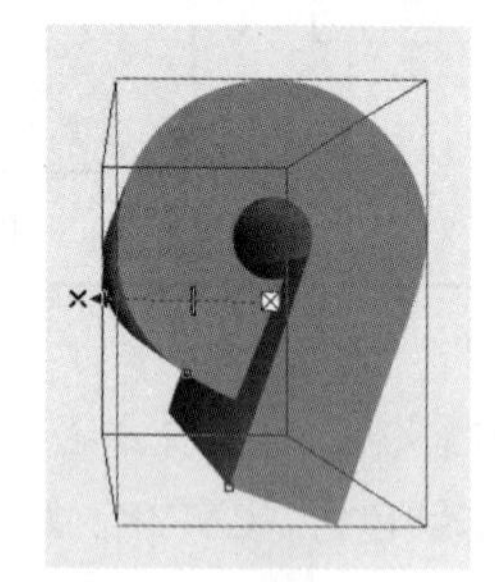

图6-92　复制并调整立体化效果

图6-93　添加阴影

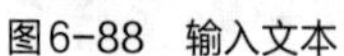

STEP 07 使用钢笔工具在文本上方绘制线条，选择智能填充工具，在属性栏中设置填充选项为“指定”，设置指定颜色为“CMYK：49、0、16、0”，鼠标指针变为+形状，多次单击线条下方的文本区域，为每个文本下方创建单独的图形，如图6-94所示。框选所有文本元素，按【Ctrl+G】组合键进行群组。删除线条和轮廓。

STEP 08 打开“图形.cdr”文件，选择所有图形，按【Ctrl+C】组合键复制，切换到“立体字.cdr”文件窗口，按【Ctrl+V】组合键粘贴，调整大小与位置，按【Shift+PageDown】组合键将其置于立体字下方，如图6-95所示。保存文件，完成本例的制作。

图6-94 创建智能填充

图6-95 添加修饰图形

## 6.6.2 立体化工具

使用立体化工具单击需要创建立体化效果的图形，在图形上按住鼠标左键不放，向外拖动鼠标即可创建立体化效果，如图6-96所示。创建立体化效果后，拖动鼠标更改控制柄的方向和长短将更改立体化效果；还可通过立体化工具属性栏，或选择【效果】/【立体化】命令，在打开的“立体化”泊坞窗中对立体化的参数进行设置，其属性栏如图6-97所示。下面对常用立体化参数进行介绍。

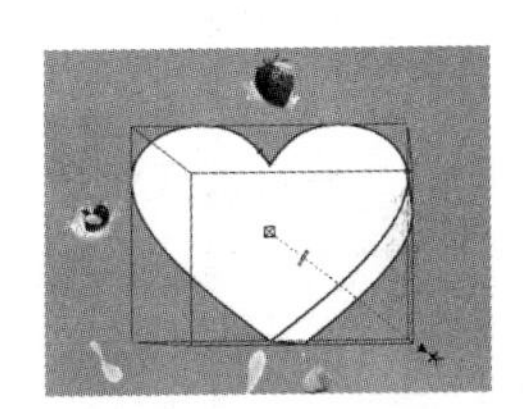

图6-96 立体化效果

图6-97 立体化工具属性栏

- “预设”下拉列表框：选择对象后，在该下拉列表框中可使用预设的立体化样式。单击其后的“添加预设”按钮+，将当前选择的立体化效果保存为预设；单击“删除预设”按钮−，可删除自定义的预设立体化效果。
- “对象位置”数值框：用于显示当前立体对象的坐标，在其中输入数值可改变其所在位置。
- “立体化类型”下拉列表框：创建立体化效果后，在该下拉列表框中可选择对应的立体化类型应用到对象上。
- “灭点坐标”文本框：灭点是指对象透视线相交的消失点，用“×”标记表示。在“灭点坐标”的“x”“y”文本框中输入数值可确定立体化效果的灭点位置。
- “灭点属性”下拉列表框：在该下拉列表框中可以更改灭点属性，有【灭点锁定到对象】【灭点锁定到页面】【复制灭点，自…】和【共享灭点】4个选项。其中，【共享灭点】是指选择对象与目标立体化对象共用一个灭点，在移动任意对象的灭点时，共享的其他对象的灭点也会发生变化。
- “页面或对象灭点”按钮：单击该按钮，可将灭点锁定到对象或页面中。
- “深度”文本框：在该文本框中输入数值可调整立体化效果的深度。
- “立体化旋转”按钮：单击该按钮，打开“旋转”面板，然后使用鼠标左键拖动面板中的立体化数字“3”，即可在页面中通过虚线框预览旋转立体化效果，确认无误后单击 应用 按钮即可，图6-98所示为不同角度的立体化旋转效果。

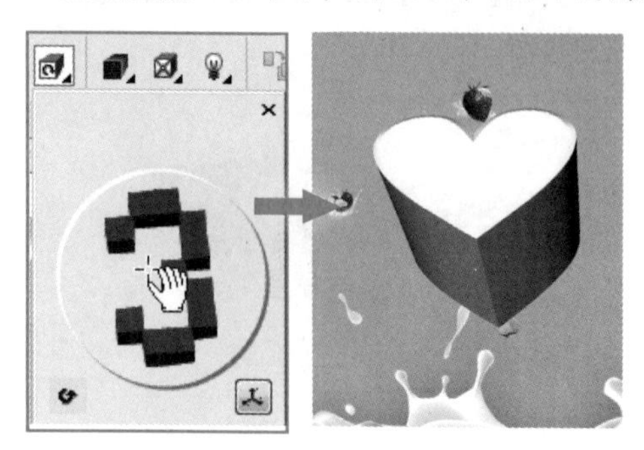

图6-98　立体化旋转

- “立体化颜色”按钮：单击该按钮，弹出的“颜色”面板中提供了3种立体化颜色的方式。其中，单击“使用对象填充”按钮，可以使用文本的填充颜色来填充立体化部分，如图6-99所示；单击“使用纯色填充”按钮，可在面板的第一个颜色下拉列表框中设置立体部分的颜色，如图6-100所示；单击“使用递减的颜色填充”按钮，可在面板的两个颜色下拉列表框中设置立体部分渐变的两种颜色，如图6-101所示。

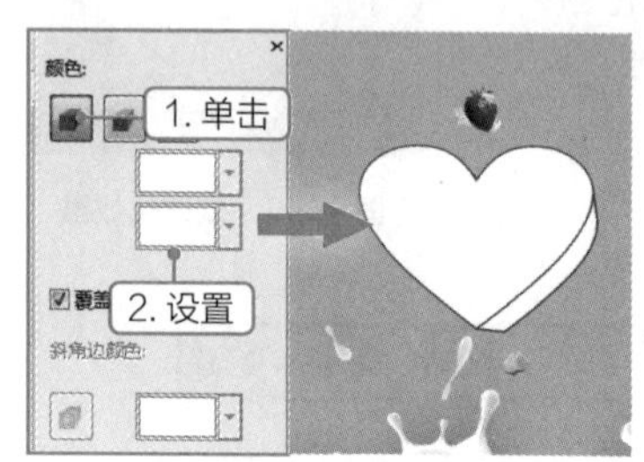


图6-99　使用对象填充

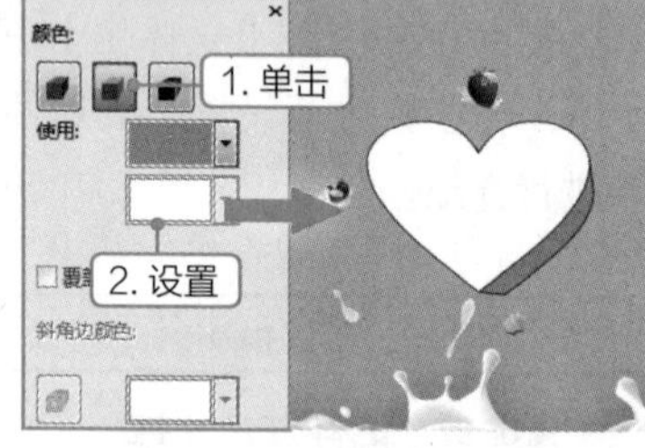


图6-100　使用纯色填充

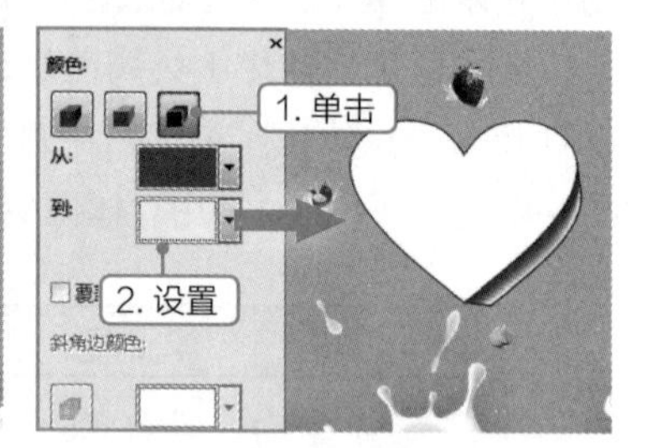


图6-101　使用递减的颜色填充

- “立体化倾斜”按钮：单击该按钮，在打开的面板中单击选中 使用斜角修饰边 复选框，在其后的“斜角修饰边深度”和“斜角修饰边角度”文本框中可设置斜边的深度和角度，如图6-102所示。
- “立体化照明”按钮：单击该按钮，在打开的面板中单击光源图标，使用鼠标在右边的预览框中将光源图标拖动至需要的位置，即可为其添加光源效果，添加光源后，单击选择光源，可在下方的“强度”文本框中设置光线的强度，如图6-103所示。最多可以添加3个光源，添加光源后，光源的另一面将添加阴影效果。

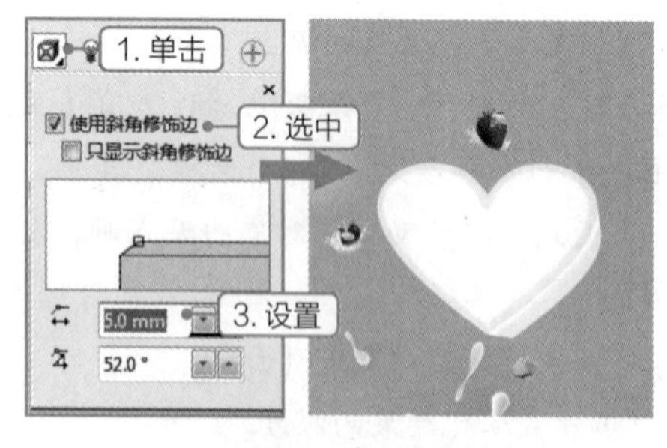


图6-102　添加斜边

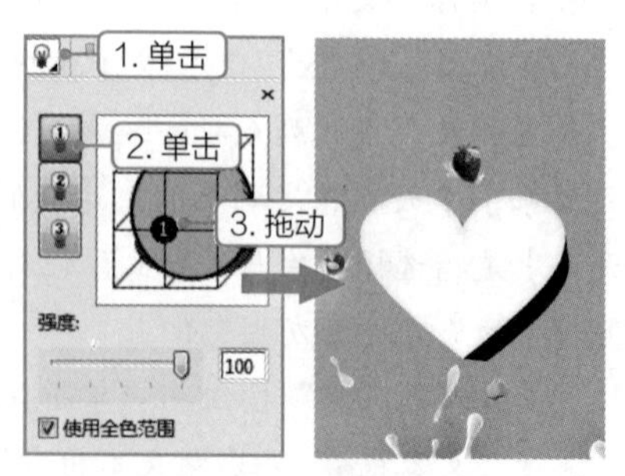


图6-103　添加照明

**技巧** 添加斜角修饰边后，在属性栏中单击“立体化颜色”按钮，在弹出的“颜色”面板底部单击“对斜角边使用立体填充”按钮，在其后的下拉列表框中可设置斜角边的填充颜色。

- “清除立体化”按钮：单击该按钮，可清除选择对象的立体化效果。
- “复制立体化属性”按钮：单击该按钮，单击目标对象，可将目标对象的立体化效果复制到选择的对象上。

## 6.6.3 添加斜角效果

在CorelDRAW X7中可以添加的斜角效果主要有两种：“柔和边缘”和“浮雕”。选择对象，选择【效果】/【斜角】命令，打开“斜角”泊坞窗，在“斜角”泊坞窗的“样式”下拉列表框中选择斜角效果，如图6-104所示。

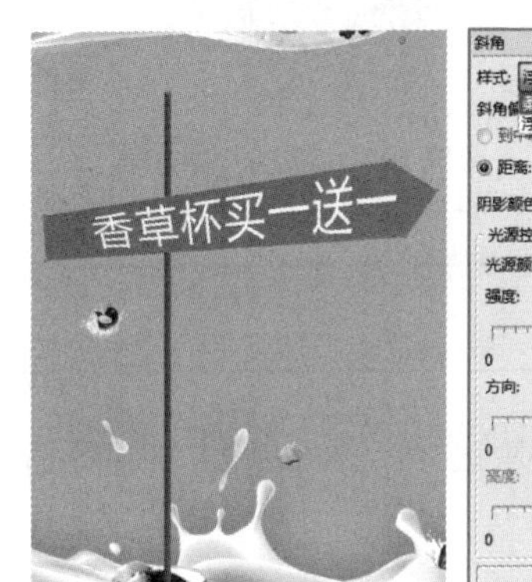

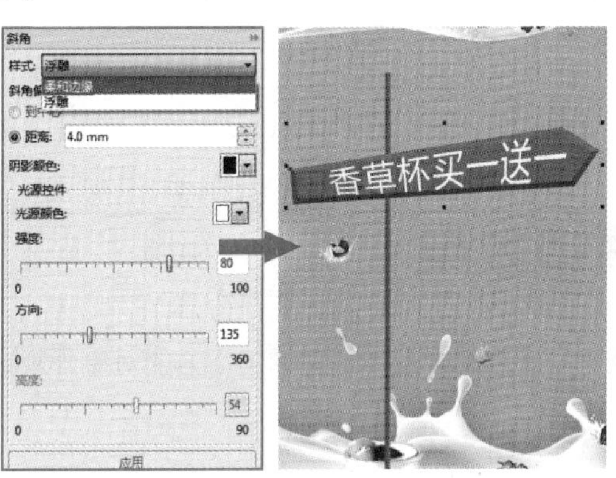

图6-104 原图、“斜角”泊坞窗、柔和边缘效果、浮雕效果

在“斜角”泊坞窗中选择斜角效果后，设置斜角偏移、阴影颜色和光源控件等参数，单击 应用 按钮，即可添加斜角效果。下面对斜角常用参数进行介绍。

- 到中心 单选项：选中该单选项，可以从中心开始创建斜角，只针对“柔和边缘”斜角效果，如图6-105所示。
- 距离 单选项：选中该单选项，可以从对象偏移的边缘开始创建斜角，在后面的文本框中可以设置斜面的宽度，图6-106所示为从边缘创建“柔和边缘”斜角效果。
- “阴影颜色”下拉列表框：在该下拉列表框中可以设置斜面的阴影颜色，图6-107所示为阴影为黑色的效果。

图6-105 从中心创建斜角

图6-106 从边缘创建斜角

图6-107 斜角阴影颜色

- "光源颜色"下拉列表框：在该下拉列表框中可以设置聚光灯的颜色，该颜色将笼罩在对象上。
- "强度"文本框：输入数值将改变光源的强度，值越大，光源越强，对象颜色越浅，范围为0~100。
- "方向"文本框：输入数值将改变光源的方向，范围为0~360。
- "高度"文本框：输入数值将改变光源的高度，范围为0~99。

**课堂练习——制作花纹立体字**

本练习将利用立体化工具为输入的文本创建立体效果，并拆分立体化效果，分别进行填充，添加花纹素材（素材\第6章\藤蔓.cdr），完成后的效果如图6-108所示（效果\第6章\花纹立体字.cdr）。

图6-108　花纹立体字效果

## 6.7 添加透镜效果

透镜功能可以在不改变对象属性的前提下，对透镜下方的对象外观进行改变。透镜功能广泛适用于矢量对象和位图对象。

### 6.7.1 课堂案例——制作镂空球体

**案例目标：** 本例将在多个矩形上绘制圆，对圆使用"鱼眼"透镜，为圆下方的矩形创建膨胀的变形效果，得到镂空球体外观，最后添加阴影，使球体更加立体，完成后的效果如图 6-109 所示。

**知识要点：** 矩形与圆的绘制、步长和重复、图形造型、"鱼眼"滤镜的使用、阴影的创建。

**效果文件：** 效果 \ 第 6 章 \ 镂空球 .cdr。

视频教学
制作镂空球体

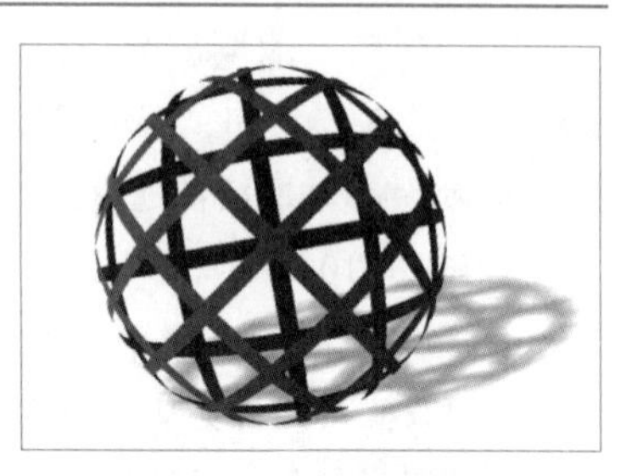

图6-109　镂空球体效果

其具体操作步骤如下。

**STEP 01** 新建A4、横向、名为"镂空球"的空白文件，选择矩形工具，按住【Ctrl】键拖动鼠标绘制正方形，如图6-110所示。

**STEP 02** 继续在大正方形左上方绘制小正方形，按【Ctrl+Shift+D】组合键即可打开"步长和重复"泊坞窗，在"水平设置"栏下方的下拉列表框中选择【无偏移】选项，在"垂直设置"栏下方的下拉列表框中选择【对象之间的间距】选项，将距离设置为"2 mm"，方向为"往下"，在"份数"文本框中输入"9"，单击 应用 按钮即可向下复制正方形，如图6-111所示。

STEP 03 框选所有小正方形，使用相同的方法继续水平向右再制9排，距离为2mm，效果如图6-112所示。

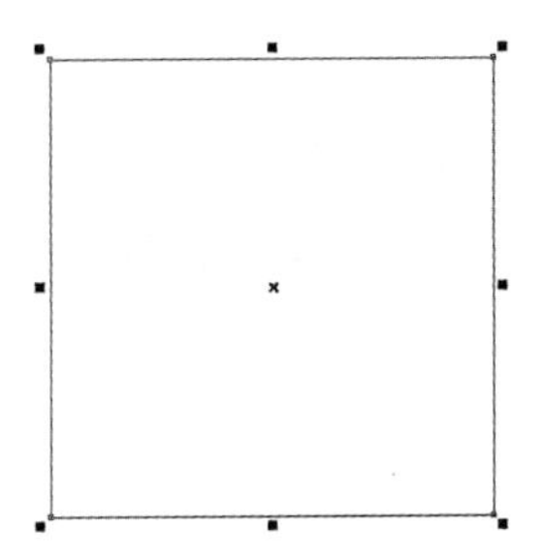
图6-110　绘制正方形

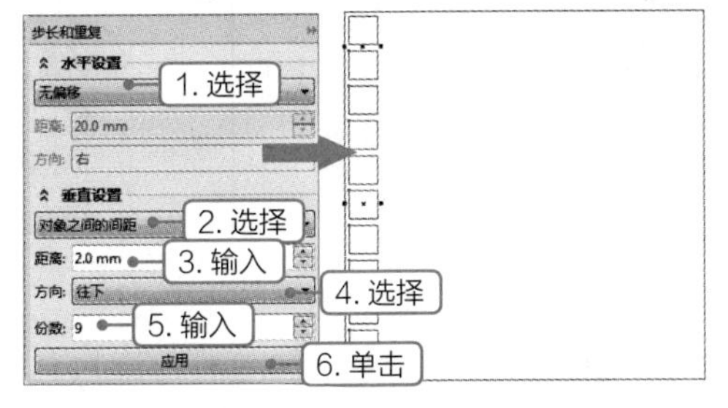

图6-111　绘制与再制正方形

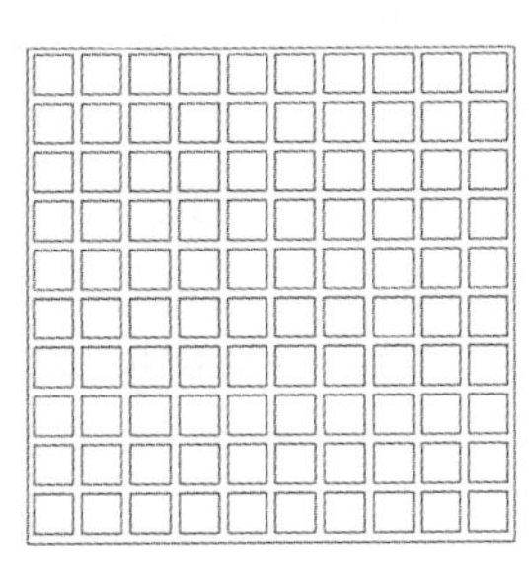
图6-112　水平再制

STEP 04 框选所有正方形，在属性栏中单击“移除前面对象”按钮，在大正方形上减去小正方形；选择交互式填充工具，拖动鼠标创建渐变填充，设置渐变色为“CMYK：2、37、0、0”和“CMYK：50、96、0、0”，效果如图6-113所示。

STEP 05 清除图形的轮廓在修剪后的图形中间绘制圆；按【Alt+F3】组合键打开“透镜”泊坞窗，在“透镜类型”下拉列表框中选择【鱼眼】选项，在“比率”文本框中输入“100”，单击选中冻结复选框，单击按钮解锁，单击应用按钮，创建“鱼眼”透镜效果，如图6-114所示。

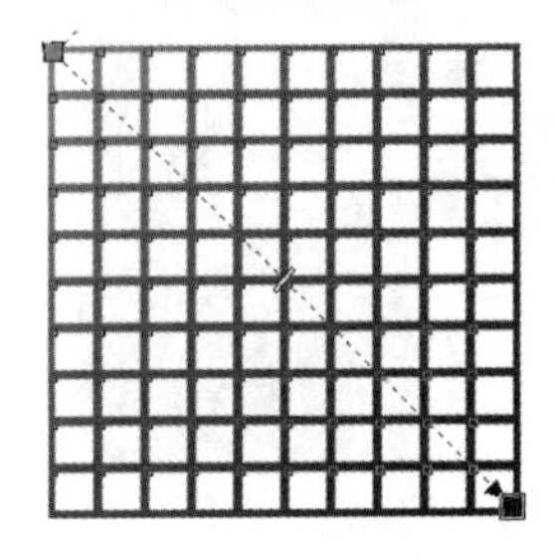
图6-113　创建渐变填充

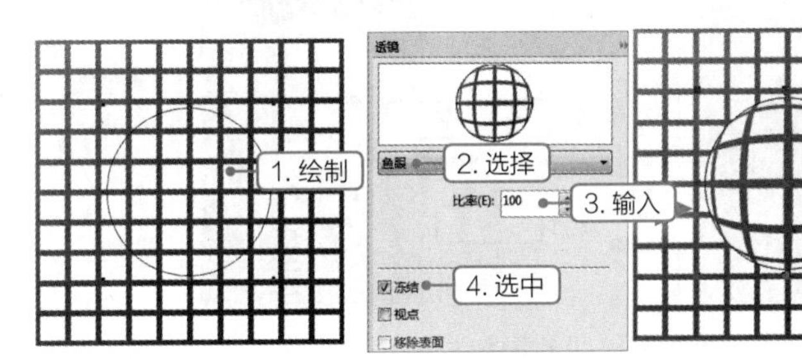

图6-114　创建“鱼眼”透镜

STEP 06 选择透镜圆，按【Ctrl+U】组合键取消组合，删除底层的方格与圆，效果如图6-115所示。

STEP 07 在属性栏中将旋转角度设置为“45°”；按【Ctrl+C】组合键和【Ctrl+V】组合键复制透镜效果图形，按【Alt】键选择底层透镜效果图形，将旋转角度设置为“10°”，颜色填充为“CMYK：16、65、0、35”，得到镂空球效果，如图6-116所示。

STEP 08 框选并按【Ctrl+G】组合键组合镂空球，选择阴影工具，将鼠标指针移动到下边缘，按住鼠标左键不放向右上方拖动创建阴影，在属性栏中设置阴影的不透明度为“20”、阴影羽化为“5”，默认阴影颜色为黑色，如图6-117所示。保存文件，完成本例的制作。

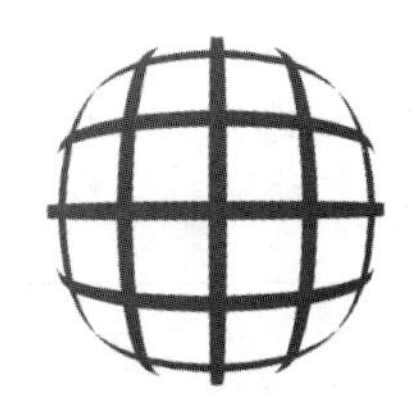
图6-115　取消组合，删除多余部分

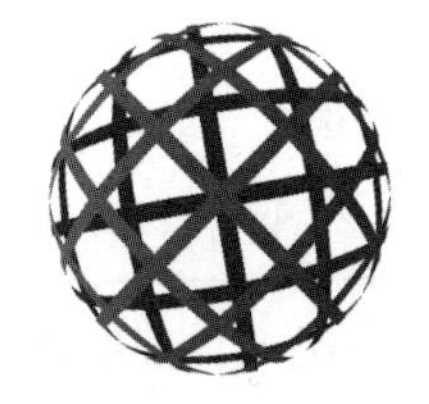
图6-116　复制与旋转图形

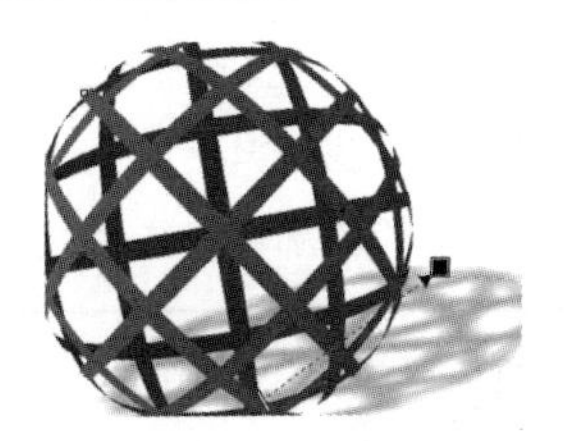
图6-117　添加阴影

## 6.7.2 添加透镜

选择需要创建透镜效果的图形，并将其移至需要改变下一层对象的区域，选择【效果】/【透镜】命令打开“透镜”泊坞窗，在“透镜”下拉列表框中选择透镜效果，如无透镜效果、变亮、颜色添加、色彩限度、自定义彩色图、鱼眼、热图、反转、放大、灰度浓淡、透明度及线框等，如图6-118所示。设置参数后单击按钮，使之呈状态，单击应用按钮即可应用该透镜效果。下面对透镜的类型进行介绍。

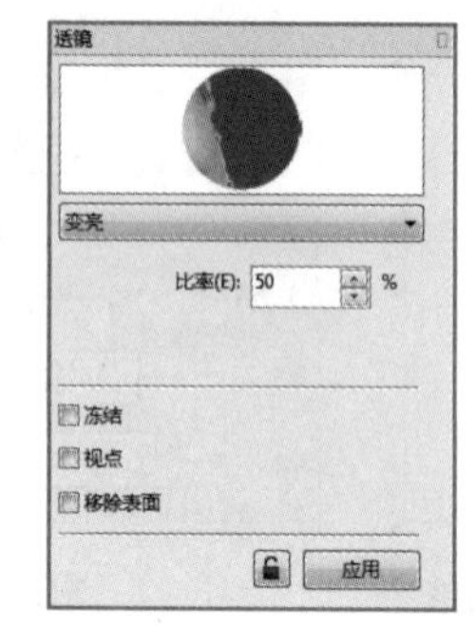


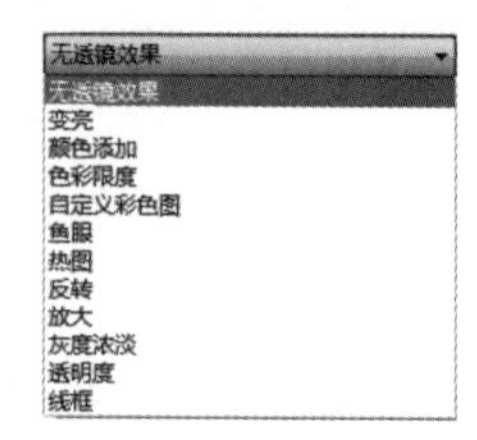


图6-118 “透镜”泊坞窗

- 无透镜效果：用于设置原图形的不透明度。
- 变亮：在透镜下的部分变亮显示，当输入负值时，将变暗显示透镜下的部分，图6-119所示为变亮显示透镜下的部分。
- 颜色添加：设置透镜的颜色，设置的颜色将与透镜下的区域混合显示，如图6-120所示。

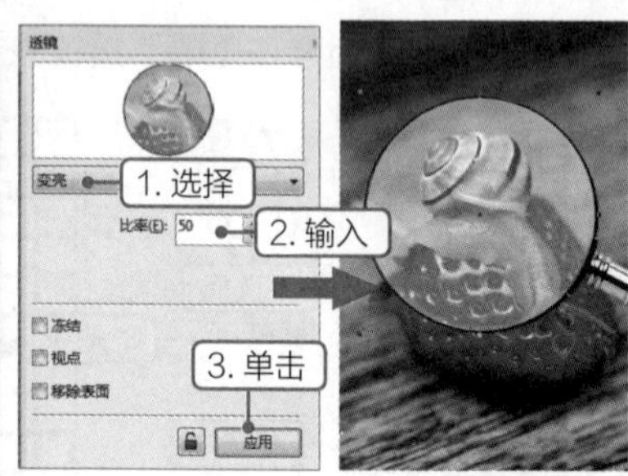


图6-119 变亮透镜

图6-120 颜色添加透镜

- 色彩限度：只允许黑色和透镜颜色显示，其他颜色将转换为与透镜相似的颜色。
- 自定义彩色图：使用两种设置的颜色之间的颜色来表现透镜下方的区域。
- 鱼眼：按比例从中心到边缘逐步放大透镜下方的区域；若输入负值，将按比例从中心到边缘缩小透镜下方的区域。
- 热图：透镜下方仿红外图像效果显示冷暖等级。
- 反转：透镜下方显示图像对应的互补色。
- 放大：按设置的倍数放大透镜下方的区域，如图6-121所示。若输入负值，将按倍数缩小透镜下方的区域。
- 灰度浓淡：将透镜下方设置为颜色等值的灰度显示。
- 透明度：透镜转换为透明彩色玻璃效果。
- 线框：该滤镜只针对矢量图对象，单击选中“填充”与“轮廓”前的复选框，可指定透镜区域矢量图的轮廓和填充的颜色，如图6-122所示。

**技巧** “放大”与“鱼眼”透镜都可以对透镜区域的图形进行缩放，不同的是，“放大”透镜不会对透镜下的区域进行扭曲，而“鱼眼”透镜会出现凸出显示或凹陷显示的扭曲变形。

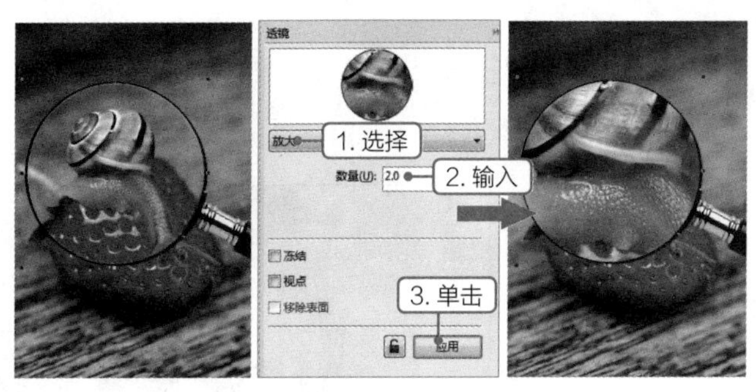


图6-121　放大透镜

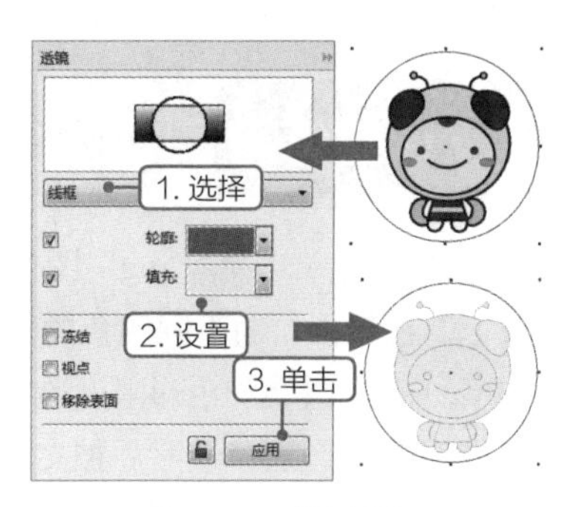


图6-122　线框透镜

## 6.7.3 编辑透镜

创建透镜时，除了选择创建透镜的类型，还可通过在“透镜”泊坞窗中单击选中相应的复选框来对透镜执行冻结、视点和移除表面操作，下面分别进行介绍。

- 冻结透镜：单击选中☑冻结复选框，单击应用按钮将透镜下方的区域复制并剪裁到透镜中，使之成为透镜的一部分，如图6-123所示。
- 移除透镜表面：单击选中☑移除表面复选框，单击应用按钮应用设置效果，可使透镜覆盖的位置显示透镜，在空白处不显示透镜，如图6-124所示。

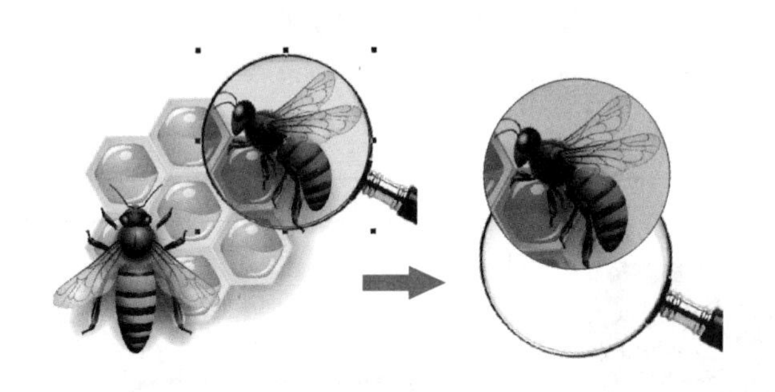

图6-123　冻结透镜

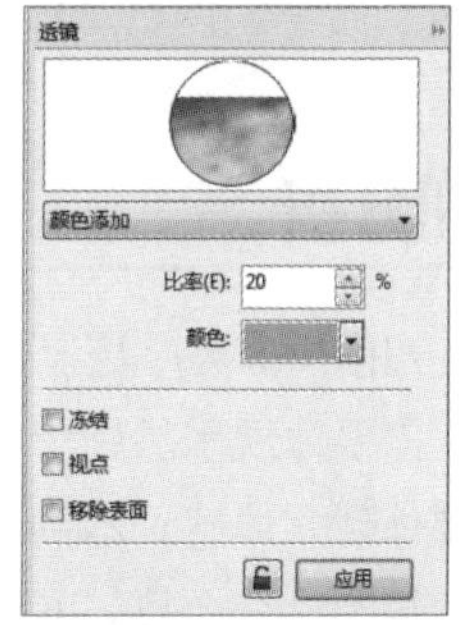


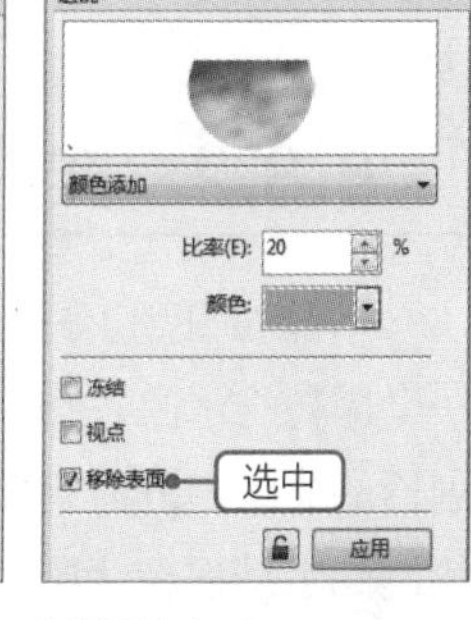


图6-124　移除透镜表面

- 更改透镜视点：单击选中☑视点复选框，可在对象和透镜不进行移动的情况下改变透镜的显示区域。单击其后的编辑按钮，可在展开面板的“x”“y”文本框中设置图形中心位置；单击结束按钮可完成设置；单击应用按钮应用设置效果，如图6-125所示。

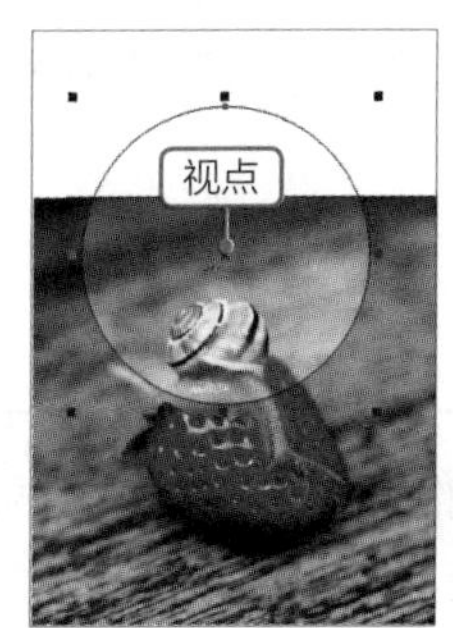


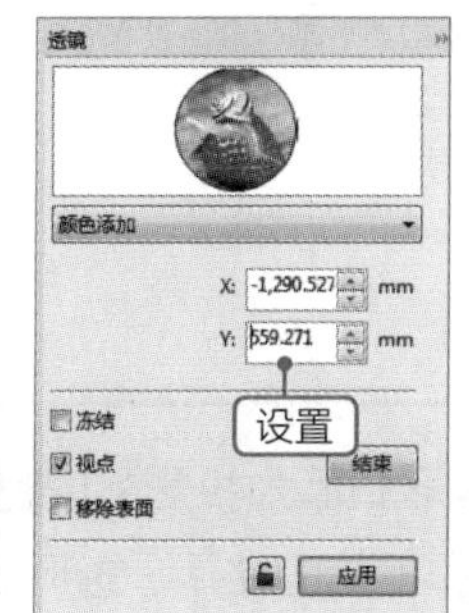


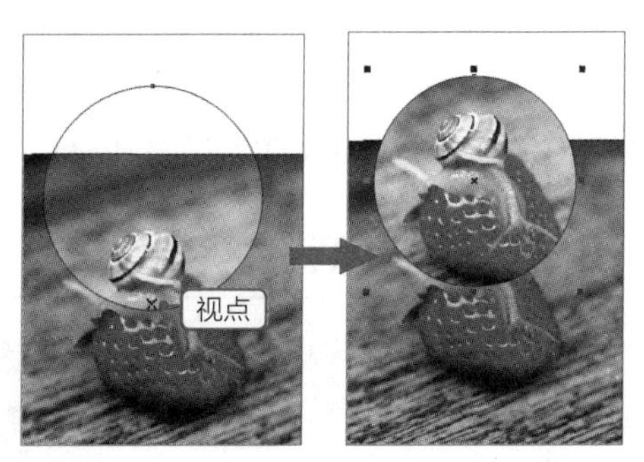


图6-125　更改透镜视点

## 课堂练习——使用透镜处理照片

本练习将导入“照片.jpg”图像（素材\第6章\照片.jpg），在其上绘制不同颜色的矩形，然后利用透镜中的添加颜色透镜和色彩限度透镜功能更改矩形下不同区域的显示色彩，最后添加文本与彩色矩形块修饰照片，完成后的效果如图6-126所示（效果\第6章\透镜照片.cdr）。

图6-126　照片效果

# 6.8 上机实训——制作水晶按钮

## 6.8.1 实训要求

本实训要求绘制水晶质感的网页“PLAY”按钮，要求绘制的按钮精致、美观，并且符合网页按钮的需要。

## 6.8.2 实训分析

水晶按钮在网页应用中非常广泛。一个漂亮的水晶按钮，需要体现水晶晶莹剔透的质感，同时需要体现立体感。本例绘制的水晶按钮为圆角矩形，符合目前网页上大多数水晶按钮的要求，为了增加立体感和剔透感，通过颜色的调和、渐变透明效果的添加、阴影等手法进行制作。本实训制作的按钮为红色，参考效果如图6-127所示。制作完成后，可通过更改调和图形的颜色，将按钮制作成其他颜色的水晶按钮。

视频教学
制作水晶按钮

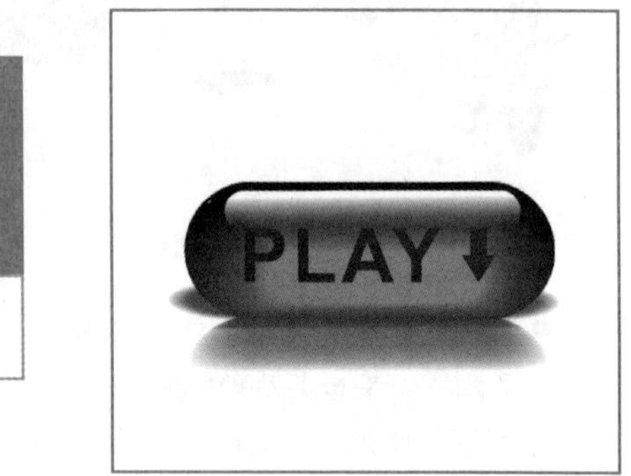


图6-127　水晶按钮效果

**效果所在位置：**效果\第6章\水晶按钮.cdr。

## 6.8.3 操作思路

完成本实训主要包括调和图形、渐变透明图形和添加投影3步操作，其操作思路如图6-128所示。涉及的知识点主要包括圆角矩形的绘制、调和工具的使用、透明工具的使用、阴影工具的使用和文本输入等。

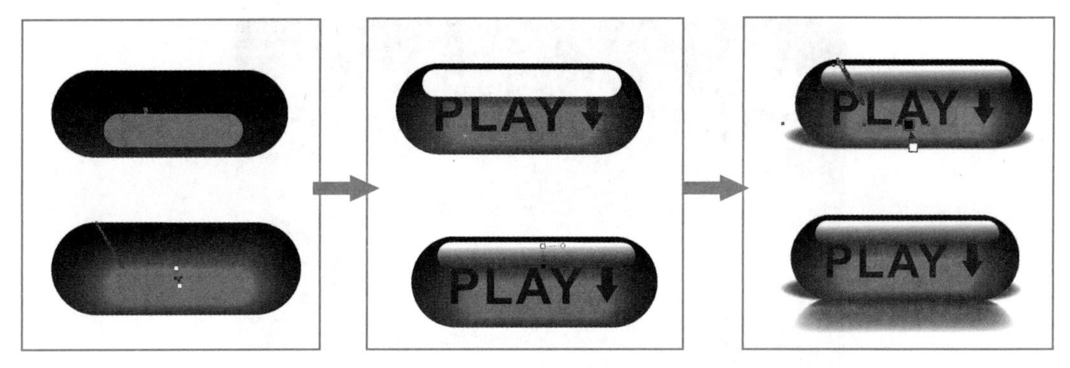


图6-128 操作思路

【步骤提示】

STEP 01 新建A4、横向、名为“水晶按钮”的空白文件，选择矩形工具，绘制圆角矩形，选择交互式填充工具，在属性栏中单击“渐变填充”按钮，从下到上拖动鼠标，创建渐变填充，起点填充为“CMYK：68、100、65、50”，终点填充为“CMYK：10、89、0、0”。

STEP 02 复制并缩小圆角矩形，填充为粉色（CMYK：0、53、0、0）。

STEP 03 选择调和工具，在起始对象上按住鼠标左键不放，向另一个对象拖动鼠标，即可在两个对象间创建直线调和效果，在属性栏中设置调和步长为“20”。

STEP 04 选择文本工具，在图形上方输入白色文本，设置字体为“Arial（粗体）”；在右侧绘制箭头，文本与箭头颜色为“CMYK：55、98、47、4”。

STEP 05 绘制白色无轮廓圆角矩形，选择透明工具，单击绘制的白色图形，从上向右下拖动鼠标创建线性透明效果。

STEP 06 框选并按【Ctrl+G】组合键组合按钮，选择阴影工具，将鼠标指针移动到下边缘，按住鼠标左键不放向上方拖动创建阴影。

STEP 07 按【Ctrl+K】组合键拆分调和效果与阴影效果，复制调和效果，单击垂直镜像按钮，选择透明工具，单击绘制的白色图形，从上向右下拖动鼠标创建线性透明效果。保存文件，完成本例的制作。

## 6.9 课后练习

### 1. 练习1——*制作气泡效果*

气泡是修饰画面常用的对象。本练习将利用椭圆形渐变透明工具为画面添加气泡效果，利用阴影工具创建气泡上的白色高光区域，效果如图6-129所示。其中涉及圆的绘制、渐变透明效果的添加、图形造型、阴影添加与拆分等知识。

**提示：**将阴影颜色设置为白色，通过羽化与不透明度设置可得到白色高光效果。

**素材所在位置：**素材\第6章\气泡\。

**效果所在位置：**效果\第6章\气泡.cdr。

图6-129 气泡效果

### 2. 练习2——*制作斑斓的孔雀*

本例将新建文件，通过图形的绘制、色彩的填充，以及调和工具、变形工具和阴影工具的应用来制作一只五彩斑斓的孔雀，最后添加小草，效果如图6-130所示。

**提示**：创建白色和黄色的渐变调和后，单击“逆时针调和”按钮可更改调和效果为绿色、蓝色、紫色的调和效果。

**素材所在位置**：素材\第6章\小草.cdr。

**效果所在位置**：效果\第6章\孔雀.cdr。

图6-130 孔雀效果

CHAPTER 7

# 第7章 文本的添加与处理

文本是平面设计中重要的组成部分，它不仅能够直观地反映设计者所需要表达的信息，经过美化处理后，还能起到修饰美化版面的作用。在CorelDRAW X7中，用户可以根据需要创建多种类型的文本，如美术文本、段落文本及路径文本等。本章将对不同类型的文本创建与编辑方法进行介绍，使添加的文本更加符合设计的需要。

## 课堂学习目标

- 掌握创建美术字的方法
- 掌握设计美术字的方法
- 掌握创建路径文本的方法
- 掌握排版段落文本的方法

## 课堂案例展示

唇彩海报

箱包海报

美食杂志

# 7.1 创建美术字

美术字常用于添加少量文本，用户不仅可以对文本的颜色、字体、字号、字符效果和字间距等属性进行设置，还可以将其作为矢量图进行编辑，如设置渐变填充、轮廓及阴影等属性，以达到美化文本的目的。本节将详细介绍创建与编辑美术字的方法。

## 7.1.1 课堂案例——制作唇彩海报

**案例目标：**美术字被广泛用于海报文本，为了海报的美观，在海报中输入美术字后，还需要根据商品特征、颜色等属性对文本的字体、大小与颜色等属性进行设置，并进行合理的排列组合，应用图形进行文本的装饰。本例将输入并设置唇彩海报中的美术字，完成后的参考效果如图 7-1 所示。

视频教学
制作唇彩海报

**知识要点：**美术文本输入 、字体、文本大小与颜色设置、图形绘制。

**素材位置：**素材 \ 第 7 章 \ 唇彩 .png、唇彩背景 .jpg。

**效果文件：**效果 \ 第 7 章 \ 唇彩海报 .cdr。

图7-1　唇彩海报效果

其具体操作步骤如下。

STEP 01 新建大小为700mm×210 mm、名为“唇彩海报”的空白文件，按【Ctrl+I】组合键，打开“导入”对话框，选择“唇彩背景.jpg”文件，单击 导入 按钮，导入素材文件，选择选择工具，拖动四角的控制点调整背景的大小，使其覆盖页面，如图7-2所示。

STEP 02 继续导入“唇彩.png”文件，调整唇彩的大小，并将其放到页面左侧，如图7-3所示。

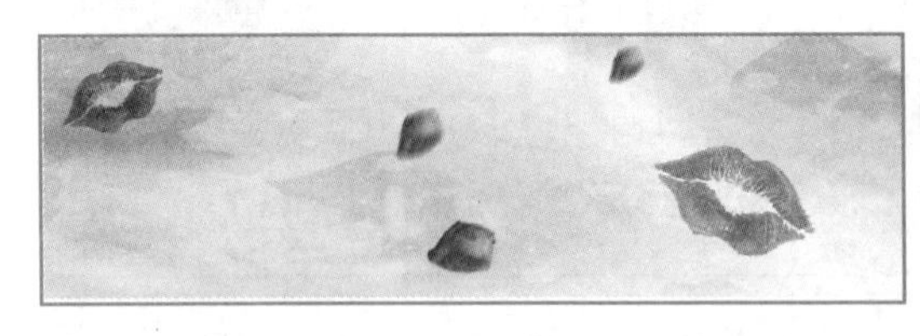

图7-2　导入背景

图7-3　导入唇彩

STEP 03 选择文本工具，在工作区中单击鼠标输入“炫彩”文本，继续单击其他位置输入其他文本，需要放置在一起的文本可输入在一起，如图7-4所示。

STEP 04 选择选择工具，分别选择输入的美术文本，拖动四角的控制点调整文本的大小，拖动文本调整文本的位置，进行组合排列，如图7-5所示。

图7-4 输入美术文本

图7-5 调整文本的大小与位置

STEP 05 选择选择工具，选择“炫彩”文本，在属性栏中的“字体列表”下拉列表框中选择【浪漫雅圆】选项，继续将“美”“的感觉”字体设置为“浪漫雅圆”；将“新品上市 潮流必备单品”字体设置为“黑体”，将英文字体设置为“Arial”，效果如图7-6所示。

STEP 06 绘制圆与矩形，取消轮廓，填充为红色（CMYK：0、96、76、0），按【Ctrl+PageDown】组合键将圆和矩形分别放置在“炫彩”文本和“新品上市 潮流必备单品”文本下方；按【Shift】键选择“炫彩”文本和“新品上市 潮流必备单品”文本，在界面右侧色块上单击白色色块，设置为白色文本；按【Shift】键选择“美”“SENSE OF”“的感觉”文本，在界面下方的色块中单击之前使用过的红色色块，将其设置为红色文本，如图7-7所示。保存文件，完成本例的制作。

图7-6 更改文本字体

图7-7 添加图形修饰并更改文本颜色

## 7.1.2 输入与选择文本

在工具箱中选择文本工具，将鼠标指针移到页面需要输入文本的位置，单击鼠标左键，此时将出现文本输入指针，选择合适的输入法后，即可在此处输入文本内容，图7-8所示为输入的美术文本。输入文本后，若要编辑文本，需要选择文本。使用选择工具直接单击需要选择的文本即可选择美术文本的全部字符；当需要对美术文本部分字符进行选择时，可选择文本工具，单击要选择文本的起点，按住鼠标左键不放拖动到终点位置，释放鼠标即可选择，选择的文本呈现蓝色底纹显示，此时可单独设置文本的颜色、大小、字体等属性，如图7-9所示。

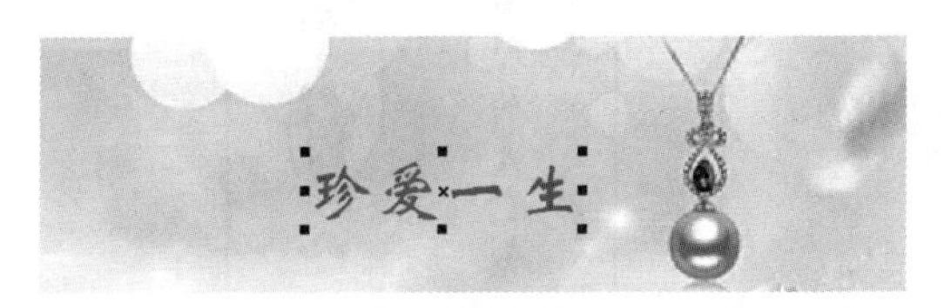


图7-8 输入文本

图7-9 选择部分字符

## 7.1.3 使用属性栏设置字符属性

使用文本工具输入文本后，选择需要设置字符属性的文本，通过其属性栏设置文本的字体、字号等属性，如图7-10所示。

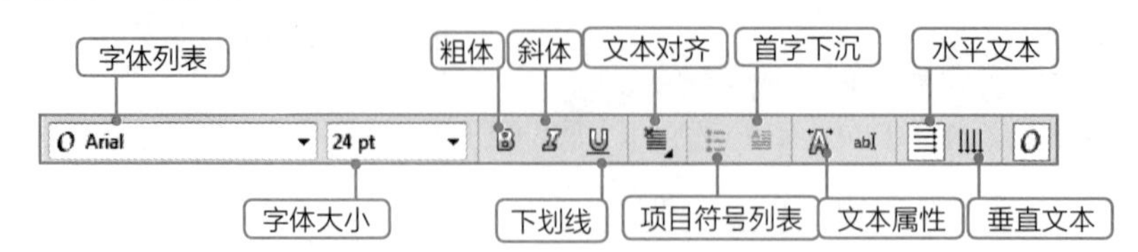


图7-10 文本工具属性栏

下面对属性栏中常见的字符属性进行介绍。

- “字体列表”下拉列表框：选择文本后，在该下拉列表框中可为文本选择不同的字体，如图7-11所示。若熟悉字体，也可直接输入字体名称。
- “字体大小”下拉列表框：选择文本后，在该下拉列表框中可为文本选择字号大小，单位为“pt”，设置的值越大，文本越大，也可直接输入字号。
- “粗体”按钮：单击该按钮，可将输入的文本加粗，效果如图7-12所示。注意某些字体不能进行加粗。
- “斜体”按钮：单击该按钮，可将输入的文本倾斜，效果如图7-13所示。注意某些字体不能进行倾斜。
- “下划线”按钮：单击该按钮，可为输入的文本添加下划线，如图7-14所示。

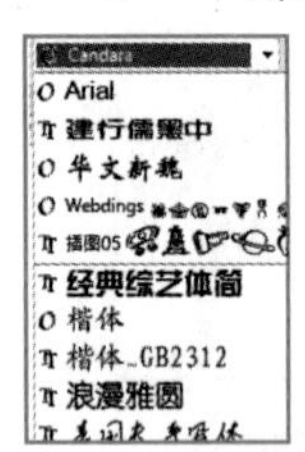

图7-11 字体列表

图7-12 粗体

图7-13 斜体

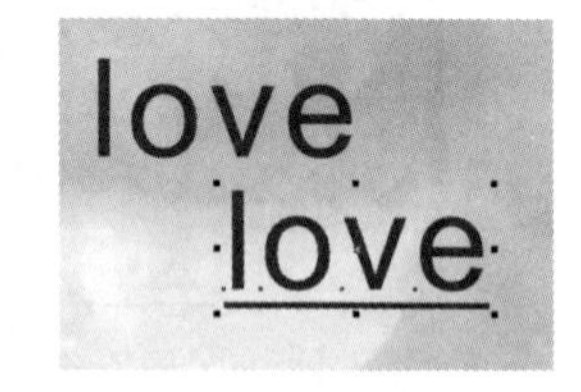


图7-14 下划线

- “文本对齐”按钮：单击该按钮，在弹出的下拉列表框中选择文本在文本框中或图形中的对齐方式，如图7-15所示。
- “首字下沉”按钮：单击该按钮可将段落文本中的第一个字放大。
- “文本属性”按钮：单击该按钮可打开“文本属性”泊坞窗。
- “将文本更改为水平方向”按钮：单击该按钮可将文本更改为水平方向，如图7-16所示。
- “将文本更改为垂直方向”按钮：单击该按钮可将文本更改为垂直方向，如图7-17所示。

图7-15 对齐方式

图7-16 水平文本

图7-17 垂直文本

**疑难解答** 在“字体”下拉列表框中找不到满意的字体怎么办?

CorelDRAW X7 字体列表中的字体来源于系统自带的一些最基本的字体，为了满足设计的需要，用户可在网上下载并安装一些用于设计的特殊字体。到字体网站下载的字体文件一般为 zip 或 rar 格式的压缩文件，解压后就得到字体文件，一般为 ttf 格式。在字体文件上单击鼠标右键，在弹出的快捷菜单中选择【安装】命令，可快速进行字体的安装。安装字体后，重新打开 CorelDRAW X7，就能在软件的字体列表中找到安装的字体。

## 7.1.4 使用“文本属性”泊坞窗设置字符属性

在“文本属性”泊坞窗的“字符”栏中不仅可对文本的字体、字号等属性进行设置，还可为文本设置字间距、设置文本的填充效果和特殊格式等，如图7-18所示。

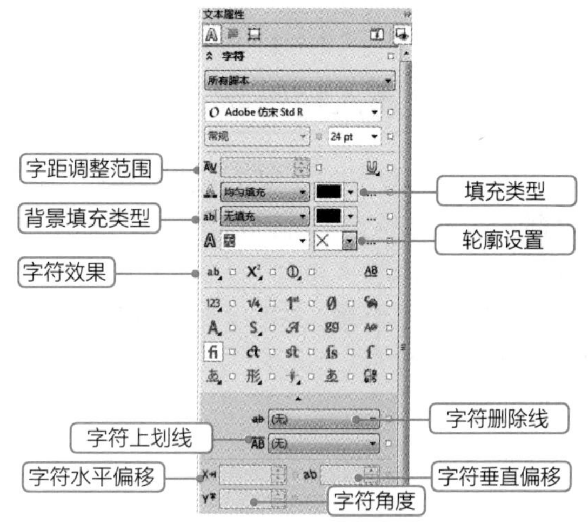


图7-18 “文本属性”泊坞窗

- “字距调整范围”文本框：拖动鼠标选择需要设置字符间距的文本，输入数值可调整字距。
- “填充类型”下拉列表框：用于设置文本的填充类型，包括均匀填充、渐变填充、双色图案填充、位图图样填充、PostScript填充和底纹填充。选择不同的填充方式，将展开对应的填充选项，单击其后的  按钮可打开“编辑填充”对话框，对填充图案进行详细设置，其设置方法与设置图形填充方法相同。图7-19所示为向量图案填充文本的效果。
- “背景填充类型”下拉列表框：在该下拉列表框中可以选择一种填充方式来填充文本的背景，其填充方法与填充文本的方法一样，图7-20所示为向量图案填充文本背景的效果。

浪漫春天

图7-19 向量图案填充文本

图7-20 向量图案填充文本背景

- “轮廓设置”下拉列表框：在“轮廓宽度”下拉列表框中可以选择或输入文本轮廓的宽度，在其后的下拉列表框中可以选择文本轮廓的颜色。
- “字符效果”面板：在该面板中可设置大写字母、上下标、分数等特殊字符效果，图7-21所示为将2设置为上下标的效果。

- “字符删除线”下拉列表框：在该下拉列表框中可以为选择的字符添加删除线效果，图7-22所示为单细删除线效果。
- “字符上划线”下拉列表框：在该下拉列表框中可以为选择的字符添加上划线效果，图7-23所示为单细上划线效果。

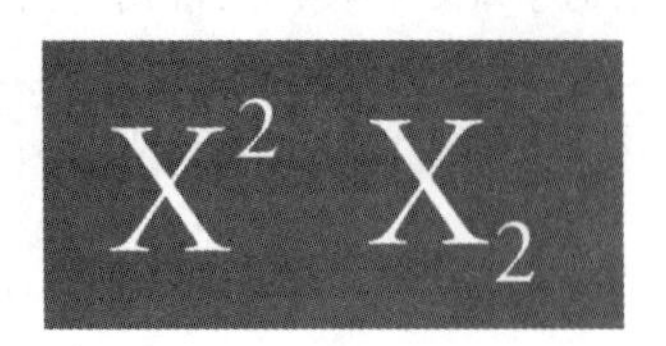

图7-21 上下标效果

图7-22 字符删除线

图7-23 字符上划线

- “字符水平偏移”文本框：输入数值，可设置字符水平移动的间距。
- “字符垂直偏移”文本框：输入数值，可设置字符垂直移动的间距。
- “字符角度”文本框：输入数值，可设置字符的旋转角度。

## 7.1.5 插入特殊字符

在CorelDRAW X7中，每个字体几乎都带有一些特殊的字符，这些字符一般很难输入，此时可通过“插入字符”泊坞窗将其插入到工作区中。其插入方法为：选择文本工具，单击定位文本插入点，选择【文本】/【插入字符】命令，打开“插入字符”泊坞窗，设置字符的字体后，在“字符”列表框中双击将该图形作为字符插入，如图7-24所示。若在“插入字符”泊坞窗中直接拖动字符到工作区中，字符将作为对象被插入。

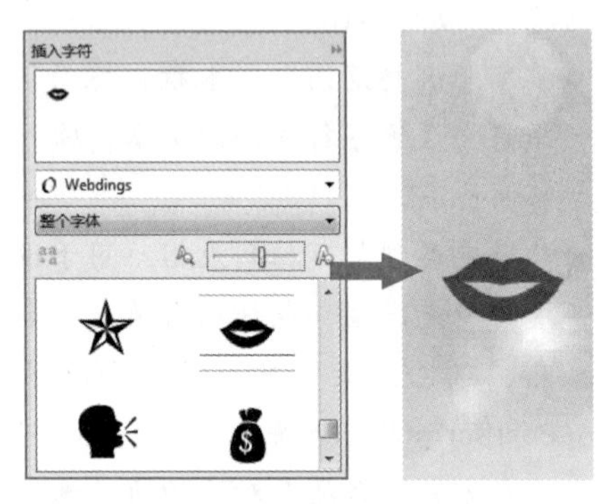

图7-24 插入特殊字符

**技巧** 在“字体”下拉列表下方的“字符过滤器”下拉列表框中可指定插入符号的识别性，拖动下方的滑块可设置“字符”列表框中字符的显示比例。

## 课堂练习——制作纸板字

本练习将利用铅笔和背景（素材\第7章\铅笔.cdr、背景.jpg）创建美术字，设置美术字，并用编辑矢量图的方法拆分美术字，然后为美术字添加阴影效果，并制作悬挂效果，制作后的效果如图7-25所示（效果\第7章\纸板字.cdr）。

图7-25 纸板字效果

# 7.2 设计美术字

除了输入已有字体样式的文本，用户还可以自己编辑字体的外观。在编辑字体外观时，通常需要涉及一些拆分、转曲等操作，下面分别进行介绍。

## 7.2.1 课堂案例——制作“限时”艺术字

视频教学
制作“限时”
艺术字

**案例目标**：艺术字广泛应用于平面设计作品中，其外观可根据需要自由设计。本例将输入箱包广告中的文本，对“限时”文本的外观进行个性化设计，并加入时钟等元素，完成后的参考效果如图 7-26 所示。

**知识要点**：文本输入与属性设置 、文本拆分、文本转曲与编辑、图形绘制。

**素材位置**：素材 \ 第 7 章 \ 箱包背景 .jpg。

**效果文件**：效果 \ 第 7 章 \ 箱包海报 .cdr。

图7-26 “限时”艺术字效果

其具体操作步骤如下。

**STEP 01** 新建大小为600 mm × 200 mm、名为“箱包海报”的空白文件，导入“箱包背景.jpg”文件，覆盖页面；选择文本工具字，在背景中单击鼠标输入“限时9折新品”文本，按【Ctrl+K】组合键将其拆分为单个文本，调整大小排列，设置“限”“时”“折”字体为“方正兰亭黑简体”，文本颜色为蓝色（CMYK：95、34、0、0）；设置“新品”字体为“黑体”，文本颜色为洋红（CMYK：0、100、0、0）；设置“9”字体为“Bodoni MT”，文本颜色为洋红，如图7-27所示。

**STEP 02** 选择封套工具单击“时”文本，创建封套，调整封套节点编辑封套外观，继续单击“限”文本，编辑其外观，如图7-28所示。

图7-27 导入背景并输入文本

图7-28 为文本添加封套

**STEP 03** 分别选择“限”“时”文本，按【Ctrl+Q】组合键将文本转曲，使用形状工具调整文本外观，如图7-29所示。

**STEP 04** 使用钢笔工具在“时”文本右上角绘制装饰图形，取消轮廓，填充为“CMYK：95、34、0、0”，如图7-30所示。

图7-29 转曲并编辑文本外观

图7-30 添加图形

**STEP 05** 选择文本工具，在“限”的拉长笔画上方输入文本，将英文字体设置为“Arial”，文本颜色为蓝色（CMYK：95、34、0、0），旋转文本角度，使其与笔画平行，效果如图7-31所示。

**STEP 06** 在文本下方右侧绘制矩形，取消轮廓，填充为蓝色（CMYK：95、34、0、0），在其上输入文本，调整文本大小，设置字体为“Arial”，文本颜色为白色；将文本插入点定位到10%前方，拖动鼠标选中“10%0FF”文本，在属性栏中单击“粗体”按钮加粗，效果如图7-32所示。保存文件，完成本例的制作。

图7-31 输入并旋转文本

图7-32 添加图形并输入文本

## 7.2.2 拆分与合并文本

拆分文本是指将一段连续的文本拆分为单个的文本，方便进行单个文本的调整。选择文本后，按【Ctrl+K】组合键即可进行拆分，图7-33所示为拆分“abc”为“a”“b”“c”，并单独编辑的效果。当需要将多个单独的文本作为一个对象进行编辑时，可按【Ctrl+L】组合键进行合并。

图7-33 拆分文本

### 7.2.3 将文本转换为曲线

将文本转换为曲线不仅能摆脱文本字体的限制，还可对文本进行一些矢量图的编辑操作。选择美术文本或段落文本，然后按【Ctrl+Q】组合键将选择的文本转换为曲线，转换为曲线后，用户可使用“形状工具” 来编辑文本的样式，图7-34所示为将文本转换为曲线后，使用形状工具编辑笔画得到的艺术字效果。

枫彩园

图7-34　将文本转换为曲线后的编辑效果

**课堂练习——制作春艺术字**

本练习将导入“春背景.tif”图像（素材\第7章\春背景.tif），输入春天故事文本，然后按【Ctrl+Q】组合键转曲，使用形状工具对文本进行造型设计，复制造型文本制作阴影，最后绘制树叶进行修饰，完成后的效果如图7-35所示（效果\第7章\春天海报.cdr）。

图7-35　春艺术字效果

## 7.3 创建路径文本

在输入文本的过程中，用户可以根据需要在绘制的曲线或图形边缘上输入文本，或将已有的文本附着在曲线或图形边缘上，形成特殊的文本效果。

### 7.3.1 课堂案例——制作咖啡印章

**案例目标：**在制作一些印章时，通常需要设置文本环绕圆边缘排列。本例将绘制咖啡印章，为印章中心的圆的上边缘和下边缘添加路径文本，调整路径文本与圆边缘的距离和位置，最后添加装饰线和阴影效果，完成后的咖啡印章效果如图 7-36 所示。

视频教学
制作咖啡印章

**知识要点：**椭圆、矩形与线条的绘制、图形的复制、路径文本的创建与编辑、阴影的添加。

**效果文件：**效果 \ 第 7 章 \ 咖啡印章 .cdr。

图7-36　咖啡印章效果

其具体操作步骤如下。

**STEP 01** 新建横向的空白文件，创建背景矩形，取消轮廓，填充CMYK值为“62、93、85、55”的颜色，在背景中心绘制直径为110 mm的圆，取消轮廓，填充CMYK值为“7、13、23、0”的颜色，如图7-37所示。

**STEP 02** 选择圆，按住【Shift】键向内拖动四周的任意控制点，至合适位置时单击鼠标右键复制圆，将轮廓粗细设置为“2.0 pt”，线条样式设置为虚线，线条颜色的CMYK值设置为“64、100、97、62”；继续复制并中心缩小圆，更改填充的CMYK值为“18、22、34、0”；再继续复制并中心缩小圆，填充CMYK值为“7、13、23、0”，效果如图7-38所示。

**STEP 03** 在圆形中间绘制咖啡杯和咖啡豆的轮廓，填充CMYK值为“64、100、97、62”的颜色，取消轮廓；在咖啡杯上绘制心形标志和杯柄口，填充CMYK值为“7、13、23、0”的颜色，取消轮廓，如图7-39所示。

图7-37 绘制矩形与圆

图7-38 制作同心圆

图7-39 绘制咖啡杯标志

**STEP 04** 选择中心的圆，单击“文本工具”按钮字，在圆外侧左上侧的边缘上单击，输入文本，将字体设置为“Arial”，字号设置为“16 pt”，设置字体颜色的CMYK值为“57、77、88、32”，如图7-40所示。

**STEP 05** 在属性栏中的“与路径的距离”文本框中输入“3.0 mm”，在“偏移”文本框中输入“1mm”，按【Enter】键应用设置，将文本调整到圆正上方边缘，效果如图7-41所示。

图7-40 输入上边缘的路径文本

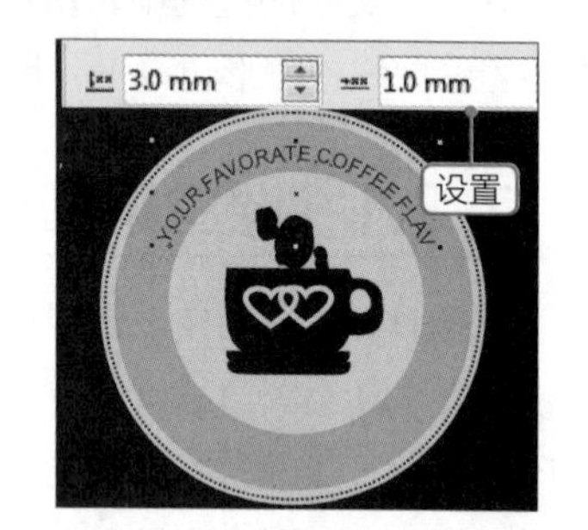


图7-41 设置上边缘的路径文本

**STEP 06** 将鼠标指针移到圆外侧的边缘上，当其呈I形状时，单击鼠标左键，输入文本，在文本中间分别添加一个空格，将字体设置为“Calisto MT”，字号设置为“32 pt”，设置文本颜色的CMYK值为“57、100、88、49”，如图7-42所示。

**STEP 07** 在属性栏中设置“与路径的距离”值为“11.5 mm”，在“偏移”文本框中输入“150 mm”；单击“水平镜像文本”按钮和“垂直镜像文本”按钮，使其居于下半圆，效果如

图7-43所示。

图7-42　输入下边缘的路径文本

图7-43　设置下边缘的路径文本

**提示** 直接在路径上拖动文本可大致调整文本在路径上的位置与路径的距离。

**STEP 08** 在左侧空白处绘制线条，将轮廓粗细设置为“2.0 pt”，设置轮廓色的CMYK值为“7、13、23、0”，如图7-44所示。

**STEP 09** 复制并水平翻转线条，并将其移动到右侧文本的空白处，如图7-45所示。

**STEP 10** 框选印章，按【Ctrl+G】组合键进行组合，使用阴影工具从中心向右下角拖动创建阴影，在属性栏中设置阴影不透明度为“100”，设置阴影羽化值为“100”，设置阴影颜色为白色，效果如图7-46所示。保存文件，完成本例的制作。

图7-44　绘制线条

图7-45　复制线条

图7-46　添加阴影

## 7.3.2　在路径上输入文本

选择曲线或图形，选择文本工具字，将鼠标指针移到曲线上或绘制图形外侧的边缘上，当鼠标指针呈 I 形状时，单击鼠标左键，插入文本插入点，输入文本即可，输入的文本将自动沿图形或曲线边缘分布，如图7-47所示。

图7-47　在路径上输入文本

## 7.3.3 使文本适合路径

若需将已有文本附着在路径上，可按住鼠标右键拖动文本到路径上，释放鼠标右键，在弹出的快捷菜单中选择【使文本适合路径】命令，如图7-48所示。

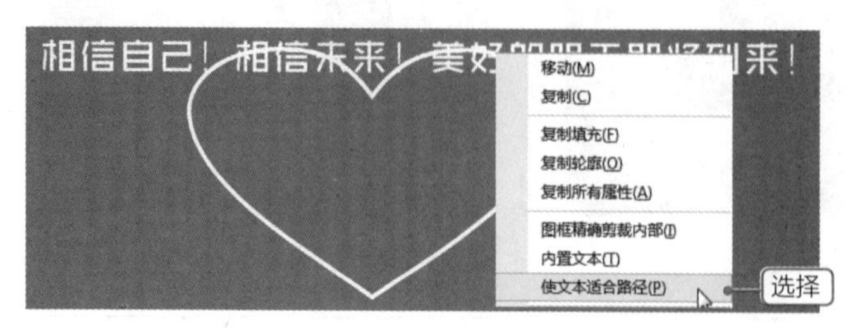

图7-48 使文本适合路径

## 7.3.4 编辑路径文本

创建路径文本后，向路径内或路径外拖动路径文本，可大致调整路径与文本的距离，沿着路径拖动，可调整文本在路径上的位置。此外，在选择路径文本后，可通过属性栏进行文本方向、与路径的距离及偏移等精确设置，如图7-49所示。下面对属性栏中常见的路径属性进行介绍。

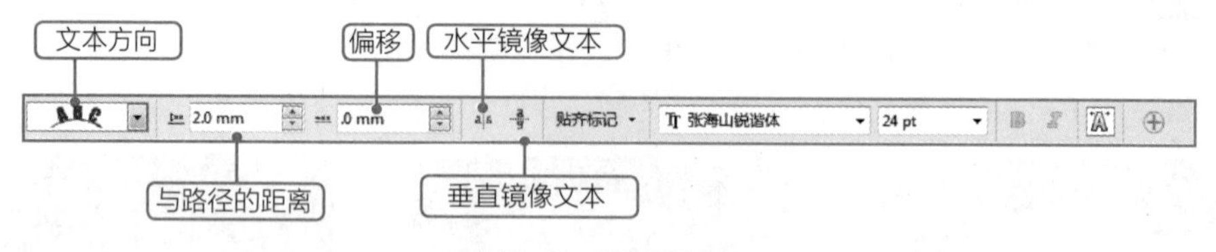


图7-49 路径属性栏

- “文本方向”下拉列表框：用于设置文本在路径上的分布方向，如图7-50所示。
- “与路径的距离”文本框：用于设置文本与路径的间距值，图7-51所示为不同距离的效果。
- “偏移”文本框：用于调整文本偏移量，数值为“0”时，文本将位于图形上方的边缘上，输入数值将顺时针旋转位置，图7-52所示为不同偏移量的效果。

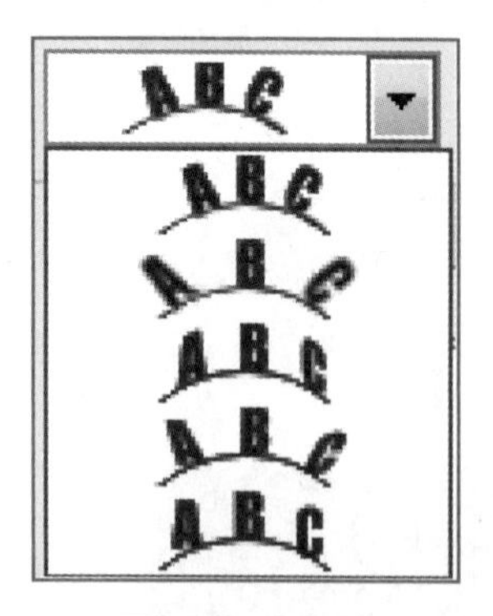


图7-50 文本方向

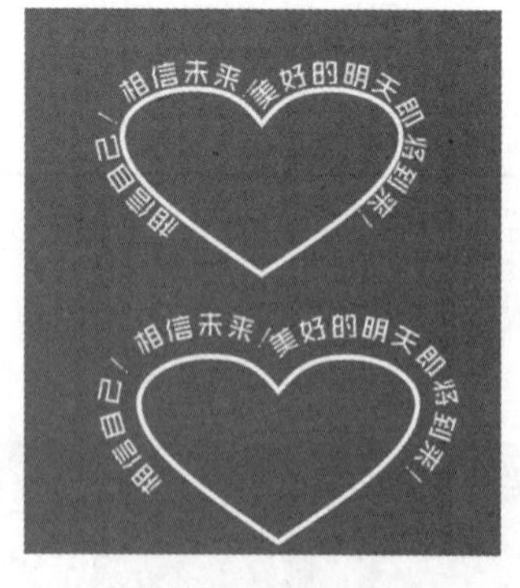


图7-51 不同距离的效果

图7-52 不同偏移量的效果

- “水平镜像文本”按钮：单击该按钮，可水平镜像路径上的文本。
- “垂直镜像文本”按钮：单击该按钮，可垂直镜像路径上的文本。

● 贴齐标记 ▾ 按钮：单击该按钮，可在弹出的面板中设置贴齐文本到路径的间距增量。

### 7.3.5 拆分路径与文本

有时为了制作文本沿路径分布的效果，需要先绘制曲线，设置好文本路径效果后，为了使图形更加美观，可将路径设置为无颜色，或按【Crtl+K】组合键拆分路径与文本，再删除路径。删除路径后，文本的路径效果不会发生变化，如图7-53所示。

图7-53 拆分路径与文本

**课堂练习——制作公司标志**

本练习将制作公司标志，首先绘制圆形，设置轮廓，将轮廓转换为对象，然后通过与矩形的造型移除部分轮廓。在圆中绘制小狼图形，最后输入公司名称，使公司名称适合圆路径，编辑文本与路径的距离，以及文本在路径上的位置，制作后的标志效果如图7-54所示（效果\第7章\公司标志.cdr）。

图7-54 公司标志效果

## 7.4 创建段落文本

在制作一些画册、杂志等文件时，往往需要编排很多文本，利用段落文本可以方便地进行文本的字距、位置调整等，使其更加适应版面的需要。

### 7.4.1 课堂案例——排版美食杂志

**案例目标：** 在排版杂志时，可能会涉及大量的文本输入，使用段落文本可以很好地控制版面效果。本例将排版美食杂志。首先设置背景，然后输入美术文本和段落文本，对文本的字符属性和段落属性进行设置，最后设置分栏显示，并在段落文本中添加图片，完成后的参考效果如图 7-55 所示。

图7-55 美食杂志效果

**知识要点：** 图形的绘制、美术文本的输入与设置、段落文本的输入与段落设置、设置分栏、添加项目符号、设置图文绕排。

**素材位置：**素材 \ 第 7 章 \ 美食 1.jpg、美食 2.jpg、美食 3.jpg。

**效果文件：**效果 \ 第 7 章 \ 美食杂志 .cdr。

---

其具体操作步骤如下。

视频教学
排版美食杂志

**STEP 01** 新建A4、纵向、名为“美食杂志”的空白文件，按【Ctrl+I】组合键，打开“导入”对话框，选择“美食1.jpg”文件，单击导入按钮，导入素材文件，选择选择工具，拖动四角的控制点调整图片的大小，使其覆盖页面，如图7-56所示。

**STEP 02** 在页面下方绘制放置内容的图形，取消轮廓，并将其填充为白色，如图7-57所示。

**STEP 03** 在白色图形上方和下方绘制装饰图形，取消轮廓，浅色图形填充CMYK值为“33、78、0、0”、深色图形填充CMYK值为“29、94、0、0”，如图7-58所示。

图7-56 导入背景

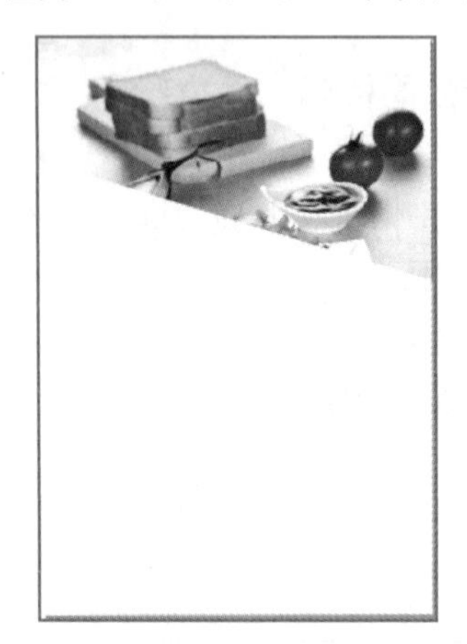

图7-57 绘制白色图形

图7-58 绘制装饰图形

**STEP 04** 选择文本工具字，输入文本，在属性栏中将汉字字体设置为“微软雅黑”，设置英文字体为“汉仪粗宋简”，调整字号与文本的位置；拖动鼠标选中“编者：”文本，在属性栏中单击“粗体”按钮B加粗显示，在其前方绘制正方形，如图7-59所示。

**STEP 05** 选择文本工具字，拖动鼠标绘制与页面等宽的文本框，如图7-60所示。

**STEP 06** 在文本框中单击鼠标定位文本插入点，输入段落文本，需要分段时按【Enter】键，如图7-61所示。

图7-59 输入文本

图7-60 绘制文本框

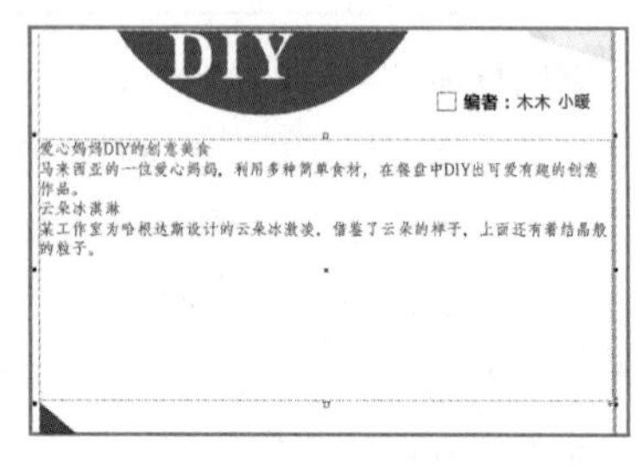


图7-61 输入段落文本

**STEP 07** 选择文本框，在属性栏中将字体设置为“微软雅黑”，字号设置为“14 pt”，分别拖动鼠标选中标题文本，在属性栏中单击“粗体”按钮B加粗显示，将字号设置为“16 pt”，效果如图7-62所示。

**STEP 08** 打开“文本属性”泊坞窗，在“段落”栏中设置左缩进、首行缩进、右缩进值均为“7.5 mm”，设置段后间距为“150.0%”，如图7-63所示。

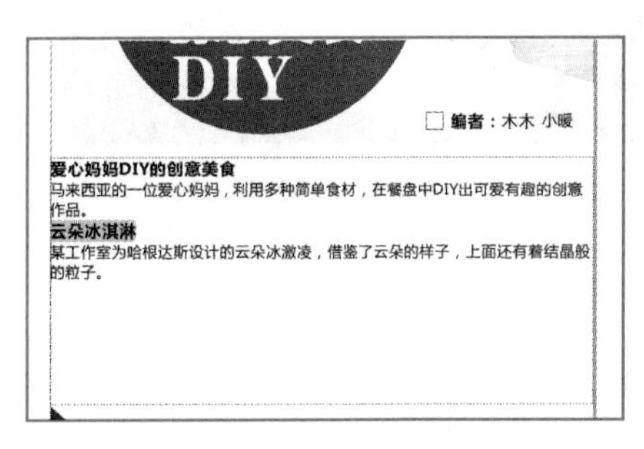


图7-62　设置段落字体并加粗标题

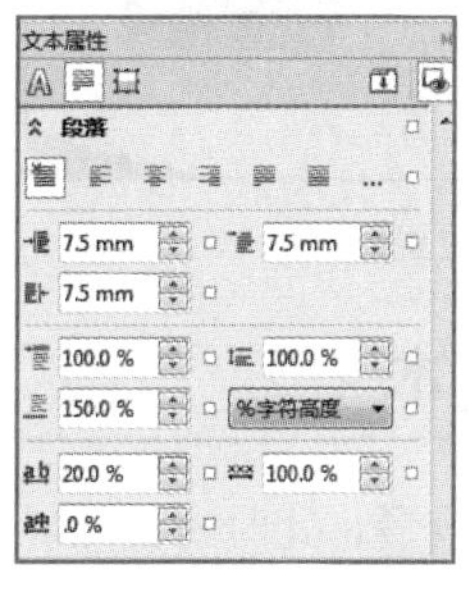


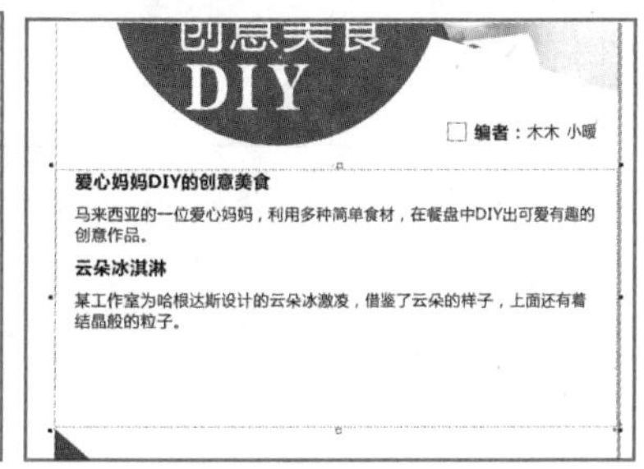


图7-63　设置缩进与段后间距

**STEP 09** 分别选择加粗的标题文本，选择【文本】/【项目符号】命令，打开“项目符号”对话框，单击选中☑使用项目符号(U)复选框，设置字体为“Wingdings”，设置符号为“❑”，单击 确定 按钮，如图7-64所示。

**STEP 10** 选择文本框，选择【文本】/【栏】命令，打开“栏设置”对话框，在“栏数”文本框中输入“2”，在“栏间宽度”文本框中输入“1”；单击选中☑栏宽相等(E)复选框和◉保持当前图文框宽度(M)单选项，单击 确定 按钮，如图7-65所示。

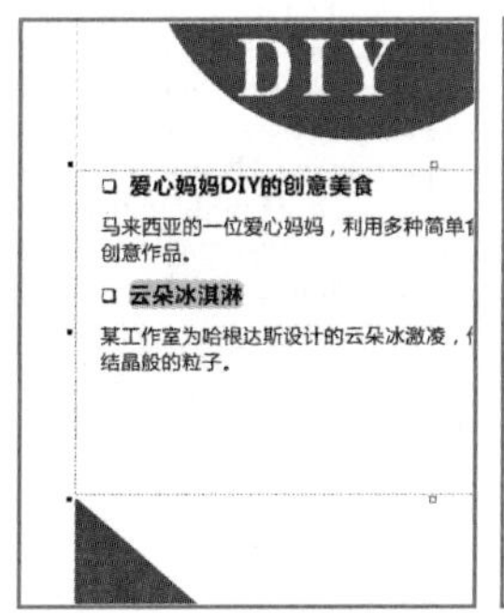


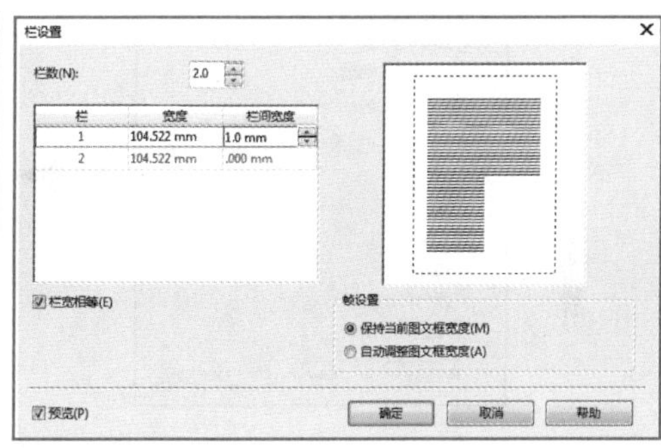


图7-64　设置项目符号

图7-65　设置分栏

**STEP 11** 导入“美食2.jpg”“美食3.jpg”文件，调整图片大小，将图片放置在段落文本上，单击属性栏中的“文本换行”按钮，在弹出的下拉列表框中选择【上/下】选项，调整图片位置，使两个商品的介绍与图片分栏显示，效果如图7-66所示。选择文本框，按【Ctrl+Q】组合键转曲，文本将以图形对象形式存在。

**STEP 12** 在标题上下位置和分栏中间位置绘制装饰线条，粗线条粗细为“1.5 mm”、细线条粗细为“0.5 mm”，分栏线样式为虚线；在右下角输入白色网址文本，字体为“Arial”，如图7-67所示。保存文件，完成本例的制作。

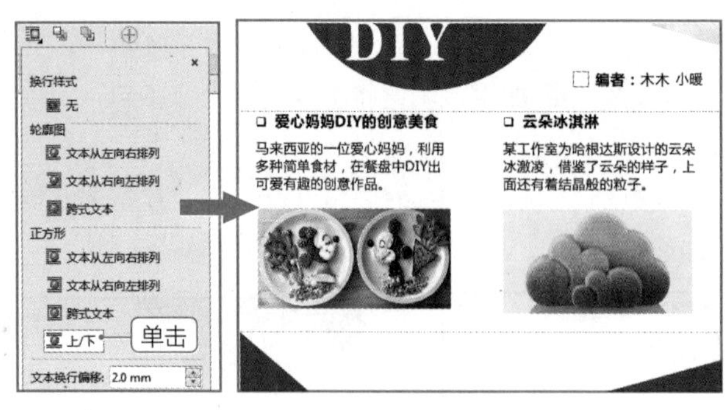


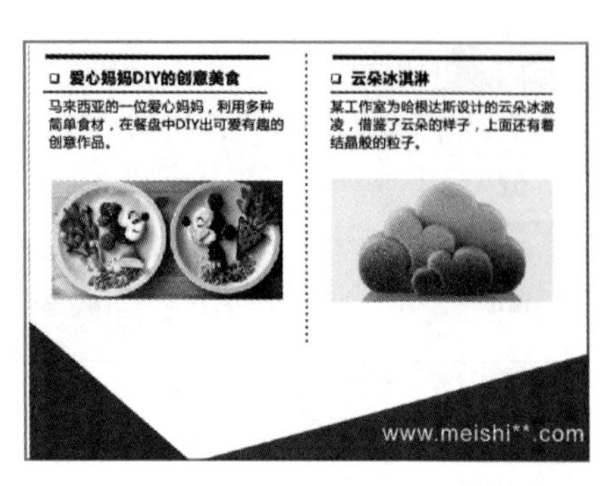

图7-66　设置图文绕排

图7-67　添加装饰线条并输入网址

## 7.4.2　导入/粘贴文本

由于段落文本较长，手动输入较慢，此时可使用导入/粘贴文本的方法快速将其他文件或网页中的文本应用到CorelDRAW X7中，以节约时间，提高文本输入效率。选择【文件】/【导入】命令或按【Ctrl+I】组合键，在打开的对话框中选择需要的文本文件，然后单击 导入 按钮，打开“导入/粘贴文本”对话框，在其中设置导入文本的格式选项，单击 确定(O) 按钮，返回操作界面，拖动鼠标绘制文本框即可将文本导入，如图7-68所示。此外，在其他文件或网页中拖动鼠标选择所需的文本，按【Ctrl+C】组合键复制文本，切换到CorelDRAW X7中，使用文本工具字单击定位文本插入点，按【Ctrl+V】组合键，也可打开“导入/粘贴文本”对话框。

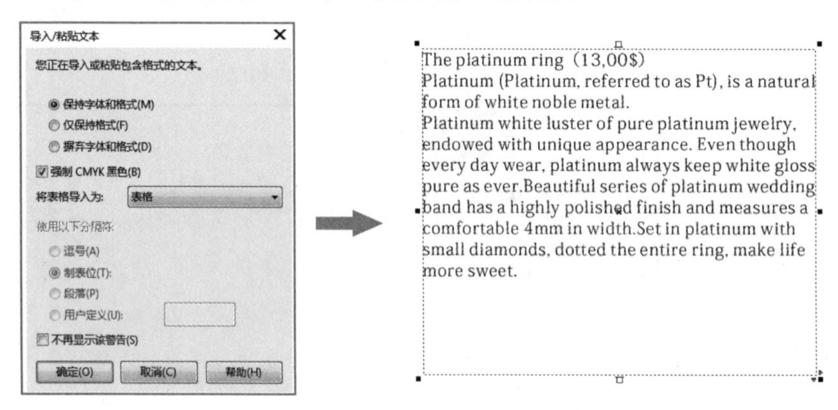


图7-68　导入/粘贴文本

## 7.4.3　将美术文本转换为段落文本

创建美术文本后，用户可以根据需要将其转换为段落文本。选择需要转换的美术文本，在文本上单击鼠标右键，在弹出的快捷菜单中选择【转换为段落文本】命令，或按【Ctrl+F8】组合键转换。若需要将段落文本转换为美术文本，可选择需要转换的段落文本，在文本上单击鼠标右键，在弹出的快捷菜单中选择【转换为美术字】命令，或按【Ctrl+F8】组合键转换。

## 7.4.4　创建与编辑文本框

段落文本以文本框的形式存在，选择文本框，可以实现段落文本整体的移动、字符属性与段落属性的设置，下面对创建与编辑文本框的方法进行介绍。

### 1. 创建文本框

在CorelDRAW X7中，文本框的形式一般有两种，一种为默认绘制矩形文本框；另一种为其他任意封闭图形的文本框。下面分别介绍其创建方法。

- 创建矩形文本框：选择文本工具，将鼠标指针移到页面中需要输入段落文本的位置，按住鼠标左键进行拖动，确定文本框的大小后释放鼠标，即可绘制文本框，选择合适的输入法后，直接输入文本即可，当排满一行后将自动换行，一段完成可按【Enter】键换行。
- 创建图形文本框：选择封闭路径的图形，选择文本工具，将鼠标指针移到绘制图形内侧的边缘上，当鼠标指针呈形状时，单击鼠标左键，此时将出现段落文本框，在文本框中输入需要的文本即可。此外，按住鼠标右键拖动已有文本到封闭图形上，释放鼠标右键，在弹出的快捷菜单中选择【内置文本】命令，可将已有文本放入图形文本框中，如图7-69所示。

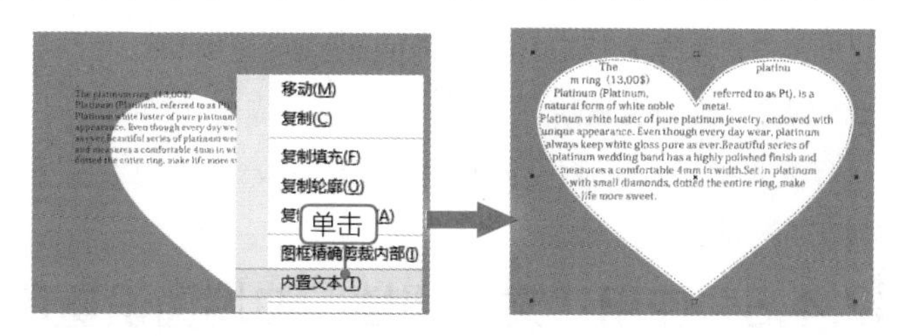


图7-69　在图形文本框中输入文本

### 2. 调整与链接文本框

当输入超出文本框容量的文本时，超出的部分便会自动隐藏起来，这时文本框将显示为红色，拖动文本框四周的控制点，将未显示出的段落文本显示出来。调整文本框大小后，还是无法容纳段落文本时，用户可将其链接到其他文本框中，其方法为：选择文本框，单击文本框下方的控制点，鼠标指针呈形状，将鼠标指针移至新建的文本框上，鼠标指针呈形状，单击即可将溢出的文本链接到新建的空白文本框中，选择被链接的文本框，将出现链接箭头，如图7-70所示。

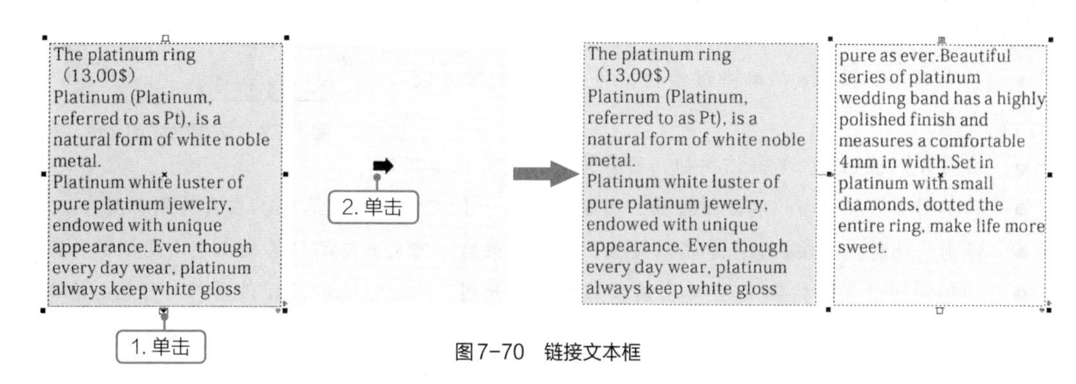


图7-70　链接文本框

### 3. 设置文本框的颜色与垂直对齐方式

按【Ctrl+T】组合键打开“文本属性”泊坞窗，单击“图框”按钮，在展开的面板中可对文本框的颜色进行设置；单击“垂直对齐”按钮，可对其文本在文本框中的垂直对齐方式进行设置，图7-71所示为设置文本框为黄色，并且垂直居中对齐的效果。

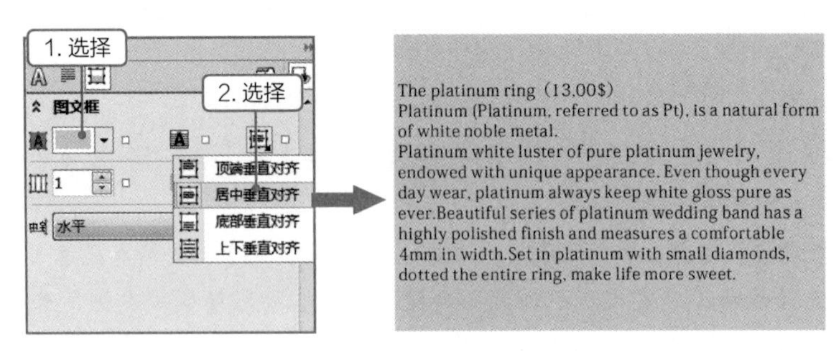


图7-71　设置文本框颜色与垂直对齐方式

4. 显示与隐藏文本框

在创建段落文本后，可看见一个黑色的虚线框，为了排版的美观，用户可选择将其隐藏起来。其方法为：选择【文本】/【段落文本框】/【显示段落文本框】命令，取消命令前的勾标记即可。若需再次显示文本框，应选中命令前的勾标记。

5. 使文本框适合框架

选择文本框后，可选择【文本】/【段落文本框】/【使文本框适合框架】命令来调整文本，使其适合文本框的大小。

## 7.4.5 使用“文本属性”泊坞窗设置段落属性

对于创建的段落文本，除了可以设置其字符属性外，还可通过“文本属性”泊坞窗中的“段落”栏对字间距、行间距、段落间距和段落缩进等属性进行设置，如图7-72所示。下面对常用的段落属性进行介绍。

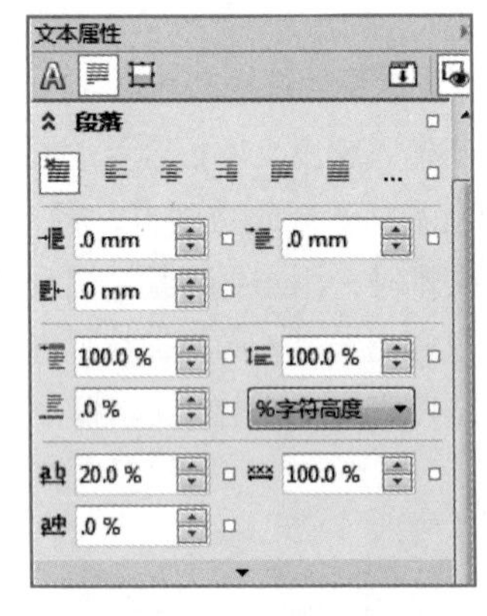


图7-72 “文本属性”泊坞窗

- “无水平对齐”按钮：将文本插入点定位到需要设置对齐方式的段落中，单击该按钮，可取消对齐设置。
- “左对齐”按钮：单击该按钮，可靠左边框对齐段落文本。
- “居中对齐”按钮：单击该按钮，可沿中心线对齐段落文本。
- “右对齐”按钮：单击该按钮，可靠右边框对齐段落文本。
- “两端对齐”按钮：单击该按钮，可使除最后一行文本外的段落文本左右两侧都对齐。
- “强制两端对齐”按钮：单击该按钮，可使除最后一行文本外的段落文本左右两侧都对齐。
- “调整间距设置”按钮…：单击该按钮，可打开图7-73所示的“间距设置”对话框，在其中的“对齐”下拉列表框中选择【全部调整】或【强制调整】选项后，可对最大字间距、最小字间距和最大字符间距进行设置，以使段落文本左右两侧都对齐。
- “首行缩进”文本框：用来设置段落第一行相对于第二行靠右缩进的值，一般为两个字符的间距，如图7-74所示。
- “左缩进”文本框：用来设置段落文本左侧距离左边框的间距值。若需设置首行缩进，则首行缩进值为左缩进前的首行缩进值与左缩进值的和。

- “右缩进”文本框：用来设置段落文本右侧距离右边框的间距值。
- “段前间距”文本框：用来设置段落前距离上一段落之间的距离。
- “段后间距”文本框：用来设置段落后距离下一段落之间的距离。
- “行间距”文本框：用来设置段落中每行的距离，图7-75所示为行间距为“200%”的效果。

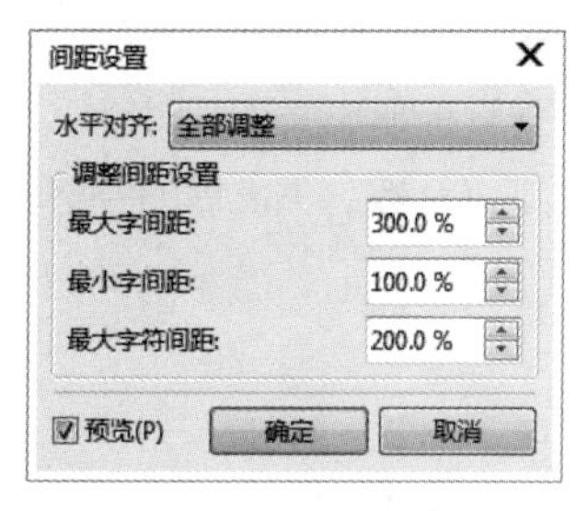


图7-73 “间距设置”对话框

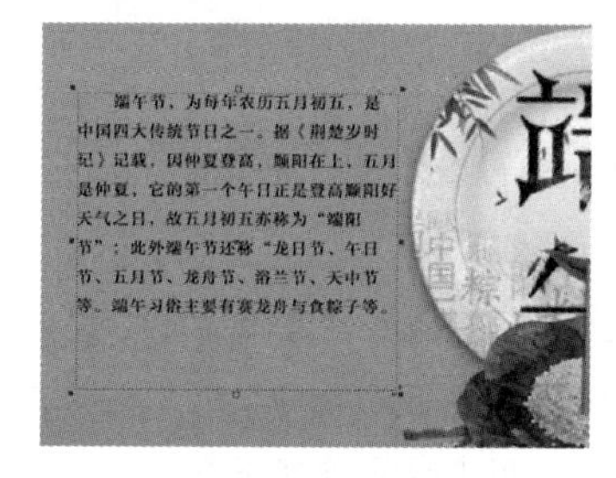

图7-74 首行缩进

图7-75 200%行间距

- “垂直字距单位”按钮：单击该按钮，在弹出的下拉列表框中可设置行间距、段落间距的表现方式。
- “字符间距”文本框：用来设置英文字母与字母的间距或中文字与字的间距。
- “字间距”文本框：用来指定英文单词与单词之间的距离，对中文设置无效。
- “语言间距”文本框：用来控制文件中多语言文本的间距，设置范围为0%~2000%。

## 7.4.6 设置分栏

分栏是指在保持文本框大小不变的情况下将文本框中的文本排列成两栏或两栏以上。分栏常用于书籍、报刊之中，是重要的排版技巧之一。其方法为：选择【文本】/【栏】命令，在打开的“栏设置”对话框中进行分栏设置操作，图7-76所示为设置3栏显示的效果。

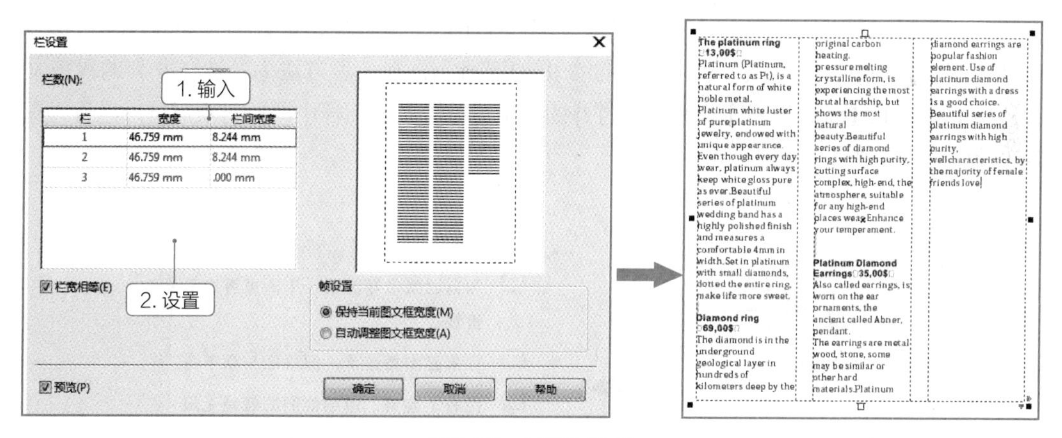


图7-76 3栏显示效果

- “栏数”文本框：输入数值可设置段落文本分栏数目。
- 栏宽相等(E)复选框：单击选中该复选框，可设置分栏后各栏的宽度相等。
- “宽度”文本框：用来设置各栏的宽度，撤销选中栏宽相等(E)复选框，可分别设置各栏的宽度。
- “栏间宽度”文本框：输入数值可设置段落文本分栏后栏与栏的间距。
- 保持当前图文框宽度(M)单选项：单击选中该单选项后，调整各栏的宽度和栏间宽度时，文本框的宽度是不会进行调整的。如设置其中一栏宽度，其他栏宽度将自动进行调整。

- ◉ 自动调整图文框宽度(A) 单选项：单击选中该单选项后，当对段落文本进行分栏时，系统可以根据设置的栏宽自动调整文本框的宽度。

## 7.4.7 设置首字下沉

首字下沉即将段落文本中的第一个字放大。首字下沉可以使读者在视觉上形成强烈的对比。选择【文本】/【首字下沉】命令，打开“首字下沉”对话框。在其中可对下沉行数、下沉后的空格、下沉方式进行设置，如图7-77所示。

- ☑ 使用首字下沉(U) 复选框：单击选中该复选框可启用首字下沉效果。
- “下沉行数”文本框：用来设置首字下沉的行数，默认为3行。
- “下沉行数后的空格”文本框：用来设置首字下沉后首字与右侧文本的间距值。
- ☑ 首字下沉使用悬挂式缩进(E) 复选框：单击选中该复选框，首字下沉的效果将在整个段落文本中悬挂式缩进，如图7-78所示。

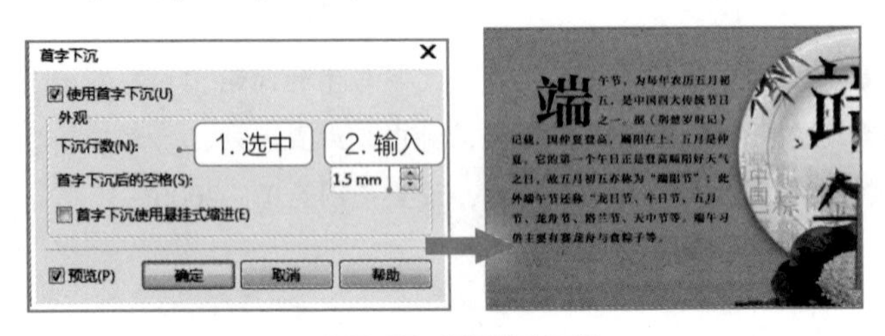


图7-77 设置首字下沉

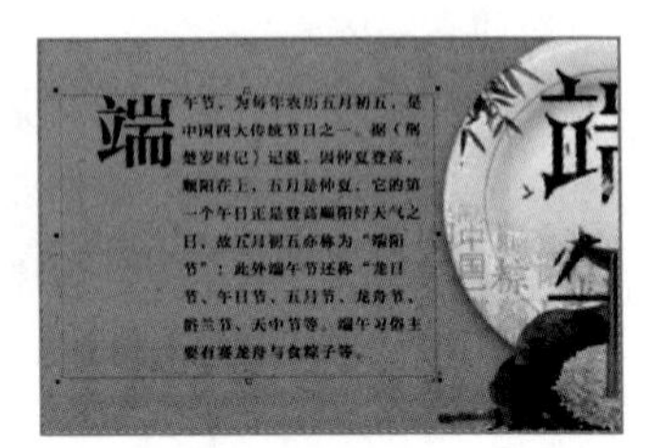

图7-78 首字下沉使用悬挂式缩进

## 7.4.8 设置项目符号

在输入并列的段落文本时，为了体现其并列的特征，在排版时，可为其添加各种项目符号，从而使段落排列为统一的格式，使版面看起来更加清晰、直观。其方法为：选择并列的段落文本后，选择【文本】/【项目符号】命令，在打开的“项目符号”对话框中即可对项目符号进行设置，图7-79所示为设置项目符号的效果。

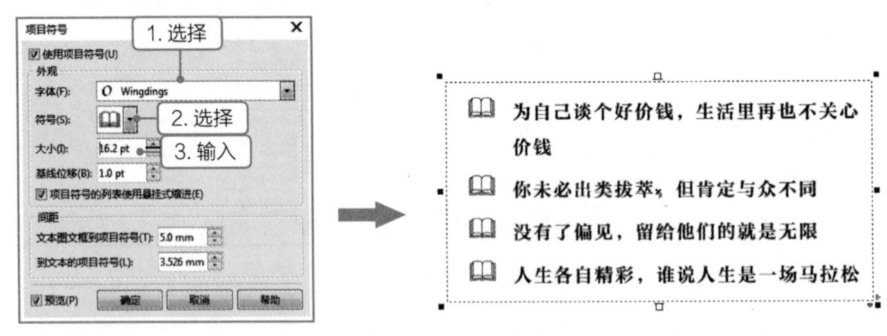


图7-79 设置项目符号

- ☑ 使用项目符号(U) 复选框：单击选中该复选框，可启用项目符号设置。
- “字体”下拉列表框：用于设置项目符号的字体。
- “符号”下拉列表框：选择字体后，在该下拉列表框中可选择该字体的特殊符号作为段落的项目符号。

- “大小”文本框：输入数值可设置项目符号的大小。
- “基线位移”文本框：输入数值可设置该项目符号在垂直方向上的偏移量。当参数为正值时，项目符号向上偏移；当参数为负值时，项目符号向下偏移。
- ☑项目符号的列表使用悬挂式缩进(E) 复选框：单击选中该复选框，添加的项目符号将在整个段落文本中悬挂式缩进。
- “文本框到项目符号”文本框：输入数值可设置文本和项目符号到段落图框或文本框的距离。
- “到文本的项目符号”文本框：输入数值可设置文本到项目符号的距离。
- ☑预览(P) 复选框：单击选中该复选框，可预览设置的项目符号效果。

## 7.4.9 设置图文混排

一篇好文不仅要有规范的文本格式，还要搭配图片，营造舒适的阅读环境。将段落文本围绕图片进行排列，可以使画面更加美观。将图片或图形放置在段落文本上，单击属性栏中的“文本换行”按钮，在弹出的下拉列表框中选择一种图文混排效果，如图7-80所示。

- 无：选择该选项将取消文本绕图效果。
- 文本从左向右排列（轮廓图）：使文本沿对象的轮廓左侧排列，如图7-81所示。
- 文本从右向左排列（轮廓图）：使文本沿对象的轮廓右侧排列，如图7-82所示。
- 跨式文本（轮廓图）：使文本沿对象的整个轮廓排列，如图7-83所示。

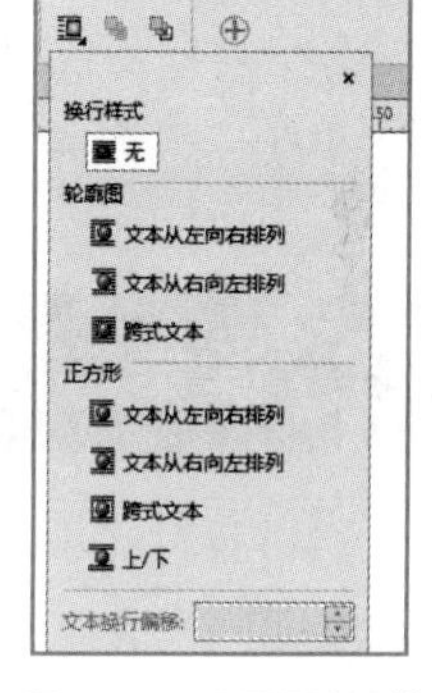


图7-80 设置图文混排

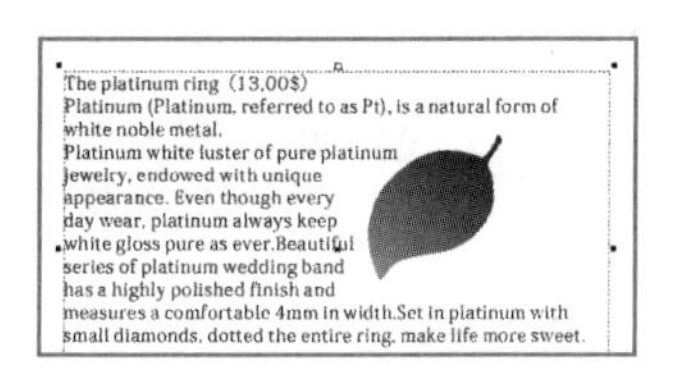

图7-81 文本从左向右排列(轮廓图)

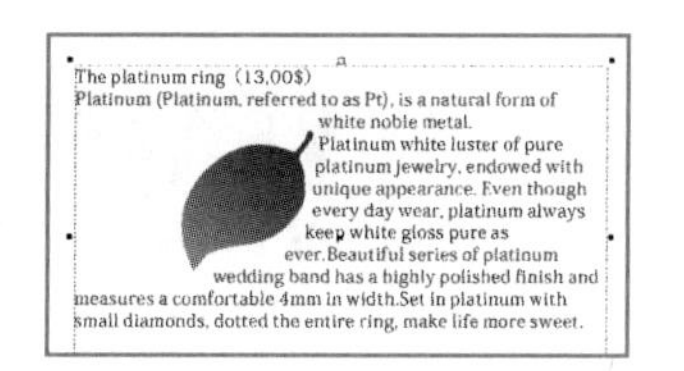

图7-82 文本从右向左排列(轮廓图)

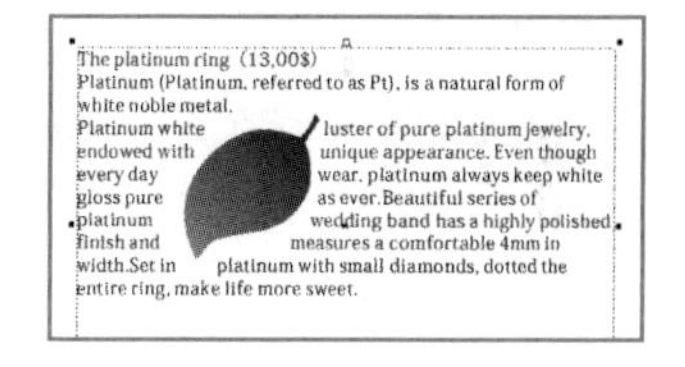

图7-83 跨式文本(轮廓图)

- 文本从左向右排列（正方形）：使文本沿对象的左边界框排列，如图7-84所示。
- 文本从右向左排列（正方形）：使文本沿对象的右边界框排列，如图7-85所示。
- 跨式文本（正方形）：使文本沿对象的整个边界框进行排列，如图7-86所示。

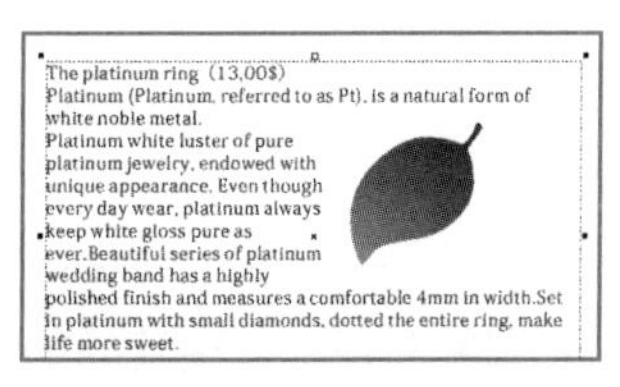

图7-84 文本从左向右排列(正方形)

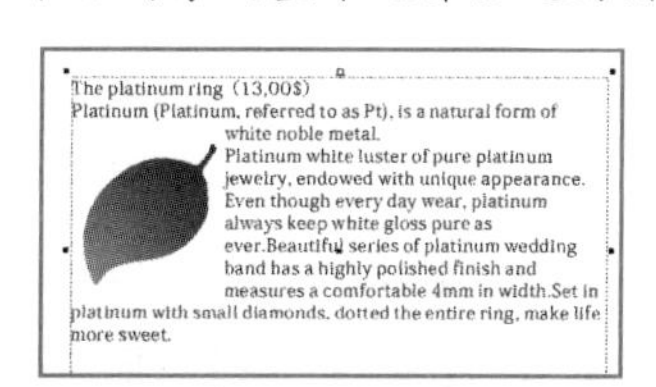

图7-85 文本从右向左排列(正方形)

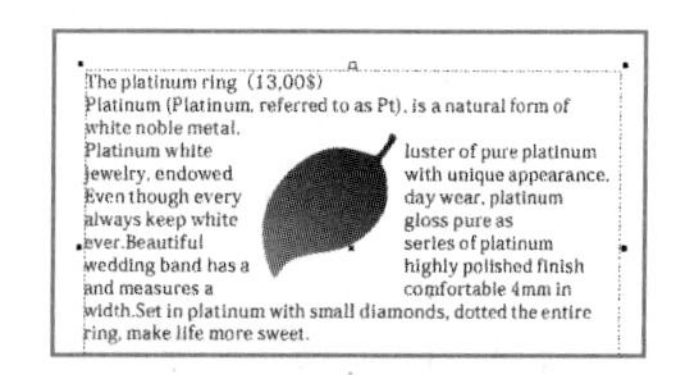

图7-86 跨式文本(正方形)

- 上/下（正方形）：使文本沿对象的整个边界框的上边缘和下边缘进行排列，如图7-87所示。

- “文本换行偏移”文本框：输入数值可设置对象轮廓或边界框到文本的距离，图7-88所示为跨式文本（轮廓图）下不同文本换行偏移效果。

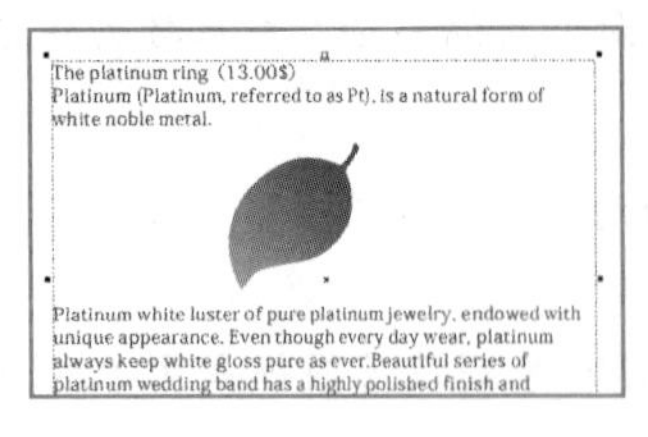


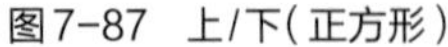
图7-87　上/下(正方形)

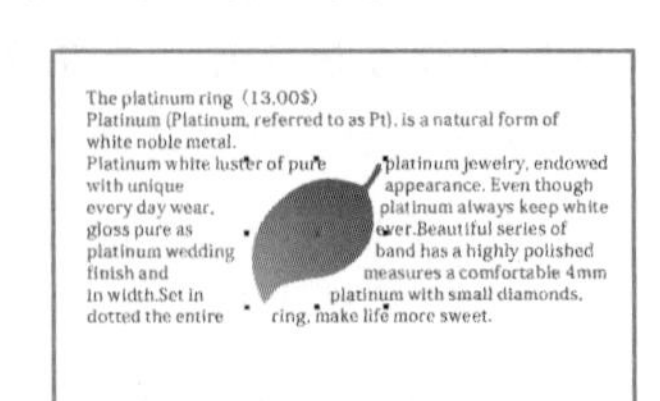


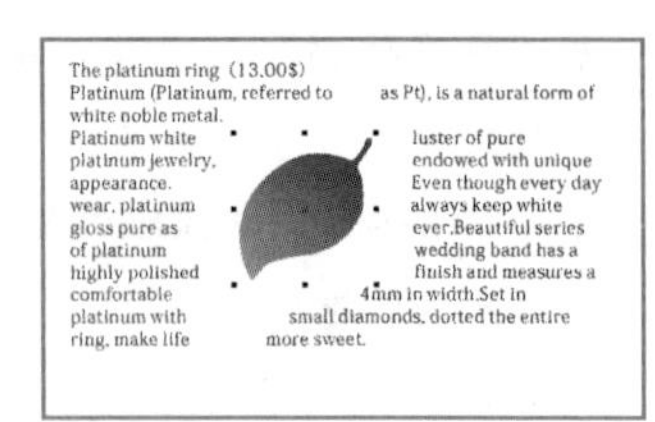


图7-88　不同文本换行偏移效果

**疑难解答　如何快速查找与替换错误的文本?**

在有大量文本的文档中，用户可以通过查找和替换文本功能，将文档中需要查看或更改的大量相同的文本或词语进行更改。这样不仅能保证文本的精确性，还提高了文本编辑和更改的速度。选择需要执行查找与替换的文本，选择【编辑】/【查找并替换】/【替换文本】命令，打开“替换文本”对话框，在“查找”文本框中输入需要替换的文本，在“替换为”文本框中输入替换后的文本，然后单击 全部替换(P) 按钮即可。

**课堂练习——排版珠宝杂志**

本练习将在CorelDRAW X7中对图片（素材\第7章\珠宝杂志\）和文本进行排版，并通过设置文本的字符格式与段落格式来美化整个杂志版面，最终效果如图7-89所示（效果\第7章\珠宝杂志.cdr）。

图7-89　珠宝杂志排版效果

# 7.5 上机实训——设计杂志封面

## 7.5.1 实训要求

本实训要求设计时尚杂志的封面，要求封面时尚、简洁。

## 7.5.2 实训分析

杂志封面往往由图片与文本组成，可适当添加一些图形装饰。本实训将利用一张精致的美女面孔、配合文本排版与设计制作时尚杂志的封面效果。本例中，为了突出时尚感，搭配经典的红、白、黑，并采用倾斜排列文本的方式，配合几何图形来设计版面，制作完成后的参考效果如图7-90

所示。

**素材所在位置：** 素材\第7章\面孔.jpg。

**效果所在位置：** 效果\第7章\杂志封面.cdr。

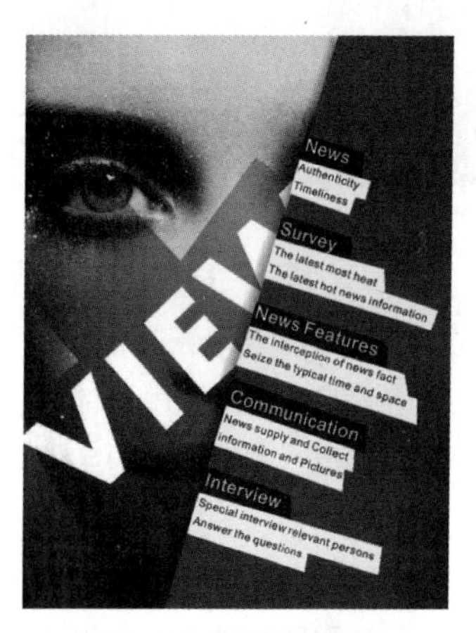

图7-90　杂志封面效果

## 7.5.3　操作思路

完成本实训主要包括绘制背景并添加美术文本、输入段落文本、设置段落文本并添加图形修饰3步，其操作思路如图7-91所示。涉及的知识点主要包括美术文本的输入与设置、段落文本的输入与设置、图形的绘制、渐变透明效果的添加及阴影的添加等。

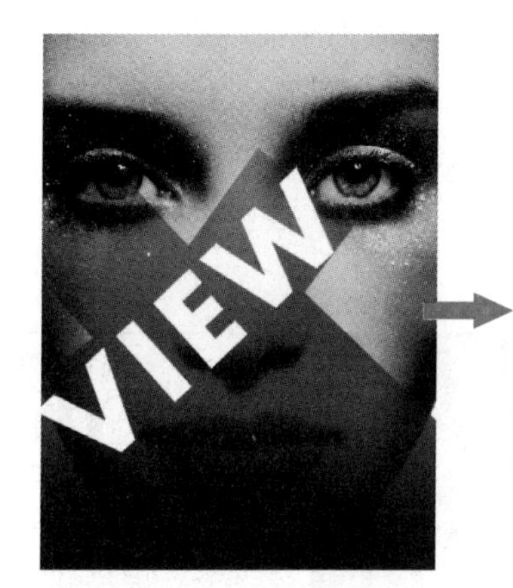


News
Authenticity
Timeliness
Survey
The latest most heat
The latest hot news information
News Features
The interception of news fact
Seize the typical time and space
Communication
News supply and Collect
information and Pictures
Interview
Special interview relevant persons
Answer the questions

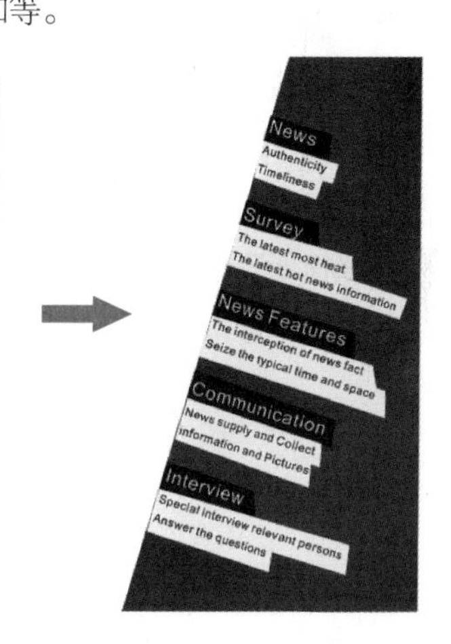

图7-91　操作思路

【步骤提示】

STEP 01 新建A4、纵向、名为“杂志封面”的空白文件，导入“面孔.jpg”图片。

STEP 02 在图片上绘制交叉的图形，创建红色到黑色的渐变填充，设置起点、终点的CMYK值分别为“20、100、62、0”“0、0、0、100”。

STEP 03 使用透明工具拖动图形，创建渐变透明，上侧透明效果比下侧明显。

STEP 04 在图片上输入文本“VIEW”，将字体设置为“Aharoai”，设置字体大小为“160 pt”，旋转文本角度。

STEP 05 选择文本工具，拖动鼠标绘制文本框，输入段落文本，按【Enter】键换行，一行文本为一段，将字体设置为“Arial”，标题字体大小大于正文字体。

STEP 06 在页面右侧绘制红色图形，填充CMYK值为“20、100、62、0”的颜色，添加阴影；设置阴影不透明为“80”，阴影羽化值为“10”；旋转段落文本框，使其适应右侧图形的斜线，设置段落文本的段后距离为“150%”，在不同标题段落之间按【Enter】键换行。

STEP 07 更改标题文本的颜色为白色，在文本下方绘制黑色与浅灰色的图形进行修饰。保存文件，完成本例的制作。

# 7.6 课后练习

### 1. 练习1——*制作气泡字*

本练习将创建美术字，并设置美术字的字体、渐变填充效果和轮廓效果，配合造型操作与透明工具的运用，制作水汪汪的字体效果，效果如图7-92所示。

**提示：本练习中的字体为“Bambina”，上半部分的半透明效果主要通过剪裁与透明工具实现。**

**素材所在位置：**素材\第7章\气泡.jpg。

**效果所在位置：**效果\第7章\气泡字.cdr。

### 2. 练习2——*排版时尚杂志*

本练习将综合利用美术文本、段落文本和图片设计时尚杂志内页的版面效果，如图7-93所示。其中涉及字符属性和段落属性的设置，以及分栏操作。

**素材所在位置：**素材\第7章\文本.txt、美女.jpg。

**效果所在位置：**效果\第7章\时尚杂志.cdr。

图7-92　气泡字效果

图7-93　时尚杂志内页版面效果

CHAPTER 8

# 第8章 表格的应用

表格是表现数据常用的手段，使用表格不仅使数据表现得更加直观，而且使版面更加美观、简洁。在CorelDRAW X7中，用户不仅可以轻松地绘制出各种类型的表格，还可更改表格的属性和格式，为表格添加文字、图片或设置表格的背景；除此之外，还可对表格进行添加、删除、合并和拆分单元格操作，使表格结构更加符合数据需要。

## 课堂学习目标

- 掌握创建与美化表格的方法
- 掌握插入、合并、拆分和删除单元格的方法

## 课堂案例展示

积分兑换表

工作计划表

# 8.1 创建与美化表格

使用表格来表达数据，首先需要创建表格。如果默认创建的表格美观度达不到要求，就可根据需要对底纹、边框、文本属性、对齐方式、行高和列宽等进行适当的调整，从而达到美化表格的目的。本节将详细介绍创建与美化表格的方法。

## 8.1.1 课堂案例——制作积分兑换表

**案例目标：**不同等级的会员一般享有不同的权益，使用表格可以清晰地将其进行展现。本例将使用表格对会员等级、会员升级需要达到的积分、会员权益进行罗列，并对表格进行美化修饰。完成后的参考效果如图 8-1 所示。

**知识要点：**表格创建、表格底纹与边框设置、表格对齐设置、文本输入与设置。

**素材位置：**素材 \ 第 8 章 \ 美食 .jpg、二维码 .jpg。

**效果文件：**效果 \ 第 8 章 \ 积分兑换表 .cdr。

图8-1　积分兑换表效果

其具体操作步骤如下。

**STEP 01** 新建A4、纵向、名为“积分兑换表”的空白文件，按【Ctrl+I】组合键，打开“导入”对话框，选择美食与二维码图片，单击 导入 按钮，返回界面单击导入图片，调整图片的大小和位置，如图8-2所示。

**STEP 02** 在页面下方绘制黄色图形，填充为黄色（CMYK：0、10、25、0），输入文本，字体为“汉仪粗圆简”，使用轮廓图工具为“加入会员签到”创建轮廓图效果，将轮廓颜色和“尊享积分兑换”颜色设置为红色（CMYK：0、100、100、0），如图8-3所示。

图8-2　导入素材

图8-3　绘制图形并添加文本

**STEP 03** 选择表格工具，鼠标指针呈形状，移动鼠标指针到文本下方，按住鼠标左键不放，拖动鼠标绘制表格，在属性栏中可重新设置表格的行列为“4、3”，设置背景色为“白色”，拖动表格四角的控制点调整表格的大小，如图8-4所示。

STEP 04 选择表格工具▦，在第一行中拖动鼠标选择第一行，在属性栏中设置背景色为黄色（CMYK：0、20、93、0），如图8-5所示。

STEP 05 单击取消选择第一行，切换为选择工具↖选择整个表格，在属性栏中单击“边框”按钮⊞右下角的黑色三角图标，在弹出的下拉列表框中选择【外部】选项，在“轮廓宽度”下拉列表框中选择【无】选项，取消表格外边框，如图8-6所示。

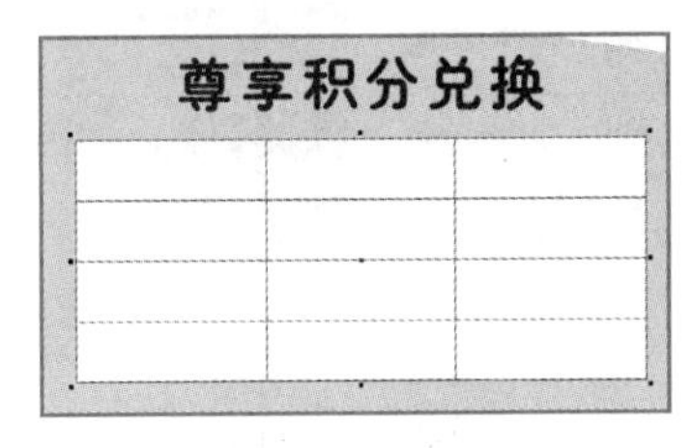

图8-4　绘制表格

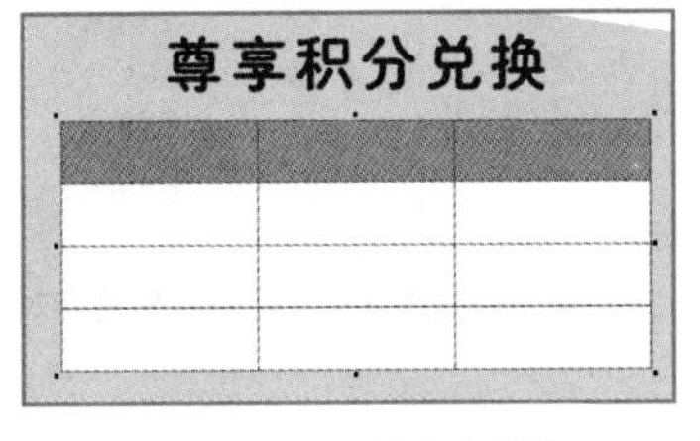

图8-5　设置表头背景

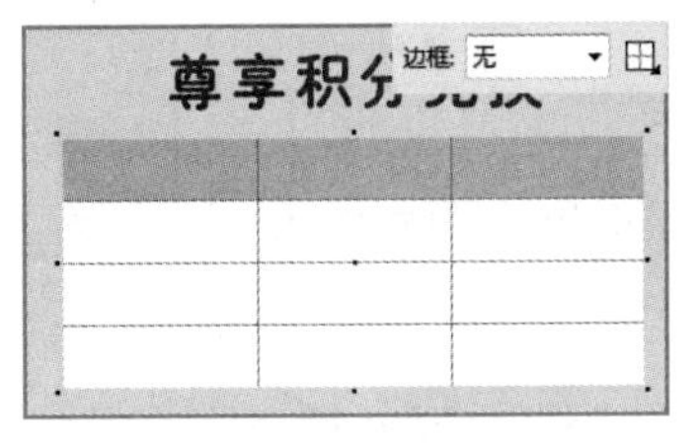

图8-6　取消外边框

STEP 06 选择文本工具字，在单元格中单击插入鼠标插入点，输入表格文本，选择表格，设置字体为“汉仪粗圆简”，字号为“14 pt”，更改表头文本颜色为白色，更改积分与折扣文本颜色为红色（CMYK：0、100、100、0），如图8-7所示。

STEP 07 选择表格工具▦，将鼠标指针移动到行线上，当其变为↕形状时，拖动鼠标调整行高，如图8-8所示。

尊享积分兑换

| 微信会员 | 会员升级 | 会员权益 |
|---|---|---|
| 金卡会员 | 达到200积分自动升级 | 新菜品上市免费品尝<br>生日当天用餐5折<br>参与微信抽奖活动 |
| 银卡会员 | 达到100积分自动升级 | 享受签到送积分<br>参与微信抽奖活动 |
| 铜卡会员 | 主动申请 | 享受签到送积分 |

图8-7　输入文本

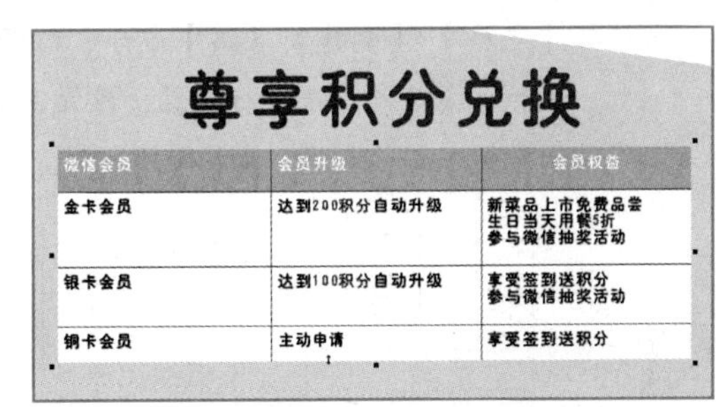

图8-8　调整行高

STEP 08 选择表格工具▦，按【Ctrl】键拖动选择第一行和第一列，按【Ctrl+T】组合键打开“文本属性”泊坞窗，在“段落”栏中单击“居中对齐”按钮≡；单击“图框”按钮▣，单击“垂直对齐”按钮▤，在弹出的下拉列表框中选择【居中垂直对齐】选项，如图8-9所示。

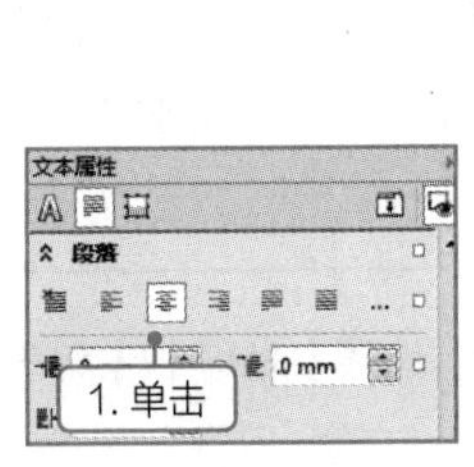

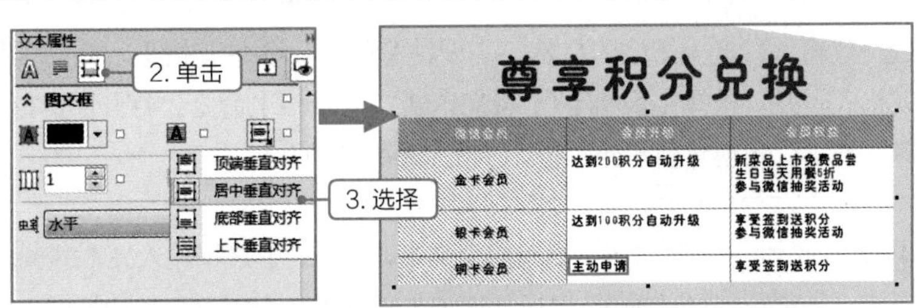

图8-9　设置水平与垂直对齐

STEP 09 按住【Ctrl】键拖动选择除第一行和第一列外的其他单元格，在“文本属性”泊坞窗的“段落”栏中设置首行缩进为“6.5 mm”，设置段前距为“120%”；单击“图框”按钮，单击“垂直对齐”按钮，在弹出的下拉列表框中选择【居中垂直对齐】选项，如图8-10所示。保存文件，完成本例的制作。

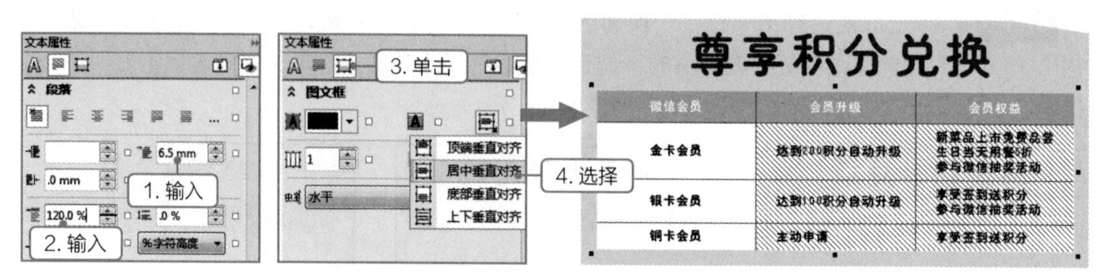

图8-10 设置首行缩进、段前距离与垂直对齐

## 8.1.2 表格的创建

在CorelDRAW X7中，创建新的表格的方法主要有两种：由表格工具创建和使用表格菜单命令创建。下面分别对其进行介绍。

- 在文本工具上按住鼠标左键不放，在弹出的面板中选择表格工具，鼠标指针呈形状，移动鼠标指针到绘图区，按住鼠标左键不放，拖动鼠标即可绘制表格，如图8-11所示。创建表格后，在表格工具属性栏中可重新设置表格的行、列。
- 选择【表格】/【创建新表格】命令，打开“创建新表格”对话框，在其中对创建表格的行数、栏数、高度及宽度进行设置，设置完成后单击确定按钮，即可在页面中心创建一个指定行列数和大小的表格，如图8-12所示。

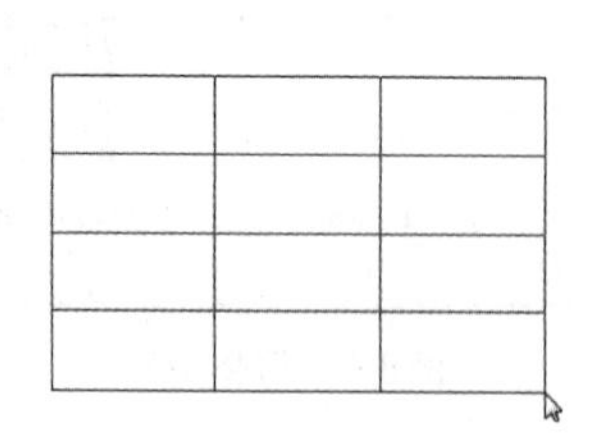
图8-11 绘制表格

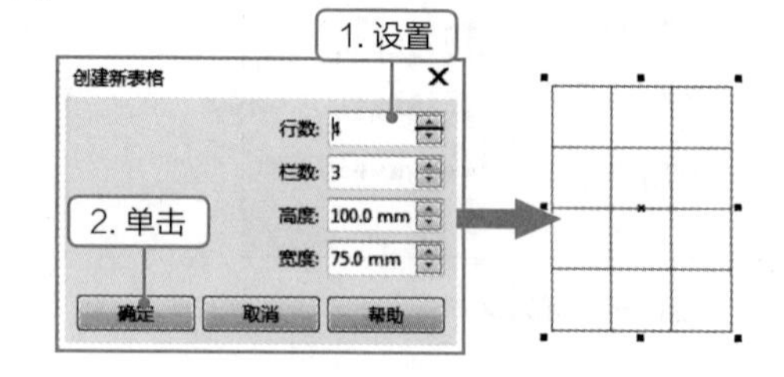

图8-12 设置新表格属性

## 8.1.3 将文本转换为表格

选择或输入转换为表格的文本，需要注意的是，各单元格文本间需要用逗号、制表位或段落等符号或格式隔开。选择【表格】/【将文本转换为表格】命令，打开图8-13所示的“将文本转换为表格”对话框，设置创建列的分隔符，单击确定按钮。

**提示** 此外，用户也可将表格转换为文本，其方法为：选择输入文本的表格，选择【表格】/【将表格转换为文本】命令，打开“将表格转换为文本”对话框，选中相应的单选按钮，设置文本间的分隔符，单击确定按钮，即可将表格转换为文本。

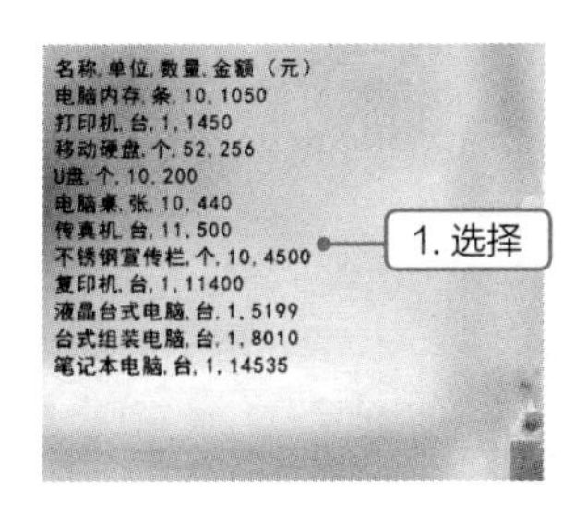


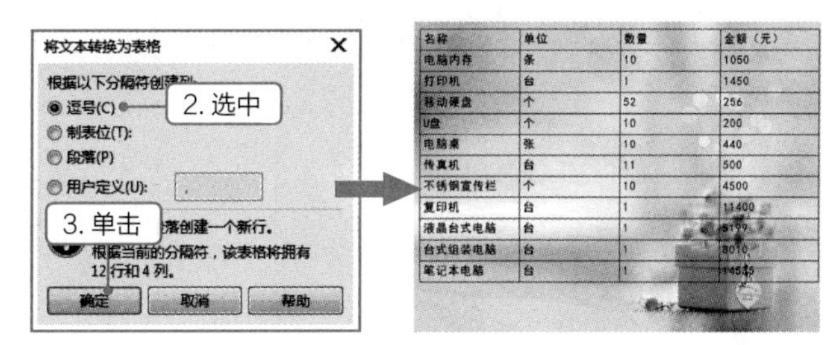


图8-13　将文本转换为表格

## 8.1.4　选择单元格

单击选择表格，此时可以使用编辑对象的方法调整表格的大小、位置、角度等，或在表格工具属性栏中对表格的背景或边框进行编辑。若要编辑表格部分单元格的底纹、边框、对齐方式等属性，或对单元格进行拆分、合并等操作，还需要进一步选择单元格。下面对常见的选择方法进行介绍。

- 选择单个单元格：选择表格工具▦，单击需要选择的任意单元格，选择【表格】/【选择】/【单元格】命令，选择的单元格将出现斜线底纹，如图8-14所示。
- 拖动鼠标选择连续的单元格：选择表格工具▦，在单元格中向右拖动鼠标可选择连续的单元格，如图8-15所示。
- 选择一行单元格：在需要选择的行中单击，再选择【表格】/【选择】/【行】命令即可。也可选择表格，选择表格工具▦，将鼠标指针移动到选择行的左侧，当鼠标指针呈➡形状时，单击鼠标选择该行单元格，如图8-16所示。

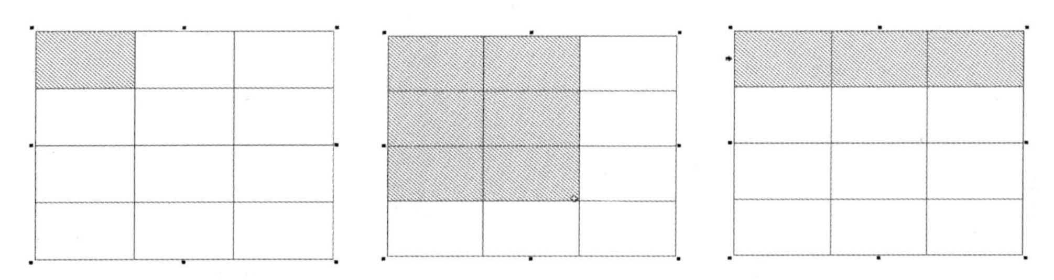

图8-14　选择单个单元格　　图8-15　拖动鼠标选择连续的单元格　　图8-16　选择一行单元格

- 选择一列单元格：在需要选择的列中单击，再选择【表格】/【选择】/【列】命令，或选择表格工具▦，将鼠标指针移动到选择列的上方，当鼠标指针呈⬇形状时，单击鼠标即可选择该列，如图8-17所示。
- 选择不连续的单元格：使用拖动鼠标的方法可选择连续的单元格，若要同时选择多处单元格，可先选择一处单元格，按住【Ctrl】键不放，此时，鼠标指针呈✚形状，任意拖动选择其他位置的单元格，选择完成后释放【Ctrl】键，如图8-18所示。
- 选择整个表格：单击选择表格，然后选择【表格】/【选择】/【表格】命令，或选择表格工具▦，将鼠标指针移动到表格左上角，当鼠标指针呈↘形状时，单击鼠标即可，如图8-19所示。

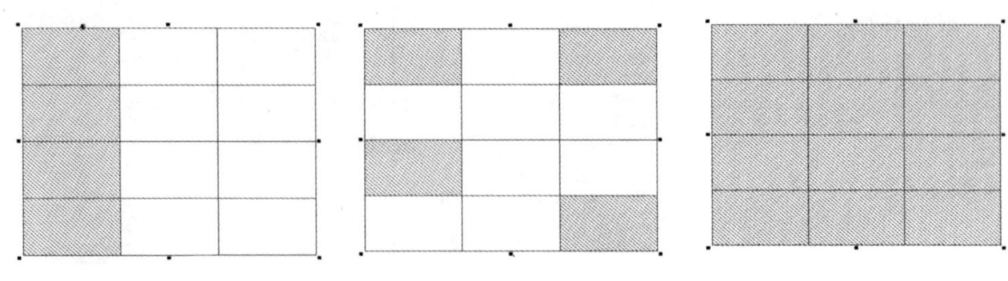

图8-17　选择一列单元格　　图8-18　选择不连续的单元格　　图8-19　选择整个表格

## 8.1.5　调整行高与列宽

默认创建的表格会平均分布行列，用户可以根据表格内容来调整表格的行高和列宽，也可在调整表格行高和列宽后在不改变表格大小的情况下平均分布行列，其方法分别介绍如下。

- 调整行高：选择需要调整行高的行，在属性栏的“单元格高度”文本框中输入数值，即可调整行高。也可选择表格工具▦，将鼠标指针移动到行线上，当鼠标指针呈↕形状时，拖动鼠标手动调整行高，如图8-20所示。
- 调整列宽：选择需要调整列宽的列，在属性栏的“单元格宽度”文本框中输入数值，即可调整列宽。也可选择表格工具▦，将鼠标指针移动到列线上，当鼠标指针呈↔形状时，拖动鼠标手动调整列宽，如图8-21所示。

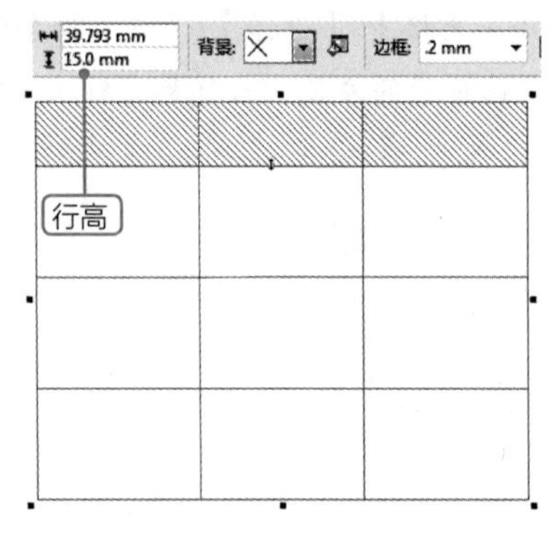


图8-20　调整行高

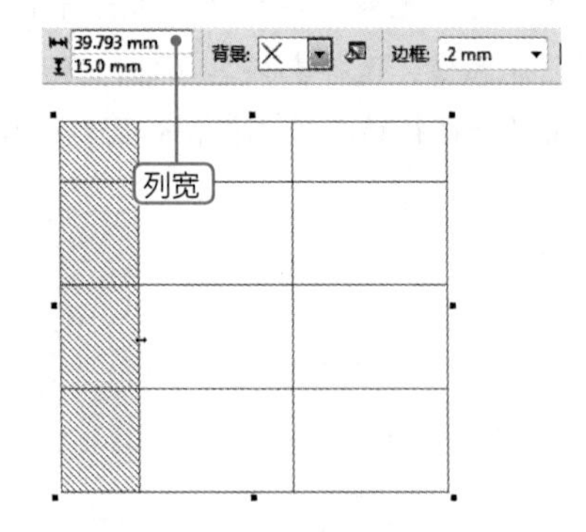


图8-21　调整列宽

- 平均分布行列：手动调整行列后将导致表格的行列分布不均，若需要将其均匀分布，选择需要平均分布的行（列），选择【表格】/【分布】/【平均分布行（列）】命令可在不改变表格大小的情况下平均分布行列。

## 8.1.6　设置单元格底纹

设置单元格底纹，即设置单元格的背景。在CorelDRAW X7中不仅可以为整个表格设置背景，还可为选择的任意单元格设置背景。其方法为：选择要设置背景的单元格，在表格工具属性栏中的“背景”下拉列表框中选择纯色背景，如图8-22所示。单击“背景”下拉列表框后的“编辑填充”按钮，在打开的对话框中可设置单元格背景为底纹或是图案。

## 8.1.7 设置单元格边框

在美化单元格时，单元格的边框位置、边框粗细、边框颜色都可以根据需要在表格工具的属性栏中进行设置。需要注意的是，在设置边框前，需要先选择设置的边框范围，再进行边框的其他设置，图8-23所示为取消全部边框的效果。

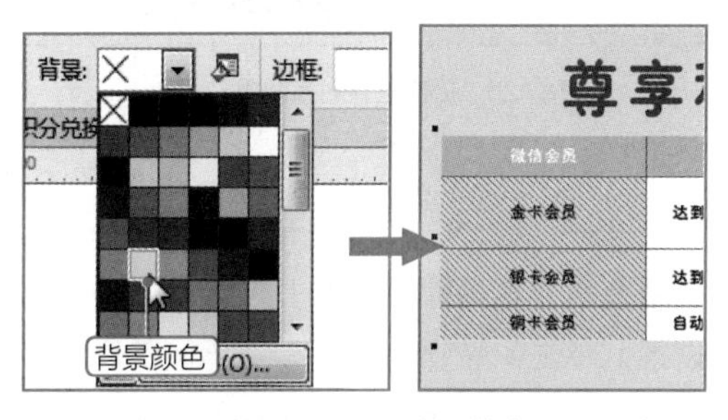


图8-22 设置单元格底纹

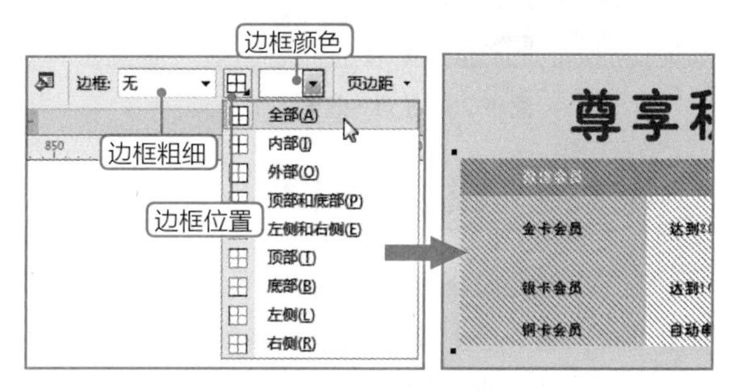


图8-23 取消表格所有边框

**技巧** 在属性栏中单击选项按钮，在弹出的下拉列表框中单击选中☑在键入时自动调整单元格大小复选框后，在单元格中输入文本时，单元格的大小会随输入文本的大小和多少而改变；若单击选中☑单独的单元格边框复选框，可在“水平单元格间距”和“垂直单元格间距”文本框中设置单元格的距离。

**疑难解答 | 如何设置边框线条为虚线？**

在表格工具属性栏中单击“边框”按钮，在弹出的下拉列表框中选择需要设置为虚线的边框。按【F12】键打开“轮廓笔”对话框，在其中可对指定边框的宽度、颜色和边框的虚线样式进行设置，设置完成后单击确定按钮即可，图8-24所示为将内部边框设置为虚线的效果。

| 微信会员 | 会员升级 | 会员权益 |
|---|---|---|
| 金卡会员 | 达到200积分自动升级 | 新菜品上市免费品尝<br>生日当天用餐5折<br>参与微信抽奖活动 |
| 银卡会员 | 达到100积分自动升级 | 享受签到送积分<br>参与微信抽奖活动 |
| 铜卡会员 | 自动申请 | 享受签到送积分 |

图8-24 将内部边框设置为虚线

## 8.1.8 设置单元格对齐

在单元格中输入文本后，为了增加表格的美观度，可设置文本在单元格中的水平与垂直对齐方式，下面分别进行介绍。

- 设置水平对齐方式：选择需要设置文本水平对齐的单元格，按【Ctrl+T】组合键打开“文本属性”泊坞窗，在泊坞窗中的“段落”栏中单击对应的对齐按钮即可，图8-25所示为左对齐效果。
- 设置垂直对齐方式：选择单元格中的文本，单击“图框”按钮，单击“垂直对齐”按钮，在弹出的下拉列表中选择需要的垂直对齐方式，图8-26所示为底部垂直对齐效果。

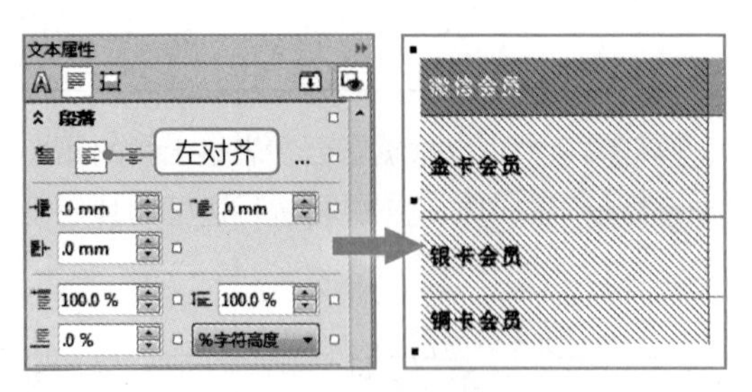


图8-25　左对齐效果

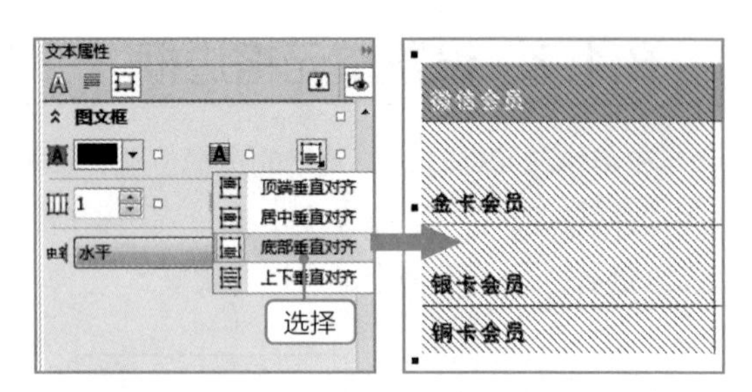


图8-26　底部垂直对齐效果

## 8.1.9　设置页边距

设置页边距是指设置文本到单元格边框的距离。单击单元格，在属性栏中单击页边距按钮，可弹出设置面板，在其中可对单元格到4个边的距离进行设置，单击🔒按钮可分别设置不同的距离，再次单击可统一设置相同的距离。图8-27所示为选择单元格文本为左对齐，将到左侧的边距设置为“8 mm”，其他边距设置为“2 mm”的效果。

图8-27　取消表格所有边框

## 课堂练习——制作汽车套餐表格

本练习将在背景（素材\第8章\表背景.jpg）上添加图形、文本与表格，设置表格文本字符属性与对齐方式，然后设置边框与底纹，制作后的汽车套餐表效果如图8-28所示（效果\第8章\汽车套餐表.cdr）。

1 汽车套餐优惠

| 项目名称 | 次数 | 优惠价 |
| --- | --- | --- |
| 精致美容洗车 | 40次 | 1200元 |
| 车内杀菌消毒 | 20次 | 360元 |
| 精致天然内饰清洁护理 | 60次 | 120元 |
| 真皮清洁护理 | 20次 | 600元 |
| 轮毂深度清洁 | 10次 | 200元 |
| 发动机舱清洁护理 | 20次 | 400元 |
| 表面镀膜 | 10次 | 720元 |
| 爱车之道水晶蜡 | 5次 | 890元 |
| 爱车之道树脂釉 | 10次 | 1820元 |

图8-28　汽车套餐表效果

# 8.2 操作表格

在编辑表格数据的过程中可能会遇到一些合并单元格、拆分单元格、插入单元格、删除单元格的操作，使调整后的表格结构能够满足放置数据的需要，本节将详细介绍操作表格的方法。

视频教学
制作工作计划表

## 8.2.1 课堂案例——制作工作计划表

**案例目标：**本例将制作工作计划表的模板，表的结构较为复杂，其中主要涉及单元格的合并与拆分等操作，完成后的参考效果如图 8-29 所示。

**知识要点：**单元格的合并与拆分、文本的输入与设置、表格的创建。

**素材位置：**素材 \ 第 8 章 \ 工作计划表背景 .jpg。

**效果文件：**效果 \ 第 8 章 \ 工作计划表 .cdr。

图 8-29　工作计划表效果

其具体操作步骤如下。

**STEP 01** 新建A4、横向、名为“工作计划表”的空白文件，按【Ctrl+I】组合键，打开“导入”对话框，按【Shift】键选择“工作计划表背景.jpg”文件，单击 导入 按钮，再次单击导入文档，调整图片的大小和位置，选择表格工具，绘制表格，在属性栏将其设置为4行2列，如图8-30所示。

**STEP 02** 选择表格工具，选择第一行，在属性栏中单击“合并单元格”按钮，将其合并为一个单元格，如图8-31所示。

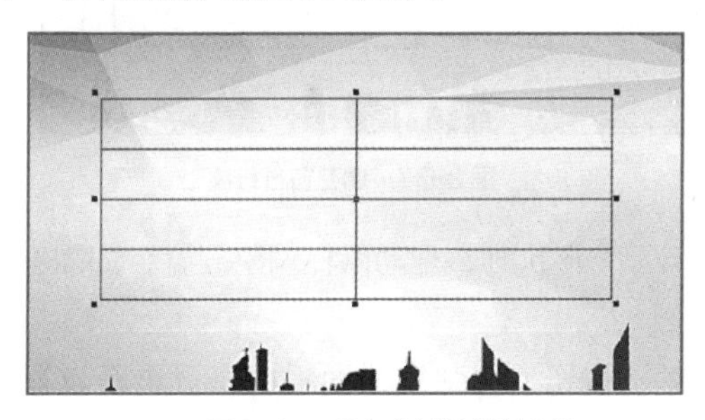
图 8-30　导入素材并绘制表格

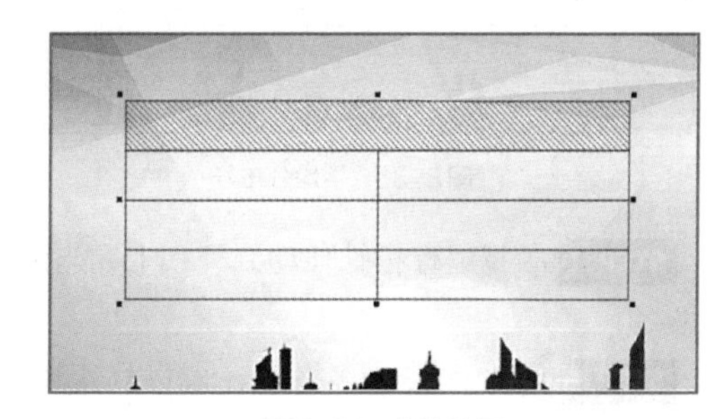
图 8-31　合并首行

**STEP 03** 选择第一列的最后两个单元格，在属性栏中单击“垂直拆分单元格”按钮，打开“拆分单元格”对话框，设置拆分的列数为“5”，单击 确定 按钮，如图8-32所示。

**STEP 04** 使用相同的方法继续垂直拆分最后一列的最后两行单元格为2列，如图8-33所示。

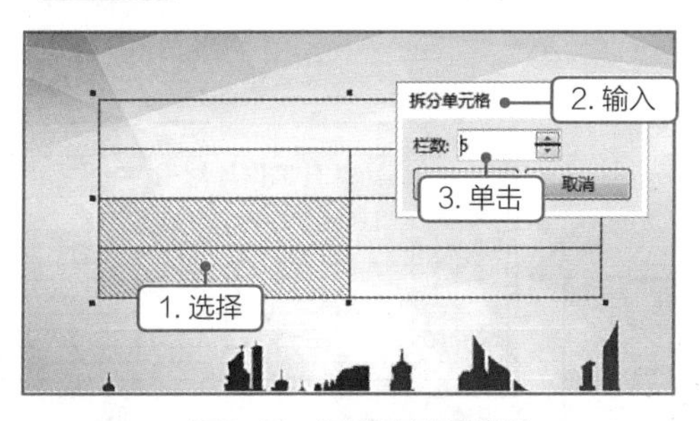

图 8-32　设置垂直拆分列数

图 8-33　垂直拆分其他单元格

**STEP 05** 选择第三行除第一列外的其他单元格，在属性栏中单击“水平拆分单元格”按钮，打开“拆分单元格”对话框，设置拆分的行数为“6”，单击 确定 按钮，如图8-34所示。

STEP 06 使用相同的方法继续拆分最后一行除第一列外其他单元格为4行，如图8-35所示。

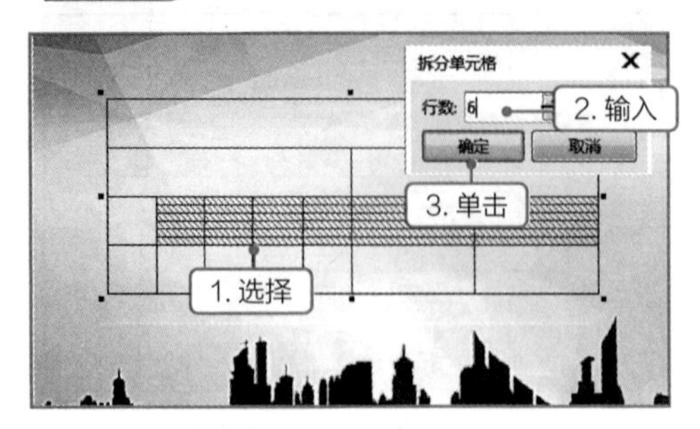


图8-34 设置水平拆分行数

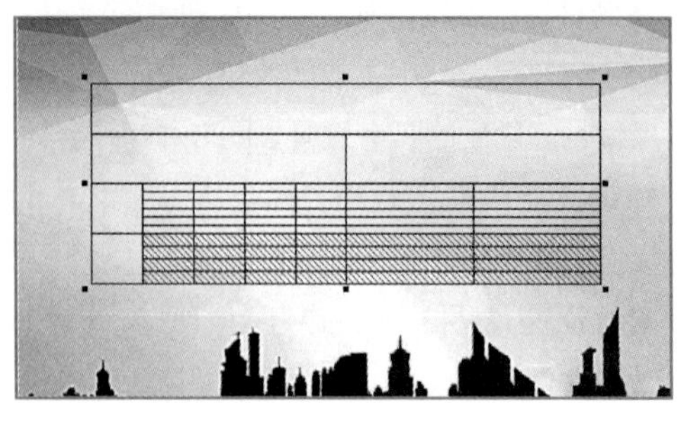

图8-35 水平拆分其他单元格

STEP 07 选择表格，选择【表格】/【分布】/【行均分】命令，如图8-36所示。

STEP 08 选择第一行，在属性栏中将行高设置为“18 mm”，加大行高，如图8-37所示。

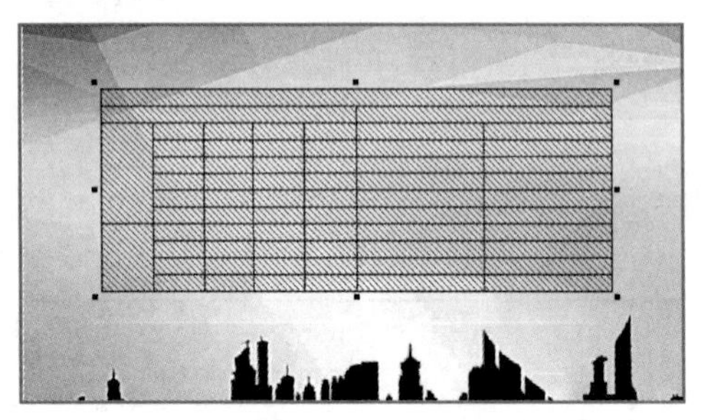

图8-36 平均分布行

图8-37 调整首行行高

STEP 09 将鼠标指针移动到列线上，当鼠标指针呈↔形状时，拖动鼠标调整列宽，如图8-38所示。

STEP 10 选择整个表格，在属性栏中单击 页边距 按钮，在弹出的面板中将页边距设置为“0 mm”，如图8-39所示。

STEP 11 选择文本工具字，在单元格中单击插入鼠标插入点，输入表格文本，设置表头字体为“方正大黑简体”，字体大小为“36 pt”，文本颜色为红色（CMYK：25、93、44、0）；设置表内容字体为“方正大黑简体”，字体大小为“14 pt”，文本颜色为黑色，按【Ctrl+T】组合键打开“文本属性”泊坞窗，在泊坞窗中设置文本对齐为“居中对齐”“居中垂直对齐”；更改日期和姓名对齐方式为“左对齐”，如图8-40所示。

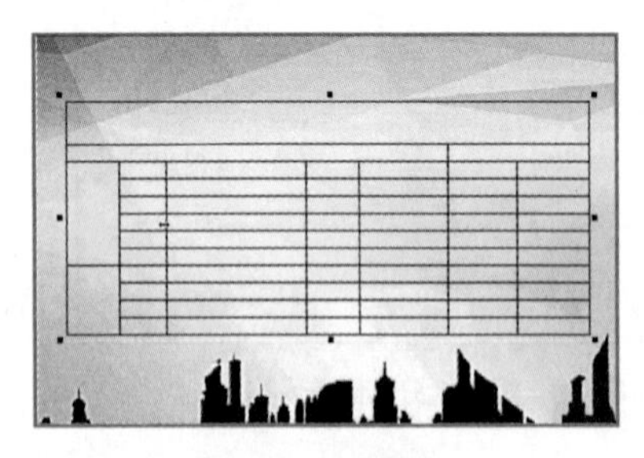

图8-38 调整列宽

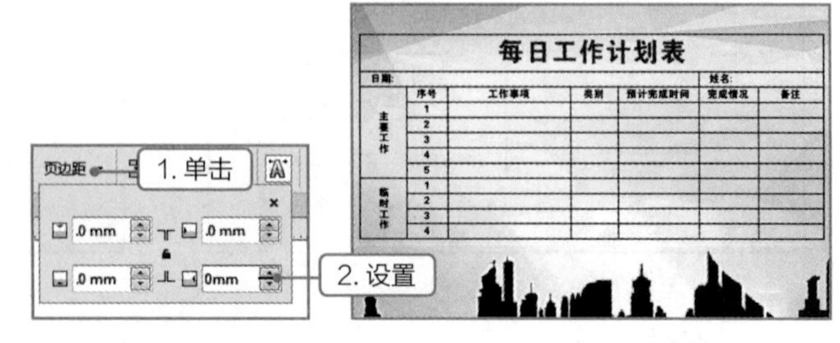


图8-39 设置页边距

图8-40 输入并设置文本

**技巧** 单元格中不仅可以放置文本，还可以放置图片，其方法是：在矢量图或位图上按住鼠标右键不放，将其拖动到单元格中，释放鼠标后，在弹出的快捷菜单中选择【置于单元格内部】命令，即可插入矢量图或位图。

**STEP 12** 选择表格工具，在第二行中拖动鼠标选择第二行，在属性栏中设置背景色为红色（CMYK：25、93、44、0），更改文本为白色，如图8-41所示。

**STEP 13** 选择第一行，在属性栏中单击“边框”按钮右下角的黑色三角图标，在弹出的下拉列表框中选择【外部】选项，在“轮廓宽度”下拉列表框中选择【无】选项，取消第一行的边框，如图8-42所示。保存文件，完成本例的制作。

图8-41　添加底纹

图8-42　取消首行边框

## 8.2.2　插入单元格

当需要在制作好的表格上添加数据信息时，就需要使用到插入单元格的命令。选择任意单元格，选择【表格】/【插入】命令，可以在弹出的子菜单中设置在选择的单元格上、下、左、右插入行或列。选择【表格】/【插入】/【插入行（列）】命令，将打开“插入行（列）”对话框，在其中可对插入的行（列）数和插入位置进行设置。图8-43所示为在选定行下方插入两行的效果。

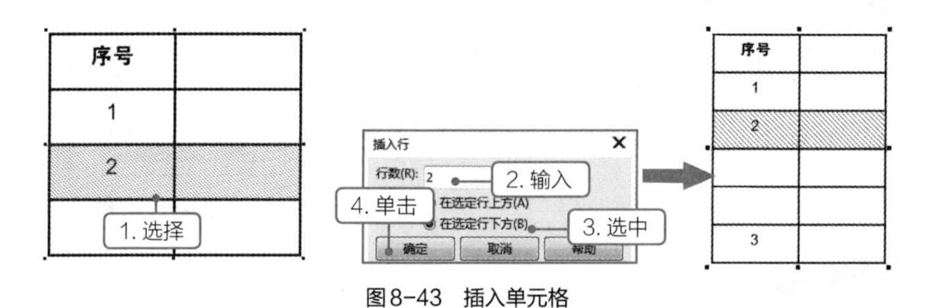


图8-43　插入单元格

## 8.2.3　删除单元格

创建表格后，可以根据需要删除多余的行或列，也可将多余的表格内容清除。选择需删除的行后，选择【表格】/【删除】命令，在弹出的子菜单中选择删除的行、列或表格，图8-44所示为删除选择行的效果。双击或拖动鼠标选择单元格中的文本，按【Delete】键或【Backspace】键将删除表格内容。

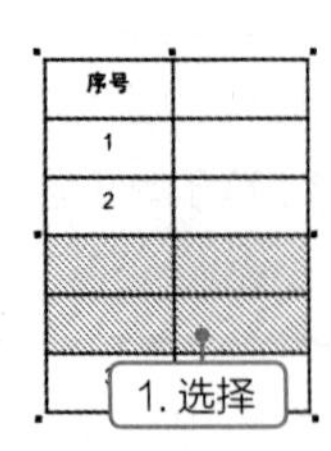

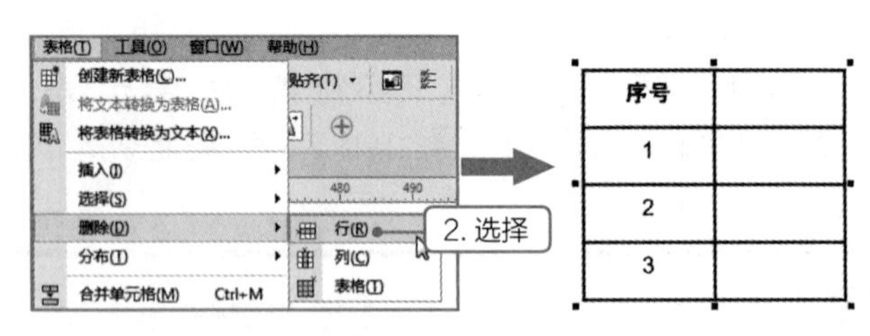


图8-44 删除单元格

## 8.2.4 合并与拆分单元格

选择单元格后，用户可以通过表格工具属性栏中的“合并”按钮将同行或同列中多个连续的单元格合并为一个单元格，也可通过“拆分”按钮将一个单元格拆分为多行单元格或多列单元格，其方法介绍如下。

- 合并单元格：选择多个相邻的单元格后，单击“合并单元格”按钮，可将其合并为一个单元格，如图8-45所示。对多个单元格执行合并操作后，单击“撤销合并单元格”按钮，可将合并的单元格还原为没有执行合并之前的独立单元格状态。
- 水平拆分单元格：选择需要拆分的单元格后，单击“水平拆分单元格”按钮，可打开“拆分单元格”对话框，设置拆分的行数后单击 确定 按钮，可将一个单元格拆分为多行单元格。图8-46所示为将单元格拆分为8行的效果。

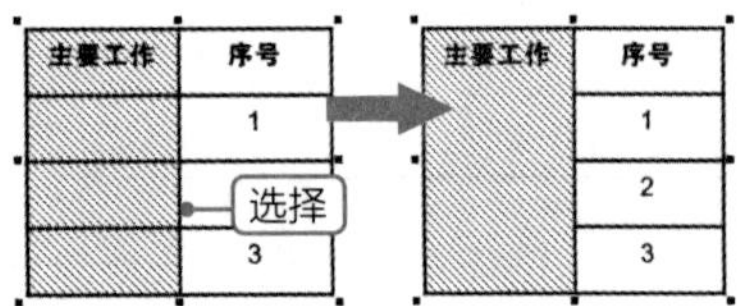


图8-45 合并单元格

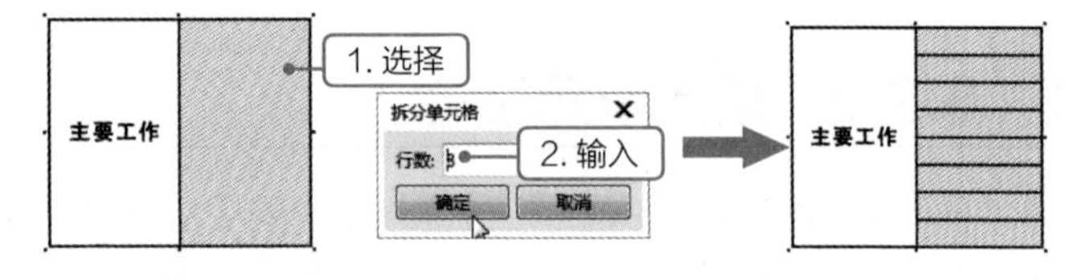


图8-46 水平拆分单元格

- 垂直拆分单元格：选择需要拆分的单元格后，单击“垂直拆分单元格”按钮，打开“拆分单元格”对话框，设置拆分的栏数后单击 确定 按钮，可将一个单元格拆分为多列单元格。图8-47所示为将单元格拆分为4列的效果。

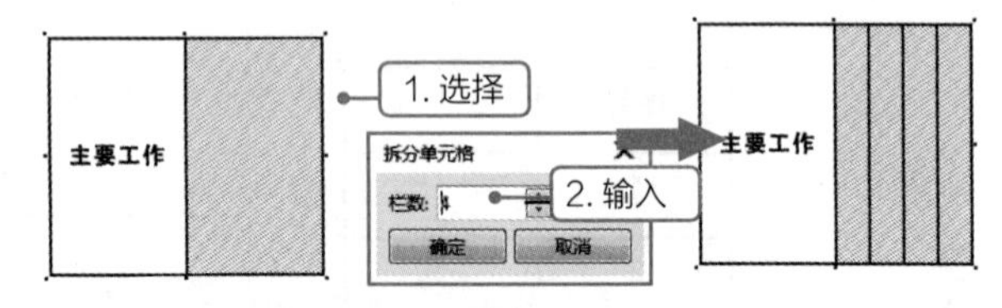


图8-47 垂直拆分单元格

## 课堂练习——制作派工单

本例将通过表格的创建、合并、拆分等操作制作派工单模板，然后输入文本，设置文本居中对齐与垂直居中对齐，效果如图8-48所示（效果\第8章\派工单.cdr）。

| 派工单 | | | | 编号（ ） | |
|---|---|---|---|---|---|
| 派工单位 | | 时间 | | 施工单位 | |
| 拟用（工天/时间） | | 派工内容 | | | |
| 实用（工天/时间） | | 完成情况 | | | |
| 派工人 | | 部室或工程师 | | 分管领导 | |

图8-48 派工单效果

# 8.3 上机实训——制作时尚月历

## 8.3.1 实训要求

本实训要求在背景上制作月历，要求数字简洁、美观、排列整齐有序、易于读取。

## 8.3.2 实训分析

日历是一种日常使用的出版物，用于记载日期等相关信息。每页显示一日信息的叫日历，每页显示一个月信息的叫月历，每页显示全年信息的叫年历。本例通过表格来制作一月显示在一页的月历。为了版面美观，需要对数据的字体、颜色、对齐方式进行设置，并设置底纹，取消边框，完成后的效果如图8-49所示。

图8-49　时尚月历效果

**效果所在位置：** 效果\第8章\时尚月历背景.jpg。

**效果所在位置：** 效果\第8章\时尚月历.cdr。

## 8.3.3 操作思路

完成本实训主要在于表格的制作、编辑与美化，可分为绘制表格、输入与设置文本和取消边框3大步操作，其操作思路如图8-50所示。涉及的知识点主要包括表格的创建、表格文本的输入与设置、表格的边框与底纹设置和合并单元格等。

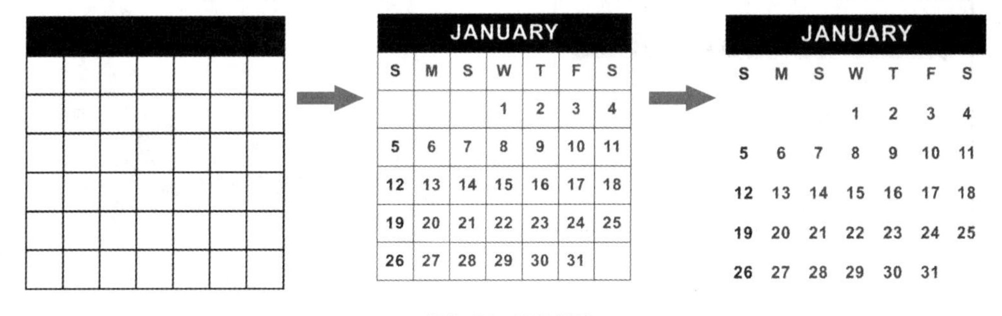


图8-50　操作思路

【步骤提示】

STEP 01 新建A4、横向、名为“时尚月历”的空白文件，导入背景图片，在背景右侧绘制一个7行7列的表格，合并首行为一个单元格，为首行创建渐变填充底纹。

STEP 02 在属性栏中单击 页边距 按钮，在设置面板中将页边距设置为“0 mm”。

STEP 03 输入文本，设置文本字体、大小，将首行文本设置为白色，第一列文本设置为红色，其他数字设置为蓝色。

STEP 04 将文本的水平对齐方式设置为“居中”，垂直对齐方式设置为“垂直居中”。

STEP 05 选择整个表格，在属性栏中单击“边框”按钮田右下角的黑色三角图标，在弹出的下拉列表框中选择【全部】选项，在“轮廓宽度”下拉列表框中选择【无】选项，取消表格边框。

STEP 06 调整表格的位置，保存文件，完成本例的制作。

## 8.4 课后练习

### 1. 练习1——*制作尺码表*

本练习将使用表格工具制作一款女装上衣的尺码表，为了使表格简洁、美观，要求文本居中对齐，只保留表格横线，删除竖线，效果如图8-51所示。

**效果所在位置：**效果\第8章\尺码表.cdr。

### 2. 练习2——*制作明信片*

在制作一些等距的线条时，可使用表格功能来快速实现。本练习将在花纹的基础上利用表格来制作明信片上的等间距虚线，制作后的效果如图8-52所示。

**素材所在位置：**素材\第8章\花纹.cdr。

**效果所在位置：**效果\第8章\明信片.cdr。

*SIZE CHART*
尺码表

| 尺码 | 肩宽 | 胸围 | 衣长 | 袖长 | 袖口 | 下摆 |
|---|---|---|---|---|---|---|
| S | 40 | 98 | 57 | 54 | 27 | 100 |
| M | 42 | 104 | 61 | 58 | 29 | 104 |
| L | 44 | 108 | 65 | 61 | 31 | 108 |
| XL | 46 | 110 | 69 | 64 | 33 | 112 |

图8-51 尺码表效果

图8-52 明信片效果

CHAPTER 9

# 第9章 位图的使用与编辑

在平面设计中往往需要综合使用矢量图与位图，在CorelDRAW中，位图和矢量图的部分操作是一样的，如移动、旋转、缩放和剪裁等。若这些操作不能满足位图的编辑需要，可通过CorelDRAW X7提供的位图处理功能，对位图进行进一步的编辑，如位图与矢量图的转换、位图的颜色处理、位图特效滤镜添加等，为制作丰富的作品奠定基础。

## 课堂学习目标

- 掌握位图与矢量图的转换方法
- 掌握调整位图颜色的方法
- 掌握为位图添加滤镜的方法

## 课堂案例展示

狗粮主图

更换裙子颜色

渲染下雨气氛

# 9.1 位图与矢量图的转换

CorelDRAW X7中，矢量图和位图是可以相互转换的。通过将矢量图转换为位图，可以应用位图处理的效果，如颜色处理、滤镜添加等；而将位图转换为矢量图后，可进行填充、变形和特效添加等操作，本节将进行详细介绍。

## 9.1.1 课堂案例——制作狗粮主图

**案例目标：**在淘宝等电商平台，主图设计的好坏将直接影响商品的点击率。本例将设计一个狗粮商品的主图，在主图中添加可爱的宠物形象，得到很好的视觉效果。首先在添加的宠物狗图像上使用描摹功能去除其白色背景，得到轮廓，然后将宠物狗图像剪裁到轮廓中，最后添加阴影，完成主图的制作，最终效果如图 9-1 所示。

**知识要点：**位图导入 、轮廓描摹、创建边界、图框精确剪裁、阴影添加。

**素材位置：**素材 \ 第 9 章 \ 宠物 .jpg、宠物背景 .jpg。

**效果文件：**效果 \ 第 9 章 \ 狗粮主图 .cdr。

图9-1 狗粮主图

其具体操作步骤如下。

**STEP 01** 新建A4、横向、名为“狗粮主图”的空白文件，按【Ctrl+I】组合键，打开“导入”对话框，按【Ctrl】键选择“宠物背景.jpg” “宠物.jpg”文件，单击 导入 按钮，返回界面单击两次导入图片，将宠物放置在背景右下角，调整大小，如图9-2所示。

**STEP 02** 选择宠物图片，选择【位图】/【轮廓描摹】/【高质量图像】命令，在打开的对话框中拖动细节滑块到右侧，设置平滑值为“25”；单击选中 移除背景 和 删除原始图像 复选框，预览描摹效果，如图9-3所示，单击 确定 按钮应用描摹效果。

图9-2 导入素材

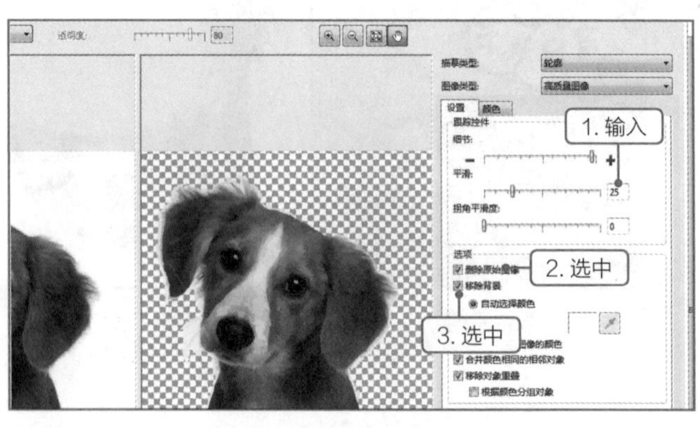


图9-3 高品质描摹位图轮廓

**STEP 03** 选择描摹后的宠物，按【Ctrl+U】组合键取消群组，单击选择边缘中需要删除的锯齿图形，按【Delete】键删除，如图9-4所示。

**STEP 04** 框选描摹后的宠物，在属性栏中单击“创建边界”按钮，创建宠物轮廓，取消轮廓，填充为褐色（CMYK：35、36、31、0），如图9-5所示。

图9-4　删除多余图像

图9-5　创建边界

**STEP 05** 重新导入宠物图片，用鼠标右键将其拖动到创建的轮廓中，在弹出的快捷菜单中选择【图框精确剪裁内部】命令，将宠物狗剪裁到轮廓中，在下方出现的功能按钮栏上单击“编辑PowerClip”按钮，调整内容图像的大小与位置，单击“停止编辑内容”按钮，实现宠物抠图，如图9-6所示。

**STEP 06** 选择剪裁后的宠物图像，选择阴影工具，将鼠标指针移动到下边缘，按住鼠标左键不放向上方拖动创建阴影，在属性栏中设置阴影的不透明度为“50”、阴影羽化值为“15”，默认阴影颜色为黑色，如图9-7所示。保存文件，完成本例的制作。

图9-6　图框精确剪裁内部

图9-7　添加阴影

## 9.1.2　将矢量图转换为位图

利用CorelDRAW X7绘制的图形为矢量图，也可根据需要将其转换为位图，以方便其他图形处理软件的浏览与使用。选择该图形，选择【位图】/【转换为位图】命令，打开“转换为位图”对话框，在其中可对颜色模式、分辨率、背景透明度和光滑处理等位图属性进行设置，单击 确定 按钮，即可将该图形转换为位图。然后，可调整图形色调与颜色模式等，如图9-8所示。下面对“转换为位图”对话框中的主要参数进行介绍。

- “分辨率”文本框：用于设置图形转换为位图后的清晰度，值越大，图形越清晰。
- “颜色模式”下拉列表框：用于设置图形转换为位图后的颜色模式。
- ☑递色处理的(D)复选框：单击选中该复选框，将以模拟的颜色块来显示更多的颜色。该选项只在选择颜色模式的颜色位图少于256色时才能被激活。
- ☑总是叠印黑色(Y)复选框：单击选中该复选框，可以避免在印刷时出现套版不准或露白现象。该选项只在选择颜色模式为“RGB色”或“CMYK色”时才能被激活。
- ☑光滑处理(A)复选框：单击选中该复选框，可以使图形转换为位图后，位图的边缘锯齿更少、更加平滑。
- ☑透明背景(T)复选框：单击选中该复选框，可以使图形转换为位图后，对象边界框中空白部分呈透明显示；若不选中，则其显示为白色的背景。图9-9所示为未选中☑透明背景(T)复选框和选中☑透明背景(T)复选框的矢量图转换为位图的效果。

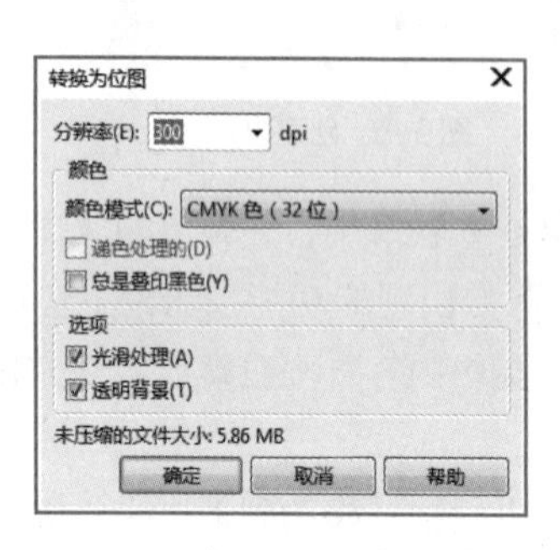


图9-8 “转换为位图”对话框

图9-9 白色背景与透明背景的对比效果

## 9.1.3 将位图描摹为矢量图

描摹位图功能可以将位图按不同的方式转换为矢量图，以便进行颜色填充、曲线造型等编辑。描摹位图主要有3种方式，即快速描摹位图、中心线描摹位图和轮廓描摹位图，下面分别进行介绍。

### 1. 快速描摹位图

选择需要转换的位图，选择【位图】/【快速描摹】命令，或在属性栏中单击描摹位图(T)按钮，在弹出的下拉列表框中选择【快速描摹】选项，即可快速将选择的位图转换为矢量图，如图9-10所示。

### 2. 中心线描摹位图

中心线描摹位图是利用线条的形式来描摹图像，一般用于制作技术图解、线描画或拼板等。选择需要转换的位图后，选择【位图】/【中心线描摹】命令，在弹出的子菜单中提供了两种预设图像类型，即技术图解和线条画。选择技术图解后，可使用很细、很淡的线条来描摹黑白图解，如图9-11所示；选择线条画后，可以使用粗且突出的线条来描摹黑白草图，与技术图解描摹效果相似。

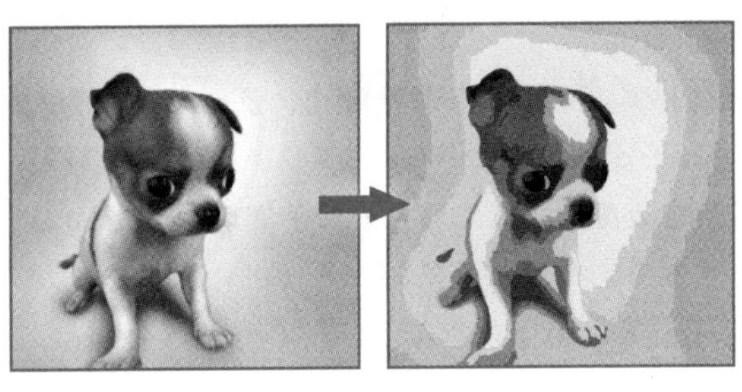

图9-10　快速描摹位图

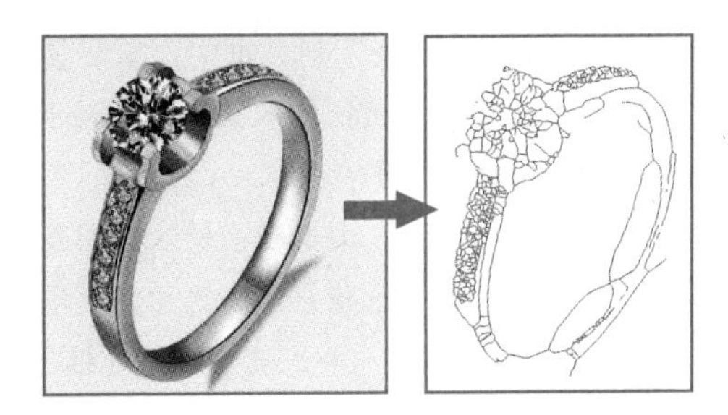

图9-11　技术图解描摹

3. 轮廓描摹位图

轮廓描摹位图可应用无轮廓的闭合曲线来描摹图像。选择位图，选择【位图】/【轮廓描摹】命令，在弹出的子菜单中提供了6种预设的图像类型，包括线条图、徽标、详细徽标、剪贴画、低质量图像和高质量图像，其区别如下。

- 线条图：用于描摹黑白草图和图解。
- 徽标：用于描摹细节和颜色较少的简单徽标。
- 详细徽标：用于描摹颜色较为丰富的复杂精致徽标。
- 剪贴画：根据复杂程度、细节量和颜色数量来描摹常见的对象。
- 低质量图像：用于描摹细节不足或相对模糊的照片。
- 高质量图像：用于描摹高质量、超精细的照片，如图9-12所示。

图9-12　高质量描摹

在执行中心线描摹位图和轮廓描摹位图时，将打开“PowerTRACE”对话框，在“设置”选项卡中可设置跟踪控件的细节、线条平滑度和拐角平滑度等参数；在“颜色”选项卡中可设置颜色模式、颜色数、颜色排序依据等，如图9-13所示。设置完成后单击 确定 按钮即可。

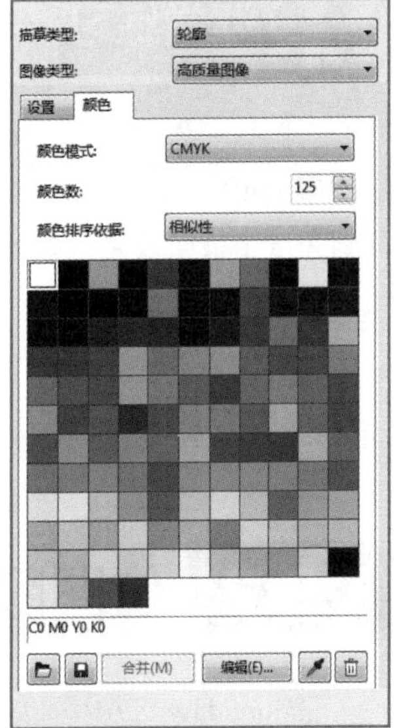


图9-13　“PowerTRACE”对话框

在“PowerTRACE”对话框中，重要参数介绍如下。

- “平滑”文本框：输入数值或拖动滑块可设置描摹效果中线条的平滑度，值越大，平滑度越高，平滑细节也会减少。
- “拐角平滑度”文本框：输入数值或拖动滑块可设置描摹效果拐角处的平滑度。
- ☑删除原始图像 复选框：单击选中该复选框，可在描摹后删除原对象。
- ☑移除背景复选框：单击选中该复选框，可在描摹效果中删除背景色块。
- ◉自动选择颜色单选项：单击选中该单选项，可在描摹对象后删除系统默认的背景颜色。
- ◉指定颜色:单选项：单击选中该单选项，单击其后的“滴管”按钮，可在图像中指定要删除的颜色。
- ☑移除整个图像的颜色复选框：单击选中该复选框，可根据选择的颜色删除描摹中所有相同区域。
- ☑合并颜色相同的相邻对象复选框：单击选中该复选框，可合并描摹中颜色相同且相邻的区域。
- ☑移除对象重叠复选框：单击选中该复选框，可删除对象间重叠的部分，以简化描摹对象。
- ☑根据颜色分组对象 复选框：单击选中该复选框，可根据颜色来区分对象进行移除重叠操作。
- “颜色模式”下拉列表框：用于设置描摹的颜色模式。
- “颜色数”文本框：输入数值可设置描摹显示的颜色数量，最大值为图像本身包含的颜色数量。
- “撤销”按钮：单击该按钮，可回到上一步操作。
- “重做”按钮：单击该按钮，可重做撤销步骤。
- 重置按钮：单击该按钮，可回到描摹设置前的状态。
- 选项...按钮：单击该按钮，可打开“选项”对话框。默认展开【PowerTRACE】选项，在其中可设置快速描摹方法、描摹性能、合并颜色。

## 课堂练习——描摹化妆瓶

本例将导入“化妆瓶.jpg”图像（素材\第9章\化妆瓶.jpg），通过位图描摹功能去除灰色背景，得到矢量化妆瓶效果，如图9-14所示（效果\第9章\化妆瓶.cdr）。

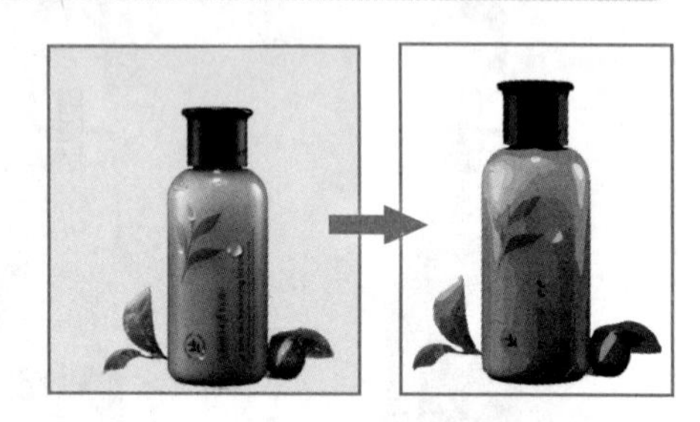

图9-14　描摹化妆瓶前后的效果

# 9.2 位图颜色调整

在Coreldaw X7中可以多方位调整位图的颜色，如转换位图的颜色模式，调整高反差、局部平衡、取样/目标平衡、调和曲线、亮度/对比度/强度、颜色平衡、伽玛值、色相、饱和度、光度、所选颜色、替换颜色、取消饱和、通道混合器、反转颜色和极色化等，使位图的颜色更加丰富化。

## 9.2.1 课堂案例——更换裙子颜色

**案例目标：**在网店中通常一款商品可能有多种颜色，为了避免重复拍摄的麻烦，店家可只拍摄一种颜色，其他颜色通过调色来得到。本例将更换裙子的颜色为蓝色，并增加图像对比度，调整前后的效果如图9-15所示。

**知识要点：**位图导入 、替换颜色、调和曲线。

**素材位置：**素材\第9章\裙子.jpg。

**效果文件：**效果\第9章\裙子.cdr。

图9-15 更换裙子颜色

其具体操作步骤如下。

**STEP 01** 新建A4、横向、名为“裙子”的空白文件，按【Ctrl+I】组合键，打开“导入”对话框，选择“裙子.jpg”文件，单击导入按钮，返回界面单击导入图片，调整大小与位置，如图9-16所示。

**STEP 02** 选择人物图片，选择【效果】/【调整】/【替换颜色】命令，打开“替换颜色”对话框，单击“原颜色”右侧的按钮，在衣服上单击绿色区域将绿色（RGB：81、133、9）作为替换颜色；单击“新建颜色”色块，将新建颜色设置为蓝色（RGB：0、155、186）；将范围设置为“32”；单击确定按钮查看替换裙子颜色的效果，如图9-17所示。

图9-16 导入素材

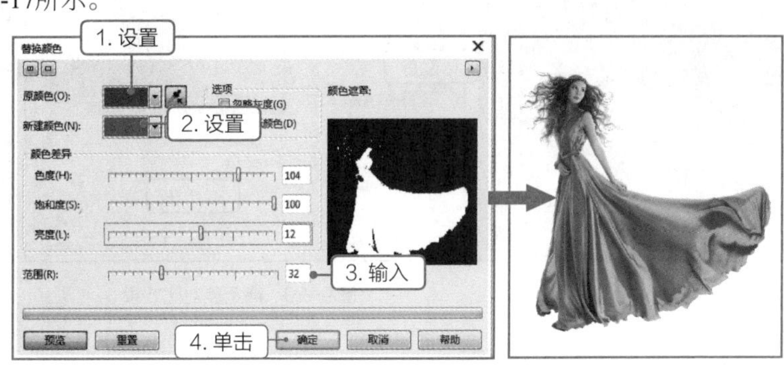


图9-17 替换颜色

**STEP 03** 选择【效果】/【调整】/【调合曲线】命令，打开“调合曲线”对话框，在“活动通道”下拉列表框中默认选择“RGB”选项，在左侧曲线上端单击并向上拖动曲线，在曲线下端单击并向下拖动曲线，使曲线呈S状，调整图片整体的对比度、亮度和饱和度，如图9-18所示。

**STEP 04** 单击确定按钮应用调整，可发现裙子对比度增强，色彩更加艳丽，效果如图9-19所示。保存文件，完成本例的制作。

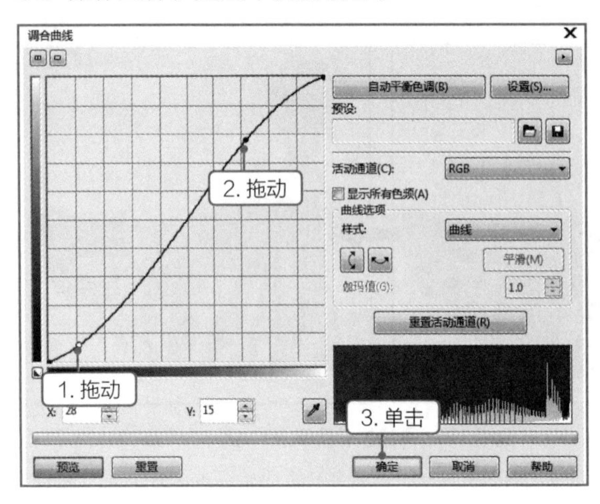


图9-18　调整曲线

图9-19　调整曲线后的效果

## 9.2.2　高反差

高反差通过调整位图输出颜色的浓度、位图最暗区域和最亮区域颜色的浓淡分布，从而调整位图的亮度、对比度和强度，使高光区域和阴影区域的细节不被丢失。选择位图，选择【效果】/【调整】/【高反差】命令，打开“高反差”对话框，单击选中 设置输入值(I) 单选按钮，单击“深色吸管”按钮，在位图颜色最深处单击；再单击“浅色吸管”按钮，然后在位图颜色最浅处单击，可得到高反差调整效果，如图9-20所示。若拖动“伽玛值调整”滑块或输入数值，可设置图像中所选颜色通道显示的亮度和范围。

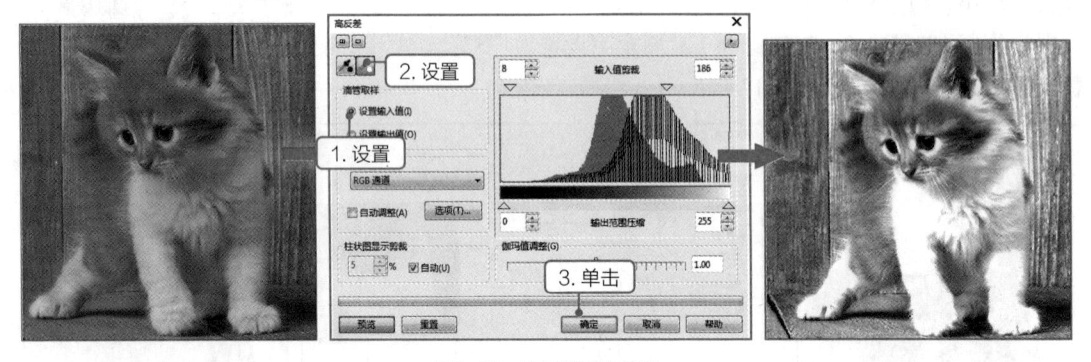


图9-20　高反差对比效果

## 9.2.3　局部平衡

局部平衡是指通过提高图像各颜色边缘附近的对比度来调整图像的暗部和亮部区域中的细节。选择位图，选择【效果】/【调整】/【局部平衡】命令，打开“局部平衡”对话框，设置像素局部区域的高度与宽度值，单击对话框左上角的按钮，可预览调整局部平衡前后的效果，拖动预览画布可移动显示区域，其后滚动鼠标滚珠可放大或缩小预览图，如图9-21所示。

## 9.2.4 取样 / 目标平衡

使用“取样/目标平衡”功能可通过直接从图像中提取颜色样品来调整图像的颜色值，可以分别用暗色调、中间色调和浅色调吸管来选取色样，然后通过更改色样来调整图片色彩。选择位图，选择【效果】/【调整】/【取样/目标平衡】命令，即可打开“取样/目标平衡”对话框，如图9-22所示。

图9-21 局部平衡调整

图9-22 取样/目标平衡调整

## 9.2.5 调和曲线

调和曲线可以快速调整图像的亮度、对比度和颜色。选择位图，选择【效果】/【调整】/【调和曲线】命令，打开“调和曲线”对话框。选择调整曲线的通道，在左侧的曲线上单击可添加曲线控制点，选择控制点，在下方的文本框中可输入控制点的位置，也可拖动控制点和曲线更改曲线形状，完成图像颜色的调整。需要注意的是，若选择“RGB ”通道，可整体调整图像色彩的对比度、亮度和浓度，如图9-23所示；若选择“红”“绿”和“蓝”通道，可为图像增加单个颜色，更改图像的色调，图9-24所示为调整“蓝”通道的效果。

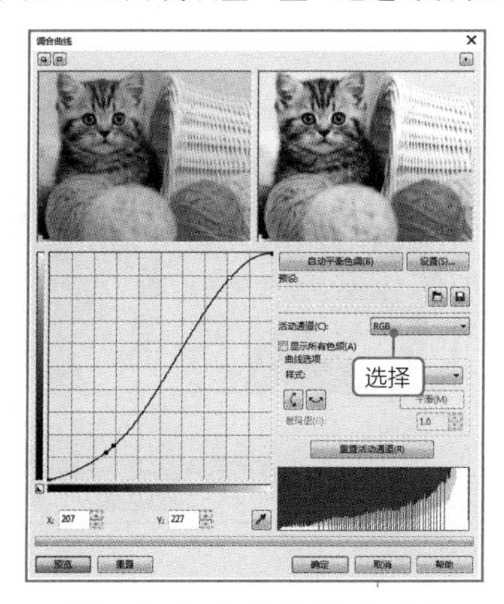


图9-23 “RGB”通道曲线调和效果

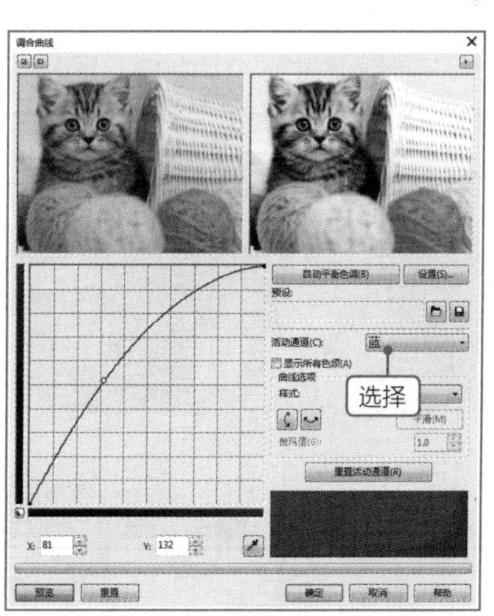


图9-24 “蓝”通道曲线调和效果

## 9.2.6　亮度/对比度/强度

亮度用于调整图像的明亮程度；对比度用于调整图像的亮部和暗部的色彩反差；强度用于调整图像的色彩强度。选择位图，选择【效果】/【调整】/【亮度/对比度/强度】命令，在打开的“亮度/对比度/强度”对话框中拖动滑块或输入数值可设置亮度、对比度和强度，如图9-25所示。

## 9.2.7　颜色平衡

调整颜色平衡是指将青色、红色、品红、绿色、黄色和蓝色添加到位图中，改变颜色效果，常用于矫正图片的颜色。选择位图，选择【效果】/【调整】/【颜色平衡】命令，打开“颜色平衡”对话框，设置颜色倾向范围，以及颜色通道的值，调整图像，图9-26所示的图像偏黄，则加入蓝色来矫正图像颜色。

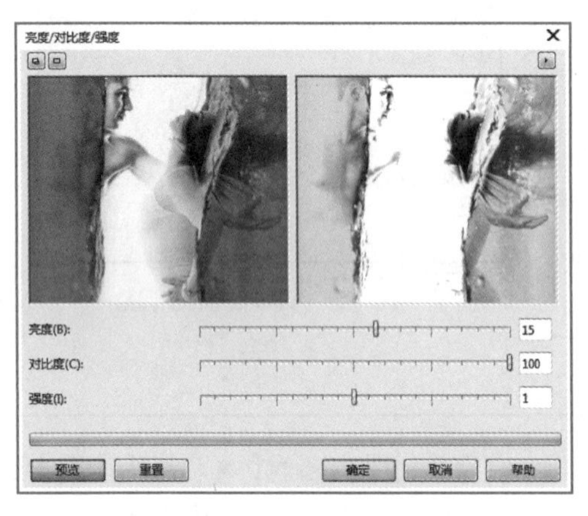


图9-25　亮度/对比度/强度调整

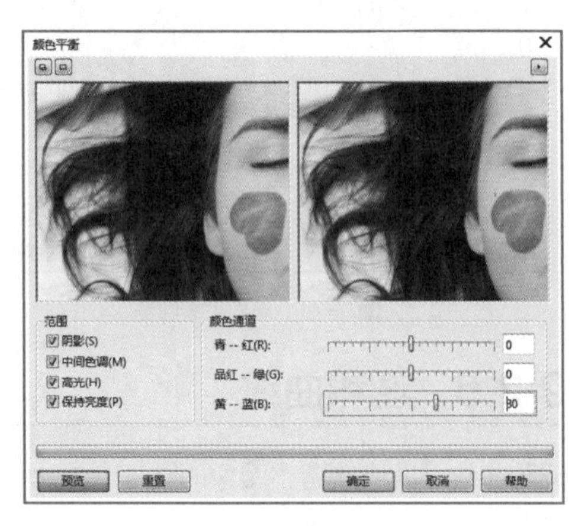


图9-26　颜色平衡调整

## 9.2.8　伽玛值

伽玛值用于在较低对比度的区域进行细节强化，并不会影响高光和阴影。选择位图，选择【效果】/【调整】/【伽玛值】命令，打开“伽玛值”对话框，设置“伽玛值”的值即可，值越大，中间色调越浅；值越小，中间色调越深，图9-27所示为不同伽玛值的效果。

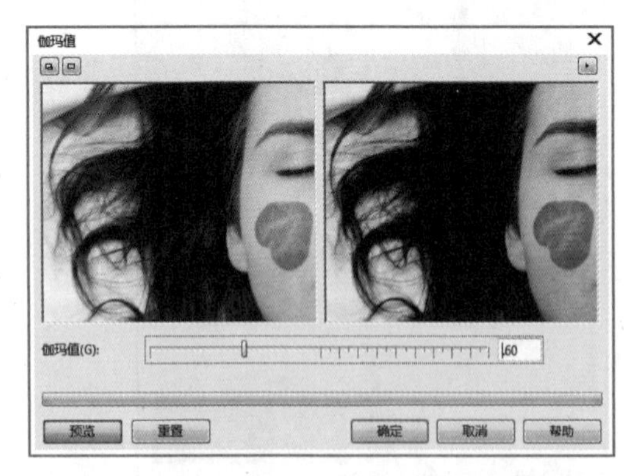


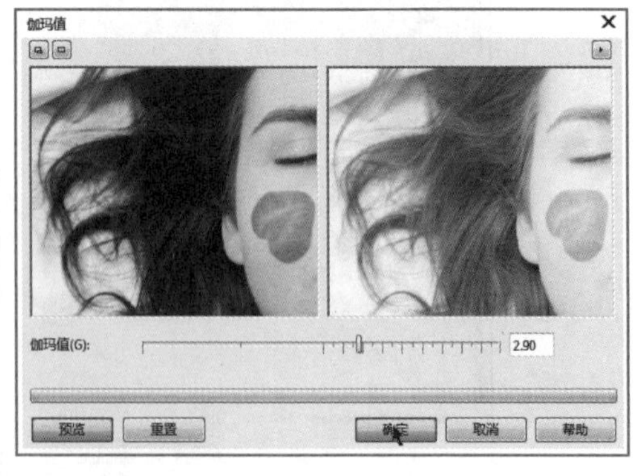


图9-27　调整颜色伽玛值

## 9.2.9 色度、饱和度和亮度

通过对色度、饱和度和亮度的调整，可改变图像的色相、颜色浓度与亮度。选择位图，选择【效果】/【调整】/【色度/饱和度/亮度】命令，打开“色度/饱和度/亮度”对话框，先设置调整通道的类型，再分别设置“色度”“饱和度”和“亮度”的值，图9-28所示为更改青色通道中色度值的效果。

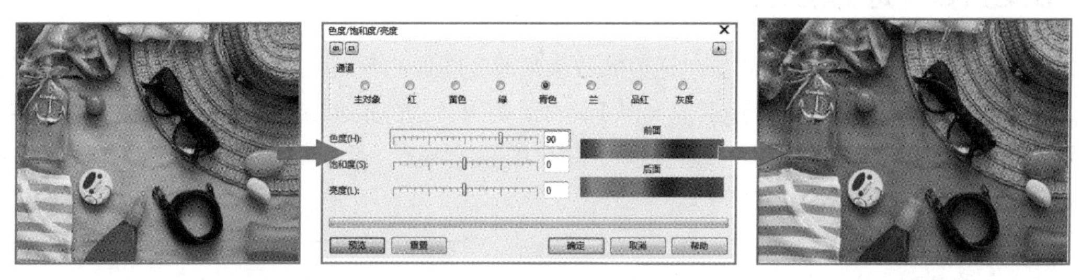


图9-28　色度、饱和度和亮度的调整

## 9.2.10 所选颜色

所选颜色功能可以通过更改图像中红、黄、绿、青、蓝和品红色谱的CMYK值来更改图像颜色。选择位图，选择【效果】/【调整】/【所选颜色】命令，打开“所选颜色”对话框，在“色谱”栏中设置更改的色谱，再分别设置青、品红、黄、黑的CMYK值更改色谱的颜色，图9-29所示为更改“青”色谱的CMYK值的效果。

## 9.2.11 替换颜色

替换颜色是指将位图中的一种颜色替换成另一种颜色。选择位图，选择【效果】/【调整】/【替换颜色】命令，在打开的“替换颜色”对话框中设置“原颜色”和“新建颜色”，再设置颜色差异，调整颜色范围，范围值越大，替换的颜色区域越广泛，图9-30所示为将蓝色包替换为红色包的效果。

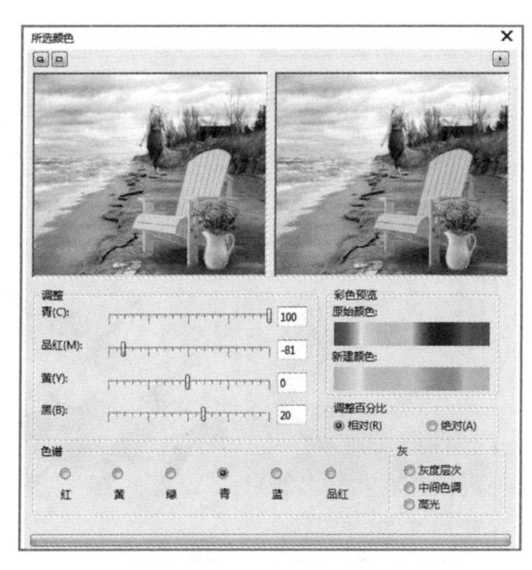


图9-29　调整所选颜色

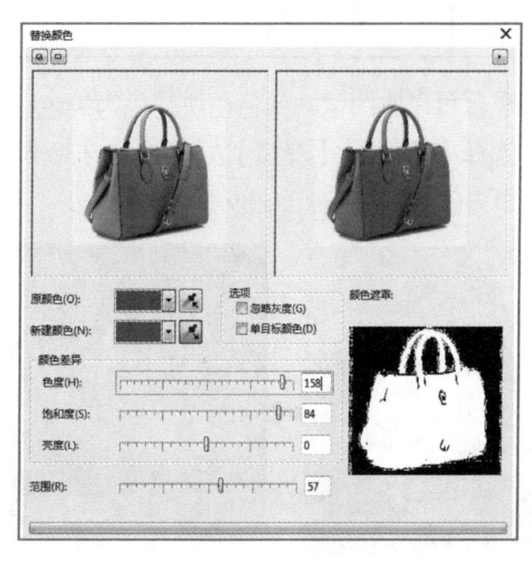


图9-30　替换颜色

## 9.2.12 取消饱和

取消饱和可以将位图每种颜色的饱和度降到零，并将每种颜色转换为与其相对应的灰度。选择位图，选择【效果】/【调整】/【取消饱和度】命令，即可把图片转换成灰度图，图9-31所示为取消饱和前后的对比效果。

## 9.2.13 通道混合器

通道混合器是通过改变不同颜色通道的数值来改变图像的色调，以平衡位图的颜色。选择位图，选择【效果】/【调整】/【通道混合器】命令，打开“通道混合器”对话框，设置色彩模型后分别拖动“输入通道”选项组中的颜色滑块，单击确定按钮，即可快速为图像赋予不同的画面效果和风格，如图9-32所示。

图9-31　取消饱和

图9-32　通道混合器

## 9.2.14 反转颜色

反转颜色可以反转对象的颜色，得到互补颜色的图片，类似于拍摄负片的效果。选择位图，选择【效果】/【变换】/【反转颜色】命令，即可反显位图，图9-33所示为反转颜色前后的效果。

## 9.2.15 极色化

极色化可以将图像的颜色色块转化为纯色色块，来减少图像中的色调值数量，简化图像。选择位图，选择【效果】/【变换】/【极色化】命令，打开“极色化”对话框，在其中设置相应的层次值后，单击确定按钮，如图9-34所示。

图9-33　反转颜色

图9-34　极色化

疑难解答

如何将扫描的图像产生的网点或线条删除?

"去交错"功能可以将扫描的图像产生的网点或线条删除，以提高图像的质量。选择位图，选择【效果】/【变换】/【去交错】命令，打开"去交错"对话框，在其中选择扫描的方式和替换方法后，单击确定按钮即可。

课堂练习——为帆船调色

本例将导入"帆船.jpg"图像（素材\第9章\帆船.jpg），首先通过"亮度/对比度/强度"增加对比度与强度；然后利用"色彩平衡"增加图像中的黄色和绿色，得到对比鲜明、颜色艳丽，阳光更加明媚的帆船图像效果，调整前后的对比效果如图9-35所示（效果\第9章\帆船.cdr）。

图9-35　为帆船调色前后的对比效果

# 9.3 为位图添加滤镜效果

CorelDRAW X7提供了强大的滤镜功能，恰当地使用这些滤镜能够丰富画面，使图像产生特殊艺术效果。CorelDRAW X7中包含了三维效果、艺术笔触、颜色转换、轮廓图、相机、杂色、扭曲、模糊、创造性、鲜明化和底纹等多组滤镜，本节将详细介绍这些滤镜的效果。

## 9.3.1 课堂案例——渲染下雨气氛

**案例目标：**滤镜种类众多，虽然不同的滤镜可实现不同的效果，但是滤镜的用法基本相同，先选择位图，再选择滤镜，最后设置滤镜参数即可。本例将利用"创造性"滤镜组中的"天气"滤镜对照片的下雨气氛进行渲染，使雨势更猛，渲染前后的效果如图 9-36 所示。

视频教学
渲染下雨气氛

图9-36 "天气"滤镜渲染效果

**知识要点：**位图的导入、滤镜的添加及"天气"滤镜的设置与应用。

**素材位置：**素材 \ 第 9 章 \ 雨中 .jpg。

**效果文件：**效果 \ 第 9 章 \ 雨中 .cdr。

其具体操作步骤如下。

**STEP 01** 新建A4、横向、名为“雨中”的空白文件，按【Ctrl+I】组合键，打开“导入”对话框，选择“雨中.jpg”文件，单击导入按钮，返回界面单击导入图片，调整大小与位置，如图9-37所示。

**STEP 02** 选择【位图】/【创造性】/【天气】命令，打开“天气”对话框，单击对话框左上角的按钮，便于预览调整前后的效果，在“预报”选项组中单击选中雨(A)单选项，设置浓度为“24”，设置大小为“5”，随机化为“2”，方向为“259”，单击确定按钮，如图9-38所示。

**STEP 03** 返回界面查看下雨渲染的效果，可发现雨势更大，如图9-39所示。保存文件，完成本例的制作。

图9-37　导入素材

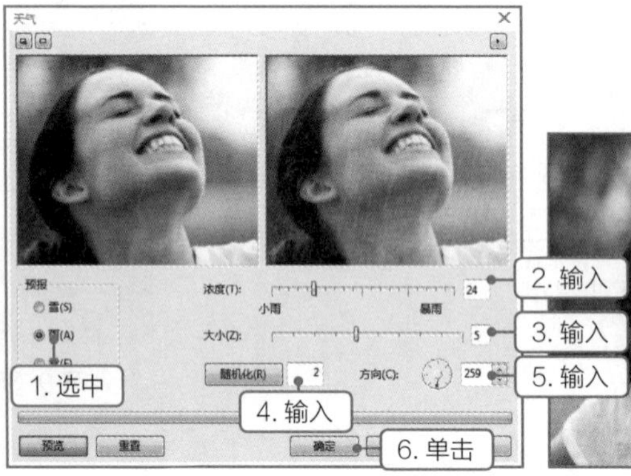

图9-38　添加并设置“雨”天气

图9-39　下雨渲染效果

## 9.3.2　添加三维效果

创建位图的三维效果可以使位图产生三维旋转、柱面、浮雕、卷页、透视、挤远或挤近及球面7种不同的三维特殊效果，以增强其空间感，下面分别进行介绍。

- 三维旋转：可以通过拖动三维模型，为图片制作3D立体的旋转效果，如图9-40所示。
- 柱面：可以制作出图像缠绕在圆柱内侧或外侧的变形效果，如图9-41所示。

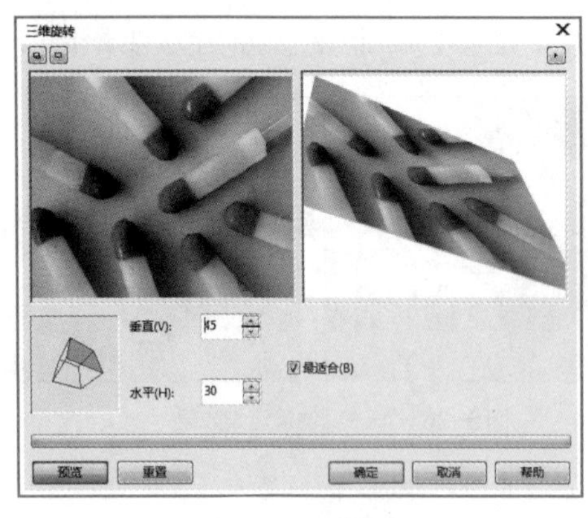


图9-40　三维旋转

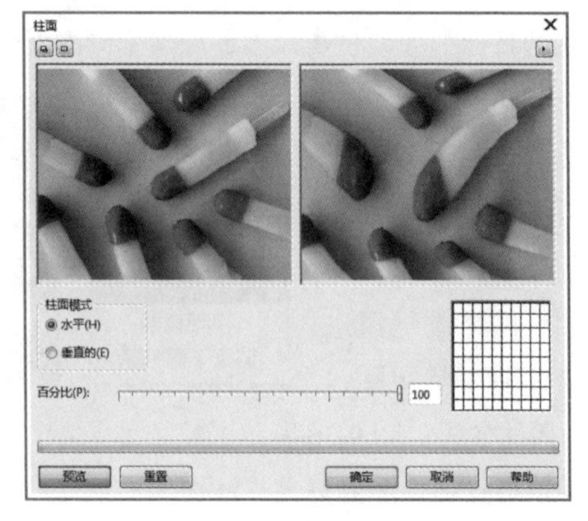


图9-41　柱面

- 浮雕：可以通过勾画图像的轮廓和降低周围的色值来制作出具有深度感的凹陷或负面突出效

果，如图9-42所示。

- 卷页：可以为图像四角添加卷曲效果，类似于生活中纸张角的卷曲效果，如图9-43所示。

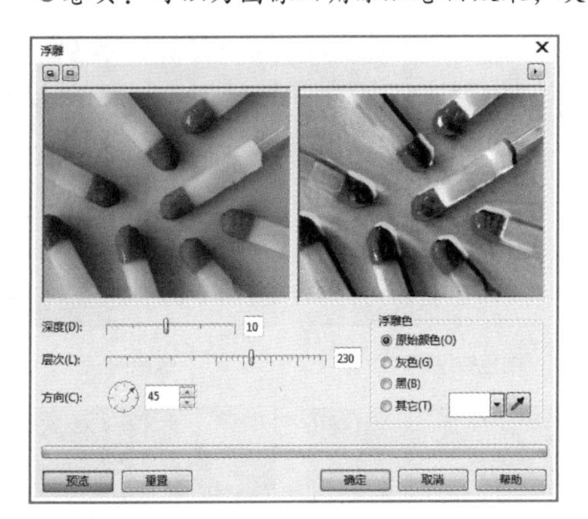


图9-42　浮雕

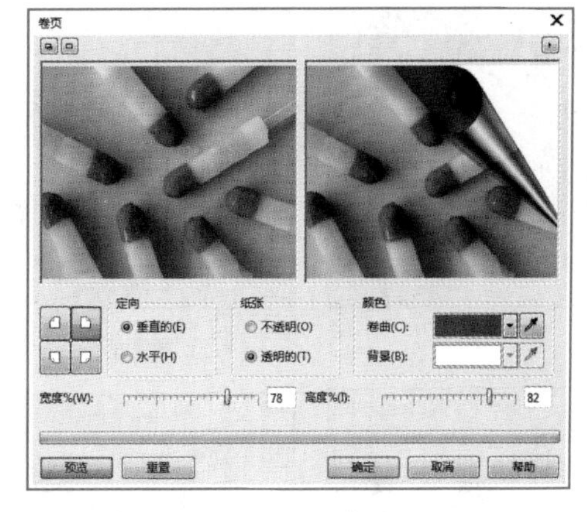


图9-43　卷页

- 透视：可以通过四角的控制点来制作出三维透视的变形效果，如图9-44所示。
- 挤远/挤近：可以以图像的某点为基准，得到拉近或拉远的效果，如图9-45所示。

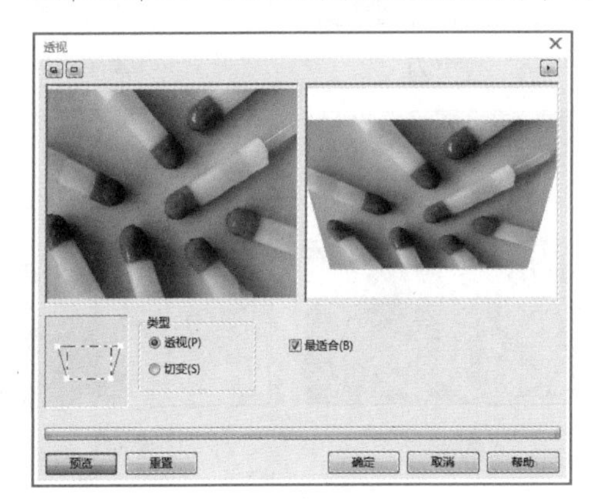


图9-44　透视

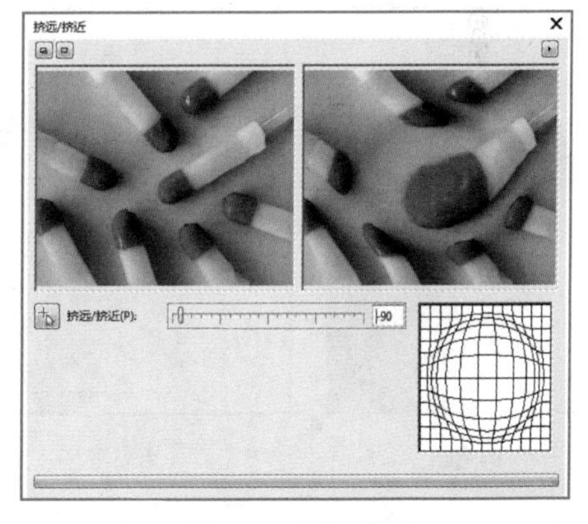


图9-45　挤远/挤近

- 球面：可以使图像从中心向边缘产生扩展效果，类似于凹凸的球面，如图9-46所示。

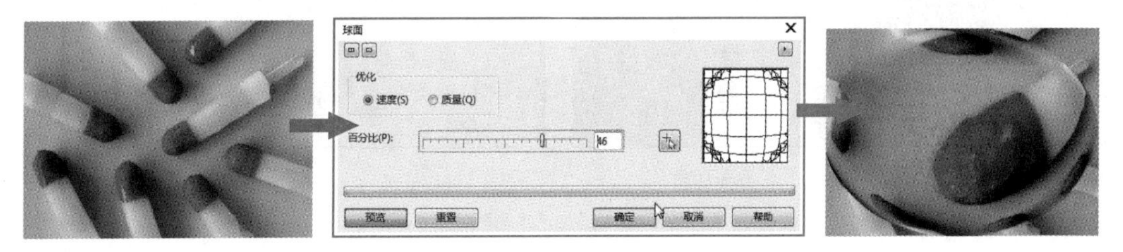


图9-46　球面

## 9.3.3　添加艺术笔触

在CorelDRAW X7的艺术笔触组中提供了多种不同的艺术笔触特殊效果，如炭笔画、蜡笔画、钢笔画、水彩画等，利用这些艺术笔触可以轻松地将图像处理成不同风格的绘画，图9-47所示为图片应用不同艺术笔触的效果。

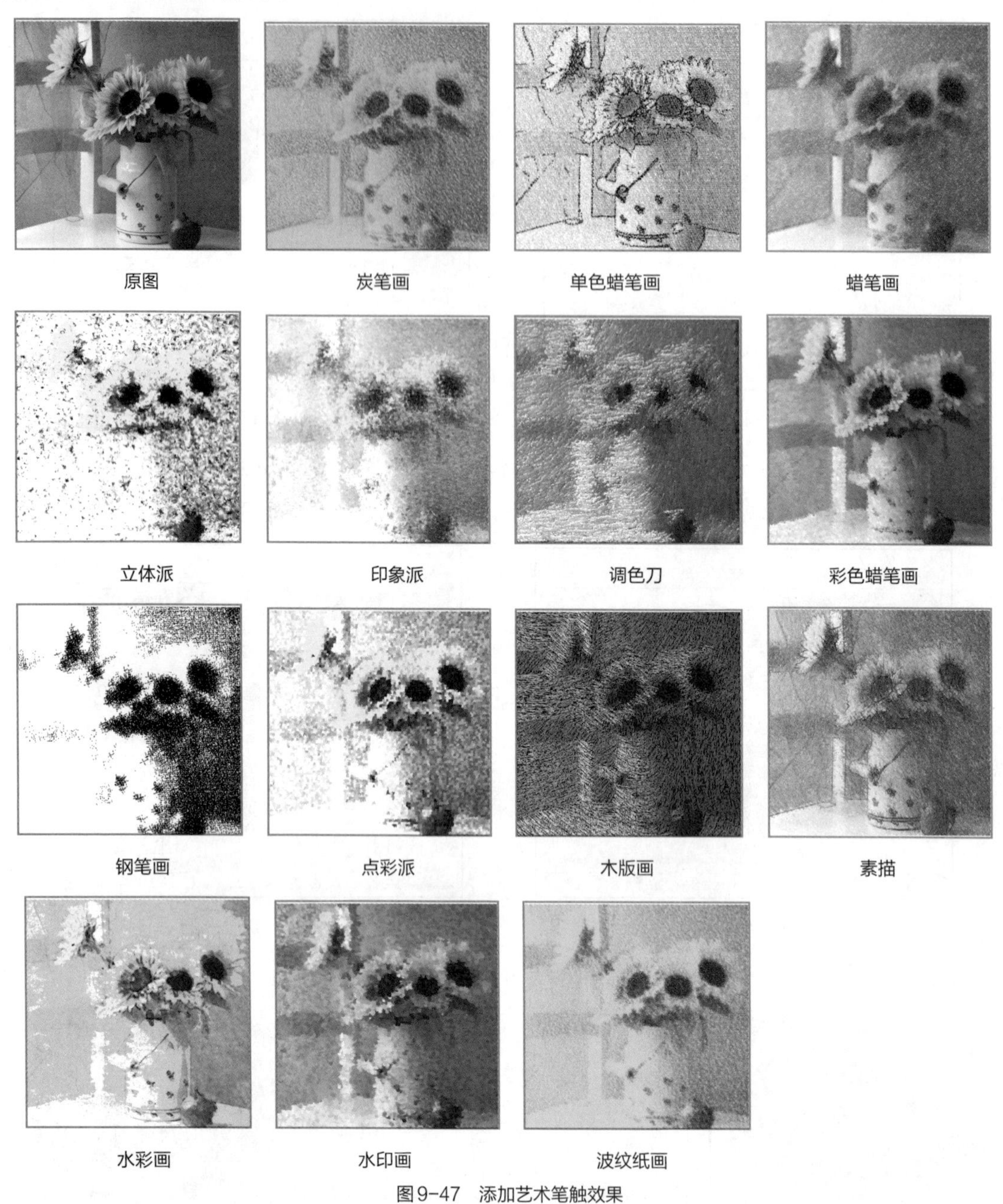


图9-47 添加艺术笔触效果

## 9.3.4 添加模糊效果

"模糊"滤镜可以使位图产生像素柔化、边缘平滑、颜色渐变、图像动感等丰富的画面效果。在CorelDRAW X7中提供了10种不同的模糊效果，图9-48所示为图片分别应用10种模糊滤镜的效果。

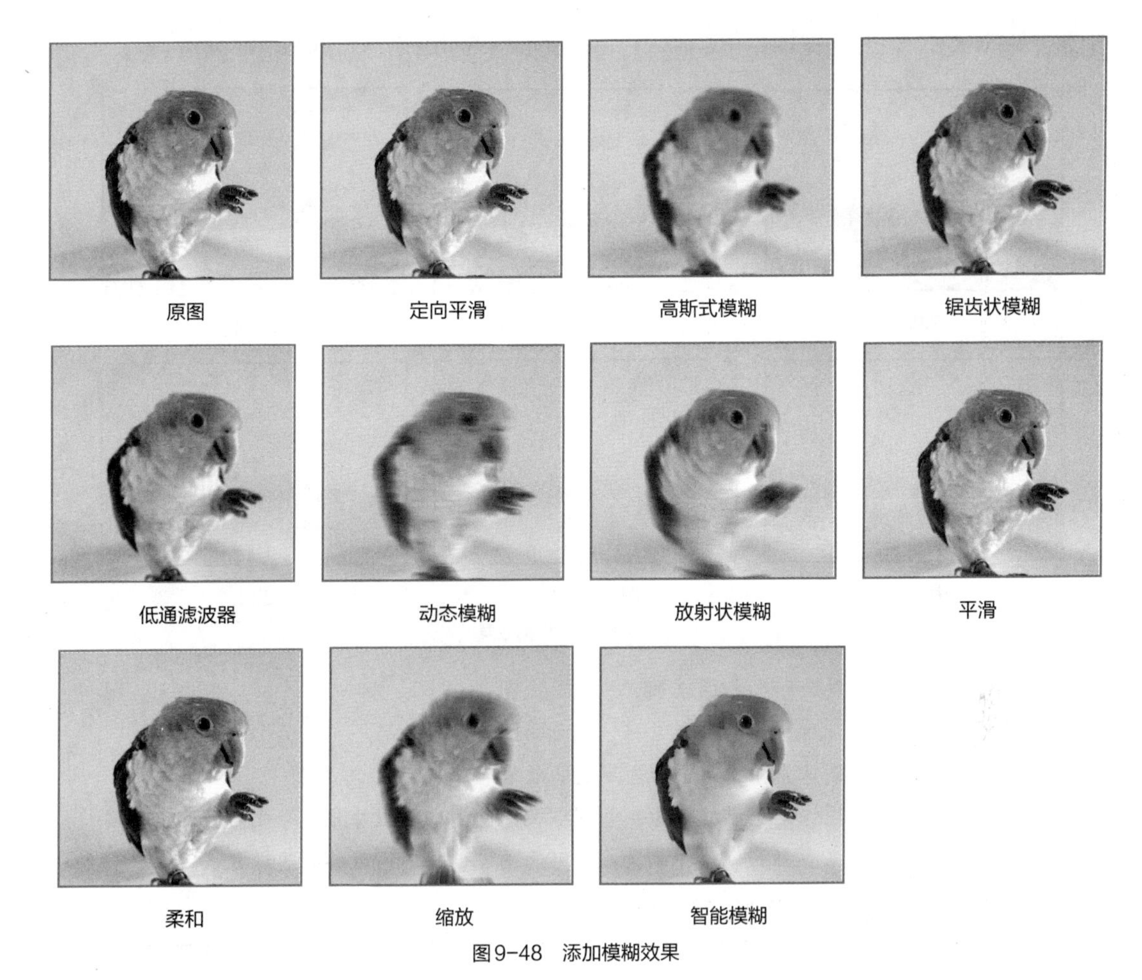


图9-48 添加模糊效果

- 定向平滑：可在像素之间添加微小的模糊效果，使图像中的渐变区域平滑而保留边缘细节和纹理。
- 高斯式模糊：使位图按照高斯分配产生朦胧的效果，常用于制作高光、光斑和发光等效果。
- 锯齿状模糊：用于在位图上散播色彩，以最小的变形产生柔和的模糊效果，常用于校正图像，去掉图像小斑点和杂点。
- 低通滤波器：用于把位图中的锐边和细节移除只剩下滑阶和低频区域。
- 动态模糊：可产生图像运动的幻像。
- 放射状模糊：用于产生由中心向外框辐射的模糊效果。
- 平滑：在邻近的像素间调和差异，使图像产生细微的模糊变化。
- 柔和：用于在没有失掉重要图像细节的基础上平滑调和图像锐边，产生细微的模糊效果。
- 缩放：用于从中心向外模糊图像像素，与在不同焦距相机下观察物体的效果相似。
- 智能模糊：自动辨别中心点，并从中心向外模糊图像像素。

## 9.3.5 添加相机效果

“相机”滤镜可以更改位图色调、进行视觉过渡、添加彩色半透明效果和提供不同处理风格等。

在CorelDRAW X7中提供了5种不同的相机滤镜，图9-49所示为图片分别应用5种相机滤镜的效果。

图9-49　添加相机效果

- 着色：可将照片更改为一个色调效果。
- 扩散：可模拟相机原理，使图像形成一种平滑的视觉过渡效果。
- 照片过滤器：可在图像上蒙上一层彩色半透明效果。
- 棕褐色色调：可将图像的色调转化为灰色到棕褐色色调，使图片呈现老化效果。
- 延时：为图像提供了多种图像处理方案，并可为图像创建不同风格的边缘效果。

## 9.3.6　添加颜色转换效果

颜色转换效果可以改变位图中原有的颜色。在CorelDRAW X7中提供了4种颜色转换效果，图9-50所示为图片分别应用4种颜色转换滤镜的效果。

原图

位平面

半色调

梦幻色调

曝光

图9-50　添加颜色转换效果

- 位平面：可以将位图图像的颜色以红、绿、蓝3种色块平面显示出来。
- 半色调：可以使图像产生彩色网板的效果，即由一幅连续色调转变为一系列代表不同色调和不同大小的点组成的图像，该效果减少了图像颜色。
- 梦幻色调：可以将位图的颜色转化为明快、鲜艳的颜色，以产生高对比的视觉效果。
- 曝光：可以将位图调整为类似底片的效果。

## 9.3.7 添加轮廓图效果

轮廓图效果可以根据图像的对比度，使对象的轮廓突出显示为线条效果。在该滤镜中提供了边缘检测、查找边缘和描摹轮廓3种滤镜效果，图9-51所示为图片分别应用3种轮廓图滤镜的效果。

原图

边缘检测

查找边缘

描摹轮廓

图9-51 添加轮廓图效果

- 边缘检测：可以把位图中的图像边缘检测出来，并将其转换成一置于单色背景中的轮廓线。
- 查找边缘：可以将对象边缘搜索出来，并将其转换成软或硬的轮廓线。
- 描摹轮廓：可以快速地勾画出图像的轮廓，而轮廓以外的部分将以白色进行填充。

## 9.3.8 添加创造性效果

创造性效果可以为图像添加很多具有创意的效果，如工艺、 晶体化、织物、框架、玻璃砖、儿童游戏、马赛克、粒子、散开、茶色玻璃、彩色玻璃、虚光、旋涡和天气14种不同的创造性效果，图9-52所示为图片分别应用14种创造性滤镜的效果。

原图 工艺 晶体化 织物

框架 玻璃砖 儿童游戏 马赛克

图9-52 添加创造性效果

图9-52　添加创造性效果（续）

- 工艺：可以用工艺元素来组织位图形状。
- 晶体化：可以把位图转化为像水晶状拼成的画面效果。
- 织物：可将位图转化为各种编织物的效果。
- 框架：可为位图添加抹刷的边框效果。
- 玻璃砖：可使位图呈现映射在厚玻璃上的效果。
- 儿童游戏：可将位图转换成丰富有趣的形状。
- 马赛克：可使位图转化为像是由不规则的椭圆小片拼成的马赛克画的效果。
- 粒子：可在位图上添加气泡或星星效果。
- 散开：可使位图散开为颜色点显示。
- 茶色玻璃：可使位图呈现透过单色玻璃看见的效果。
- 彩色玻璃：可将位图转化为玻璃片拼成的效果。
- 虚光：可使位图呈现从中心到四周渐隐的效果。
- 旋涡：可使位图产生有绕着指定中心旋转的旋涡效果。
- 天气：可在位图中添加雾、雪和雨效果。

## 9.3.9　添加自定义效果

自定义效果包括两种滤镜效果，Alchemy效果可以通过应用笔刷笔触将图像转换为艺术笔绘画，如图9-53所示；凹凸贴图效果可以添加底纹和图案到图像上，如图9-54所示。

图9-53　Alchemy效果

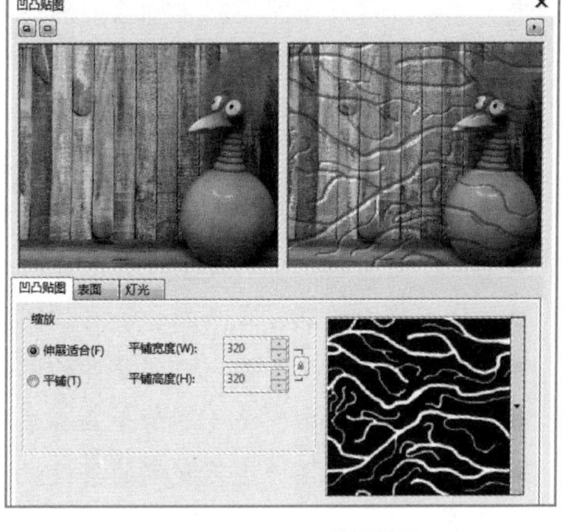


图9-54　凹凸贴图效果

## 9.3.10　添加扭曲效果

在CorelDRAW X7中，扭曲效果可以为位图表面添加11种扭曲变形效果，如块状、置换、网孔扭曲、偏移、像素、龟纹、旋涡、平铺、湿笔画、涡流和风吹效果，图9-55所示为图片分别应用这11种扭曲滤镜的效果。

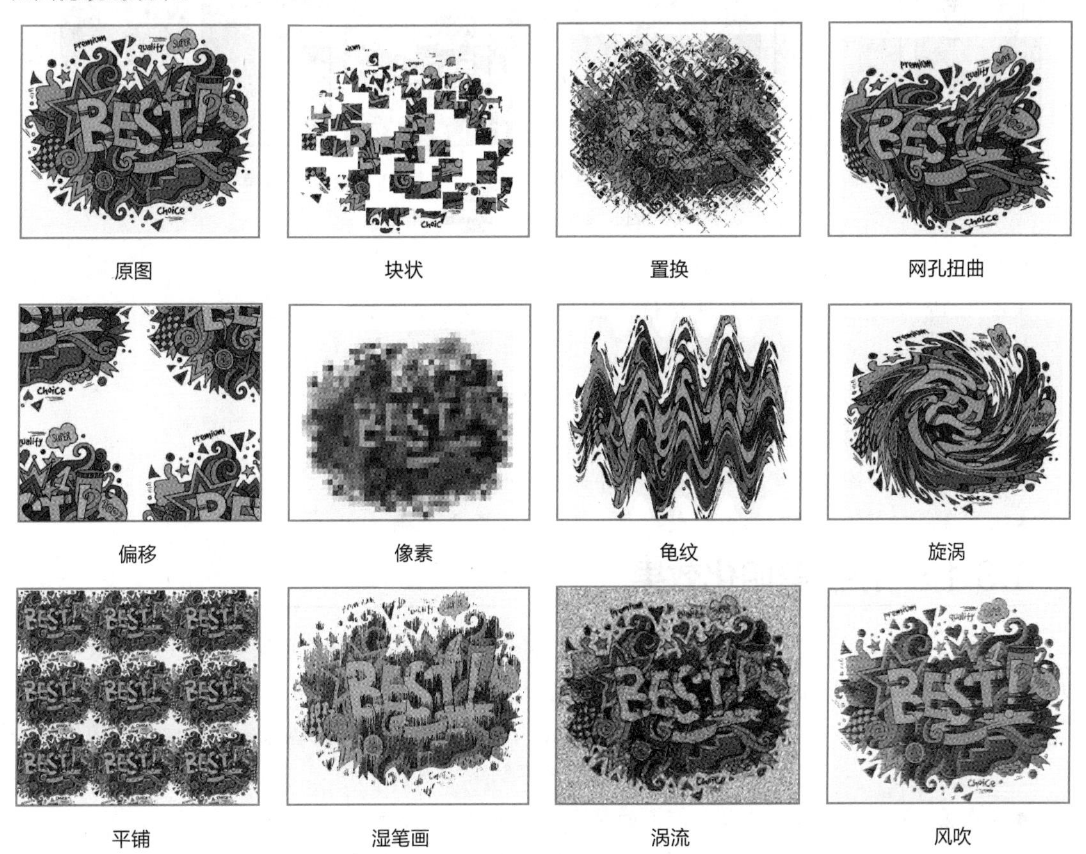


图9-55　添加扭曲效果

- 块状：可将位图分裂成小碎片的效果。
- 置换：可使用预置的波浪、星形或方格等图形将图形置换出来，以产生特殊的效果。
- 网孔扭曲：可以通过为图像添加网格，并拖动网格交叉点来变形图像。
- 偏移：可使位图产生偏移效果，偏移后留下的空白区域可按用户意愿进行填充。
- 像素：可使位图产生由正方形、矩形和射线组成的像素效果，以创建出夸张的位图外观。
- 龟纹：可对位图中的像素进行颜色混合，并产生波浪形的扭曲变形效果。
- 旋涡：将以旋涡样式来扭曲旋转位图。
- 平铺：用于产生一系列排列整齐的图像，可用来作为背景。
- 湿笔画：可使位图产生类似于油漆未干、油漆往下流的画面侵染效果。
- 涡流：可使位图产生无规则的条纹流动效果。
- 风吹：可使位图产生一种被风刮过的效果。

## 9.3.11 添加杂点效果

杂点效果可以在位图中模拟或消除由于扫描或颜色过渡所造成的颗粒效果，CorelDRAW X7中提供了6种不同的杂点滤镜效果，图9-56所示为图片分别应用这6种杂点滤镜的效果。

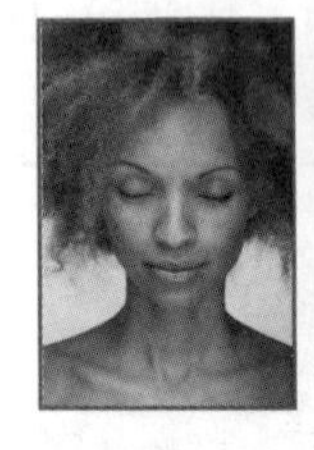
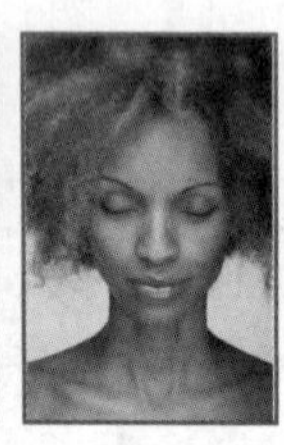
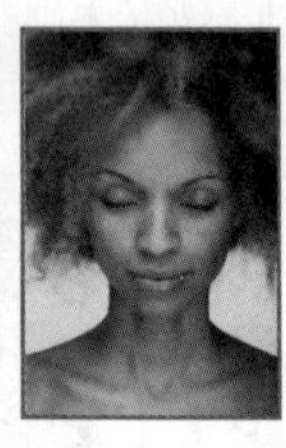
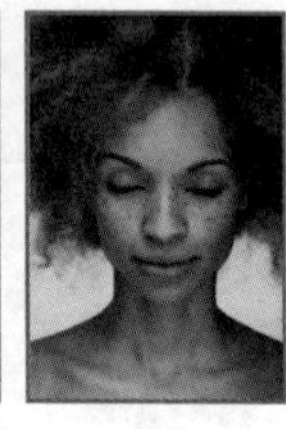
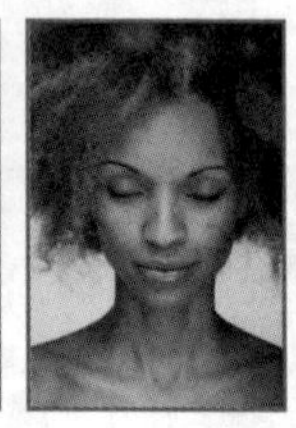

原图　添加杂点　最大值　中值　最小　去除龟纹　去除杂点

图 9-56　添加杂点效果

- 添加杂点：用于在位图上添加颗粒状效果。
- 最大值：可匹配周围像素的平均值，在图像上添加正方形方块，使位图产生非常明显的颗粒效果画面，具有去除杂点的效果。
- 中值：使用平均图像像素的颜色值来消除杂点和细节。
- 最小：可将图像像素变暗来消除杂点和细节。
- 去除龟纹：移除图像中因两种不同频率的叠置而造成的波浪图案。
- 去除杂点：移除图像中的灰尘或杂点，使图像画面更干净。

## 9.3.12 添加鲜明化效果

鲜明化效果是指通过提高与邻近像素的色度、亮度与对比度来强化图像边缘。在CorelDRAW X7中提供了5种不同的鲜明化滤镜，图9-57所示为图片分别应用这5种鲜明化滤镜的效果。

- 适应非鲜明化：可通过分析边缘邻近像素值来强化边缘，使对象边缘细节更突出、图像更加清晰。
- 定向柔化：可增强图像中相邻颜色的对比度，使图像更加鲜明。
- 高通滤波器：可去除图像的阴影部分，清晰地突出位图中绘图元素的边缘。
- 鲜明化：可增强图像中相邻像素的色度、亮度和对比度，从而使图像更加鲜明。

●非鲜明化遮罩：可增强位图边缘细节，使图像产生特殊的锐化效果。

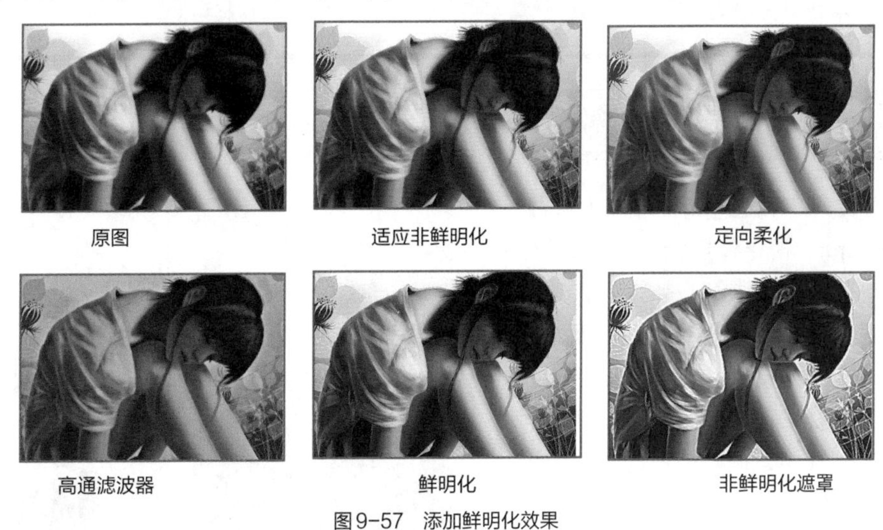


图9-57　添加鲜明化效果

## 9.3.13　添加底纹效果

使用“底纹”滤镜可在图像上添加各种图案效果。在CorelDRAW X7中提供了6种不同的底纹滤镜，图9-58所示为图片分别应用这6种底纹的效果。

●鹅卵石：可为位图添加类似于砖石块拼接的效果。

●折皱：可为位图添加类似于折皱纸张的效果。

●蚀刻：可使位图呈现出一种雕刻在金属板上的效果。

●塑料：可以描摹位图的边缘细节，通过为位图添加液体塑料质感的效果，使位图看起来更具有真实感。

●浮雕：可以增强位图的凹凸立体效果，创造出浮雕的感觉。

●石头：可以使位图产生摩擦效果，呈现石头的效果。

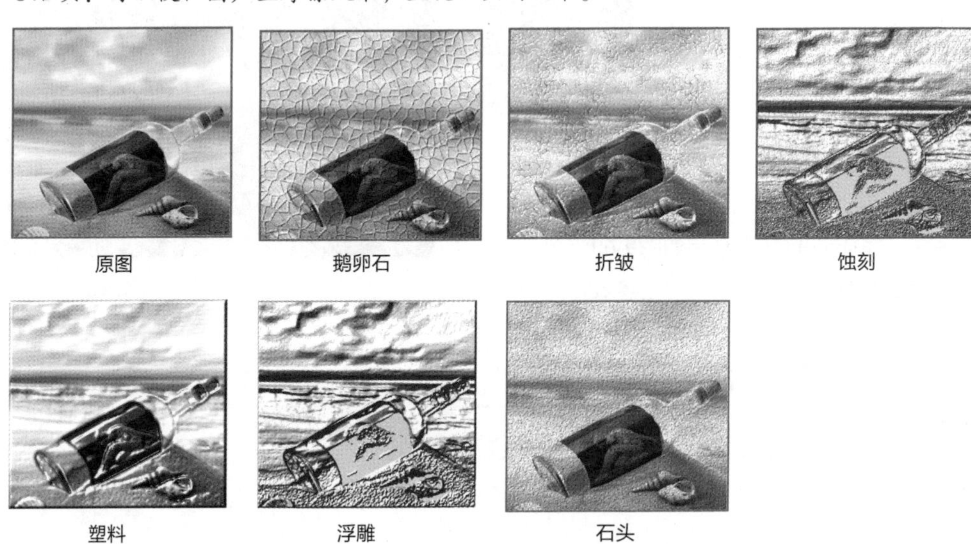


图9-58　添加底纹效果

**提示** 若要将矢量图运用滤镜效果，则需要将矢量图转换为位图，这样可制作出更多特殊效果。

**课堂练习——制作水彩荷花图**

本例将导入“荷花.jpg”图像（素材\第9章\荷花.jpg、荷花背景.jpg），制作具有古典气息的艺术绘画海报效果。首先提高荷花的对比度、降低荷花的饱和度，然后使用艺术笔触滤镜中的水彩滤镜添加效果，最后再在背景上绘制圆，将处理后的荷花图剪裁到圆中，调整前后的对比效果如图9-59所示（效果\第9章\荷花.cdr）。

图9-59 处理前后的对比效果

# 9.4 上机实训——制作发光字

## 9.4.1 实训要求

本实训要求在黑色的背景中制作五彩斑斓的发光字，并为文字添加星光进行点缀。

## 9.4.2 实训分析

发光效果常用于产品、按钮、文字等多种对象上，可以增加对象的绚丽感、立体感与逼真感，是强调与美化对象常用的手段。发光对象被广泛用于广告设计、网页设计、字体设计等领域。本例将为文本设计发光效果，使文本的效果更加绚丽夺目，完成后的参考效果如图9-60所示。

视频教学
制作发光字

**效果所在位置：** 效果\第9章\发光字.cdr。

图9-60 发光字效果

## 9.4.3 操作思路

完成本实训主要包括文本输入、渐变填充轮廓及添加发光效果3步操作，其操作思路如图9-61所示。涉及的知识点主要包括文本输入与设置、文本轮廓的渐变填充、矢量图转换为位图和高斯式模糊滤镜效果的添加等。

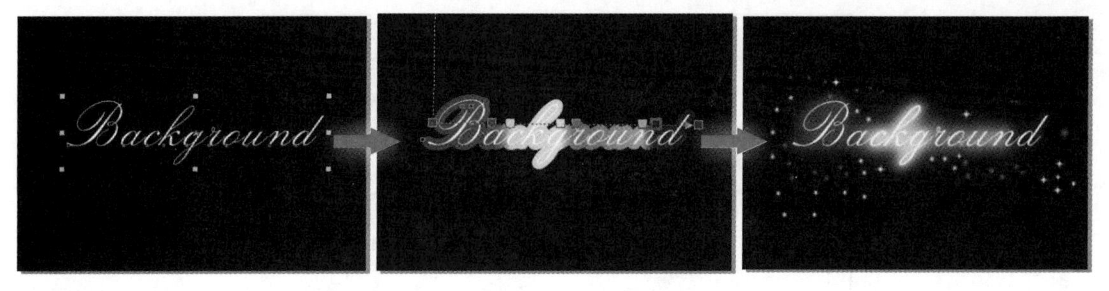


图9-61 操作思路

【步骤提示】

STEP 01 新建A4、横向的空白文件，新建背景矩形，在矩形中间输入白色文本，调整文本大小，设置文本的字体为“Lucia BT”。

STEP 02 按【Ctrl+Q】组合键将所有文本转换为曲线，将文本轮廓设置为“4 pt”，轮廓色设置为“白色”，加粗显示文本，打开“轮廓笔”对话框，设置轮廓角为“圆角”，“斜接限制”为“95.0”，“线条端头”为“圆形”。

STEP 03 原位复制文本图形，将轮廓更改为“24 pt”，按【Shift+Ctrl+Q】组合键拆分轮廓对象，将轮廓对象置于文本下层，为其创建线性渐变填充效果。

STEP 04 选择渐变图形，选择【位图】/【转换为位图】命令，打开“转换为位图”对话框，单击确定按钮，将其转换为位图。

STEP 05 选择转换为位图的渐变图形，选择【位图】/【模糊】/【高斯式模糊】命令，打开“高斯式模糊”对话框，将“半径”值设置为“50像素”，单击确定按钮。

STEP 06 原位复制发光效果，继续应用半径为“180像素”的高斯式模糊滤镜效果，加强发光效果。

STEP 07 绘制大小不等的圆与四角星形，使用相同的方法将其转换为位图，并添加高斯式模糊效果，制作光斑效果，最后保存文件，完成本例的制作。

## 9.5 课后练习

### 1. 练习 1——*制作素描效果*

本练习将导入素材图片，利用位图中的素描滤镜将位图处理成素描效果，处理前后的对比效果如图9-62所示。其中涉及位图导入、亮度/对比度/强度调整、取消饱和及素描滤镜的应用等知识。

提示：增加对比度的目的在于应用素描滤镜时，能更为清晰地识别人物轮廓。

**素材所在位置：** 素材\第9章\写真.jpg。

**效果所在位置：** 效果\第9章\写真.cdr。

图9-62　处理前后的效果

### 2. 练习 2——*照片调色处理*

本练习将导入素材图片，通过亮度/对比度/强度调整、色度/饱和度/亮度调整增加图片的对比度和颜色的鲜艳程度，然后添加框架效果，修饰图片，处理前后的对比效果如图9-63所示。

**素材所在位置：**素材\第9章\户外.jpg。

**效果所在位置：**效果\第9章\户外.cdr。

图9-63　处理前后的效果

CHAPTER 10

# 第10章 综合案例

本章将通过几个综合案例的制作来进一步巩固本书前面所学的知识，并实现由软件操作向实际设计与制作的转化，提高用户独立完成设计任务的能力，同时帮助读者学会创意与思考，以完成更多、更丰富和更有创意的作品。

## 课堂学习目标

- 设计环保灯泡
- 设计戏曲宣传单
- 设计卡通形象
- 设计糖果包装
- 设计男士夹克
- 设计画册内页

## 课堂案例展示

环保灯泡

戏曲宣传单

卡通形象

糖果包装

# 10.1 设计环保灯泡

使用CorelDRAW X7的矢量图绘制功能，以及阴影、渐变填充、透明等特殊效果的添加，可以轻松地对工作、生活中的各种产品进行设计，本节将综合利用这些知识对环保灯泡进行设计。

## 10.1.1 客户素材与要求

某公司在原灯泡的基础上增加了环保节能功能，为了宣传与推广灯泡的环保功能，需要制作环保灯泡的创意广告设计，要求不改变灯泡的大致外形，并且利用一些元素来突出“绿色照明”的特点。原型如图 10-1 所示。

图10-1 灯泡

## 10.1.2 案例分析

为了突出环保特点，本例将搜集一些绿色的藤蔓进行创意设计，并且在灯泡用色上，以绿色为主要色调。在制作本例时，首先需要绘制灯泡各部分，构建灯泡外观，然后对灯芯和外观进行创意处理，在处理过程中，需要通过渐变、高光与阴影效果，来突出灯泡的金属质感、玻璃质感和发光特点等。本案例的具体思路如下。

- 绘制灯泡：灯泡可解析为底部、灯泡和灯芯3部分，各部分的颜色和材质都有所区别，底部材质为金属材质；灯泡和灯芯主要为玻璃材质。利用黑、白、灰渐变填充来制作底部的金属质感；用绿色、白色、黄色渐变来制作灯泡和灯芯，如图10-2所示。
- 创意灯芯：利用素材中的绿叶和蝴蝶对灯芯进行创意设计，使其具有环保特点，如图10-3所示。

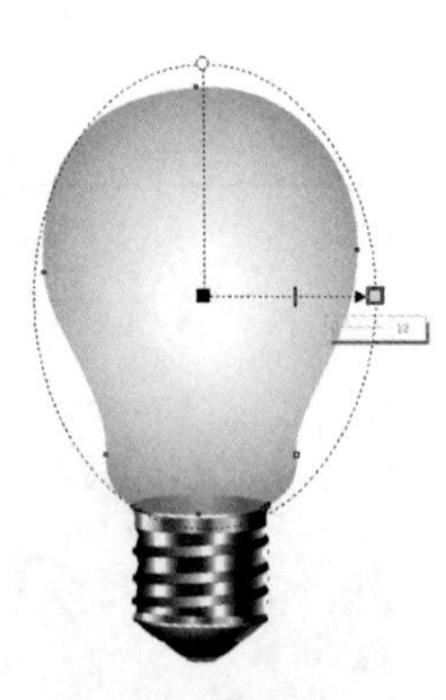

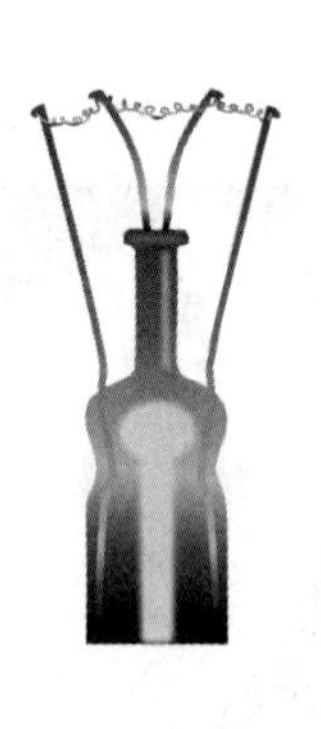

图10-2 绘制灯泡

图10-3 灯芯创意

- 制作高光与发光效果：灯泡为玻璃材质，需要通过高光的添加来突出玻璃的特点，并制作灯芯的发光效果，如图10-4所示。
- 外观创意：利用素材藤蔓环绕的方式来增加灯泡的环保创意感，如图10-5所示。

图 10-4　制作高光与发光效果

图 10-5　外观环保创意

## 10.1.3　制作过程

视频教学
设计环保灯泡

**知识要点：**交互式填充、形状工具、钢笔工具、高斯式模糊滤镜、阴影工具。

**素材位置：**素材 \ 第 10 章 \ 藤蔓 .cdr。

**效果文件：**效果 \ 第 10 章 \ 环保灯泡 .cdr。

其具体操作步骤如下。

STEP 01 新建A4、纵向、名为“环保灯泡”的空白文件，使用钢笔工具绘制灯泡的底端。先绘制一个图10-6所示的形状，取消轮廓，选择交互式填充工具，在属性栏中单击“线形渐变填充”按钮，拖动鼠标创建灰色线性渐变填充效果（CMYK：37、31、21、11；49、42、36、20；24、18、17、4）。

STEP 02 在绘制好的形状上方绘制一个梯形，填充黑色（CMYK：0、0、0、100），取消轮廓，注意图形之间的无缝衔接，如图10-7所示。

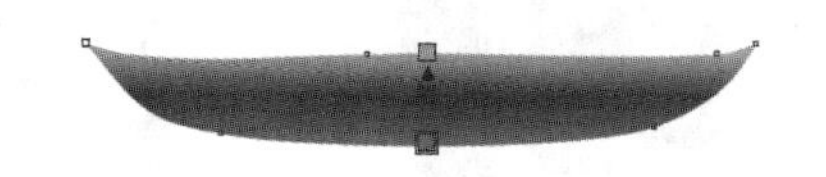

图 10-6　渐变填充图形

图 10-7　绘制黑色梯形

STEP 03 在黑色梯形上方继续绘制类似梯形的图形，取消轮廓，选择交互式填充工具，在属性栏上单击“椭圆形渐变填充”按钮，拖动鼠标创建CMYK的值如图的渐变效果，调整渐变填充节点的位置，如图10-8所示，完成灯泡的底端部分。

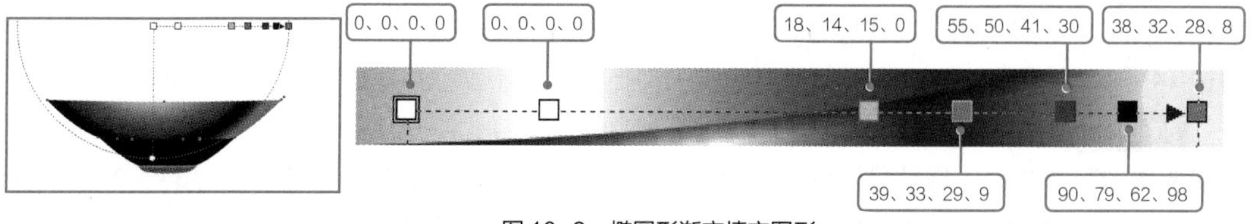


图 10-8　椭圆形渐变填充图形

STEP 04 接下来绘制螺丝部分。使用矩形工具在灯泡底座上方绘制矩形，取消轮廓，选择交互式填充工具，在属性栏上单击“线形渐变填充”按钮，拖动鼠标创建黑、白、灰线性渐变填充效果，调节方向的控制柄与左边缘平衡，使填充角度为垂直方向，效果及CMYK的值如图10-9所示。

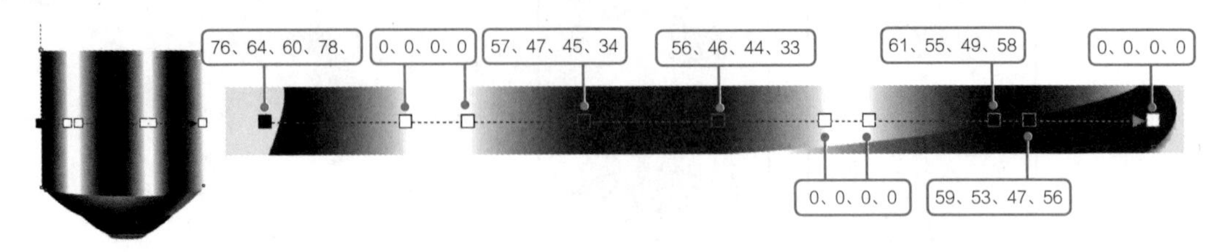


图10-9　绘制渐变矩形

STEP 05 在矩形上方和下方使用钢笔工具分别绘制弧状条，取消轮廓，选择交互式填充工具，在属性栏上单击“线形渐变填充”按钮，拖动鼠标创建黑、白、灰线性渐变填充效果，填充角度为垂直方向，如图10-10所示。

STEP 06 在弧状条上方使用椭圆工具绘制椭圆，取消轮廓，选择交互式填充工具，创建垂直方向的黑、白、灰线性填充效果，如图10-11所示。

STEP 07 在上部弧状条上方和下部弧状条下方使用钢笔工具分别绘制细渐变条作为高光，渐变角度为垂直方向，取消轮廓；然后绘制倾斜的黑、白、灰渐变条，取消轮廓，渐变角度为垂直方向，执行两次复制操作，将3个渐变条置于中部渐变矩形上，形成环绕效果，作为灯泡的螺纹部分；选择阴影工具为制作的螺纹部分创建阴影效果，在属性栏中设置阴影不透明度为“100”，阴影羽化值为“15”，如图10-12所示。

STEP 08 选择中间的渐变矩形，按【Ctrl+Q】组合键转曲，使用形状工具调整两侧的轮廓线，使没有经过缠绕的边缘向内凹进，让边缘更具立体化效果，如图10-13所示。框选并按【Ctrl+G】组合键群组灯泡底座及螺丝部分图形。

图10-10　绘制渐变条

图10-11　绘制渐变椭圆

图10-12　绘制渐变条并创建阴影

图10-13　调整矩形外观

STEP 09 在螺丝图形上方使用椭圆工具绘制两个相交的椭圆造型灯泡。选择这两个椭圆，在属性栏中单击“合并”按钮合并，再使用形状工具调整外观，制作灯泡的玻璃部分，如图10-14所示。

STEP 10 选择灯泡的玻璃部分，取消轮廓，选择交互式填充工具，在属性栏上单击“椭圆形渐变填充”按钮，拖动鼠标创建渐变效果（CMYK：42、0、72、0；27、0、33、0；13、0、38、0；0、0、0、0），如图10-15所示。

STEP 11 选择透明度工具创建椭圆形渐变透明效果，设置起点的透明度为“0”，终点的透明度为“10”，如图10-16所示。至此，完成灯泡的绘制。

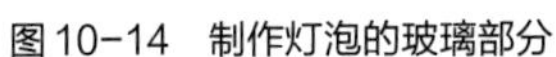

图10-14 制作灯泡的玻璃部分

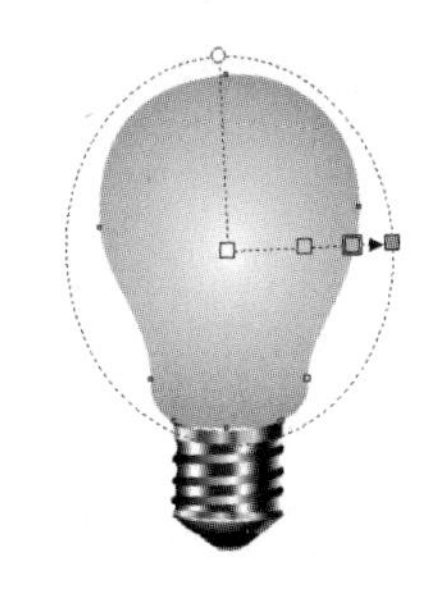

图10-15 创建椭圆形渐变

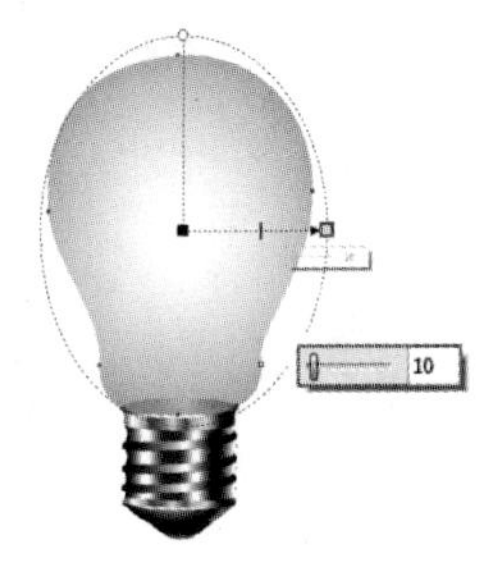


图10-16 创建椭圆形渐变透明

STEP 12 使用钢笔工具绘制灯芯图形，取消轮廓，选择交互式填充工具，在属性栏上单击“线形渐变填充”按钮，拖动鼠标创建线性渐变填充效果（CMYK：51、31、100、17；13、0、93、0；82、38、100、35），如图10-17所示。

STEP 13 在灯芯周围绘制玻璃灯管图形，取消轮廓，用鼠标右键拖动灯芯到玻璃灯管上，释放鼠标右键，在弹出的快捷菜单中选择【复制填充】命令，将灯芯的填充复制到玻璃灯管上，如图10-18所示。

STEP 14 使用B样条工具在顶端绘制带圈的曲线，在属性栏中将粗细设置为“1.5 pt”，作为细钨丝，按【Ctrl+Q】组合键将绘制的线条转换为对象，用鼠标右键拖动灯芯到钨丝上，释放鼠标右键，在弹出的快捷菜单中选择【复制填充】命令，将灯芯的填充复制到钨丝上，如图10-19所示。

STEP 15 使用钢笔工具在灯芯上绘制发光区域，填充为黄色（CMYK：6、0、73、0），取消轮廓；选择【位图】/【转换为位图】命令，在打开的对话框中单击 确定 按钮，将绘制的发光图形转化为位图；选择【位图】/【模糊】/【高斯式模糊】命令，在打开的对话框中设置模糊半径为“10”，单击 确定 按钮，得到发光图形效果，如图10-20所示。至此，完成整个灯芯的绘制。

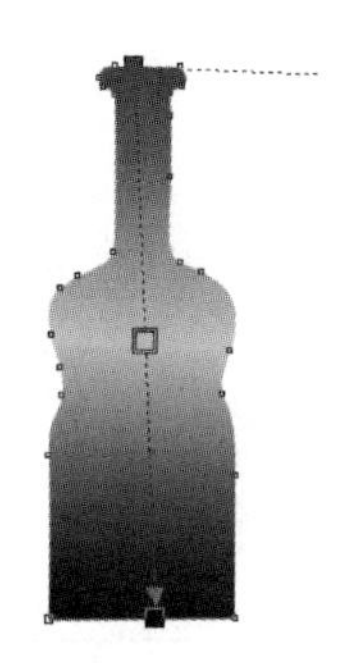

图10-17 绘制灯芯

图10-18 绘制玻璃灯管

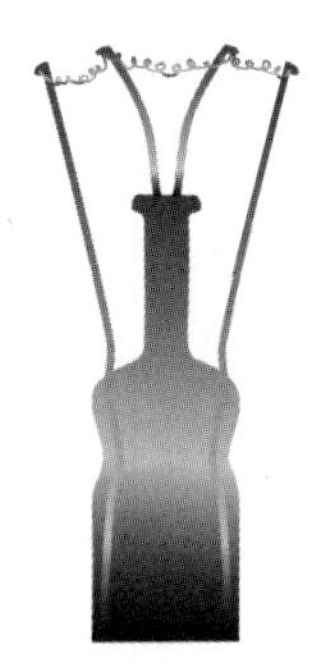

图10-19 绘制钨丝

图10-20 绘制发光区域

STEP 16 打开“藤蔓.cdr”文件，复制树叶与蝴蝶到灯芯中，调整大小、位置与角度，制作创意灯芯，按【Ctrl+G】组合键群组灯芯、树叶与蝴蝶，按【Ctrl+PageDown】组合键将其放置在灯泡的下层、螺丝部分的上层，如图10-21所示。

STEP 17 原位复制灯泡的玻璃部分，选择透明度工具，在属性栏中单击“无透明”按钮，取消透明度，填充为白色（CMYK：0、0、0、0），按【Shift+PageDown】组合键将其置于页面底部，使用阴影工具为其创建阴影效果，在属性栏中设置阴影不透明度为“80”、阴影羽化值为“100”，合并模式为“减少”，阴影颜色为绿色（CMYK：44、0、100、0），制作灯泡发光

图10-21 创意灯芯

图10-22 制作灯泡发光效果

效果，如图10-22所示。

STEP 18 在灯泡底座的底部使用椭圆工具绘制椭圆，填充为黑色（CMYK：0、0、0、100），选择椭圆，选择阴影工具，在属性栏中单击“复制阴影效果属性”按钮，单击灯泡部分的阴影效果，将其复制到椭圆上。按【Ctrl+K】组合键拆分阴影，删除黑色椭圆，制作灯泡底座的绿色阴影，如图10-23所示。

STEP 19 使用钢笔工具在玻璃上绘制如图的高光区域，填充为白色（CMYK：0、0、0、0），取消轮廓，效果如图10-24所示。

STEP 20 打开“藤蔓.cdr”文件，按【Ctrl+C】组合键和【Ctrl+V】组合键复制藤蔓到灯泡两侧，调整大小、位置，如图10-25所示。保存文件，完成本例的制作。

图10-23 添加底部投影

图10-24 绘制高光

图10-25 添加藤蔓装饰

## 10.2 设计戏曲宣传单

在CorelDRAW X7中，利用文本、图形、图像等元素的组合可以轻松地设计宣传单、广告、名片、招贴和封面等印刷产品。本节将通过对戏曲宣传单的制作，来练习CorelDRAW X7中版面设计所涉及的文本输入、图形绘制等知识。

## 10.2.1 客户素材与要求

某昆剧演绎集团准备联合开心网在京华烟云剧院主办一场“西厢记”的演出，为了增加热度，吸引观众前来观赏，需要制作一份戏曲宣传单用于网页推广，或在公众场所发放或张贴，要求制作的宣传单符合“西厢记”的特色，并且版式简洁、美观，能够彰显戏曲特色，具有古典气息，以吸引喜爱昆剧的群众前来观看，并且该宣传单要体现以下关键信息。

- 曲目：《西厢记》，新杂剧、旧传奇，《西厢记》天下夺魁
- 类型：【青春·怀古】
- 领衔主演：乔芸　张旭升
- 世界非物质文化遗产昆曲经典之作
- 名句：合欢未已，离愁相继。想着俺前暮私情，昨夜成亲，今日别离。
- 主办方：开心网　昆剧演绎集团
- 演出时间：2018年8月1日
- 演出地点：京华烟云剧院
- 订票电话：888888 666666

## 10.2.2 案例分析

在制作戏曲宣传单时，首先需要搜集戏曲底纹、卡通人物、戏曲道具等元素，然后将这些元素与文本相结合，进行版面的布局与设计。本例以即将开幕的舞台来布局宣传单版面，版面两侧为幕布，上方为文字主题，在中间添加戏曲人物，在左下角添加道具与风景，在右下角添加主办方与演出时间等信息，具体思路如下。

- 舞台布置：以戏剧舞台帷幕徐徐拉开时的场景作为整个宣传单的背景，帷幕采用复古的青花瓷花纹，宣传单定下蓝色的基调。然后通过手绘，绘制出帷幕拉开后显示出来的白色空间，为宣传单的内容展示提供场所，如图10-26所示。
- 主题添加：添加关键信息与图案，进行排版设计，为了凸出主题，“西厢记”在字号上偏大，且居中，次要信息以小字号显示，在添加戏曲人物时，通过复制与透明设置，可塑造由远及近的动态视觉效果，如图10-27所示。
- 丰富页面信息与元素：在右下角添加主办方、演出时间等段落信息，利用琵琶实现版式布局在左、右两侧的平衡感，如图10-28所示。

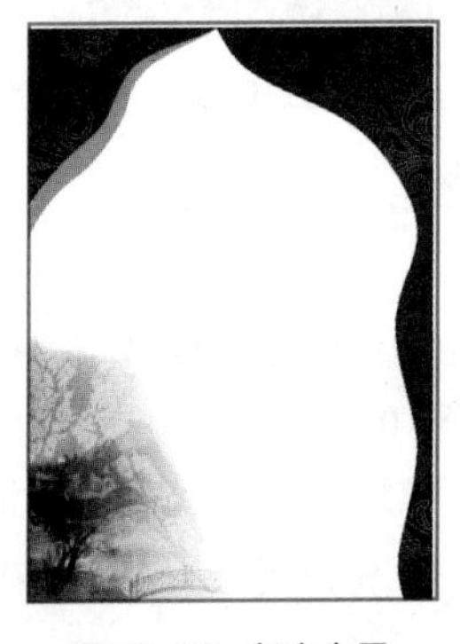

图10-26　舞台布置

图10-27　主题添加

图10-28　丰富页面信息与元素

## 10.2.3 制作过程

**知识要点：**钢笔工具的使用、图片导入与编辑、透明工具、文本输入与字符属性设置。

**素材位置：**素材\第10章\戏曲宣传单\。

**效果文件：**效果\第10章\戏曲宣传单.cdr。

视频教学
设计戏曲宣传单

其具体操作步骤如下。

STEP 01 新建A4、纵向、名为“戏曲宣传单”的空白文件，按【Ctrl+I】组合键打开“导入”对话框，双击“背景.jpg”图片，返回界面单击鼠标，导入背景，调整背景的大小和位置，使其覆盖页面，如图10-29所示。

STEP 02 选择钢笔工具在背景上绘制幕布未遮挡的空白形状，填充为白色，取消轮廓，继续使用钢笔工具在左侧幕布下方绘制灰色（CMYK：0，0，0，30）形状，作为幕布投影，如图10-30所示。

STEP 03 导入“风景.jpg”图片，调整大小，放置到页面左下角，按【Ctrl+Shift+A】组合键打开“对齐与分布”泊坞窗，在“对齐对象到”栏中单击“页面边缘”按钮，在“对齐”栏中单击“左对齐”按钮和“底端对齐”按钮，使其左边缘与下边缘对齐页面，如图10-31所示。

图10-29 导入背景

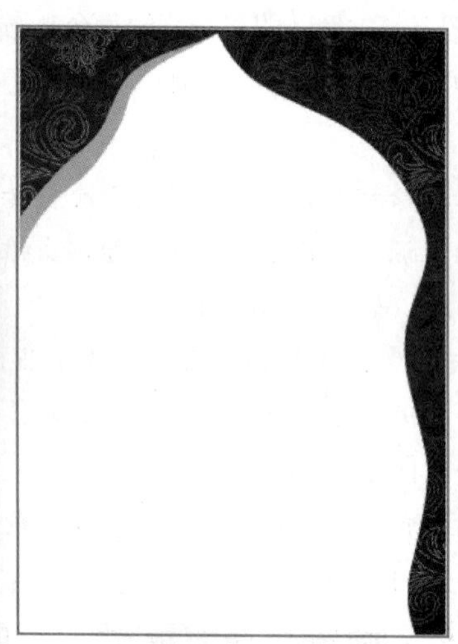

图10-30 绘制幕布

图10-31 添加风景图片

STEP 04 选择风景图片，选择透明度工具，在属性栏中单击“渐变透明度”按钮，为其创建左下到右上的线性渐变透明效果，如图10-32所示。

STEP 05 输入文本“西厢记”，将文本字体设置为“书体坊向佳红毛笔行书”，将文本大小设置为“140 pt”，按【Ctrl+K】组合键拆分输入的文本，排列成图10-33所示的效果。

STEP 06 按【Ctrl+C】和【Ctrl+V】组合键复制背景图片，调整大小，用鼠标右键拖动复制的背景到“厢”字中，释放鼠标右键，在弹出的快捷菜单中选择【图框精确剪裁内容】命令，用背景的花纹填充文本，如图10-34所示。

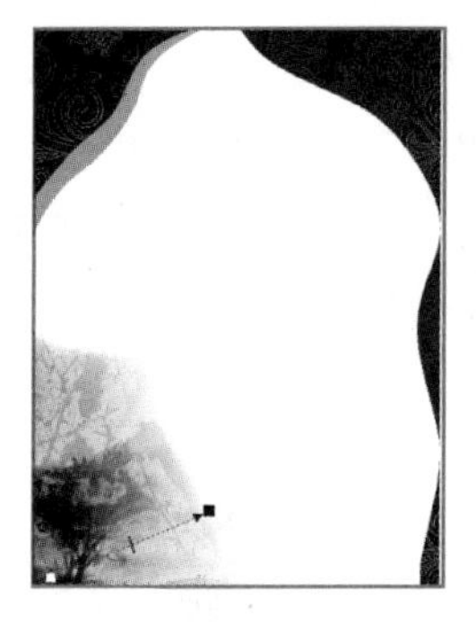

图10-32　创建渐变透明

图10-33　输入文本

图10-34　在文本中填充花纹

**STEP 07** 选择“厢”字，按【Ctrl+Q】组合键转曲，使用形状工具调整左侧和右下角的笔画，对文本进行造型，如图10-35所示。

**STEP 08** 在“厢”字左侧输入文本，将字母字体设置为“Arial、加粗”，字号为“12 pt”；将汉字字体设置为“华文中宋”，字号为“10 pt”；使用2点线工具绘制线条装饰文本，如图10-36所示。

图10-35　文字造型

图10-36　输入文本并绘制线条

**STEP 09** 打开“戏曲人物.cdr”文件，按【Ctrl+C】组合键复制戏曲人物图形，返回“戏曲宣传单”文件，按【Ctrl+V】组合键粘贴，调整大小，将其移至文本右下方；在人物右侧输入戏曲桥段，需要在下一行显示时按【Enter】键，将字符格式设置为“华文中宋、10 pt”，在属性栏中单击“将文本更改为垂直方向”按钮，将文本更改为垂直方向，调整位置，如图10-37所示。

**STEP 10** 复制一个戏曲人物图形，放置到左侧，选择【位图】/【转换为位图】命令，打开“转换为位图”对话框，单击选中“透明背景(T)”复选框，单击“确定”按钮，将其转换为无背景的位图，便于后面创建线性透明效果，如图10-38所示；选择透明工具，在属性栏中单击“均匀透明度”按钮，单击复制的人物图形，在自动弹出的面板中设置均匀透明度为“88”。

图10-37　添加人物与文本

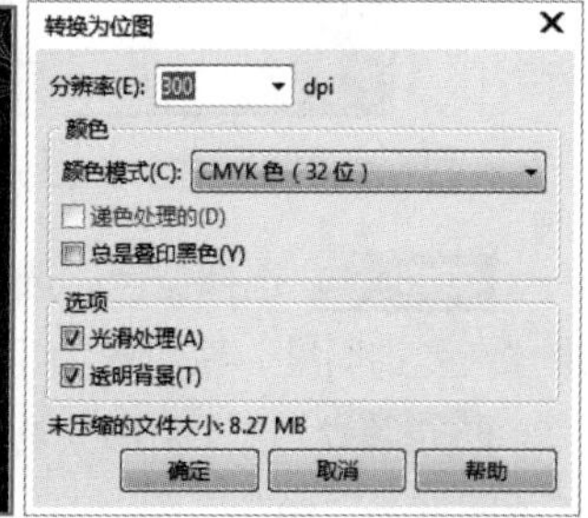


图10-38　复制人物并设置透明度

STEP 11 在半透明人物图形左上方输入文本，设置字符属性为“华文中宋、27 pt”，在其下方输入较小字号的文本，设置相同的字体，字号分别为“15 pt”和“10 pt”，如图10-39所示。

STEP 12 在页面右下角输入“演出剧团：××昆剧院”文本，设置字体格式为“华文中宋、10.5 pt”，选择文字工具在下方拖动鼠标绘制文本框，输入主办方、演出时间、演出地点和订票电话等信息，输入完一行后按【Enter】键分行，设置字符属性为“华文中宋、14 pt”，如图10-40所示。

图10-39　输入文本

图10-40　输入主办方、演出时间等文本

STEP 13 打开“戏曲人物.cdr”文件，复制花纹到宣传单中，复制多个花纹，调整大小与位置，装饰页面，将其中的一个花纹放置在“演出剧团：××昆剧院”文本下方，使用矩形工具在花纹与文本之间绘制矩形，填充白色，取消轮廓，按【Ctrl+PageDown】组合键将其置于文本下方，如图10-41所示。

STEP 14 使用钢笔工具绘制琵琶图形，在属性栏中将轮廓粗细设置为“1 mm”，如图10-42所示。

STEP 15 复制背景图片，调整大小与角度，用鼠标右键拖动复制的背景到琵琶图形中，释放鼠标右键，在弹出的快捷菜单中选择【图框精确剪裁内部】命令，用背景的花纹填充琵琶，如图10-43所示。

图10-41　渐变填充图形

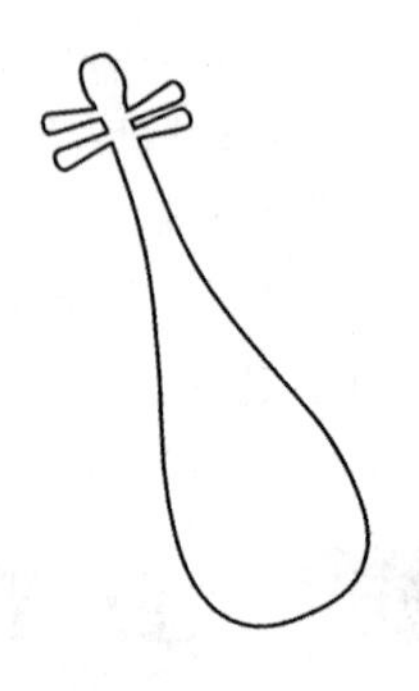

图10-42　绘制琵琶

图10-43　用图案填充琵琶

STEP 16 选择琵琶，选择【位图】/【转换为位图】命令；选择透明度工具，在属性栏中单击“渐变透明度”按钮为琵琶创建线性渐变透明效果，如图10-44所示。

STEP 17 选择阴影工具，在琵琶下边缘的节点上向右拖动创建阴影，在属性栏中设置阴影不透明度为“50”，阴影羽化值为“50”，如图10-45所示，保存文件，完成本例的制作。

图10-44　创建线性渐变透明

图10-45　创建阴影

# 10.3 设计卡通形象

卡通形象遍布荧幕，卡通形象也深受大家喜爱。本节将通过讲解哈士奇的一款卡通形象设计，来练习卡通形象设计的操作。

## 10.3.1 客户素材与要求

某动漫公司正在筹划一组以动物为主题的卡通电影，需要对其中的动物进行卡通形象设计。其中，将哈士奇定位为邪恶、狠毒的老大，外形强壮、剽悍，要求设计的卡通形象能体现这一系列特点。

## 10.3.2 案例分析

在设计本例哈士奇的卡通形象时，可以从以下几个方面进行分析。

- 外形特征：分析哈士奇的外形特征，如图10-46所示，眼睛是蓝色的；额头上有三道白色痕迹，看起来像三把燃烧的火苗；耳朵小，呈三角形，正常直立，若兴奋时耳朵会向后贴住脑袋。
- 角色特征：分析卡通形象需要传达的角色特征，极力夸大特征会让角色比现实中更鲜活。如外形剽悍，则卡通形象比正常哈士奇壮实；如具有邪恶、狠毒的性格，可通过面部表情表现出来，图10-47所示为哈士奇的几个不同面部表情。
- 场景、小道具与服饰：为卡通形象穿上衣服，添加牙签、拐杖等小道具能帮助我们更好地去诠释卡通形象的特点和背景，让其形象更加鲜活。本例将为卡通形象添加牙签、领带、风衣等元素，彰显卡通形象老大的特点，如图10-48所示。
- 颜色：能够帮助展现人物的性格。黑色、紫色和灰色等深色调的颜色，通常用于描绘充满邪恶想法的反面形象；白色、蓝色、粉色和黄色等浅色调的颜色，通常用于表达纯真、纯洁、可爱、美好的卡通形象。本例通过军绿色的大衣、蓝色的领带，以及大面积黑色的运用来描绘充满邪恶想法的反面哈士奇卡通形象。

图10-46　外形特征

图10-47　哈士奇表情

图10-48　卡通形象

## 10.3.3　制作过程

**知识要点：**钢笔工具的使用、颜色填充、轮廓设置、阴影工具、图框精确剪裁。

**效果文件：**效果 \ 第 10 章 \ 卡通形象 .cdr。

视频教学
设计卡通形象

其具体操作步骤如下。

STEP 01 新建A4、纵向、名为“卡通形象”的空白文件，选择钢笔工具，绘制哈士奇的脑袋轮廓，在属性栏中填充颜色为棕色（CMYK：61、78、100、44），设置轮廓粗细为“1 mm”，如图10-49所示。

STEP 02 绘制哈士奇左边耳朵，填充颜色为浅黄色（CMYK：5、13、18、0），设置轮廓粗细为“1 mm”；在耳朵上边缘绘制棕色毛发区域，填充颜色为棕色（CMYK：61、78、100、44），设置轮廓粗细为“1 mm”，如图10-50所示。

STEP 03 框选耳朵和毛发，按【Ctrl+G】组合键群组，按住鼠标左键不放拖动耳朵至脑袋右边，单击鼠标右键进行复制，在属性栏中单击“水平镜像”按钮翻转耳朵作为右耳；框选哈士奇的两只耳朵，按【Ctrl+PageDown】组合键将其置于脑袋下方，完成脑袋的绘制，如图10-51所示。

图10-49　绘制脑袋

图10-50　绘制左耳

图10-51　绘制右耳

STEP 04 选择钢笔工具在脑袋上绘制带有三把火的脸部形状，在属性栏中将其设置为浅黄色（CMYK：5、13、18、0），设置轮廓粗细为“1 mm”，如图10-52所示。

STEP 05 绘制眼睛外圈，填充颜色为棕色（CMYK：61、78、100、44），设置轮廓粗细为“1 mm”；再绘制眼睛中间的眼白，选择颜色滴管工具，单击吸取脸上的浅黄色，然后单击眼白进行填充，用鼠标右键单击界面右侧色块上的无填充色块取消轮廓；然后绘制眼珠，填充为蓝色

（CMYK：48、31、0、53），取消轮廓，完成左眼的绘制，如图10-53所示。

**STEP 06** 选择所有眼睛元素，按【Ctrl+G】组合键群组，按住鼠标左键将其拖动到右侧，单击鼠标右键进行复制，在属性栏中单击“水平镜像”按钮，调整位置，完成右眼的制作，如图10-54所示。

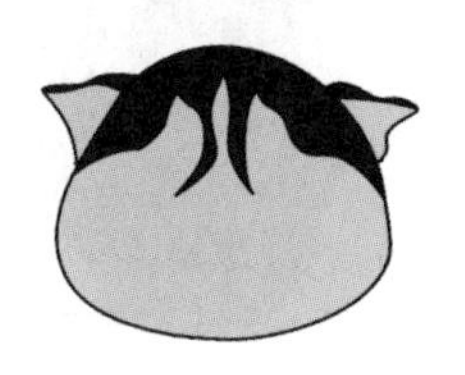

图10-52　绘制脸

图10-53　绘制左眼

图10-54　绘制右眼

**STEP 07** 选择钢笔工具绘制鼻子外圈椭圆，在属性栏中填充颜色为棕色（CMYK：61、78、100、44），设置轮廓粗细为“1 mm”；然后绘制鼻子中间的小椭圆，填充为黄色（CMYK：44、57、73、32），取消轮廓；最后绘制垂直线条，设置轮廓粗细为“1 mm”，完成鼻子的绘制，如图10-55所示。

**STEP 08** 绘制嘴巴形状，在属性栏中填充颜色为棕色（CMYK：61、78、100、44），设置轮廓粗细为“1mm”；继续绘制牙齿，填充为白色（CMYK：0、0、0、0），设置轮廓粗细为“1mm”；最后绘制舌头，填充为粉色（CMYK：30、49、39、0），取消轮廓，按【Ctrl+PageDown】组合键将舌头置于牙齿下方、嘴巴上方。完成嘴巴的绘制，效果如图10-56所示。

**STEP 09** 绘制嘴角的牙签，在属性栏中填充颜色为灰色（CMYK：0、0、0、10），设置轮廓粗细为“1 mm”；在牙签末端绘制椭圆，填充为深灰色（CMYK：0、0、0、40），设置轮廓粗细为“1 mm”，完成牙签的绘制。至此，完成整个头部的绘制，如图10-57所示。

图10-55　绘制鼻子

图10-56　绘制嘴巴

图10-57　绘制牙签

**STEP 10** 接下来绘制身体部分。选择钢笔工具绘制图10-58所示的身体图形，填充为黑色（CMYK：0、0、0、100），设置轮廓粗细为“1 mm”，按【Ctrl+PageDown】组合键将其置于脑袋下方；然后绘制领带，填充为蓝色（CMYK：60、40、0、0），设置轮廓粗细为“1 mm”；再绘制衣服，填充为军绿色（CMYK：38、31、67、0），设置轮廓粗细为“1 mm”。

**STEP 11** 继续绘制领口处的阴影，填充为较深的军绿色（CMYK：51、42、73、6），取消轮廓；绘制右侧腋窝处的褶皱，填充为更深的军绿色（CMYK：67、64、82、27），在属性栏中设置轮廓粗细为“1 mm”，效果如图10-59所示。

**STEP 12** 最后绘制衣服上的细节线条，完善衣服的结构，在属性栏中设置轮廓粗细为

“1 mm”。至此，完成所有衣服的绘制，如图10-60所示。

图10-58 绘制衣服

图10-59 添加衣服阴影褶皱

图10-60 添加衣服阴影褶皱

STEP 13 框选所有卡通形象，按【Ctrl+G】组合键群组；使用阴影工具在组合对象下边缘的节点上向左拖动创建阴影，在属性栏中设置阴影不透明度为“80”，阴影羽化值为“15”，如图10-61所示。

STEP 14 双击矩形工具，创建页面矩形，填充为黄色（CMYK：20、23、30、0），取消轮廓；用鼠标右键拖动组合对象到矩形中，释放鼠标右键，在弹出的快捷菜单中选择【图框精确剪裁内部】命令，将卡通形象剪裁到矩形中，效果如图10-62所示。保存文件，完成本例的制作。

图10-61 添加阴影

图10-62 剪裁到矩形中

# 10.4 设计糖果包装

包装的种类丰富多样，常见的有购物袋、包装袋、包装盒等。在CorelDRAW X7中，利用文本、图形、图像等元素的组合不仅可以轻松地设计包装的平面结构图，还可设计包装的立体效果图。本节将通过设计一款糖果包装来练习CorelDRAW X7中包装设计的操作。

## 10.4.1 客户素材与要求

佳佳食品公司最近上新了一种青苹果味的糖果，为了吸引消费者购买，促进销售，需要对糖果的包装袋进行设计，要求设计的包装精致美观，符合青苹果清新、酸甜的特征，并且以“幸福味道”为设计主题。

## 10.4.2 案例分析

在制作本例青苹果味道的糖果包装时，可添加青苹果的图片到包装袋上，为了突出主题“幸福味道”，添加了心形、花纹等图像进行修饰。在设计包装效果时，可先设计平面图效果，然后在平面图的基础上制作出立体包装效果，具体思路如下。

- 平面图制作：绘制包装展开后得到的平面效果图，本例将制作糖果包装正面平面图，其中包含主题、青苹果图案、花纹、标志、净含量等信息，如图10-63所示。
- 立体效果制作：在平面图的基础上，设计包装外观，包括锯齿添加、高光、阴影添加，形成立体糖果包装效果，如图10-64所示。

图 10-63　平面图制作

图 10-64　立体效果制作

## 10.4.3 制作过程

**知识要点**：钢笔工具的使用、文本输入与编辑、选区与路径的转换、加深与减淡工具、锐化工具、涂抹工具。

**素材位置**：素材 \ 第 10 章 \ 糖果包装底纹 .cdr。

**效果文件**：效果 \ 第 10 章 \ 糖果包装 .cdr。

视频教学
设计糖果包装

设计糖果包装的具体操作步骤如下。

**STEP 01** 新建A4、横向、名为“糖果包装”的空白文件，选择矩形工具，在页面左侧绘制矩形作为糖果包装背景，在属性栏中设置轮廓线为“无”取消轮廓，填充为绿色（CMYK：51、0、100、0）。

**STEP 02** 使用钢笔工具绘制心形图形，取消轮廓，选择交互式填充工具，在属性栏中单击“渐变填充”按钮，拖动鼠标创建图10-65所示的绿色（CMYK：100、0、100、0）到深绿色（CMYK：91、44、100、9）的渐变填充效果。

**STEP 03** 为绘制的心形执行复制、旋转和缩放操作，更改各个心形的线性填充位置，全选并按【Ctrl+G】组合键群组所有心形，将其移至糖果包装背景的上边缘，如图10-66所示。

**STEP 04** 复制并垂直镜像组合心形，将其移动到糖果包装背景下端；选择所有心形图形，选择【对象】/【图框精确剪裁】/【置于图框内部】命令，在矩形中心单击，将心形剪裁到矩形中。

**STEP 05** 选择矩形工具，在糖果包装背景中间绘制灰色（CMYK：0、0、0、20）、无轮廓矩形，如图10-67所示。

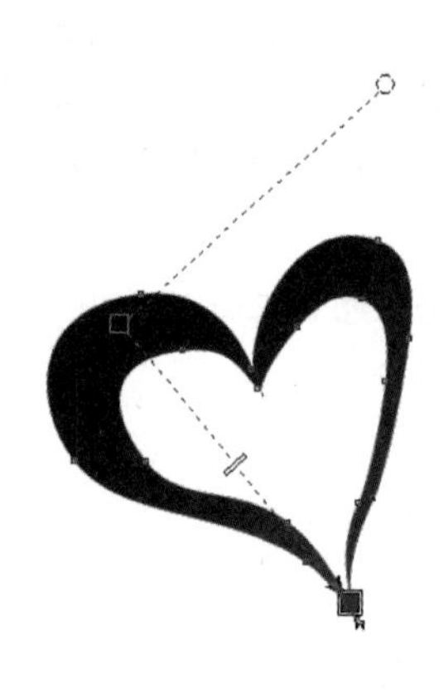

图10-65　绘制并填充心形

图10-66　复制与变换心形

图10-67　绘制灰色矩形

STEP 06 选择钢笔工具，绘制图10-68所示形状的标志图形，取消轮廓；按【F11】键打开“编辑填充”对话框创建渐变，设置起点到终点颜色为（CMYK：59、63、100、69；14、18、34、0；14、18、35、0；56、60、95、18）。

STEP 07 复制并向上偏移标志图形，按【F11】键打开“编辑填充”对话框，更改渐变填充颜色，起点到终点颜色为（CMYK：0、100、100、0；26、100、100、5），如图10-69所示。

STEP 08 在标志中输入白色文本，设置字体为“方正综艺简体”；按住阴影工具不放，在弹出的快捷菜单中选择封套工具，为其添加封套效果，在出现的蓝色边框上分别调整节点，编辑封套边缘，使文本适合标志轮廓，如图10-70所示。

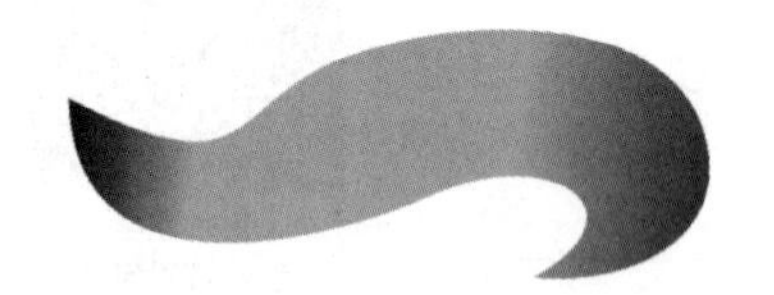

图10-68　创建渐变

图10-69　偏移标志图形

图10-70　输入并编辑文本

STEP 09 按【Ctrl+G】组合键群组标志，将其放置到灰色矩形左上角；复制“糖果包装底纹.cdr”文件中的花纹到“糖果包装”文件中，调整大小，用鼠标右键将其拖动到灰色矩形中，释放鼠标右键，在弹出的快捷菜单中选择【图框精确剪裁内部】命令，将花纹剪裁到包装中间的灰色矩形中；复制“糖果包装底纹.cdr”文件中的苹果同样剪裁到包装中间的灰色矩形中，如图10-71所示。

STEP 10 在苹果右侧输入红色文本，将“幸福”文本的字符属性设置为“方正准圆简体、55 pt”，将“道味”文本的字符属性设置为“华文行楷、24 pt”。按【Ctrl+K】组合键拆分文本，按【Ctrl+Q】组合键将其转曲，使用形状工具调整文本形状，如图10-72所示。

STEP 11 按【Ctrl+G】组合键群组文本，使用轮廓图工具创建外部轮廓，在属性栏中设置轮廓图偏移为“2.0 mm”，将外部轮廓颜色设置为“白色”，如图10-73所示。

图 10-71　添加苹果与花纹

图 10-72　输入与编辑文本

图 10-73　创建白色外轮廓

STEP 12 选择椭圆工具在灰色矩形左下角绘制3个不同深浅的绿色圆形作为装饰物，颜色分别为“CMYK：38、0、100、0”“CMYK：54、0、100、0”“CMYK：52、0、88、0”。在其后选择文本工具输入净含量及相关文本，设置文本的字符属性为“微软雅黑、11 pt、深灰色（CMYK：0、0、0、70）”，调整文本大小，如图10-74所示。

STEP 13 选择矩形工具，在包装下部分绘制无轮廓的矩形，在属性栏中设置转角半径为“4 mm”；在其中输入产品的生产地点，将文本的字符属性设置为“楷体、8 pt、红色（CMYK：0、100、100、0）”，如图10-75所示。至此，完成平面包装图的制作。

图 10-74　输入净含量

图 10-75　输入生产地点

STEP 14 框选平面包装图并按【Ctrl+G】组合键群组；使用矩形工具在右侧绘制与平面图相同大小和底色的矩形，如图10-76所示。

STEP 15 按【Ctrl+Q】组合键将矩形转曲，使用形状工具调整矩形形状，形成糖果包装袋的形状，如图10-77所示。

STEP 16 选择多边形工具在左上角绘制正三角形；按住鼠标左键拖动三角形到右侧，在拖动的过程中按住【Shift】键保证水平方向拖动，当拖动的三角形与原三角形右侧节点重合时，单击鼠标右键进行复制，如图10-78所示。

图 10-76　创建矩形

图 10-77　编辑包装外观

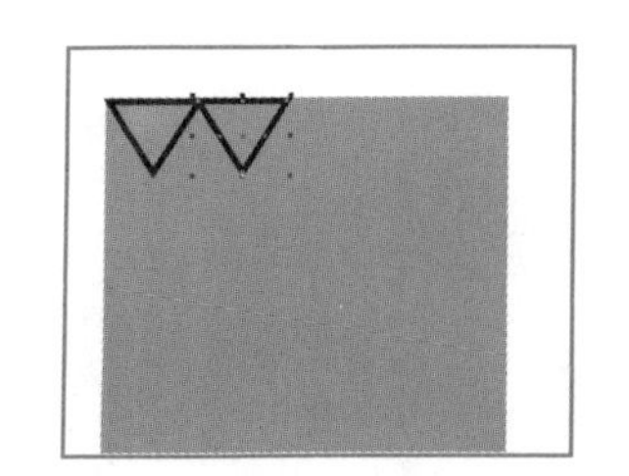
图 10-78　绘制三角形并水平移动复制

**STEP 17** 多次按【Ctrl+D】组合键重复移动与复制操作，直到三角形排满上边缘，框选所有的三角形并按【Ctrl+G】组合键群组，将复制并垂直镜像复制的组合三角形放置到包装下边缘，同时选择三角形与矩形，在属性栏中单击“移除前面对象”按钮，剪裁包装外形的边缘，可使其呈现锯齿状，如图10-79所示。

**STEP 18** 选择包装图形，选择平滑工具，在属性栏中将笔尖半径设置为“5 mm”，拖动锯齿边缘，得到平滑边缘效果，如图10-80所示。

**STEP 19** 复制平面包装图，用鼠标右键将其拖动到立体包装中，释放鼠标右键，在弹出的快捷菜单中选择【图框精确剪裁内部】命令，将平面包装图剪裁到立体包装中，如图10-81所示。

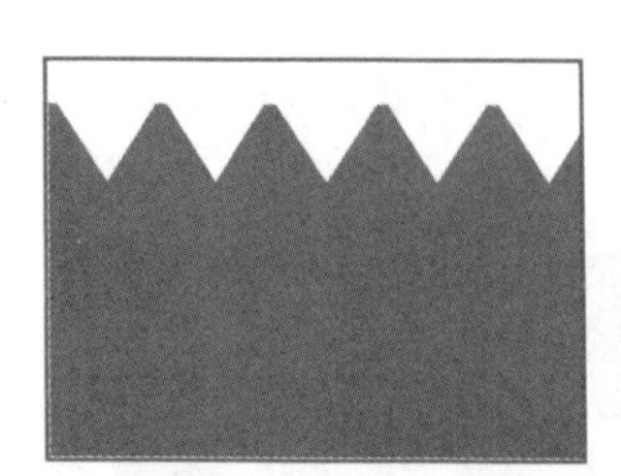

图10-79　绘制边缘锯齿

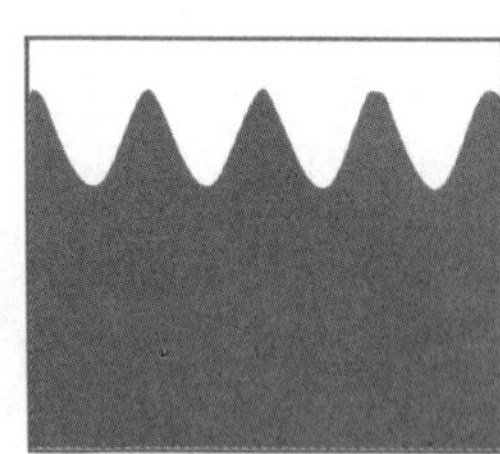

图10-80　平滑锯齿图

图10-81　剪裁平面图到包装中

**STEP 20** 选择2点线工具在上边缘绘制装订线条，线条长度大于包装宽度，在属性栏中设置线条粗细为“0.5 mm”，将线条颜色设置为绿色（CMYK：38、0、84、0），使用阴影工具为其创建阴影效果，在属性栏中设置阴影不透明度为“20”，阴影羽化值为“5”，如图10-82所示。

**STEP 21** 选择线条，按住鼠标左键拖动线条到下方，在拖动的过程中按【Shift】键保证沿垂直方向拖动，当拖动的线条与原线条有一定距离时，单击鼠标右键进行复制；按6次【Ctrl+D】组合键重复移动与复制操作，效果如图10-83所示。

**STEP 22** 框选所有线条并按【Ctrl+G】组合键群组，放置到上边缘锯齿下方；复制组合线条，放置到下边缘锯齿上方；选择所有线条，选择【对象】/【图框精确剪裁】/【置于图框内部】命令，在包装中单击，将线条剪裁到包装中，制作压轴线效果，如图10-84所示。

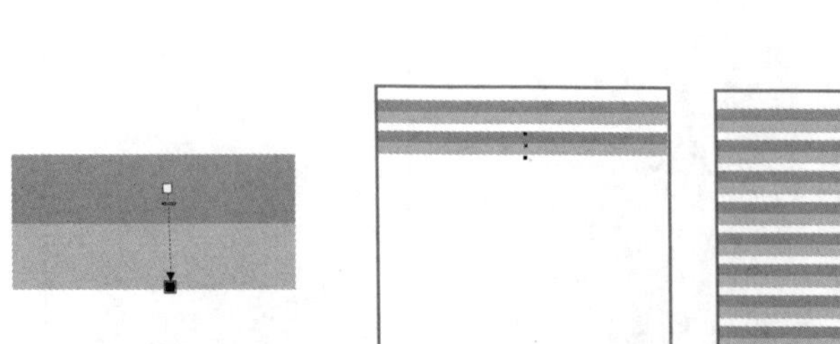

图10-82　绘制线条并创建阴影

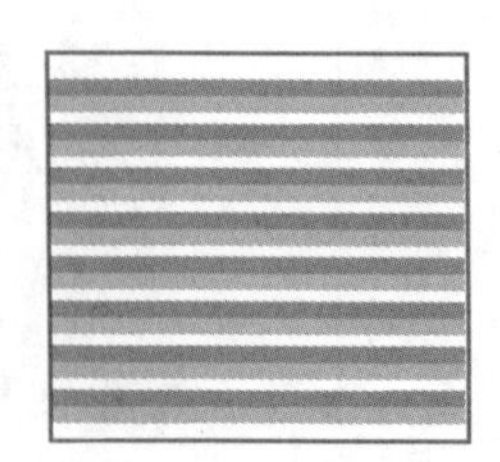

图10-83　移动与复制线条

图10-84　制作压轴线

STEP 23 选择钢笔工具 在包装上方和两侧绘制图10-85中左图所示图形，填充为黑色（CMYK：0、0、0、100），取消轮廓，作为阴影；使用透明度工具，在属性栏中单击“渐变透明度”按钮，分别为阴影创建线性渐变透明效果，如图10-85中右图所示。

STEP 24 在包装右侧绘制图10-86所示图形，填充为白色（CMYK：0、0、0、0），取消轮廓，作为高光；使用透明度工具，在属性栏中单击“渐变透明度”按钮，分别为各个高光创建线性渐变透明效果。

图 10-85 制作阴影

图 10-86 制作高光

STEP 25 选择所有高光与阴影图形，选择【位图】/【转换为位图】命令，打开“转换为位图”对话框，单击选中 透明背景(T) 复选框，单击 确定 按钮，将其转换为无背景的位图；选择【位图】/【模糊】/【高斯式模糊】命令，打开“高斯式模糊”对话框，设置模糊半径为“10 mm”，单击 确定 按钮，使高光和阴影看起来更逼真。

STEP 26 选择模糊后的高光阴影，选择【对象】/【图框精确剪裁】/【置于图框内部】命令，在包装中单击，将其剪裁到包装中，如图10-87所示。

STEP 27 选择立体包装，选择阴影工具 从中心向左拖动创建阴影，在属性栏中设置阴影不透明度为“80”，阴影羽化值为“5”，如图10-88所示。保存文件，完成本例的制作。

图 10-87 剪裁高光与阴影

图 10-88 创建阴影

# 10.5 设计男士夹克

CorelDRAW是一款常用绘图设计软件，在服装行业中，被广泛用于服装款式设计、图案设计和面料设计等方面。相对于手绘而言，用CorelDRAW绘制的款式图更容易表达服装结构、比例、图案和色彩等要素，更接近成衣的效果，方便后期的制版。本节将通过设计一款男士夹克的款式图来练习CorelDRAW X7中服装设计的操作。

## 10.5.1 客户素材与要求

夏暑将退，某男装公司准备在秋季来临之前上新一批秋装。小王作为公司的服装设计师，正在匆匆赶制这批秋装的设计手稿。此刻，他正忙于设计一款男士夹克，为了方便打版师傅为设计的服装制版，需要用 CorelDRAW 来绘制手稿的款式图，要求绘制的款式图结构清晰、尺寸比例合理，最大程度接近成衣效果。

## 10.5.2 案例分析

在设计男士夹克时，需要首先进行夹克的长度与大致外形设计，然后进行服装结构的设计，最后进行零部件与细节的设计，具体思路如下。

- 衣长与服装外形设计：首先把握夹克的衣长、袖长与领口的外形设计，如图10-89所示。
- 服装结构设计：确定夹克的分割线，如前片、领口、袖子、肩部的组成，如图10-90所示。
- 零部件设计：对口袋、纽扣、拉链、腰带等细节进行设计，如图10-91所示。

图10-89　衣长与服装外形设计

图10-90　服装结构的设计

图10-91　零部件设计

## 10.5.3 制作过程

**知识要点**：钢笔工具的使用、轮廓的设置、图形的填充、位图的导入与剪裁、图形的组合、复制与调和。

**素材位置**：素材 \ 第 10 章 \ 夹克里料 .jpg。

**效果文件**：效果 \ 第 10 章 \ 男士夹克 .cdr。

视频教学
设计男士夹克

其具体操作步骤如下。

STEP 01 新建A4、纵向、名为“男士夹克”的空白文件，选择钢笔工具先绘制出外套的外形，然后绘制外套的领子与门襟曲线，最后绘制里料的区域，如图10-92所示。

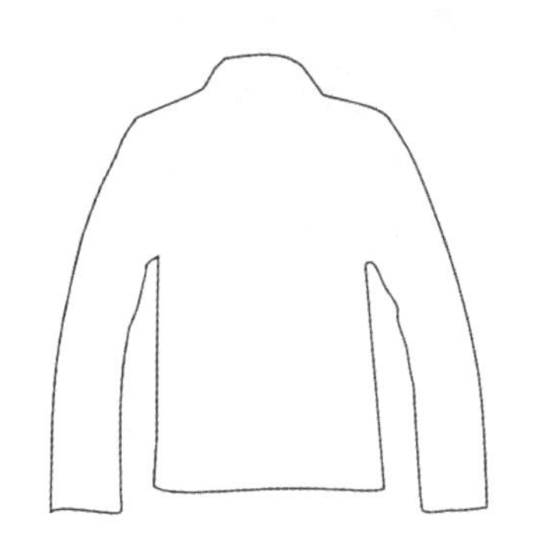

图10-92　绘制夹克外观

STEP 02 使用智能填充工具单击里料外的区域，将其填充为土黄色（CMYK：40、53、73、0），在属性栏中将轮廓粗细设置为“1.5 pt”，设置轮廓颜色为黑色（CMYK：0、0、0、100），单击图形应用设置，如图10-93所示。

STEP 03 按【Ctrl+I】组合键打开“导入”对话框，导入“夹克里料.jpg”面料，按住鼠标右键不放拖动面料到夹克的里料图形中，释放鼠标右键，在弹出的快捷菜单中选择【图框精确剪裁内部】命令，使用面料填充夹克里料，如图10-94所示。

图10-93　填充面料

图10-94　填充里料

STEP 04 使用钢笔工具在外套的领子、肩上、衣身和袖子上分别绘制款式的分割线，在属性栏中设置轮廓颜色为黑色（CMYK：0、0、0、100），轮廓粗细为“1.5 pt”，如图10-95所示。

STEP 05 在分割线处绘制缝纫的线，在属性栏中将轮廓粗细设置为“1.5 pt”，轮廓颜色设置为黑色（CMYK：75、85、75、51），线条样式设置为“虚线”，如图10-96所示。

STEP 06 继续绘制口袋、肩上、袖口、衣摆处的图形、腰带及腰带上的盘扣，在属性栏中设置轮廓粗细为“1.0 pt”；使用智能填充工具将面料区域填充为黄色（CMYK：40、53、73、0），将盘扣填充为黑色（CMYK：0、0、0、100）；然后为绘制的小部件绘制缝纫线，在属性栏中将轮廓粗细设置为“1.0 pt”，轮廓颜色设置为较深的土黄色（CMYK：75、85、75、51），线条样式设置为“虚线”，如图10-97所示。

图10-95　绘制分割线

图10-96　添加缝纫线

图10-97　绘制小部件

**STEP 07** 选择椭圆工具绘制圆作为纽扣，填充为黑色（CMYK：0、0、0、100），取消轮廓；原位复制一个圆，按住【Shift】键的同时拖动四个角上的任意一个控制点缩小该圆，以使两个圆中心对齐，填充为灰色（CMYK：0、0、0、80）；选择调和工具，在属性栏的“调和对象”文本框中输入“30”，单击小圆拖动鼠标为两个圆创建调和效果，如图10-98所示。

**STEP 08** 选择钢笔工具在内边缘处绘制月牙状图形，填充为白色（CMYK：0、0、0、0），取消轮廓；选择【位图】/【转换为位图】命令将其转换为位图，选择【位图】/【模糊】/【高斯式模糊】为其添加高斯式模糊效果，制作纽扣的高光效果；选择椭圆工具和2点线工具在中心位置绘制4个黑色纽孔和2条黑色交叉线条，如图10-99所示。至此，完成纽扣的制作。

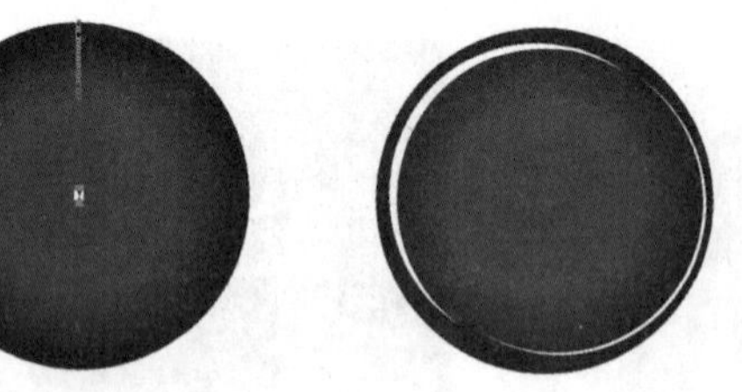
图10-98　调和图形

图10-99　纽扣效果

**STEP 09** 框选纽扣图形并按【Ctrl+G】组合键群组，执行复制与移动操作，将其添加到门襟、袖口、肩上、口袋、衣摆等位置，并将衣领的标签图形填充为黑色（CMYK：0、0、0、100），如图10-100所示。

**STEP 10** 绘制3个重叠的矩形，注意第1、2个矩形等高，第1、3个矩形等宽。同时选择3个矩形，单击“合并”按钮将其合并，完成单个拉链图形的制作，如图10-101所示。

**STEP 11** 在属性栏中将轮廓粗细设置为“细线”，复制单个拉链图形，单击“垂直镜像”按钮执行垂直镜像操作，将两个图形扣在一起；选择交互式填充工具，在属性栏中单击“渐变填充”按钮为两个图形创建方向相反的灰色渐变效果（CMKY：0、0、0、80；0、0、0、0），如图10-102所示，选择两个拉链图形并按【Ctrl+G】组合键群组。

图10-100　添加纽扣

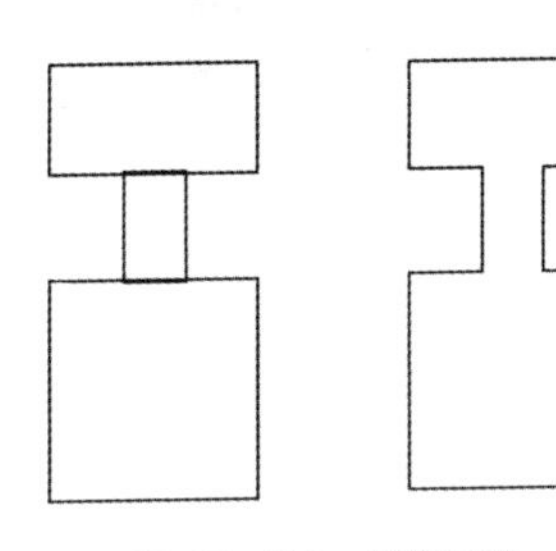

图10-101　焊接图形

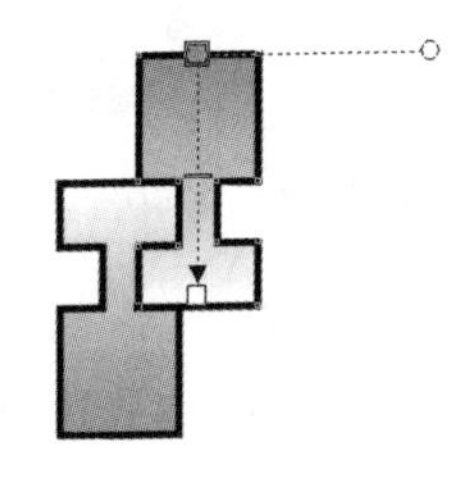

图10-102　渐变填充拉链

STEP 12 复制群组后的拉链图形，使其嵌入原拉链图形左侧的凹槽中，多次按【Ctrl+D】组合键重复移动与复制操作，得到拉链条效果，框选拉链条按【Ctrl+G】组合键群组，如图10-103所示。

STEP 13 选择矩形工具在拉链中间绘制矩形，填充黑色，取消轮廓，按【Shift+PageDown】组合键将其置于拉链条下层，同时选中拉链条和矩形，按【Ctrl+Shift+A】组合键打开“对齐与分布”泊坞窗，单击“水平居中对齐”按钮和“垂直居中对齐”按钮，使其对齐，效果如图10-104所示。

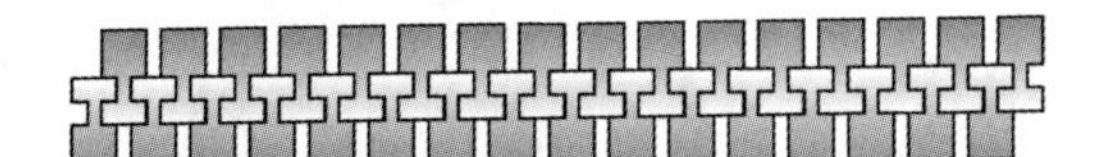

图10-103　制作拉链条

图10-104　绘制矩形

STEP 14 选择矩形工具在拉链外侧绘制矩形，在属性栏中将轮廓粗细设置为“细线”，填充为白色，按【Shift+PageDown】组合键将其置于黑色矩形下层，如图10-105所示。

STEP 15 原位复制并按【Shift】键中心缩小白色矩形，在属性栏中将轮廓线设置为“虚线、细线”，制作缝纫线，将轮廓颜色设置为较深的土黄色（CMYK：75、85、75、51），完成拉链的绘制，如果10-106所示。

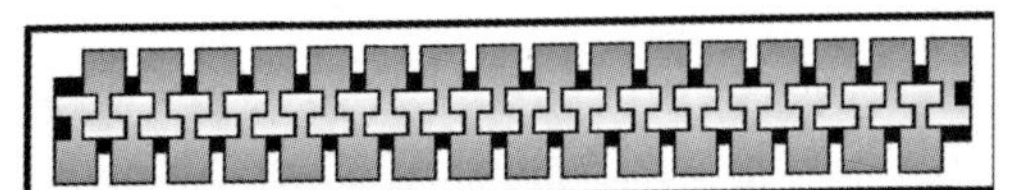

图10-105　绘制矩形

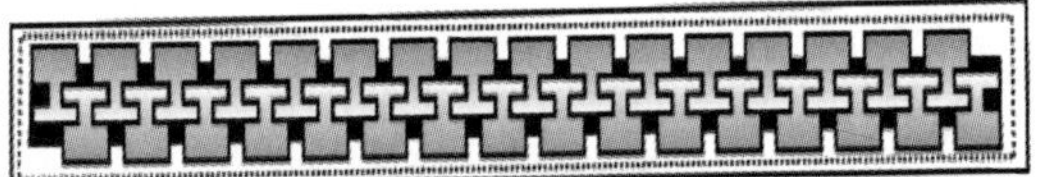

图10-106　添加缝纫线

STEP 16 选择钢笔工具绘制拉链扣底部图形，在属性栏中设置轮廓粗细为“0.5 pt”，轮廓颜色为较深的土黄色（CMYK：75、85、75、51），选择交互式填充工具创建不同深浅的灰色（CMYK：0、0、0、20；0、0、0、0；0、0、0、30）的线性渐变填充效果，如图10-107所示。

STEP 17 在其上绘制4个图10-108右侧所示的图形，取消轮廓，分别填充为（CMYK：75、85、75、51；0、0、0、20；75、85、75、51；0、0、0、10）。

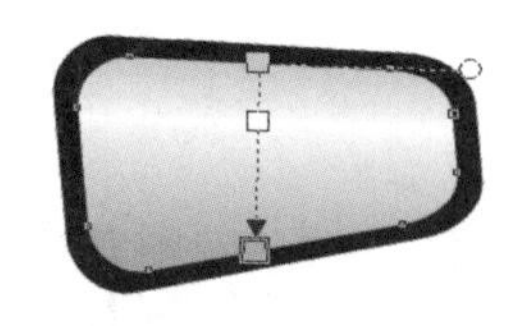

图10-107 渐变填充图形

图10-108 绘制与填充图形

STEP 18 使用钢笔工具绘制拉链吊坠图形，在属性栏中设置轮廓粗细为“0.5 pt”，轮廓颜色为较深的土黄色（CMYK：75、85、75、51），选择交互式填充工具创建浅灰色（CMYK：0、0、0、10）到较深灰色（CMYK：0、0、0、50）的线性渐变填充效果，按【Ctrl+PageDown】组合键将其置于拉链底部图形与其他图形的中间层，如图10-109所示。

STEP 19 框选拉链并按【Ctrl+G】组合键群组，将其放置到拉链上；群组拉链与拉链扣，如图10-110所示。

STEP 20 对拉链执行复制、旋转与缩放等操作，将其放置在右胸、口袋上，如图10-111所示。全选并按【Ctrl+G】组合键组合夹克所有图形，保存文件，完成夹克的制作。

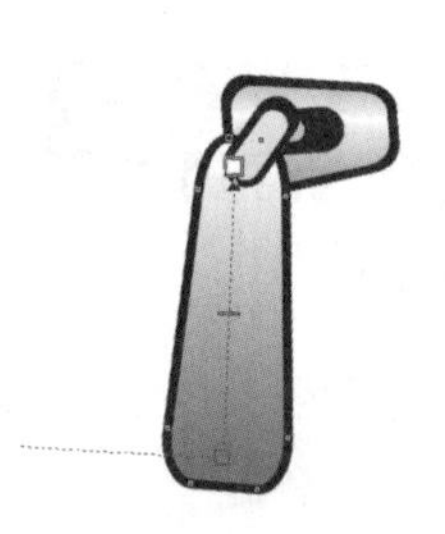

图10-109 渐变填充图形

图10-110 组合拉链扣与拉链

图10-111 放置拉链

## 10.6 设计画册内页版式

排版设计是平面设计中重要的组成部分，常用于画册、杂志内页及图书等的制作。版式设计是指根据特定内容的需要对文本、图片、图形及颜色等元素进行组合排列，在准确地表现版面信息的同时，使版面视觉更加美观。本节将通过设计画册内页版式来练习CorelDRAW X7中版式设计的操作。

### 10.6.1 客户素材与要求

某理发店为了让顾客了解本店可以打造的发型，决定将发型图片收集起来，制作成精美的画册。本例要求根据提供的图片与文本，制作画册的内页版式效果。

## 10.6.2 案例分析

在设计时尚造型类的版面时，主要以图片展示为主，用文本与图形进行辅助设计。由于本例提供的素材图片较多，因此采用两页进行版面设计。每一页都采用三栏式设计，并以玫红色为主要色调，来体现女性时尚造型的魅力，第一、二页的具体思路如下。

- 第一页：分为三栏，中间为文本介绍，两侧为图片展示，如图10-112所示。
- 第二页：分为三栏，中间为大图展示，两侧以文本+图片的方式展示，并为第一、二栏设计玫红色的渐变背景，用于凸出图片，如图10-113所示。

图10-112 第一页

图10-113 第二页

## 10.6.3 制作过程

**知识要点：**图纸工具、对象的组合与拆分、美术文本与段落的输入与编辑、图片的导入与剪裁、项目符号的添加。

**素材位置：**素材\第 10 章\画册内页\。

**效果文件：**效果\第 10 章\画册内页 .cdr。

视频教学
设计画册内页版式

其具体操作步骤如下。

STEP 01 新建A4、横向、名为“画册内页”的空白文件，在多边形工具上按住鼠标左键不放，在弹出的快捷菜单中选择图纸工具，在页面矩形上使用图纸工具绘制1行3列的图纸，如图10-114所示。

STEP 02 选择绘制的图纸，按【Ctrl+U】组合键取消群组，选择左侧的矩形，按【F12】键打开“轮廓笔”对话框，将轮廓粗细更改为“1.0 mm”，轮廓颜色设置为洋红色（CMYK：0、100、0、0）。导入图10-115所示的图片，调整大小，用鼠标右键将其拖动到矩形中，在弹出的快捷菜单中选择【图框精确剪裁内部】命令。

STEP 03 选择矩形工具在图片左侧绘制矩形条，取消轮廓，填充为洋红色（CMYK：0、100、0、0），使用透明度工具，在属性栏中设置透明度为“50”，创建均匀透明效果。在其上输入文本，填充白色，在属性栏中设置字体为“Centry Gothic”，字号分别为“18 pt、36 pt”，设置旋转度为“90°”，如图10-116所示。

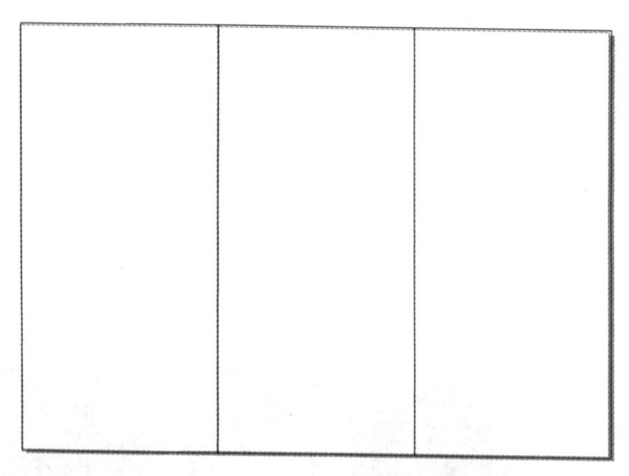

图 10-114 绘制图纸

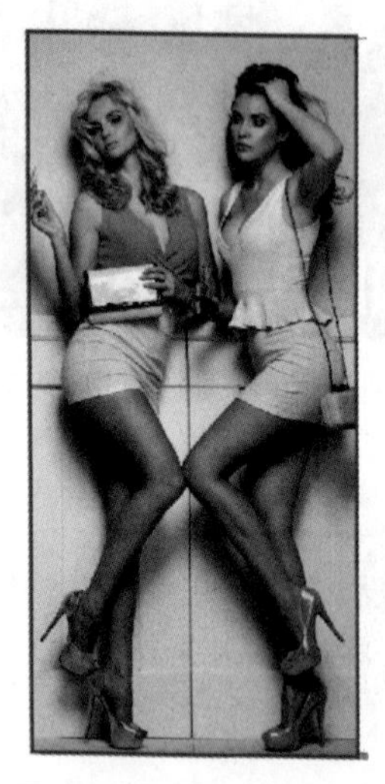

图 10-115 导入与剪裁位图

Classic fashion
Style garden

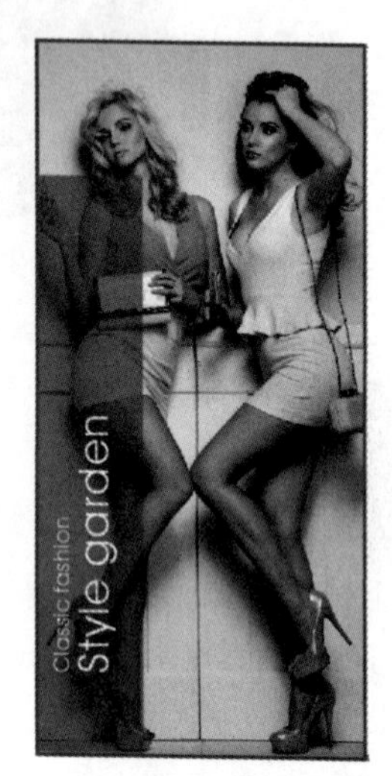

图 10-116 绘制透明条及输入文本

STEP 04 选择页面中间的矩形，取消轮廓，填充为白色，在上中方输入文本，设置字母的字体为“Bauhaus Md BT”，字号分别为“55 pt、30 pt”，设置汉字的字体为“华文新魏”，字号为“30 pt”，调整文本组合方式；选择2点线工具绘制线条，填充为洋红色（CMYK：0、100、0、0），进行修饰，如图10-117所示。

STEP 05 按【Ctrl+Q】组合键将文本转换为曲线，选择形状工具编辑“造型苑”文本外形，如图10-118所示。

STEP 06 按【Ctrl+G】组合键群组大写字母与线条，使用阴影工具为其创建阴影效果，在属性栏中设置阴影不透明度值为“50”，阴影羽化值为“1”，如图10-119所示。

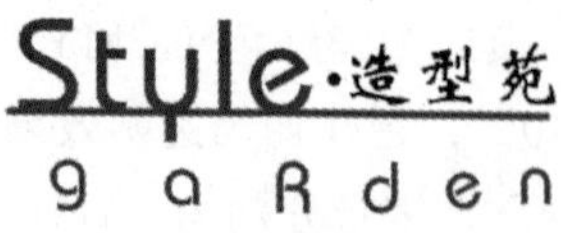

Style·造型苑
gaRden

图 10-117 输入文本

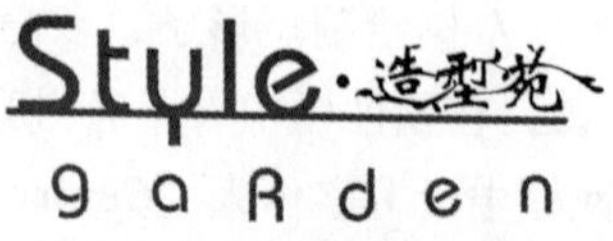

Style·造型苑
gaRden

图 10-118 编辑文本

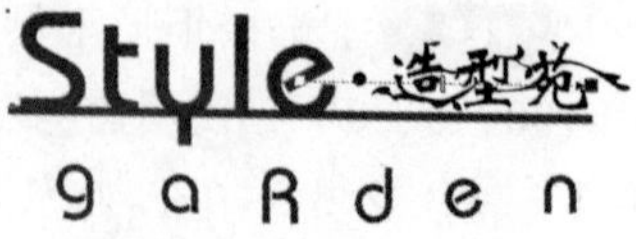

Style·造型苑
gaRden

图 10-119 创建阴影

**STEP 07** 在下方输入洋红色（CMYK：0、100、0、0）文本，设置字体为“Arial Unicode MS”，字号为“24 pt”。在其下方创建段落文本，设置首行缩进值为“4 mm”，设置行距和段前间距为“150%”，设置相同的字体，设置字号为“7 pt”，调整段落文本框大小，移动段落文本框到页面中间，如图10-120所示。

**STEP 08** 选择右侧的矩形，导入人物图片，调整大小，将其剪裁到页面右侧的矩形中，取消矩形轮廓，在其上输入白色文本，设置字体为“Centry Gothic”，字号分别为“47 pt、20 pt”，使用阴影工具为文本创建阴影，设置阴影不透明度值为“50”、阴影羽化值为“10”，框选文字和阴影，按【Ctrl+G】组合键群组。如图10-121所示，完成一页的制作。

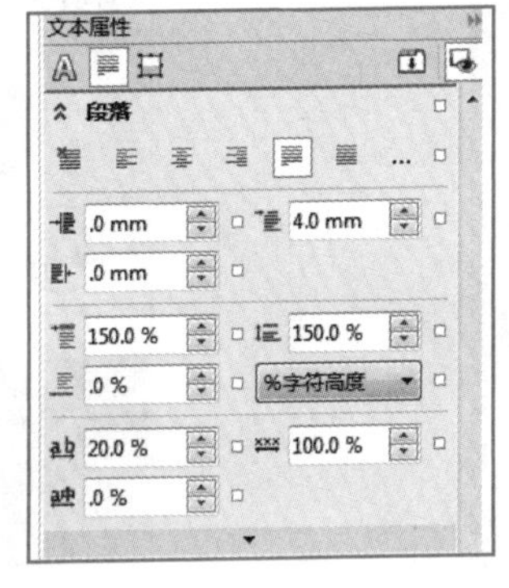


图10-120　输入段落文本

图10-121　剪裁图片并添加文本

**STEP 09** 在左下角的页面标签栏中单击“新建页面”按钮新建页面2，选择矩形工具绘制与页面1相同大小的3个矩形作为制作3版。在第1、2版中选择交互式填充工具制作洋红色（CMYK：0、100、0、0）到黑色（CMYK：100、100、100、100）的椭圆形渐变填充效果，如图10-122所示。

**STEP 10** 选择矩形工具在第1、2版中绘制矩形，在属性栏中设置轮廓颜色为白色（CMYK：0、0、0、0），粗细为“细线”，如图10-123所示。

**STEP 11** 在第1版中导入图10-124所示的4张图片，调整大小与位置，并进行排列，复制页面1第3版中的白色文本并将其放置在中间位置；在其下创建段落文本，输入文本，在属性栏中设置段落文本的字体为“Centry Gothic”，字号为“7 pt”，颜色为白色（CMYK：0、0、0、0），设置行距为“150%”，首行缩进为“6 mm”。

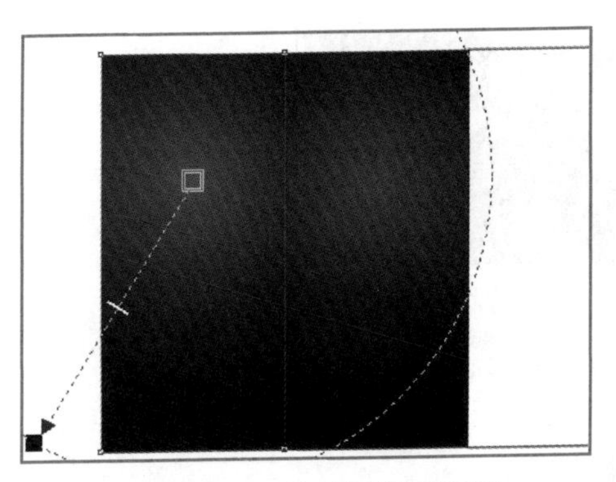

图10-122　填充第1版和第2版

图10-123　绘制白色框

图10-124　制作第1版

STEP 12 在第2版中添加图10-125所示的图片，调整大小，将其剪裁到白色矩形框中，复制第1版中的“Style”相关的群组文本并将其放置在图片下方的中间位置。

STEP 13 在第3版中添加图10-126所示的两张图片，调整大小、宽度一致，进行上下排列，复制“Style”相关文本到两张图片之间，选择阴影工具，单击文本阴影效果，在属性栏中单击“清除阴影”按钮清除阴影；使用钢笔工具在文本左上部分绘制圆弧，清除轮廓，按【Ctrl+Q】组合键转曲，按【F11】键打开“编辑填充”对话框，为文本和曲线创建红色与深红色的渐变填充效果。

图10-125 制作第2版

图10-126 制作第3版

STEP 14 在第3版下方的空白处输入段落文本，一行为一段，设置字体为“Centry Gothic”，字号为“12 pt”，设置段前间距为“120%”，选择【文本】/【项目符号】命令，打开“项目符号”对话框，单击选中 使用项目符号(U) 复选框，设置字体为“星形1”，选择“✲”符号，设置大小为“15.0 pt”、基线位移为“-3.0 pt”，单击 确定 按钮，查看添加的项目符号效果，如图10-127所示。至此，完成本例的制作。

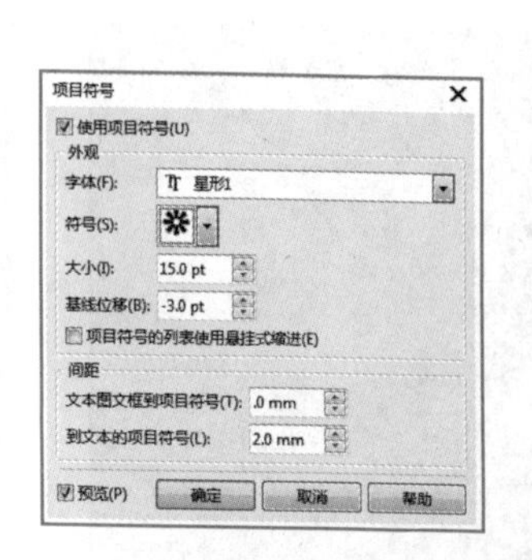

图10-127 输入段落文本并设置项目符号

# 10.7 上机实训—— 设计浪漫长裙

## 10.7.1 实训要求

本实训要求设计一款浪漫的碎花长裙，要体现出长裙的飘逸感。

## 10.7.2 实训分析

视频教学
设计浪漫长裙

本实训为了体现长裙穿着的飘逸效果，先绘制了苗条的模特，然后为模特绘制长裙穿着效果，并通过渐变填充、褶皱添加与花纹绘制等细节处理，使长裙更加美观和有质感。

**效果所在位置：**效果\第10章\浪漫长裙.cdr。

## 10.7.3 操作思路

完成本实训主要包括模特绘制、长裙外形绘制、褶皱与细节添加及长群花纹添加4步操作，其操作思路如图10-128所示。涉及的知识点主要包括图形的绘制、轮廓设置及图形纯色填充与渐变填充等。

图10-128 操作思路

【步骤提示】

STEP 01 新建名为“浪漫长裙”的A4、纵向空白文件，绘制与填充模特的外形。

STEP 02 绘制长裙图形，取消轮廓，为其创建线性渐变填充效果。

STEP 03 在长裙上绘制细节，并在容易褶皱的地方绘制阴影图形，组合阴影图形，取消轮廓。

STEP 04 在长裙上绘制碎花图案，设置碎花图案的轮廓色与填充色，对其进行复制、旋转、缩放等操作，将其分布到长裙上。

STEP 05 组合绘制的所有元素，最后保存文件，完成本例的制作。

## 10.8 课后练习

### 1. 练习 1——*设计 T 恤*

本练习将设计一款简单的女士T恤效果图，并添加T恤花纹来装饰T恤，完成后的效果如图10-129所示。其中涉及线条绘制、图形填充、轮廓设置等知识。

**素材所在位置：** 素材\第10章\T恤花纹.cdr。

**效果所在位置：** 效果\第10章\T恤.cdr。

### 2. 练习 2——*设计果冻包装*

本练习将设计果冻包装的外观，然后导入并剪裁素材图片，添加与设置文本，完成后的效果如图10-130所示。其中涉及图形的绘制与渐变填充、图框精确剪裁等知识。

**素材所在位置：** 素材\第10章\果冻包装\。

**效果所在位置：** 效果\第10章\果冻包装.cdr。

图 10-129　T 恤效果

图 10-130　果冻包装效果

# 附录

## 快捷键大全

工具箱快捷（组合）键

| 工　具 | 快捷（组合）键 |
| --- | --- |
| 形状工具 | F10 |
| 缩放工具 | Z |
| 平移工具 | H |
| 手绘工具 | F5 |
| 智能绘图工具 | Shift+S |
| 矩形工具 | F6 |
| 椭圆形工具 | F7 |
| 多边形工具 | Y |
| 图纸工具 | D |
| 螺纹工具 | A |
| 文本工具 | F8 |
| 交互式填充工具 | G |
| 网格填充工具 | M |
| 轮廓笔工具 | F12 |
| 轮廓颜色工具 | Shift+F12 |
| 选择工具 | Space |

文件管理快捷组合键

| 作用 | 快捷组合键 |
| --- | --- |
| 打开 | Ctrl+N |
| 打开 | Ctrl+O |
| 导入 | Ctrl+I |
| 导出 | Ctrl+E |
| 退出 | Alt+F4 |
| 保存 | Ctrl+S |
| 另存为 | Shift+Ctrl+S |
| 打印 | Ctrl+P |
| “选项”对话框 | Ctrl+J |

显示比例 / 平移快捷（组合）键

| 作用 | 快捷（组合）键 |
| --- | --- |
| 打开视图管理器 | Ctrl+F2 |
| 放大 | F2 |
| 最大化显示选择对象 | Shift+F2 |
| 缩小 | F3 |
| 放大所有对象 | F4 |

续表

| 作用 | 快捷（组合）键 |
| --- | --- |
| 放大到页面 | Shift+F4 |
| 向下平移 | Alt+↓ |
| 向上平移 | Alt+↑ |
| 向左平移 | Alt+← |
| 向右平移 | Alt+→ |

编辑快捷组合键

| 作用 | 快捷组合键 |
| --- | --- |
| 复制 | Ctrl+C |
| 剪切 | Ctrl+X |
| 粘贴 | Ctrl+V |
| 删除 | Delete |
| 撤销 | Ctrl+Z |
| 重做 | Ctrl+Shift+Z |
| 重复上次操作 | Ctrl+R |
| 复制属性至 | Alt+E+M |
| 定位并复制 | Ctrl+D |

对象管理快捷组合键

| 作用 | 快捷组合键 |
| --- | --- |
| 显示对象属性 | Ctrl+Enter |
| 对象转曲 | Ctrl+Q |
| 合并对象 | Shift+L |
| 组合对象 | Ctrl+G |
| 拆分对象 | Ctrl+K |
| 取消组合对象 | Ctrl+U |
| 贴齐网格线 | Ctrl+Y |
| 将轮廓转换为对象 | Shift+Ctrl+Q |
| 全选对象 | Ctrl+A |

顺序位置快捷组合键

| 作用 | 快捷（组合）键 |
| --- | --- |
| 向前一层 | Ctrl+PageUp |
| 向后一层 | Ctrl+PageDown |
| 到图层前面 | Shift+PageUp |
| 到图层后面 | Shift+PageDown |

**顺序位置快捷（组合）键**

| 作用 | 快捷（组合）键 |
| --- | --- |
| 到页面前面 | Ctrl+Home |
| 到页面后面 | Ctrl+End |
| 向下移动 | ↓ |
| 向上移动 | ↑ |
| 向左移动 | ← |
| 向右移动 | → |
| 向下微移 | Shift+↓ |
| 向上微移 | Shift+↑ |
| 向左微移 | Shift+← |
| 向右微移 | Shift+→ |

**对齐快捷（组合）键**

| 作用 | 快捷（组合）键 |
| --- | --- |
| 上对齐 | T |
| 下对齐 | B |
| 垂直居中对齐 | C |
| 左对齐 | L |
| 右对齐 | R |
| 水平居中对齐 | E |
| 对齐到页面 | P |
| 对齐辅助线 | Alt+Shift+A |
| 动态辅助线 | Alt+Shift+D |

**填充快捷（组合）键**

| 作用 | 快捷（组合）键 |
| --- | --- |
| 标准填充 | Shift+F11 |
| 渐变填充 | F11 |

**变换泊坞窗快捷组合键**

| 作用 | 快捷组合键 |
| --- | --- |
| 位置 | Alt+ F7 |
| 旋转 | Alt+F8 |
| 缩放与镜像 | Alt+F9 |
| 大小 | Alt+F10 |

**文本编辑常用快捷组合键**

| 作用 | 快捷组合键 |
| --- | --- |
| 文本属性 | Ctrl+T |
| 美术文本段落文本转换 | Ctrl+F8 |
| 字号小一级 | Ctrl+ 4 |
| 字号小一点 | Ctrl+ 2 |
| 字号大一级 | Ctrl+6 |
| 字号大一点 | Ctrl+8 |

**“帮助”菜单命令快捷组合键**

| 作用 | 快捷组合键 |
| --- | --- |
| 帮助 | Shift+F1 |